고체역학 입문

INTRODUCTION TO SOLID MECHANICS

박명균 · 최흥섭 · 박용태 · 김범준 지음

청문각

머리말

고체역학은 공학의 기초 과목이자 기계, 토목, 항공 등의 전공자들이 구조나 재료 등과 관련된 기본 역학을 공부하기 위해 필요한 필수적인 과목이다. 하지만 고체역학 과목을 수강하는 학생들이 과목의 중요성에도 불구하고 어려워하거나 소홀히 하고, 또한 지나치게 방대한 분량으로 인해 흥미와 기본 목적을 상실하여 중도에 포기하고 있는 것이 현실이다. 학생들로 하여금 보다 쉽게 고체역학 과목을 이해할 수 있게 하기 위한 기본 교재가 필요하다고 판단하여 이 교재를 집필하게 되었다.

고체역학을 쉽게 이해하기 위해 필요한 정역학의 기본 개념을 초장에 심도 있게 소개하였다. 또한 고체역학의 예제 문제를 통해 학생들이 쉽게 실용적 측면에서 이해할 수 있도록 많은 예제 문제를 제시하였다. 이 교재가 많은 공학 관련 전공 학생들이 기본 원리를 이해하고 문제를 해결하는 절차를 익혀 기계공학 설계 분야에 이바지할 수 있는 인재가 되는 데 보탬이 되기를 바란다.

2019년 4월

저자 일동

차 례

1장 역학의 기본 원리

2장 응력(stress)

6장 굽힘 하중을 받는 보의 해석

7장 보의 응력

8장 재료의 파손 및 파괴 기준

9장 보의 처짐(deflection of beam)

10장 좌굴(buckling)

11장 에너지 방법

부록

1장 역학의 기본 원리

목표

1. 자유 물체도의 개념을 이해하고 그릴 수 있어야 한다.
2. 힘과 모멘트의 평형 방정식을 적용할 수 있어야 한다.
3. 도심의 위치를 찾을 수 있어야 한다.
4. 면적 1차 모멘트와 2차 면적 모멘트(관성 모멘트), 극관성 모멘트를 구할 수 있어야 한다.

1.1 서론

역학은 힘과 운동과 관련된 과학이다. 힘, 질량, 길이, 시간 등과 관련된 기본 개념들을 포함한다. 응용 역학과 관련된 문제들을 공략하는 일반적인 방법은 모든 과학적 해석 시의 방법과 유사하다. 이를 요약해 보면

1. 관심 영역을 선정한다.
2. 시스템의 특성을 가정한다. 이 과정은 실제 상황을 단순화하며 이상화하는 과정을 포함한다.
3. 역학 원리를 적용한다. 이후의 발생 상황을 추론한다.
4. 실제 시스템의 거동과 예측 값을 비교한다.
5. 만족할 만한 결과가 안 나오면 이전 단계로 가 재고찰을 한다. 시스템의 특성과 관련된 가정을 변경하면 종종 큰 진전을 이루기도 한다. 이러한 예를 들면 또 다른 이상화된 시스템 모델을 구축하는 과정이다.

역학을 다루는 설계자(엔지니어)는 이와 유사한 과정을 거친다. 우선 1, 2, 3단계의

시스템 거동 해석을 하기 전에 독창적 설계이거나 혹은 이전의 설계를 채택하는 등의 설계 절차를 우선 정립해야 한다. 만약 이러한 거동이 원했던 기능과 일치하지 않는 경우 설계자는 시스템을 변경하거나 재설계하여야 한다. 이때는 만족할 만한 결과를 얻을 때까지 반복하여야 한다. 수용을 해야 하는지의 판단 기준에는 기술적 작동 만족 여부뿐만 아니라 경제성, 최소 무게, 조립의 용이성 등과 같은 인자들도 포함하여야 한다.

1.2 역학의 기본 원리

시스템을 선정하고 거동 예측의 개념적 모델을 구축한 후에는 역학의 기본 원리와 어떤 원리들이 작용하는지를 생각하여야 한다. 역학은 힘과 운동을 다루는 학문이라 하였다. 따라서 힘과 운동을 공부하고 이해해야 한다. 최종적으로 힘과 운동에 관련된 이론들을 사용하여 힘과 운동과의 상호작용을 서로 연관시킨다. 힘은 벡터(vector)이고 따라서 크기(magnitude)와 방향(direction)을 가진다. 운동을 공부하는 것에는 기하학적 형상과 시간이 포함된다. 운동에는 두 가지 형태가 있다. 한 형태는 시간에 따른 전체적인 변화를 포함하며, 반면 두 번째 형태는 국부적인 형태 변화를 포함한다. 예를 들면, 자동차 엔진의 커넥팅 로드는 복잡한 운동을 한다. 한쪽 끝은 위아래로 움직이고 다른 쪽 끝은 원운동을 한다. 이와 같은 전체적인 운동을 순간적으로 생각해 보면 로드(rod)의 형상 변화는 매우 작다고 할 수 있다. 피스톤을 처음에는 밀고 밀리는 운동을 함에 따라 로드는 늘어나기도 하고 줄어들기도 한다. 이러한 형상의 변화를 변형(deformation)이라 한다. 고체역학은 변형 상황을 다루며 전체적인 운동과 관련된 상황은 다루지 않는다. 전반적인 운동을 다루는 학문은 동역학, 운동학, 기구학 등이 있다. 이러한 형태의 운동에는 힘이 관여한다. 우리가 다루게 될 힘과 운동의 원리는 Newtonian 역학이다. 고체 내의 힘과 운동에 관련된 가설들은 매우 다양하다. 이러한 가설들을 특정 시스템에 사용하면 운동과 변형을 예측할 수 있다. 즉, 운동과 변형을 알면 힘을 결정할 수 있고 힘을 알면 변형을 알 수 있다.

기계 해석 시에는 다음의 3가지 단계가 사용된다.

1. 힘의 연구
2. 운동과 변형의 연구
3. 힘과 운동 및 변형에 관련된 법칙의 사용

대부분의 경우 위의 3가지 단계를 고려할 때에는 세심한 해석이 요구된다. 해석하고자 하는 고체가 완전 강체(perfectly rigid body)라고 가정했을 때 물체의 변형과 관련된 사항들은 자동적으로 배제된다. 만일 물체가 구속되어 정지 상태에 있다면 운동과 관련된 상황은 고려할 필요가 없을 것이다. 고체역학은 변형체 역학으로, 본 교재에서는 전체적인 강체 운동을 다루지 않고 내부 변형이 있는 경우를 다룬다. 따라서 요약하면 다음과 같다.

1. 힘의 연구
2. 변형의 연구
3. 힘과 변형에 관련된 법칙의 사용

기초 역학을 공부하기 위해서는 실험에 근거한 여섯 개의 기본 원리가 있다.

1. 벡터인 힘의 합을 구하는 데 사용되는 평행 사변형 법칙
2. 통과성의 원리(the principle of transmissibility): 외력이 작용선을 따라 움직여도 강체에 작용하는 외력의 영향은 변함없다.
3. 뉴턴의 제1법칙: 질점에 작용하는 힘의 합력이 영이라면 질점은 정지 상태를 유지하거나(원래 정지 상태인 경우) 혹은 직선을 따라 일정한 속도로 움직인다(원래 운동 중인 경우).
4. 뉴턴의 제2법칙: 질점에 작용하는 합력이 영이 아니면 질점은 합력의 크기에 비례하고 합력 방향으로의 가속도를 가진다. 이를 식으로 표시하면 $\vec{F}=m\vec{a}$이다.
5. 뉴턴의 제3법칙: 접촉하고 있는 물체 사이에는 동일한 크기 및 동일 작용선상의 방향이 반대인 작용 반작용력이 작용한다.
6. 뉴턴의 중력의 법칙

1.3 힘의 개념

힘은 물체를 변형시키거나 운동을 발생시킬 때 중요 작용을 하며 크기와 방향을 가지는 벡터양이다. 힘의 개념과 힘을 표시하는 법에 대해 알아보자. 지구의 중심과 비행기와의 상호 인력을 한번 생각해 보자. 이 경우 $\overrightarrow{F_1}$, $\overrightarrow{F_2}$가 있으며[그림 1.1(a)], 스프링 구조물인 그림 1.1(b)를 생각해 보자. 이 경우 스프링과 무게 사이의 힘의 표시를 $\overrightarrow{F_1}$, $\overrightarrow{F_2}$

로 한다. 힘의 상호 작용은 시스템 사이의 접촉이 있는 경우[그림 1.1(b)] 생기며 물리적으로 분리되어 있는 시스템에서도 생긴다[그림 1.1(a)]. 그림 1.1(b)에서 무게가 스프링에 가해지는 힘은 $\overrightarrow{F_1}$으로 표시한다. 시스템 S를 분리시킬 때 외부 시스템과의 상호 작용 힘은 벡터 $\overrightarrow{F_1}$, $\overrightarrow{F_2}$, ⋯ 등으로 표시한다. 이 힘은 S와 상호 작용하는 외부 조직에 의해 가해지는 힘을 나타낸다. 이 힘들을 단순히 시스템 S에 작용하는 외력으로 언급한다. 이 경우 각각의 힘은 크기와 방향을 가진다. 또한 각 하중의 작용점을 지정하는 것도 중요하다. 고체역학에서 분리한 시스템은 특정 부분 혹은 부품 집단 등이 될 수 있다. 유체역학에는 콘트롤 볼륨(control volume)이 이에 해당된다.

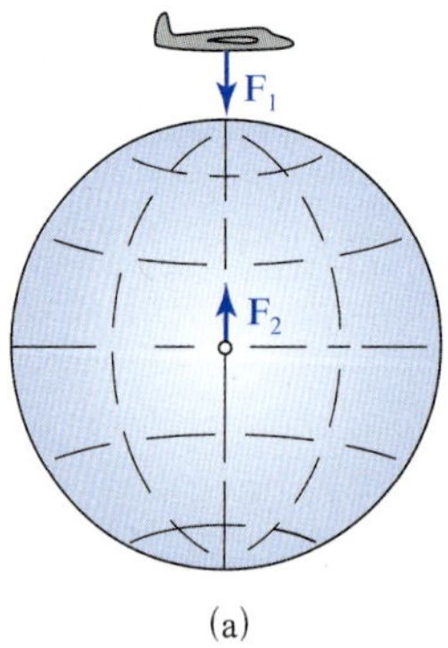

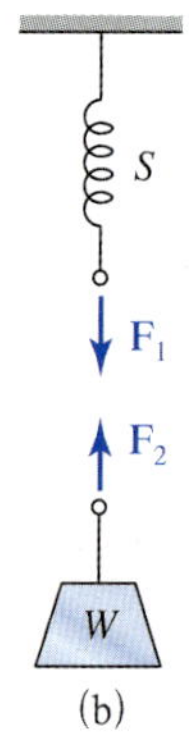

(a) 거리가 떨어진 경우　　(b) 직접 접촉이 있는 경우

그림 1.1 힘의 상호 작용

힘에는 외력(external force)과 내력(internal force)이 있다. 내력은 강체를 구성하는 입자들을 유지하는 힘이라 할 수 있다. 만일 강체가 구조적으로 여러 개의 부품들로 구성되어 있다면 부품들을 유지하는 힘이 내력이라 할 수 있다. 외력은 물체력(body force)과 물체의 경계 표면에 가해지는 표면력(surface force)이 있다. 그림 1.2에 고장난 트럭을 견인할 때 트럭에 작용하는 외력이 자유 물체도에 표시되어 있다.

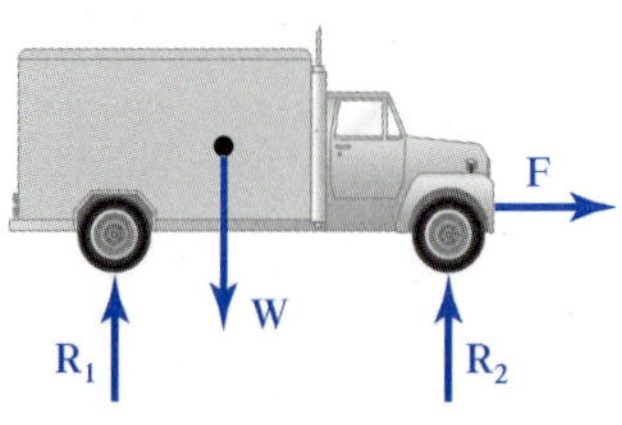

그림 1.2 물체에 작용하는 외력의 예

힘이 작용선을 따라 움직인다면 강체에 작용하는 외력의 영향은 변하지 않는다(전달성의 원리; 그림 1.3).

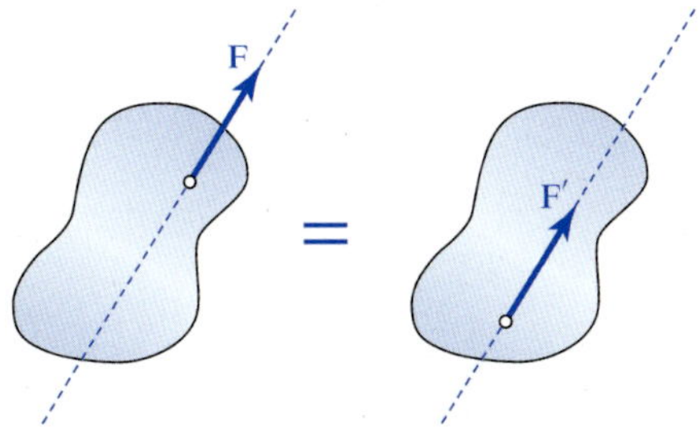

그림 1.3 힘의 전달성 원리

1.4 힘의 단위

역학에서 다루는 기본 물리량에는 길이(length), 시간(time), 질량(mass), 힘(force)이 있다. 힘의 단위는 뉴턴(N)이다. 길이(length)의 단위는 미터(m)이고 시간(time)의 단위는 초(s), 질량(mass)의 단위는 킬로그램(kg)이다.

1 N은 1 kg의 질량에 1 m/s^2의 가속도를 가할 때의 힘이다.

$$1\ N = (1kg)(1m/s^2) = 1\ kg \cdot m/s^2$$

주의할 점은 킬로그램중(kg_f)은 힘의 단위이다.

$$1\ kg_f = 1\ kg \cdot 9.8\ m/s^2 = 9.8\ N$$

물체의 무게(weight)는 뉴턴으로 표시된다.

질량 1 kg인 물체의 무게는 $W = ma = (1\ kg)(9.81\ m/s^2) = 9.81\ N$

무게와 질량을 구분할 수 있어야 한다.

힘의 단위는 이후 응력(stress) 단위에 사용된다. 예를 들면, 힘을 면적으로 나눈 단위 $\frac{N}{m^2} = Pa$이 응력이나 압력 단위로 사용된다.

예제

100 g 정도의 사과의 무게를 뉴턴으로 표시하라.

풀이

중력 가속도 9.8 m/s^2를 대략 10 m/s^2의 가속도를 받는다고 가정하면 $0.1\ kg \times 10\ m/s^2 = 1\ kg \cdot m/s^2 = 1\ N$이 된다. 즉, 100 g의 사과 무게가 대략적으로 1 N에 해당한다고 생각하면 된다. ■

1.5 벡터 합

벡터는 방향이 필요 없고 크기만으로 표현되는 스칼라양과는 차이가 있다. 속력은 스칼라양이다. 반면 크기와 방향을 가지는 속도는 벡터양이다. 벡터에는 변위, 속도, 가속도, 힘, 모멘트, 운동량 등이 대표적이며 스칼라양에는 거리, 속력, 온도, 면적, 체적, 질량, 에너지, 시간 등이 있다.

힘을 다룰 시에는 직교좌표계가 많이 사용된다. 벡터에는 단위 벡터와 위치 벡터가 있다. 단위 벡터는 크기가 1인 벡터이다. 표시 방법은 $\vec{e}$ 혹은 $\vec{u}$ 등이 있으며, 직교 좌표계에서의 단위는 $\vec{i}, \vec{j}, \vec{k}$가 있다. 단위 벡터를 이용하여 벡터를 표시할 수 있다. 예를 들면, $\vec{F} = F_x\vec{i} + F_y\vec{j} + F_z\vec{k}$에서 크기 $F = |F| = \sqrt{F_x^2 + F_y^2 + F_z^2}$ 이다.

벡터 표현 방법에는 도식적 방법과 해석적 방법이 있다. 도식적 방법에는 평행 사변형 법칙, 삼각형 법칙, 다각형 법칙이 있다.

(a) 평행 사변형 법칙

$$\vec{P} + \vec{Q} = \vec{Q} + \vec{P}$$

그림 1.4는 벡터 $\vec{P}, \vec{Q}$의 합을 구하는 방법을 도식적으로 나타낸다. 최종 합력은 평행 사변형 법칙에 의해 구해지며 합력을 독자적으로 나타낸다.

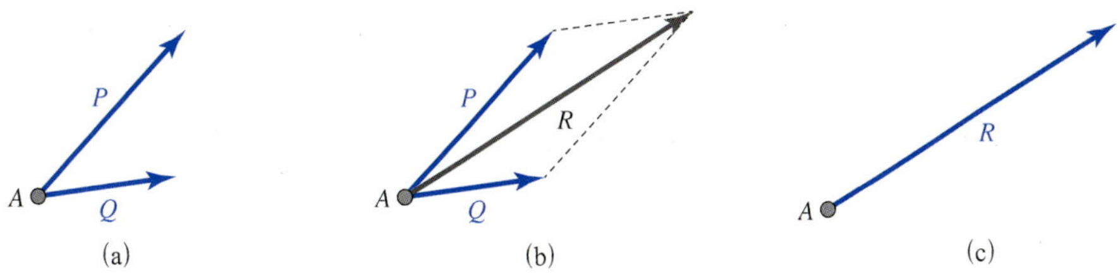

(a) 질점 A에 작용하는 두 개의 힘 $\vec{P}, \vec{Q}$ (b) 평행 사변형 법칙으로 구한 합력 (c) 질점 A에 작용하는 등가의 합력 $\vec{R}$

그림 1.4 평행 사변형 법칙

(b) 삼각형 법칙

$$\vec{P}+\vec{Q}+\vec{S}=\vec{P}+(\vec{Q}+\vec{S})$$

그림 1.5에서와 같이 동일 평면(coplanar)에 3개의 힘의 벡터가 놓일 경우 세 개의 벡터의 합을 삼각형 법칙을 반복적으로 적용하여 도식적으로 쉽게 구할 수 있다.

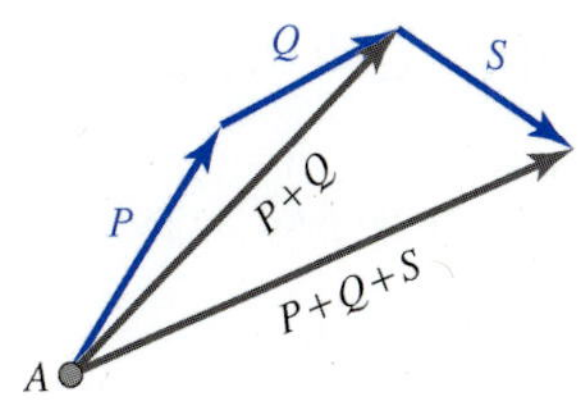

그림 1.5 3개의 벡터 합

(c) 다각형 법칙

다각형 법칙을 사용하여 벡터의 합을 구할 수 있다. 다각형 법칙은 주어진 벡터들의 시점과 종점이 일치하도록 배열하고, 첫 번째 벡터의 시점과 마지막 벡터의 종점을 연결함으로써 세 벡터의 합을 직접 구할 수 있다(그림 1.6)

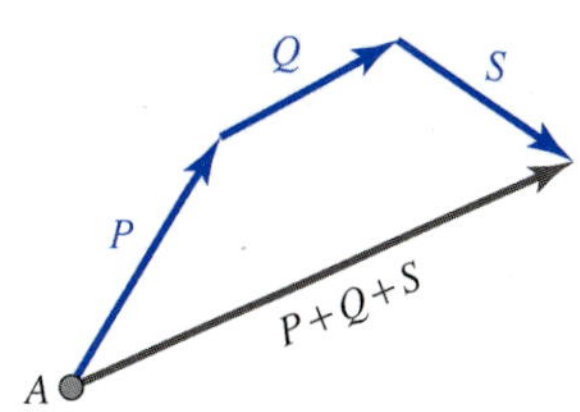

그림 1.6 다각형 법칙

(d) 동일 평면에서 동일 점에 작용하는 여러 힘의 합력

동일 평면에 작용하는 여러 개의 힘이 질점에 작용하는 경우가 그림 1.7에 있다. 평행사변형 법칙을 여러 번 사용하는 다각형 법칙을 사용하여 최종 벡터 $\vec{R}$을 구할 수 있다.

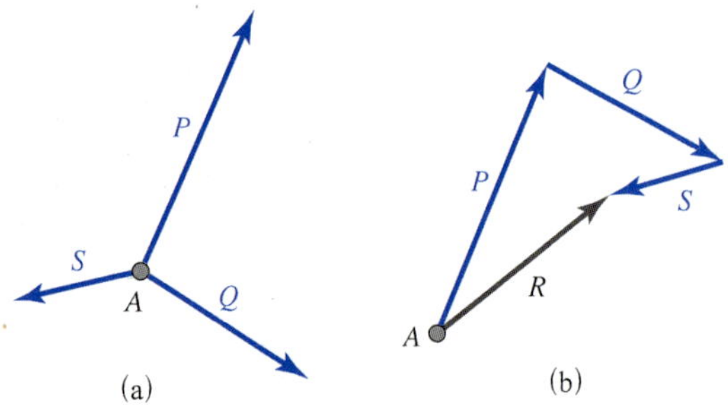

그림 1.7 동일 점에 작용하는 여러 힘의 합력

1.6 직교좌표 공간에서의 힘의 성분

그림 1.8은 힘 벡터 $\vec{F}$를 직교좌표계에서 3개의 성분으로 분해됨을 보여준다. 여기서 힘의 크기 $|\vec{F}| = \sqrt{F_x^2 + F_y^2 + F_z^2}$ 이다.

$$F_x = F\cos\theta_x,\ \ F_y = F\cos\theta_y,\ \ F_z = F\cos\theta_z$$

$$\vec{F} = F_x\vec{i} + F_y\vec{j} + F_z\vec{k}$$

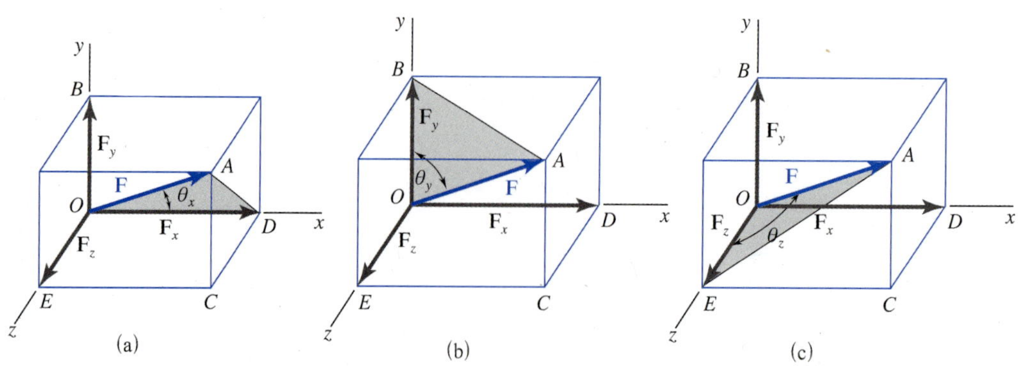

그림 1.8 3차원 직교좌표계에서 힘 벡터의 성분

1.7 직교좌표계에서 동일 작용선에 있는 두 점과 힘의 크기 정의

많은 경우 힘의 방향은 두 점의 좌표에 의해 정의된다. 동일 작용선상에 있는 두 개의 점 $M(x_1, y_1, z_1)$, $N(x_2, y_2, z_2)$이 있다. M과 N을 연결하는 벡터 $\overrightarrow{MN}$을 생각해 보자(그림 1.9).

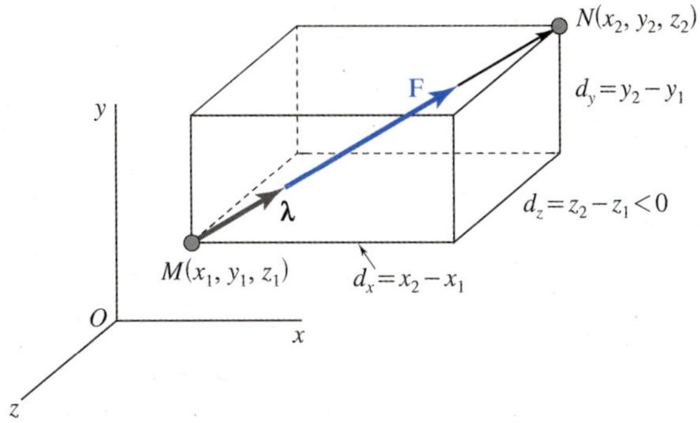

그림 1.9 공간 내의 두 점을 연결하는 벡터

$$\overrightarrow{MN} = d_x\vec{i} + d_y\vec{j} + d_z\vec{k}$$

힘 $\vec{F}$의 작용선상의 단위 벡터(unit vector) $\vec{\lambda}$는

$$\vec{\lambda} = \frac{\overrightarrow{MN}}{MN} = \frac{1}{d}(d_x\vec{i} + d_y\vec{j} + d_z\vec{k})$$

힘 벡터는

$$\vec{F} = F\vec{\lambda} = \frac{F}{d}(d_x\vec{i} + d_y\vec{j} + d_z\vec{k})$$

스칼라양인 힘의 성분은

$$F_x = \frac{Fd_x}{d}, \quad F_y = \frac{Fd_y}{d}, \quad F_z = \frac{Fd_z}{d}$$

여기서

$$d_x = x_2 - x_1, \quad d_y = y_2 - y_1, \quad d_z = z_2 - z_1$$

$$d = \sqrt{d_x^2 + d_y^2 + d_z^2}$$

–방향 여현(directional cosine)

$$\cos\theta_x = \frac{d_x}{d},\ \cos\theta_y = \frac{d_y}{d},\ \cos\theta_z = \frac{d_z}{d}$$

예제

타워 구조물이 그림과 같이 와이어로 지탱되며 와이어는 점 A에 볼트로 체결되어 있다. 와이어의 인장력이 2500 N일 때 볼트에 작용하는 힘 F_x, F_y, F_z를 결정하라. 그리고 힘이 작용하는 방향 여현 $\theta_x, \theta_y, \theta_z$를 결정하라.

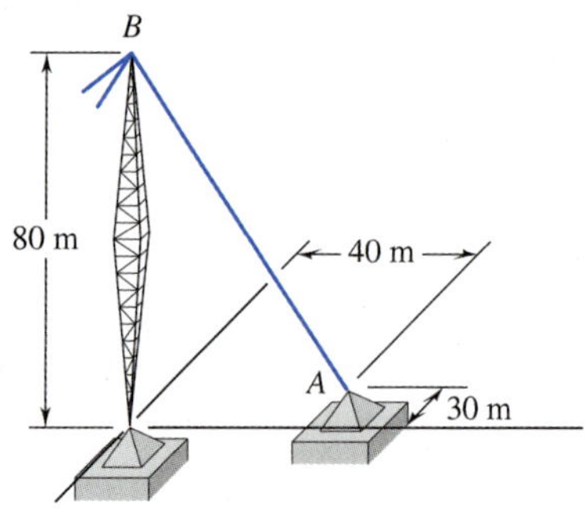

풀이

볼트에 작용하는 힘의 작용선은 A, B를 통과한다. 벡터 $\overrightarrow{AB}$는 점 A로부터 B로 향하는 힘 벡터이다. 좌표 $A(40, 0, -30), B(0, 80, 0)$ 로 취하면

$$d_x = (0-40) = -40\ \text{m},\ d_y = (80-0) = 80\ \text{m},\ d_z = [0-(-30)] = 30\ \text{m}$$

$$AB = d = \sqrt{d_x^2 + d_y^2 + d_z^2} = 94.3\ \text{m}$$

$$\overrightarrow{AB} = -(40\ \text{m})\vec{i} + (80\ \text{m})\vec{j} + (30\ \text{m})\vec{k}$$

단위 벡터 $\vec{\lambda} = \dfrac{\overrightarrow{AB}}{AB}$이다. 힘 벡터는

$$\vec{F} = F\vec{\lambda} = F\frac{\overrightarrow{AB}}{AB} = (2500\ \text{N})\frac{\overrightarrow{AB}}{94.3\ \text{m}} = (2500)\frac{(-40\vec{i} + 80\vec{j} + 30\vec{k})}{94.3}$$

$$= -(1060\ \mathrm{N})\vec{i} + (2120\ \mathrm{N})\vec{j} + (795\ \mathrm{N})\vec{k}$$

힘 벡터 $\vec{F}$의 성분은

$$F_x = -1060\ \mathrm{N},\ F_y = 2120\ \mathrm{N},\ F_z = 795\ \mathrm{N}$$

힘의 성분 방향

$$\cos\theta_x = \frac{F_x}{F} = \frac{-1060\ \mathrm{N}}{2500\ \mathrm{N}},\ \cos\theta_y = \frac{F_y}{F} = \frac{2120\ \mathrm{N}}{2500\ \mathrm{N}},\ \cos\theta_z = \frac{F_z}{F} = \frac{795\ \mathrm{N}}{2500\ \mathrm{N}}$$

arc cosine을 취하면

$$\theta_x = 115.1^\circ,\ \theta_y = 32.0^\circ,\ \theta_z = 71.5^\circ$$

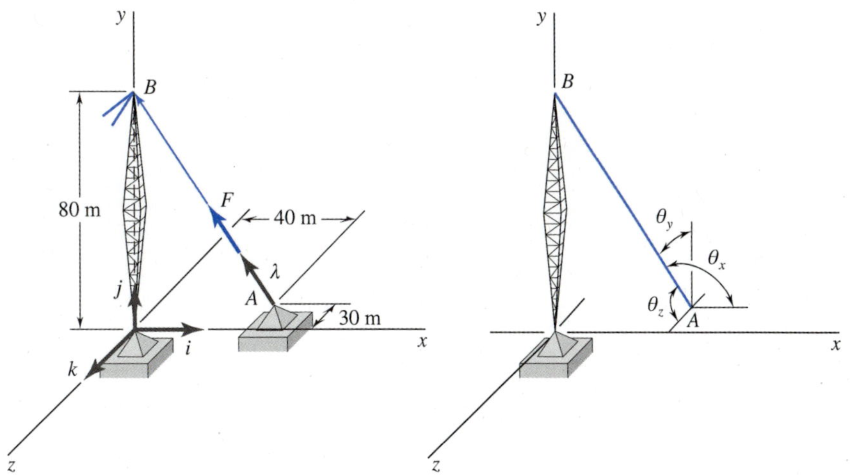

1.8 공간에서의 동일 점에 작용하는 힘의 합성

합력 $\vec{R} = \sum \vec{F}$이고,

$$R_x\vec{i} + R\vec{j} + R\vec{k} = \sum(F_x\vec{i} + F_y\vec{j} + F_z\vec{k})$$

이다. 따라서

$$R_x = \sum F_x,\ R_y = \sum F_y,\ R_z = \sum F_z$$

$$R = \sqrt{R_x^2 + R_y^2 + R_z^2}$$

$$\cos\theta_x = \frac{R_x}{R},\ \cos\theta_y = \frac{R_y}{R},\ \cos\theta_z = \frac{R_z}{R}$$

예제

볼트 A에 4개의 힘이 작용한다. 볼트에 작용하는 힘의 합력과 방향을 결정하라.

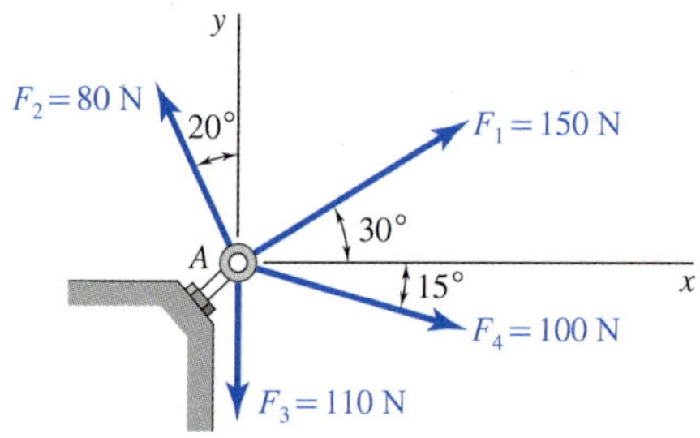

풀이

4개의 힘을 x, y 성분으로 나누면 다음과 같다.

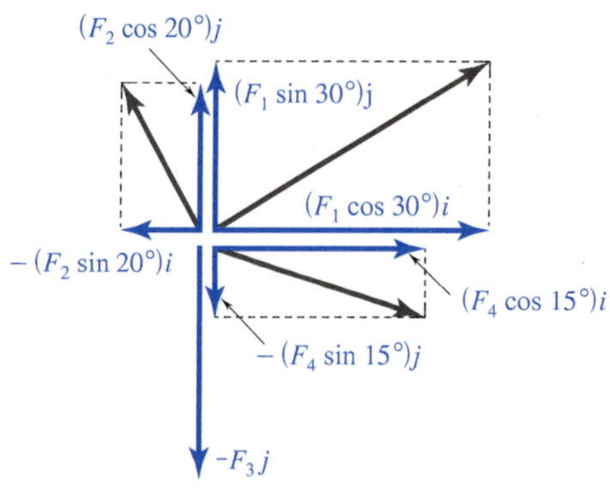

힘	크기(N)	x 성분(N)	y 성분(N)
F_1	150	129.9	75
F_2	80	−27.4	75.2
F_3	110	0	−110
F_4	100	96.6	−25.9
		$R_x = 199.1$	$R_y = 14.3$

따라서 4개의 힘의 합력은 $\vec{R}=R_x\vec{i}+R_y\vec{j}=(199.1\text{ N})\vec{i}+(14.3\text{ N})\vec{j}$

합력의 방향은

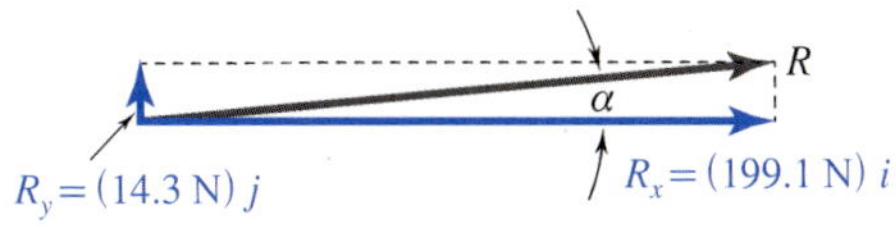

$$\tan\alpha=\frac{R_y}{R_x}=\frac{14.3\text{ N}}{199.1\text{ N}},\quad \alpha=\tan^{-1}\left(\frac{14.3}{199.1}\right)=4.1^\circ$$

합력의 크기는

$$R=\frac{14.3\text{ N}}{\sin\alpha}=\frac{14.3\text{ N}}{\sin4.1^\circ}=199.6\text{ N}$$

■

1.9 두 벡터의 곱(vector product of two vectors)

$\vec{V}=\vec{P}\times\vec{Q}$인 경우 이를 벡터 ($\vec{P}$, $\vec{Q}$)의 벡터 곱(cross product)이라고 한다. 두 벡터 ($\vec{P}$, $\vec{Q}$)가 동일 평면상에 있는 경우 두 벡터의 곱 $\vec{V}$는 두 벡터($\vec{P}$, $\vec{Q}$)를 포함하는 평면에 수직이다[그림 1.10(a)]. 이때 벡터 $\vec{V}$의 크기는 $V=PQ\sin\theta$이며, 벡터 $\vec{V}$의 방향은 오른손 법칙을 따른다[그림 1.10(b)]. 만일 ($\vec{P}$, $\vec{Q}$)가 동일한 작용점을 가지지 않는다면 다시 그려야 하는데, 이때의 순서는 세 성분을 오른손 좌표계에 의해 구성해야 한다.

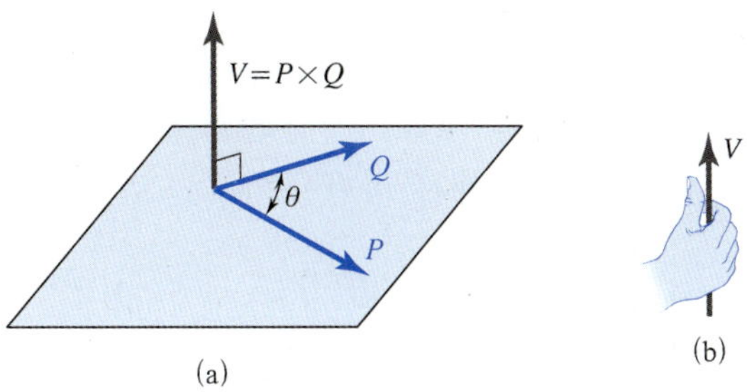

그림 1.10 두 벡터의 곱

$$\vec{V}=\vec{P}\times\vec{Q}=(P_x\vec{i}+P_y\vec{j}+P_z\vec{k})\times(Q_x\vec{i}+Q_y\vec{j}+Q_z\vec{k})$$

$$\vec{V}=(P_yQ_z-P_zQ_y)\vec{i}+(P_zQ_x-P_xQ_z)\vec{j}+(P_xQ_y-P_yQ_x)\vec{k}$$

따라서

$$V_x = P_y Q_z - P_z Q_y$$
$$V_y = P_z Q_x - P_x Q_z$$
$$V_z = P_x Q_y - P_y Q_x$$

보다 쉽게 기억하기 위해 다음 공식을 알면 편리하다.

$$\vec{i} \times \vec{j} = \vec{k},\ \vec{k} \times \vec{i} = \vec{j},\ \vec{j} \times \vec{k} = \vec{i}$$
$$\vec{i} \times \vec{i} = 0,\ \vec{j} \times \vec{j} = 0,\ \vec{k} \times \vec{k} = 0$$

두 단위 벡터 곱의 부호는 원으로 배열하고 반시계 방향 순서로 곱하면 양이 되고 시계 방향으로 곱하면 음이 된다(그림 1.11).

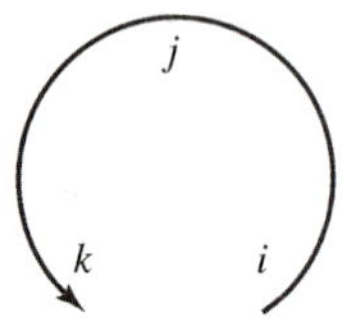

그림 1.11 두 단위 벡터 곱의 부호 결정 방법

1.10 한 점에 대한 힘의 모멘트

모멘트는 힘과 연관된 또 다른 물리량이다. 역학에서는 힘과 함께 물체의 운동과 관련된 기본 요소이다. 한 점 O에 대한 힘 $\vec{F}$와 위치 벡터 $\vec{r}$의 모멘트는 식 (1.1)과 같이 정의된다. 여기서 위치 벡터란 고정된 기준점 O와 A점을 잇는 벡터 $\vec{r}$이다. M_o의 크기는 힘 $\vec{F}$가 $\overrightarrow{M_o}$상의 고정 축에 대하여 강체를 회전시키는 크기 정도를 나타낸다(그림 1.12).

$$\overrightarrow{M_o} = \vec{r} \times \vec{F} \tag{1.1}$$

모멘트의 크기는

$$M_o = rF \sin\theta = Fd$$

여기서 d는 점 O에서 F의 작용선까지의 수직 거리이다. 모멘트의 단위는 N · m로 나타낸다.

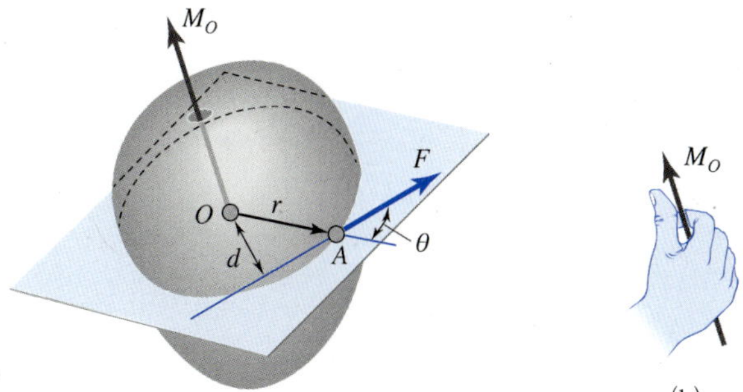

(a) (b)

그림 1.12 위치 벡터 $\vec{r}$과 힘 벡터 $\vec{F}$(a) 및 모멘트 방향(b)

1.11 공간에서의 힘과 모멘트의 해석

공간에서의 위치 벡터는 그림 1.13에서 $\overrightarrow{OA}$벡터이다. 즉,

$$\vec{r}=x\vec{i}+y\vec{j}+z\vec{k}$$

반면 힘 벡터는 $\vec{F}=F_x\vec{i}+F_y\vec{j}+F_z\vec{k}$이다. 힘 벡터와 위치 벡터의 두 식을 점 O에 대한 모멘트 식 $\overrightarrow{M_o}=\vec{r}\times\vec{F}$에 대입하면 점 O에 대한 힘 $\vec{F}$에 의한 모멘트를 계산할 수 있다.

$$\vec{M}=M_x\vec{i}+M_y\vec{j}+M_z\vec{k}$$

여기서 성분 M_x, M_y, M_z는

$$M_x=yF_z-zF_y$$
$$M_y=zF_x-xF_z$$
$$M_z=xF_y-yF_x$$

이다.

행렬의 determinant를 사용하면 O점에 대한 모멘트 벡터는 식 (1.2)와 같다.

$$\overrightarrow{M_o}=\begin{vmatrix}\vec{i} & \vec{j} & \vec{k}\\ x & y & z\\ F_x & F_y & F_z\end{vmatrix} \tag{1.2}$$

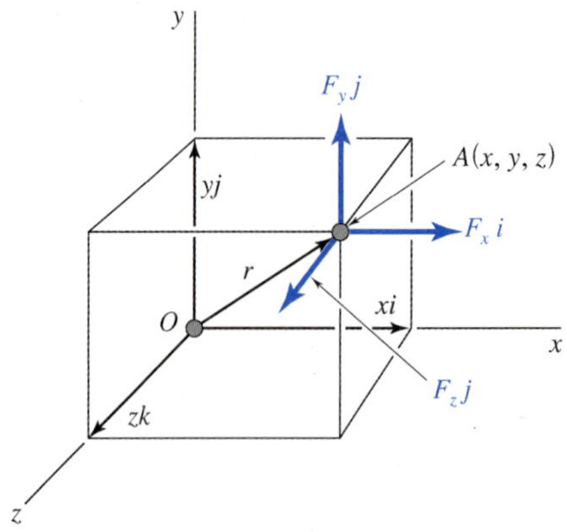

그림 1.13 공간에서의 위치 벡터와 힘 벡터

보다 간단히 생각하기 위해 단순히 2차원 평면에서의 경우를 고려한다. 하중 $\vec{F}$가 A 점에 가해진다.

(a) 원점 O점에 대한 모멘트

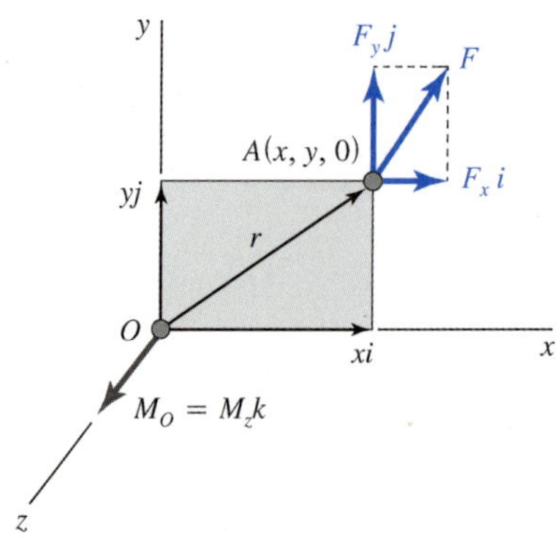

그림 1.14 평면에서 원점 O점에 의한 모멘트

$\overrightarrow{M_o} = \vec{r} \times \vec{F}$에 대입하면 점 O에 대한 힘 $\vec{F}$에 의한 모멘트를 계산할 수 있다. $\vec{r} = x\vec{i} + y\vec{j}$이고 $\vec{F} = F_x\vec{i} + F_y\vec{j}$이므로 두 벡터를 곱하면

$$\overrightarrow{M_O} = (xF_y - yF_x)\vec{k}$$

O점에 대한 힘 $\vec{F}$의 모멘트는 스칼라로는 평면에 수직한 방향의 모멘트로

$$M_O = M_z = xF_y - yF_x$$

이다.

(b) 임의의 B점에 대한 모멘트

평면 x, y상의 힘 $\vec{F}$가 점 A에 가해진다(그림 1.15). 점 $B(x_B, y_B)$에서의 모멘트를 계산하면 $\overrightarrow{r_{A/B}} = (x_A - x_B)\vec{i} - (y_A - y_B)\vec{j}$ 임을 알고 $\vec{F} = F_x\vec{i} + F_y\vec{j}$ 이므로 두 벡터를 곱하면 $\overrightarrow{M_B} = \overrightarrow{r_{A/B}} \times \vec{F} = (x_A - x_B)F_y - (y_A - y_B)F_x$가 된다. 모멘트 벡터는 평면 x, y와 수직한 방향이다. 행렬의 determinant를 사용하면 B점의 모멘트는 식 (1.3)과 같다.

$$\overrightarrow{M_B} = \begin{vmatrix} \vec{i} & \vec{j} & \vec{k} \\ x_{A/B} & y_{A/B} & z_{A/B} \\ F_x & F_y & F_z \end{vmatrix} \tag{1.3}$$

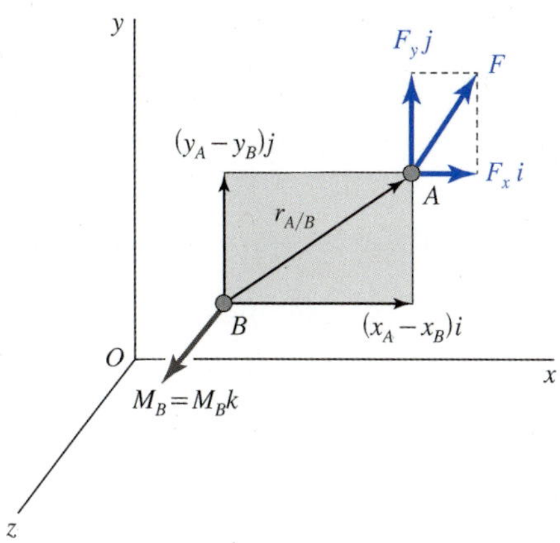

그림 1.15 평면상의 임의의 B점에 의한 모멘트

예제

그림과 같이 800 N의 힘이 브라켓에 작용한다. 점 B에 대한 모멘트를 계산하라.

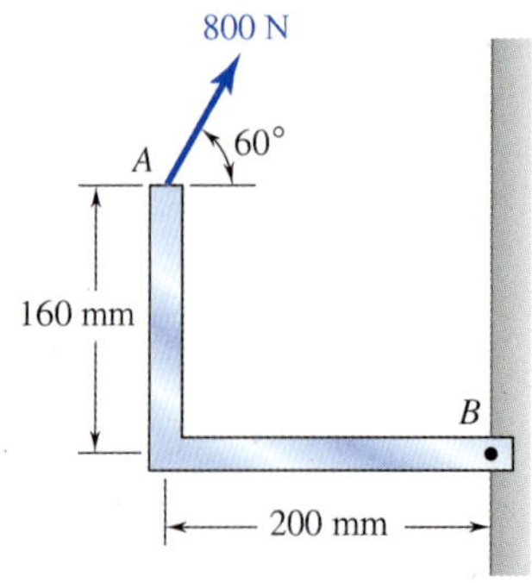

풀이

$$\overrightarrow{r_{A/B}} = (-0.2\ \text{m})\vec{i} + (0.16\ \text{m})\vec{j}\ ,\ \vec{F} = (800\ \text{N})\cos 60^\circ \vec{i} + (800\ \text{N})\sin 60^\circ \vec{j}$$

$$= (400\ \text{N})\vec{i} + (693\ \text{N})\vec{j}$$

$$\overrightarrow{M_B} = \overrightarrow{r_{A/B}} \times \vec{F} = [(-0.2\ \text{m})\vec{i} + (0.16\ \text{m})\vec{j}] \times [(400\ \text{N})\vec{i} + (693\ \text{N})\vec{j}]$$

$$= (-138.6\ \text{N}\cdot\text{m})\vec{k} - (64.0\ \text{N}\cdot\text{m})\vec{k} = -(202.6\ \text{N}\cdot\text{m})\vec{k}$$

평면에 수직한 시계 방향으로 모멘트 크기 202.6 N · m가 B에서 발생한다. ■

1.12 힘의 평형

물체가 정지 상태에 있거나 입자가 일정한 속도로 움직이면 평형 상태에 있다고 말한다. 평형 상태는 물체에 작용하는 외력의 합과 임의의 한 점에서 모멘트의 합이 0인 상태이다.

$$\sum F = 0,\ \sum M = 0 \tag{1.4}$$

식 (1.4)를 다시 표현하면 직교좌표계에서

x 방향의 힘의 합력은 $\sum F_x = 0$,

y 방향의 힘의 합력은 $\sum F_y = 0$,

z 방향의 힘의 합력은 $\sum F_z = 0$,

이다. 동일하게 x 방향의 모멘트의 합력은 $\sum M_x = 0$,

y 방향의 모멘트의 합력은 $\sum M_y = 0$,

z 방향의 모멘트의 합력은 $\sum M_z = 0$이다.

(a) 등가시스템과 균등시스템

힘과 모멘트로 이루어진 두 계에서 만일 힘들의 합이 같고 임의의 점에 대한 모멘트의 합이 같다면 이 시스템은 등가(equivalent)라 한다. 임의의 등가시스템(equivalent system)에서도 평형 방정식은 성립한다. 다시 말하면 강체에서 $\overrightarrow{F_1}, \overrightarrow{F_2}, \overrightarrow{F_3}$와 $\overrightarrow{F_1}', \overrightarrow{F_2}', \overrightarrow{F_3}'$의 두 역계는 다음 조건을 만족하는 경우에만 등가라고 할 수 있다.

$$\sum \overrightarrow{F} = \sum \overrightarrow{F}', \quad \sum \overrightarrow{M} = \sum \overrightarrow{M}' \tag{1.5}$$

벡터가 위의 식을 만족시킬 때, 즉 그들의 합력과 임의의 점 o에 대한 합 모멘트가 같을 때 두 벡터계는 균등(equipollent)하다고 말한다. 즉, 강체에 작용하는 두 힘과 모멘트 시스템이 균등(equipollent)하면 그들은 등가(equivalent)이다.

1.13 자유 물체도(Free Body Diagram; FBD)

실제 물리적 상황을 스케치한 그림을 공간도(space diagram)라고 한다. 이 경우 중요한 질점을 선택하고 질점에 작용하는 모든 힘을 나타낸 별도의 그림을 자유 물체도라고 한다(그림 1.16). 많은 경우 실제 구조 시스템의 일부를 분리할 필요가 있고, 분리된 그림에 정역학 법칙을 적용한다. 이를 위한 기본적인 방법은 우선 자유 물체도를 그려야 한다. 정역학의 평형 조건에서는 모든 외력의 합과 외력에 의해 발생하는 순 모멘트의 합은 0이다. 이러한 평형 조건식을 올바르게 사용하기 위해서는 몇 가지 식을 풀어야 한다. 이들 중 알아야 할 것은

1. 순간 하중이 얼마나 작용하는가?
2. 어디에 하중이 작용하는가?
3. 물체는 서로 상호간에 하중이 어떻게 작용하는가?

2가지 답이 가능하다. '하중이 직접 접촉에 의해 작용하는가?' 혹은 '중력 혹은 자기장력 같은 힘이 거리를 두고 작용하는가?'이다. 이러한 점들을 고려하여 자유 물체도를

그리는 단계는 다음과 같다.

1단계: 물체가 평형 상태인지를 결정하고 스케치한다.

2단계: 시스템과 접하고 있는 물체들을 다 기록한다. 시스템에서 중력장, 자기장이 미치는 물체를 기록한다.

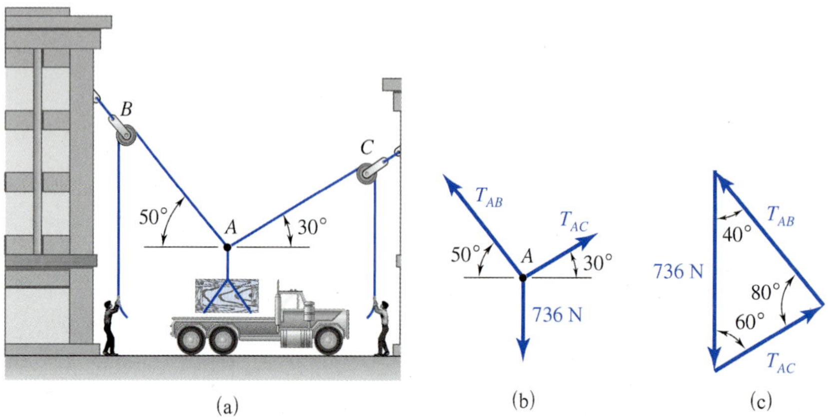

그림 1.16 공간도(a) 및 자유 물체도(b), 힘의 삼각형(c)

예제

그림 1.16으로부터 하중 $m = 75$ kg이라고 할 때 장력 T_{AB}, T_{AC}를 계산하라.

풀이

두 가지 방법이 있다. 첫 번째는 힘의 삼각형을 그리는 방법이다. 이 방법에 의하면

$$\frac{T_{AB}}{\sin 60^\circ} = \frac{T_{AC}}{\sin 40^\circ} = \frac{736\ \text{N}}{\sin 80^\circ}$$

으로부터

$$T_{AB} = 647\ \text{N}, \quad T_{AC} = 480\ \text{N}$$

또 다른 방법은

$$\sum F_x = 0, T_{AC}\cos 30^\circ - T_{AB}\cos 50^\circ = 0$$

$$\sum F_x = 0, T_{AC}\sin 30^\circ - T_{AB}\sin 50^\circ - 736\ \text{N} = 0$$

의 두 식으로부터 동일한 결과를 구할 수 있다. ■

예제

다음 그림에서 자유 물체도를 그려라. 모든 접촉 표면에서의 마찰계수는 μ이며 블록의 무게는 W N이다. wedge의 무게는 무시하라.

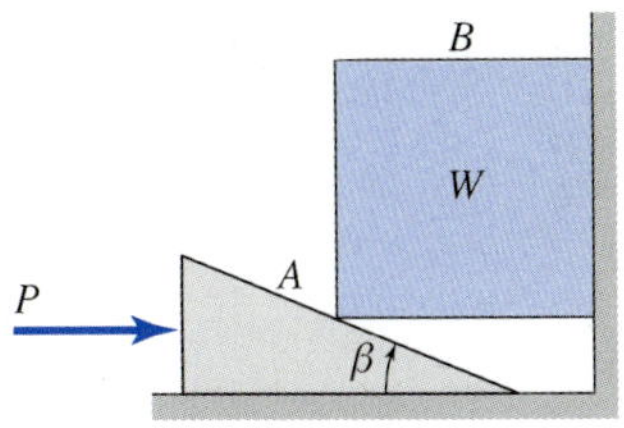

풀이

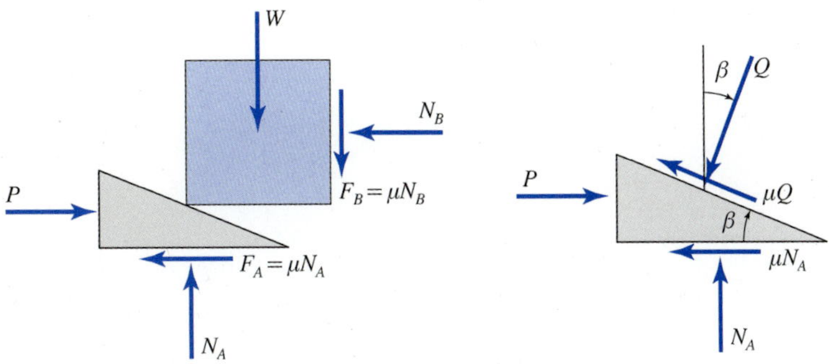

■

예제

다음 그림에서 자유 물체도를 그리고 힘의 삼각형을 그려라. T_{AB}를 구하라.

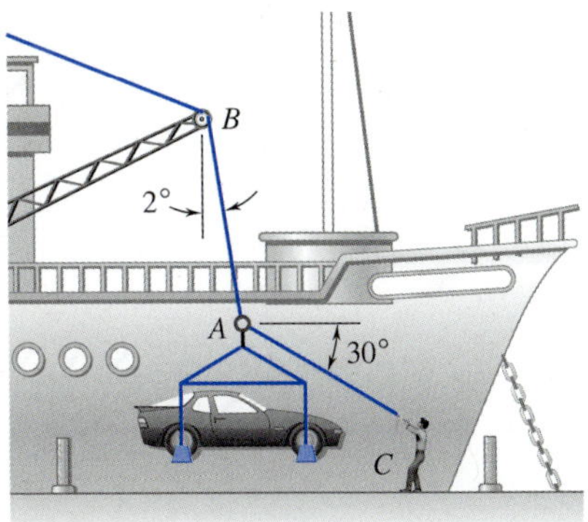

풀이

• 자유 물체도:

점 A를 선택한다. T_{AB}는 케이블에 작용하는 장력이다. T_{AC}는 로프에 작용하는 장력이다.

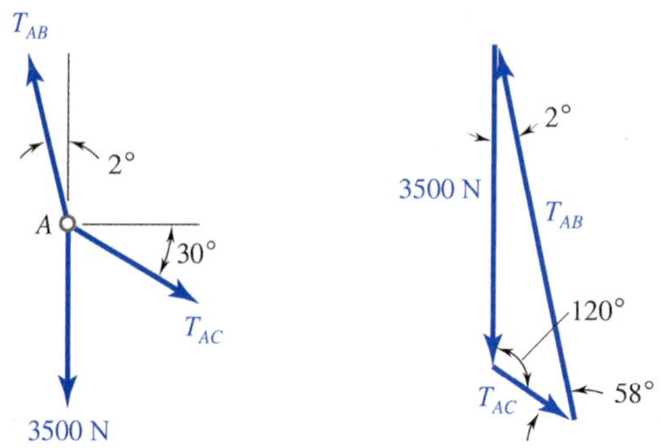

• 평형 조건식:

사인 법칙을 사용한다.

$$\frac{T_{AB}}{\sin 120^\circ} = \frac{T_{AC}}{\sin 2^\circ} = \frac{3500\ \text{N}}{\sin 58^\circ}$$

$$T_{AB} = 3574\ \text{N},\ T_{AC} = 144\ \text{N}$$

■

예제

다음 그림에서 자유 물체도를 그리고 F의 크기와 방향을 계산하라.

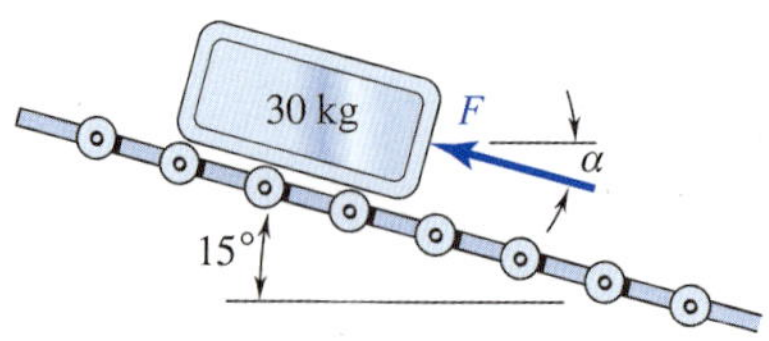

풀이

무게 $W = mg = (30\ \text{kg})(9.81\ \text{m/sec}^2) = 294\ \text{N}$

• 자유 물체도:

3가지 힘이 작용하므로 평형 상태에 있는 힘의 삼각형을 그린다.

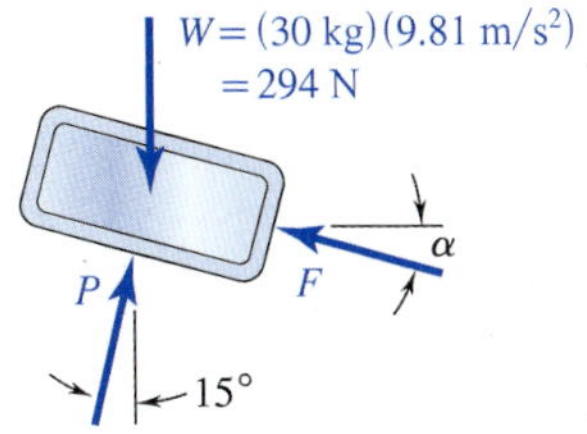

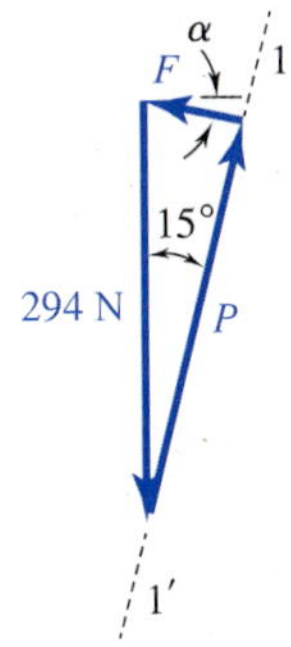

평형 조건식을 적용한다.

삼각형으로부터

$$F = (294\ \text{N})\sin 15^\circ = 76.1\ \text{N},\ \ \alpha = 15^\circ$$ ■

고체역학에서는 구조물이 지지되거나 연결되어 있는 경우가 있다. 이 경우 고정된 지점 혹은 지지점에서의 반력의 형태는 다음과 같다.

(1) 마찰 없는 표면의 경우(롤러, 로크, 마찰 없는 봉에 연결된 칼라, 홈(slot) 안의 마찰 없는 핀)

(2) 마찰이 있는 표면의 경우(마찰 없는 핀 혹은 힌지)

(3) 마찰이 없는 핀 또는 조인터의 경우

(4) 마찰 없는 베어링, 축의 중심을 통과하는 축에 가해지는 경우

(5) 고정 지지단의 경우

각각에 대해 반력과 미지수의 개수를 그림 1.17에 표시한다.

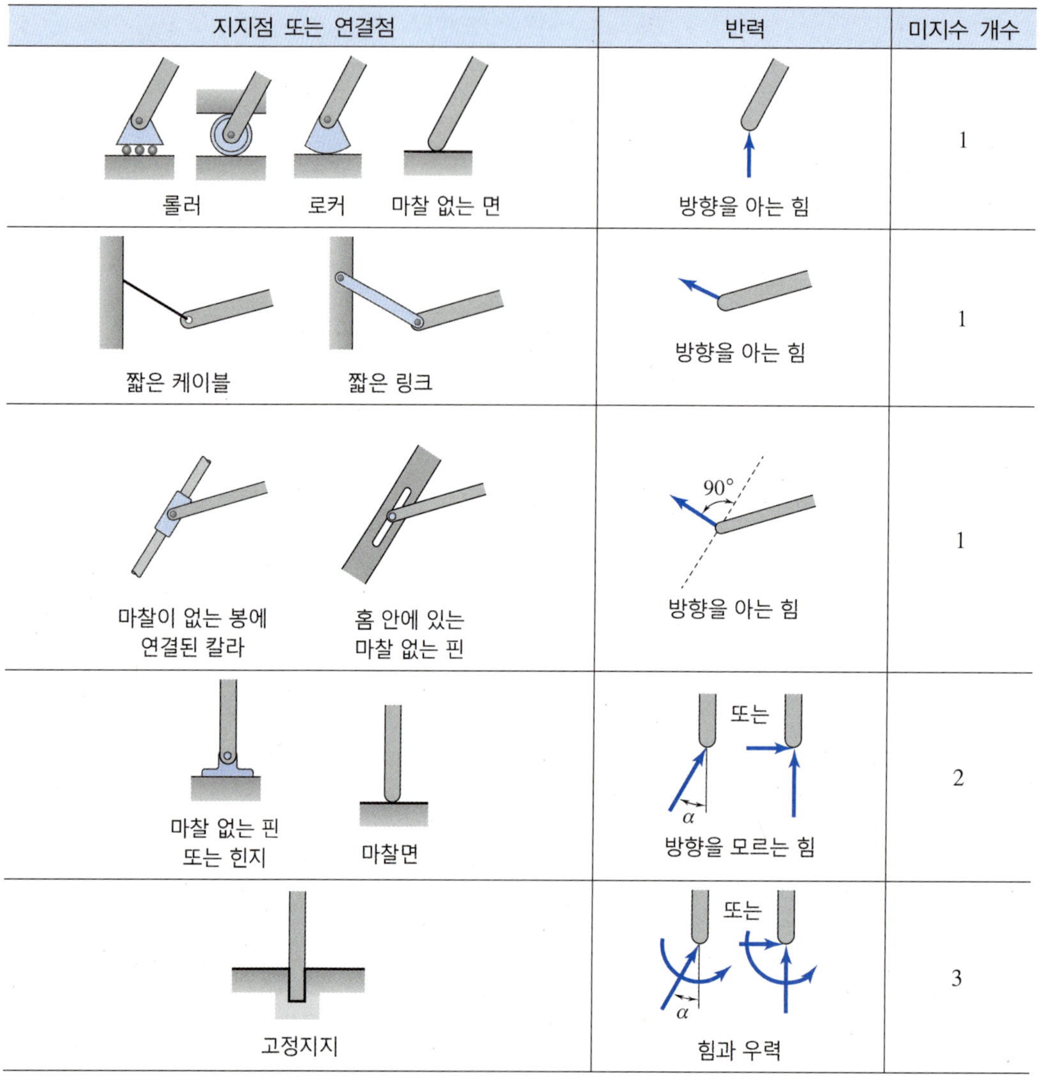

그림 1.17 지지점과 연결점에서의 반력

예제

그림과 같은 크레인에서 A점에서는 핀으로, B점에서는 로크로 지지되어 있다. 크레인의 중심은 G에 위치한다. 점 A, B에서의 반력을 결정하라.

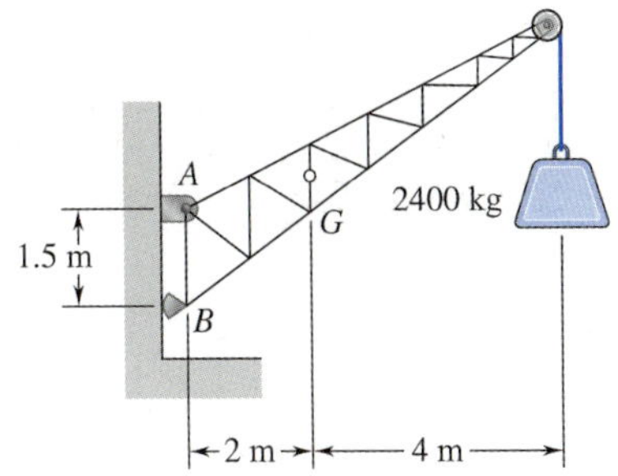

풀이

자유 물체도를 그리면

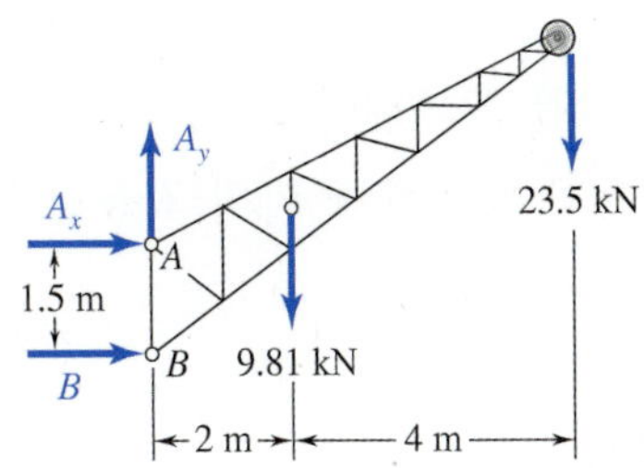

A점에서 모멘트 식을 적용하면(반시계 방향을 양으로 한다)

$$\sum M_A = 0: \; B(1.5 \text{ m}) - (9.81 \text{ kN})(2 \text{ m}) - (23.5 \text{ kN})(6 \text{ m}) = 0$$

따라서 $B = 107.1 \text{ kN}$

반력 A_x를 결정하기 위해서는

$$\sum F_x = 0: \; A_x + B = 0, \; A_x + 107.1 \text{ kN} = 0$$

따라서 $A_x = -107.1 \text{ kN}$

반력 A_y를 결정하기 위해서는

$$\sum F_y = 0: \; A_y - 9.81 \text{ kN} - 23.5 \text{ kN} = 0, \; A_y - 33.3 \text{ kN} = 0$$

따라서 $A_y = 33.3\ \text{kN}$

이 답이 맞는지 여부 체크: B점에서 모멘트를 취하면

$$\sum M_B = 0: \ -(9.81\ \text{kN})(2\ \text{m}) - (23.5\ \text{kN})(6\ \text{m}) + (107.1\ \text{kN})(1.5\ \text{m}) = 0$$ ■

1.14 두 힘을 받는 부재(two force member or body)

두 힘을 받는 부재는 위치가 다른 두 곳에서 두 개의 힘만 받는 물체이다. 두 힘을 받는 부재가 평형 상태에 있다면 두 힘의 크기는 서로 같고, 방향은 반대이고, 동일 작용선(line of action)상에 있어야 한다. 이를 두 힘을 받는 부재(two force member)라 한다. 그림 1.18(a)의 점 A, B에서 두 힘 F_1, F_2가 각각 작용한다. 평형 상태에 있다면 F_1, F_2에 의한 임의의 축에 대한 모멘트의 합은 0이다. 지점 A에 대한 모멘트의 합을 구해 보자. F_1에 의한 모멘트는 0이다. 따라서 F_2에 의한 모멘트도 0이어야 한다. F_2의 작용선(line of action)은 그림과 같이 A를 통과해야 한다[그림 1.18(b)]. 점 B에 대해서도 모멘트의 합은 0이어야 하므로 이전과 동일하게 F_1의 작용선(line of action)은 그림 1.18(c)와 같이 B를 통과해야 한다.

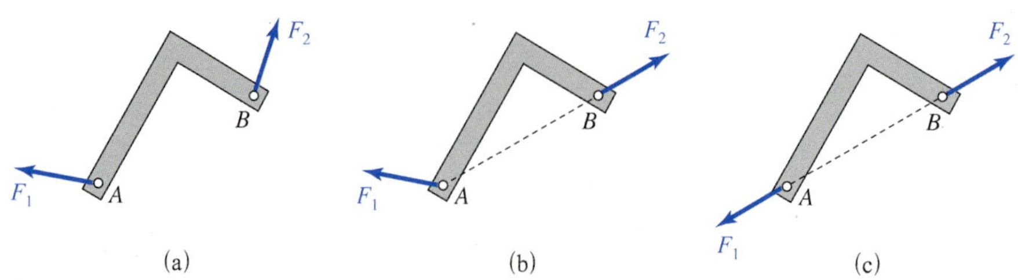

그림 1.18 두 힘을 받는 부재

1.15 세 힘을 받는 부재(three force member or body)

강체가 3가지 점에서 하중을 받는 강체를 세 힘을 받는 부재라 한다. 그림 1.19와 같이 세 점 A, B, C에서 힘 F_1, F_2, F_3가 각각 작용한다[그림 1.19(a)] 물체가 평형 상태에 있으면 세 힘의 작용선(line of action)은 동일점에 작용(concurrent)하거나 혹은 평행

(parallel)하여야 한다. 평형 상태에 놓여 있으므로 임의 축에 대해 힘 F_1, F_2, F_3에 의한 모멘트의 합은 0이어야 한다. F_1과 F_2의 작용선은 교차한다고 가정하고 교차점을 D라 하면 D점에 대한 모멘트의 합을 구한다[그림 1.19(b)]. D점에 대한 F_1과 F_2에 의한 모멘트의 합은 0이므로 D점에 대한 F_3에 의한 모멘트의 합도 0이어야 한다. 따라서 F_3의 작용선(line of action)은 D점을 통과해야 한다[그림 1.19(c)]. 따라서 3가지 작용선들은 한 점에서 만나야 한다(concurrent). 유일한 예외는 선들이 서로 교차하지 않는 경우 존재하게 되며, 이 경우 작용선(line of action)은 평행한다.

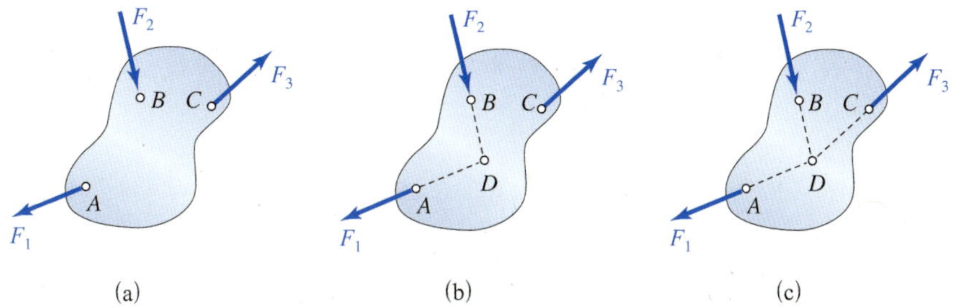

그림 1.19 세 힘을 받는 부재

예제

길이 4 m이고 무게가 10 kg 기둥을 로프를 잡아당겨 들어올린다. 로프의 인장력 T를 구하고 지점 A에서 반력을 구하라.

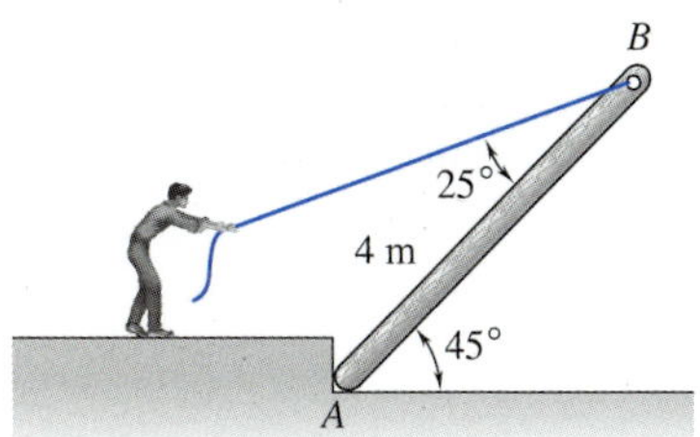

풀이

• 자유 물체도:

그림과 같이 무게 W, 로프 장력 T, 지점 A에서의 반력 R의 3가지 힘이 작용한다. 무게 $W = \text{mg} = (10\text{ kg})(9.81\text{ m/s}^2) = 98.1\text{ N}$이다. 이 기둥에는 3가지 힘이 작용하므로 동일 점에 작용한다.

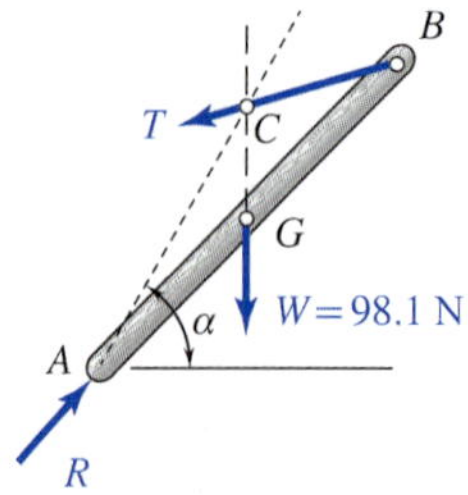

• 세 힘이 작용하는 물체:

자유 물체도로부터 세 힘이 작용함을 안다. 세 힘이 작용하므로 세 힘은 동일 점에 작용한다. 따라서 반력 R은 무게 W, 장력 T와의 작용선의 교차점 C를 통과한다. 따라서 반력 R이 수평선과 이루는 α를 결정해야 한다. 이를 위해 점 B로부터 수직선 BF를 그리고 점 C를 지나는 수평선 CD를 그리면

$$AF = BF = (AB)\cos 45° = (4\text{ m})\cos 45° = 2.828\text{ m},$$

$$CD = EF = AE = \frac{1}{2}AF = 1.414\text{ m}$$

$$BD = (CD)\cot(45° + 25°) = (1.414\text{ m})\tan 20° = 0.515\text{ m}$$

$$CE = DF = BF - BD = 2.828 - 0.515\text{ m} = 2.313\text{ m}$$

$$\tan\alpha = \frac{CE}{AE} = \frac{2.313\text{ m}}{1.414\text{ m}} = 1.636, \text{ 따라서 } \alpha = 58.6°$$

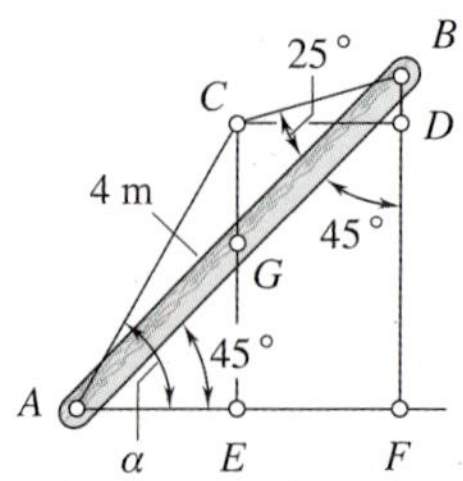

• 힘의 삼각형:

힘의 삼각형을 다음 그림과 같이 그린다. 이후 삼각형의 사인 법칙을 사용하면 $\frac{T}{\sin 31.4°} = \frac{R}{\sin 110°} = \frac{98.1\text{ N}}{\sin 38.6°}$로부터 $T = 81.9\text{ N}, R = 147.5\text{ N}$을 구한다.

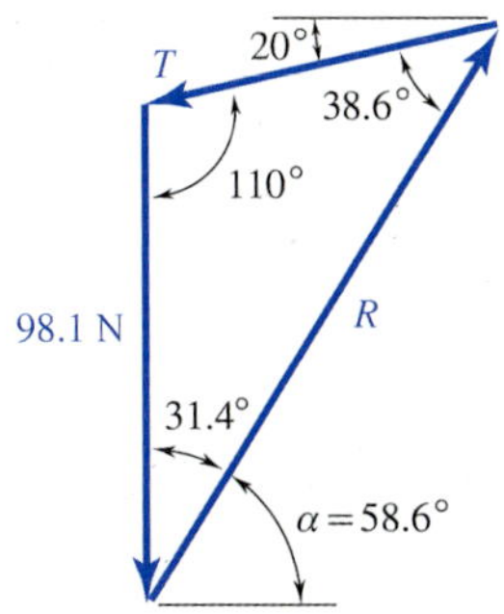

1.16 면적의 도심과 2차 면적 모멘트(관성 모멘트)

1.16.1 면적 도심

X, Y평면상에 임의의 형상을 가지는 도형의 면적은 A이다. 이 면적 내에서 취한 미소 면적을 dA, 그 중심까지의 좌표를 x, y라고 하면 면적 A의 X축과 Y축에 대한 1차 면적 모멘트(the first moment of inertia) M_x와 M_y는 식 (1.6)과 같이 정의된다(그림 1.20).

$$M_x = \int_A y dA \qquad M_y = \int_A x dA \tag{1.6}$$

면적 A의 도심(centroid) 좌표를 $\bar{x}$, $\bar{y}$라 하면 도심의 위치는 식 (1.7)로부터 결정할 수 있다.

$$M_x = \int_A y dA = A\bar{y} \qquad M_y = \int_A x dA = A\bar{x} \tag{1.7}$$

따라서 도형의 도심 좌표 $\bar{x}$, $\bar{y}$는 식 (1.8)로부터 결정할 수 있다.

$$\bar{x} = \frac{M_y}{A} = \frac{\int_A x dA}{A} \qquad \bar{y} = \frac{M_x}{A} = \frac{\int_A y dA}{A} \tag{1.8}$$

복합 면적의 도심 좌표를 구하는 식은 식 (1.9)와 같다.

$$\bar{x} = \frac{A_1\bar{x_1} + A_2\bar{x_2} + A_3\bar{x_3} + \cdots}{A_1 + A_2 + A_3 + \cdots}, \qquad \bar{x} = \frac{A_1\bar{x_1} + A_2\bar{x_2} + A_3\bar{x_3} + \cdots}{A_1 + A_2 + A_3 + \cdots} \tag{1.9}$$

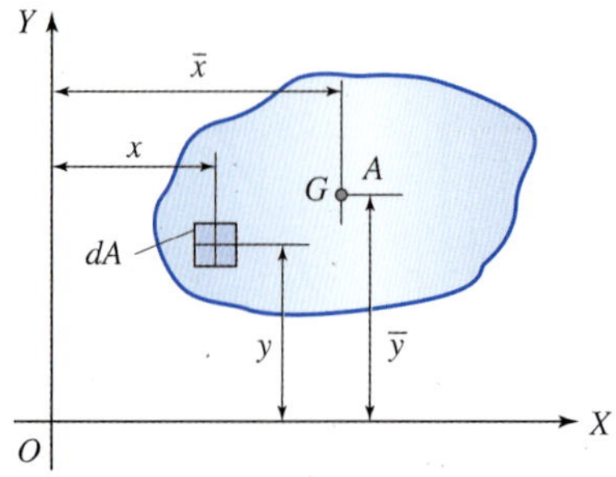

그림 1.20 평면에서의 임의 도형의 도심

만일 X축과 Y축이 도심을 통과하면 각각의 면적 모멘트 $M_x = M_y = 0$이 된다.

예제

단면에서의 도심축을 구하려고 한다. 단면보의 밑면 $X-X$축으로부터 도심축까지의 거리를 구하라.

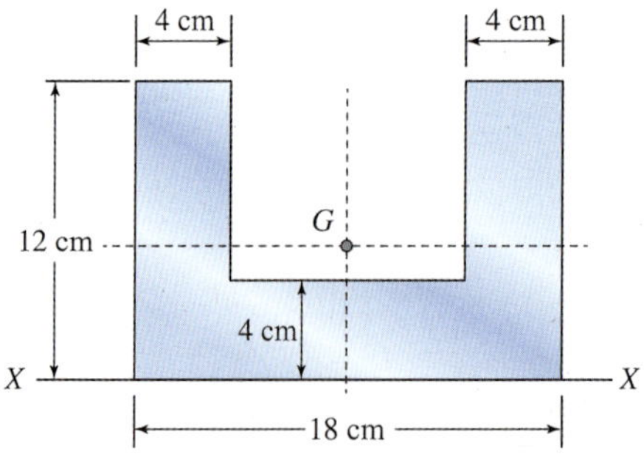

풀이

단면을 3개의 면적으로 나눈다. 각 면적에 대해 $X-X$축에 대한 1차 면적 모멘트를 구하고 모두 더한다.

$$M_{XX} = (4 \times 12) \cdot 6 + (4 \times 10) \cdot 2 + (4 \times 12) \cdot 6 = 656 \text{ cm}^3$$

$$\text{전체 면적 } A = (4 \times 12) \times 2 + 4 \times 10 = 96 + 40 = 136 \text{ cm}^2$$

따라서 도심 위치는

$$\bar{y} = \frac{M_{XX}}{A} = \frac{656 \text{ cm}^3}{136 \text{ cm}^2} = 4.82 \text{ cm}$$

■

예제

다음에서 (a) x, y축 각각에 대한 1차 면적 모멘트를 구하라. (b) 도심의 위치를 구하라.

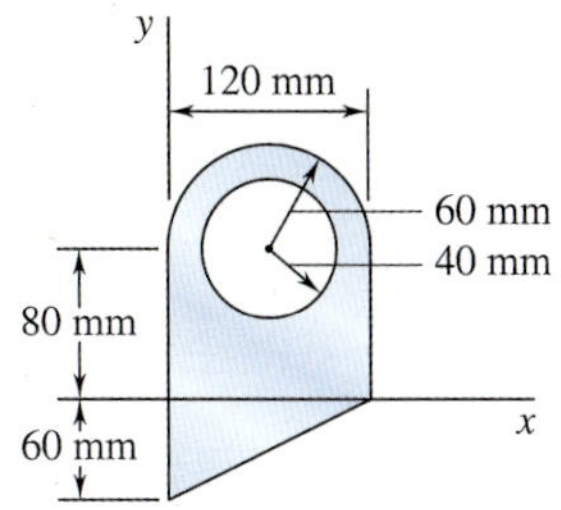

풀이

먼저 사각형, 삼각형, 반원을 더하고 원을 뺀다. 표에 이와 관련된 계산 결과가 있다.

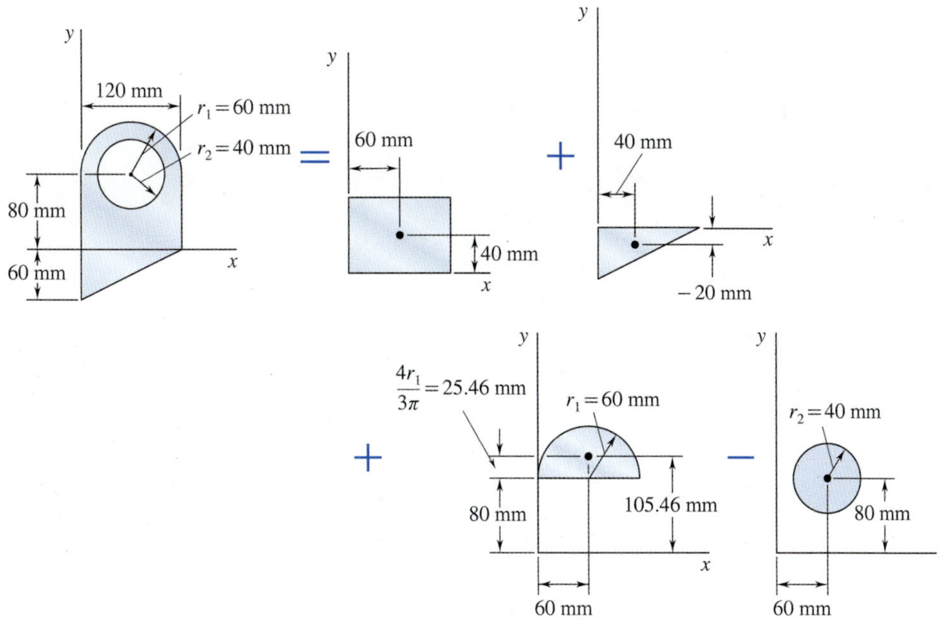

각각 면적 성분의 면적 도심

	면적 $A(\text{mm}^2)$	$\bar{x}(\text{mm})$	$\bar{y}(\text{mm})$	$\bar{x}A(\text{mm}^3)$	$\bar{y}A(\text{mm}^3)$
사각형	$(120)(80)=9.6\times10^3$	60	40	576×10^3	384×10^3
삼각형	$\frac{1}{2}(120)(60)=3.6\times10^3$	40	-20	144×10^3	-72×10^3
반원	$\frac{1}{2}\pi(60)^2=5.655\times10^3$	60	105.46	339.3×10^3	596.4×10^3
원	$-\pi(40)^2=-5.027\times10^3$	60		-301.6×10^3	-402.2×10^3
	$\sum A=13.828\times10^3$			$\sum\bar{x}A=757.7\times10^3$	$\sum\bar{y}A=506.2\times10^3$

• 1차 면적 모멘트:

$$x\text{축에 대한 1차 면적 모멘트 } M_x=\sum\bar{y}A=506.2\times10^3\ \text{mm}^3$$

$$y\text{축에 대한 1차 면적 모멘트 } M_y=\sum\bar{x}A=757.7\times10^3\ \text{mm}^3$$

• 도심의 위치:

$$M_x=A\bar{y},\ \text{따라서}\ \bar{y}=\frac{M_x}{A}=\frac{506.2\times10^3\ \text{mm}^3}{13.828\times10^3\ \text{mm}^2}=36.6\ \text{mm}$$

$$M_y=A\bar{x},\ \text{따라서}\ \bar{x}=\frac{M_y}{A}=\frac{757.7\times10^3\ \text{mm}^3}{13.828\times10^3\ \text{mm}^2}=54.8\ \text{mm}$$ ■

1.16.2 관성 모멘트(moment of inertia)

평면상에서 임의의 도형에서 x, y축에 대한 단면 2차 모멘트(관성 모멘트 혹은 면적 2차 모멘트)는 식 (1.10)으로 나타낼 수 있다(그림 1.21).

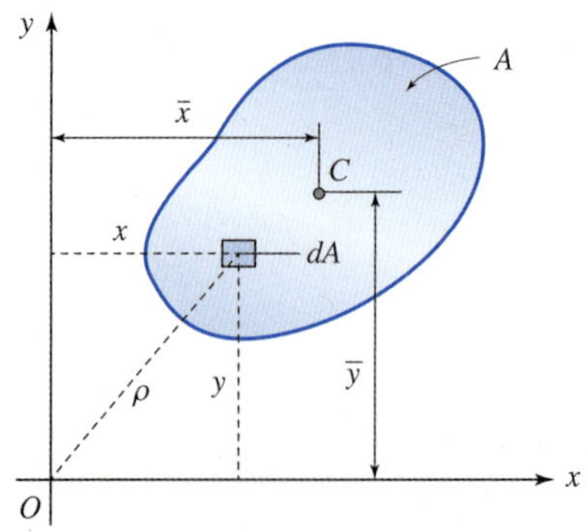

그림 1.21 면적에 대한 관성 모멘트

$$I_x = \int_A y^2 dA, \quad I_y = \int_A x^2 dA \tag{1.10}$$

2차 면적 모멘트의 차원은 L^4, 단위는 m^4 혹은 mm^4이다.

예제

기저 축에 대한 다음 사각형의 관성 모멘트를 결정하라.

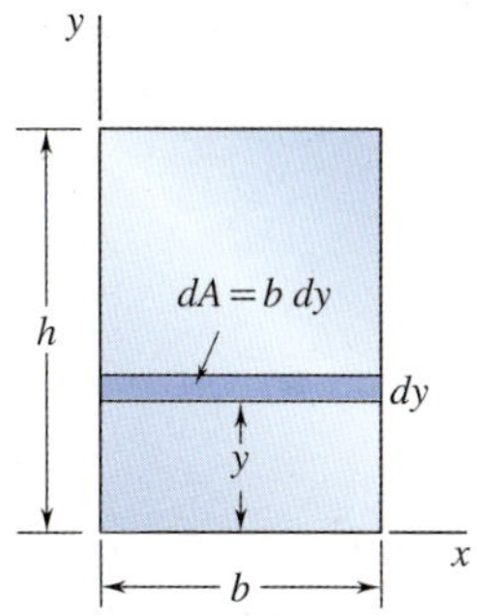

풀이

$$dA = bdy,\ dI_x = y^2 bdy,\ \text{따라서}\ I_x = \int_0^h by^2 dy = \frac{1}{3}bh^3$$ ■

–단면계수(section radius)

축 $X-X$가 도심을 지나는 경우 축에서 도형의 상부, 하부까지의 거리를 각각 y_1, y_2라 하면(그림 1.22) 도심을 지나는 축에 대한 관성 모멘트를 축에서 최상부 단 혹은 최하부 단까지의 거리로 나눈 값을 이 단면에 대한 단면계수(S: section modulus)라 부르고 단위는 m^3 혹은 mm^3이다. 식 (1.11)은 단면계수를 정의하는 식이다.

$$S_1 = \frac{I_x}{y_1} \quad S_2 = \frac{I_x}{y_2} \tag{1.11}$$

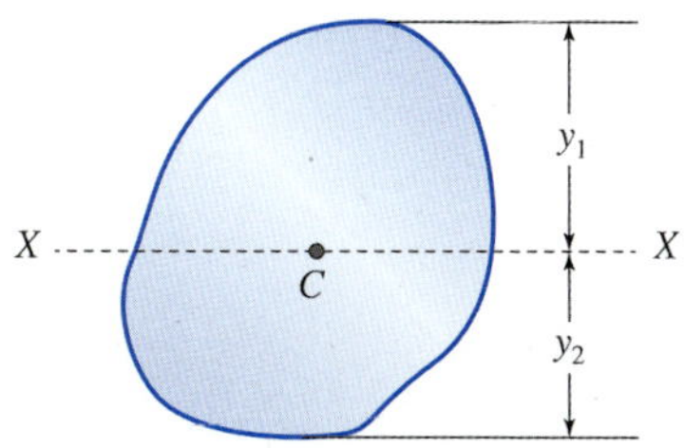

그림 1.22 도심을 지나는 축에 대한 단면계수

예제

Z축에 상하 대칭인 단면의 단면계수를 구하라.

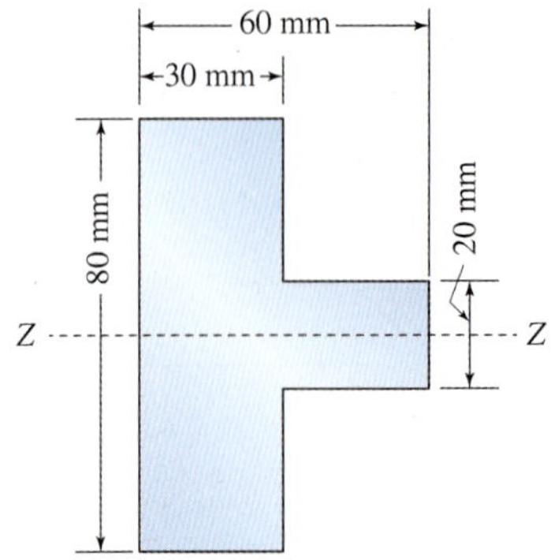

풀이

3개의 면적으로 나눈다.

$$A_1 = (30)(30) = 900\ \text{mm}^2,\ A_2 = (60)(20) = 1200\ \text{mm}^2,\ A_3 = (30)(30) = 900\ \text{mm}^2$$

Z축에 대한 면적 A_1의 관성 모멘트는

$$I_{zz})_1 = \frac{1}{12}(30)(30)^3 + (30)(30)(25)^2 = 630{,}000\ \text{mm}^4$$

Z축에 대한 면적 A_3의 관성 모멘트는

$$I_{zz})_3 = \frac{1}{12}(30)(30)^3 + (30)(30)(-25)^2 = 630{,}000\ \text{mm}^4$$

Z축에 대한 면적 A_2의 관성 모멘트는

$$I_{zz} = \frac{1}{12}(60)(20)^3 = 40{,}000\ \text{mm}^4$$

Z축에 대한 전체 면적에 대한 관성 모멘트

$$I_{zz} = I_{zz})_1 + I_{zz})_2 + I_{zz})_3 = 1.3 \times 10^6\ \text{mm}^4$$

따라서 단면계수는

$$S_1 = \frac{I_{zz}}{y_1} = \frac{1.3 \times 10^6\ \text{mm}^4}{40\ \text{mm}} = 3.25 \times 10^4\ \text{mm}^3 = 32.5\ \text{cm}^3$$

■

예제

다음 삼각형에서 최저단부에 대한 면적 관성 모멘트를 결정하라.

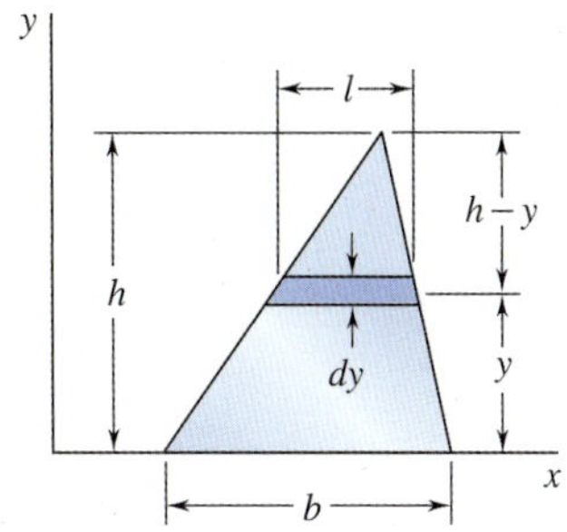

풀이

$$dI_x = y^2 dA,\ \ dA = l dy$$

또한 삼각형의 관계로부터 $\frac{l}{b} = \frac{h-y}{h}$, $l = b\frac{h-y}{h}$

$$\therefore dA = b\frac{h-y}{h}dy$$

dI_x를 $y=0$에서부터 $y=h$까지 적분하면

$$I_x = \int y^2 dA = \int_0^h y^2 b \frac{h-y}{h} dy = \frac{b}{h}\int_0^h (hy^2 - y^3) dy$$

$$= \frac{b}{h}[h\frac{y^3}{3} - \frac{y^4}{4}]_0^h = \frac{bh^3}{12}$$

■

예제

원형 단면에서 도심을 지나는 축에 대한 단면 2차 모멘트(관성 모멘트)와 단면계수를 구하라.

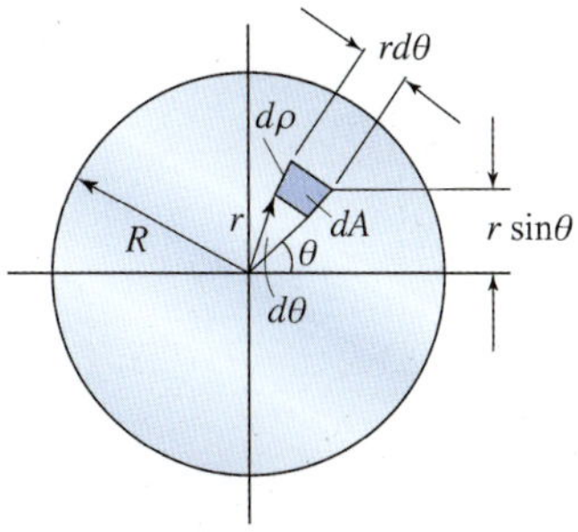

풀이

$$I_x = \int_A dI_x = \int_A (r\sin\theta)^2 dA = \int_A (r\sin\theta)^2 (rd\theta dr)$$

$$= \iint \int_0^{2\pi} \int_0^R (\sin^2\theta)(r^3) d\theta dr = \frac{R^4}{4}\int_0^{2\pi} \sin^2\theta d\theta$$

$$= \frac{R^4}{4}\int_0^{2\pi} \frac{1-\cos 2\theta}{2} d\theta = \frac{R^4}{4}[\frac{\theta}{2} - \frac{\sin 2\theta}{4}]_0^{2\pi} = \frac{\pi R^4}{4} = \frac{\pi d^4}{64}$$

단면계수 $S_x = \dfrac{(\pi d^4/64)}{(d/2)} = \dfrac{\pi d^3}{32}$ ■

–회전 반경(radius of gyration of area)

x축에 대한 관성 모멘트 I_x를 가지는 면적 A를 고려해 보자(그림 1.23). 이 면적을 x축에 평행한 얇은 스트립(strip)으로 상상하자[그림 1.23(b)]. $I_x = K_x^2 A$이다. k_x에 대해 풀면 $k_x = \sqrt{\dfrac{I_x}{A}}$ 가 된다. 이때의 거리 k_x를 x축에 대한 회전 반경 혹은 관성 반경 혹은 단면 2차 반경이라 한다. 유사한 방식으로 회전 반경 k_y와 k_y도 식 (1.12)로 정의할 수 있다[그림 1.23(c), (d)].

$$k_x = \sqrt{\frac{I_x}{A}} \quad k_y = \sqrt{\frac{I_y}{A}} \quad k_o = \sqrt{\frac{J_o}{A}} \tag{1.12}$$

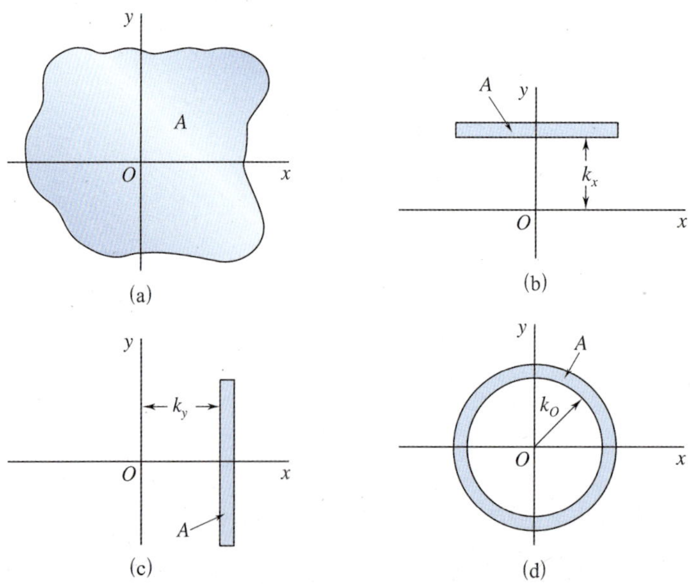

그림 1.23 회전 반경 k_x, k_y, k_o

예제

다음 사각형에서 기저 축에 대한 회전 반경 k_x를 구하라.

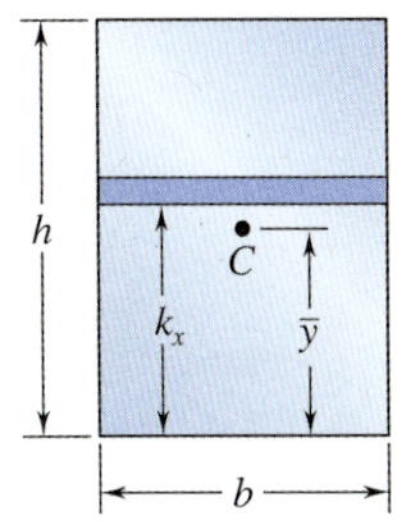

풀이

$$k_x^2 = \frac{I_x}{A} = \frac{\frac{1}{3}bh^3}{bh} = \frac{h^2}{3} \qquad k_x = \frac{h}{\sqrt{3}}$$

세로 좌표 $\bar{y} = \dfrac{h}{2}$는 면적의 도심이다. 반면 k_x는 관성 모멘트와 관련되어 있다. 세로 좌표 $\bar{y}$는 1차 면적 모멘트와 관련되어 있다. ■

1.16.3 극관성 모멘트(polar moment of inertia)

임의 형상의 단면적의 한 극점 O에 대한 모멘트를 극관성 모멘트라 하며, I_p 혹은 J로 표시한다. 그림 1.24에서 빗금 친 미소면적에 대한 극관성 모멘트는 식 (1.13)과 같다.

$$J = \int_A dJ = \int_A \rho^2 dA \tag{1.13}$$

여기서 $\rho^2 = x^2 + y^2$이다. 식 (1.13)은

$$J = \int (x^2 + y^2) dA = I_x + I_y \tag{1.14}$$

원형 단면의 극관성 모멘트는 $dJ = \rho^2 dA = \rho^2 (2\pi\rho \cdot d\rho) = 2\pi\rho^3 d\rho$이므로

$$J = \int_0^r dJ = \int_0^r \rho^2 dA = \int_0^r 2\pi\rho^3 d\rho = \frac{\pi r^4}{2} = \frac{\pi d^4}{32} \tag{1.15}$$

여기서 r과 d는 각각 원형 단면의 반지름과 지름이다. 중공축(hollow shaft)의 경우의 극

관성 모멘트는 식 (1.16)과 같다.

$$J=\int_{r_i}^{r_o} dJ=\int_{r_i}^{r_o}\rho^2 dA=\int_{r_i}^{r_o}2\pi\rho^3 d\rho=\frac{2\pi(r_o^4-r_i^4)}{4}=\frac{\pi(r_o^4-r_i^4)}{2}=\frac{\pi(d_o^4-d_i^4)}{32} \tag{1.16}$$

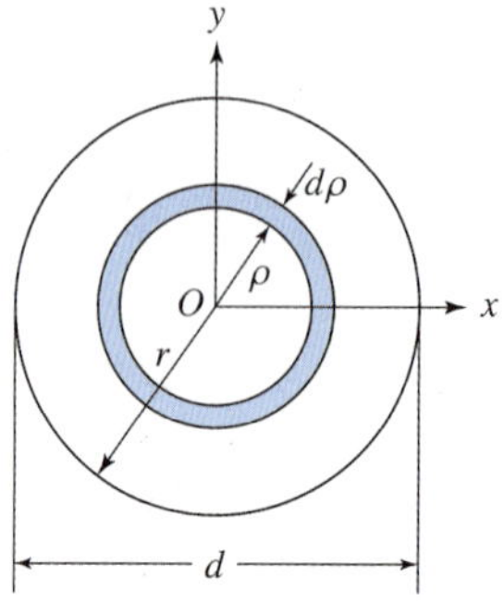

그림 1.24 원형 단면의 극관성 모멘트

1.16.4 평행축 정리(parallel axis theorem)

축 AA'에 대한 면적 A의 관성 모멘트를 고려해 보자. 면적 요소 dA로부터 AA'까지의 거리를 y로 표시하자(그림 1.25).

$$I=\int y^2 dA \tag{1.17}$$

도심(면적 중심) C를 통과하며 AA'축에 평행한 축 BB'를 그린다. 미소면적 dA로부터 BB'까지의 거리를 y'로 표시하자. 따라서 $y=y'+d$가 된다. 여기서 d는 AA'와 BB' 사이의 거리이다.

$$\begin{aligned} I&=\int y^2 dA=\int (y'+d)^2 dA \\ &=\int y'^2 dA+2d\int y' dA+d^2\int dA \end{aligned} \tag{1.18}$$

식 (1.18)의 오른쪽 항에서 첫 번째 적분은 도심축 BB'에 대한 면적 관성 모멘트 $\bar{I}$를 나타낸다. 두 번째 적분은 도심축 BB'에 대한 1차 면적 모멘트를 나타낸다. 축 BB'는 도심축을 통과하므로 두 번째 적분값은 '0'이 된다. 세 번째 적분값은 전체 면적 A가 된다. 따라서

$$I = \bar{I} + Ad^2 \tag{1.19}$$

식 (1.19)는 주어진 축 AA'에 대한 면적 관성 모멘트 I는 AA'와 평행한 도심축 BB'에 대한 면적 관성 모멘트 $\bar{I}$ 더하기 Ad^2임을 나타낸다. 여기서 거리 d는 AA'와 BB' 두 축 사이의 거리이다. 평행축 정리는 두 개의 평행한 축 중 하나가 도심을 통과하는 경우 적용할 수 있다.

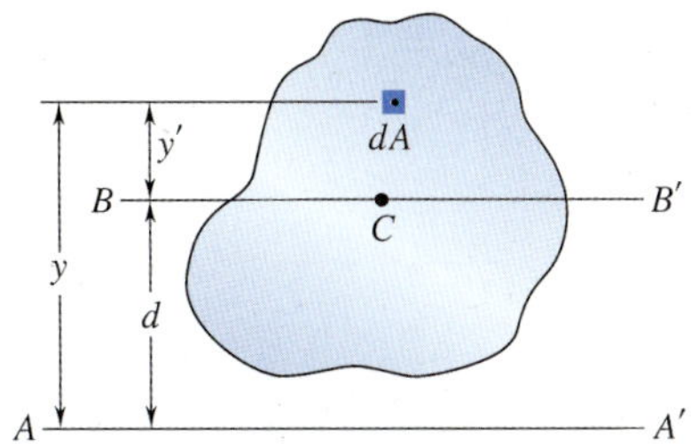

그림 1.25 평행축의 정리

예제

원의 하단 접선 T에 대한 원 면적의 관성 모멘트 I_T를 구하라.

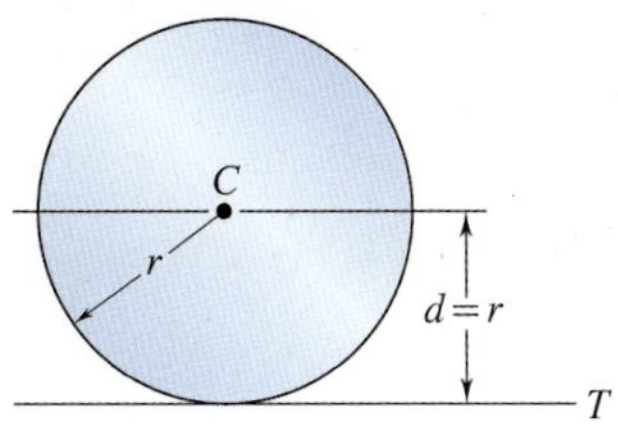

풀이

도심축에 대한 원 면적의 관성 모멘트는 $\bar{I} = \frac{1}{4}\pi r^4$이므로

$$I_T = \bar{I} + Ad^2 = \frac{1}{4}\pi r^4 + (\pi r^2)(r)^2 = \frac{5}{4}\pi r^4$$ ■

예제

다음 삼각형에서 (a) 축 AA', (b) 축 DD'에 대한 면적 관성 모멘트를 결정하라.

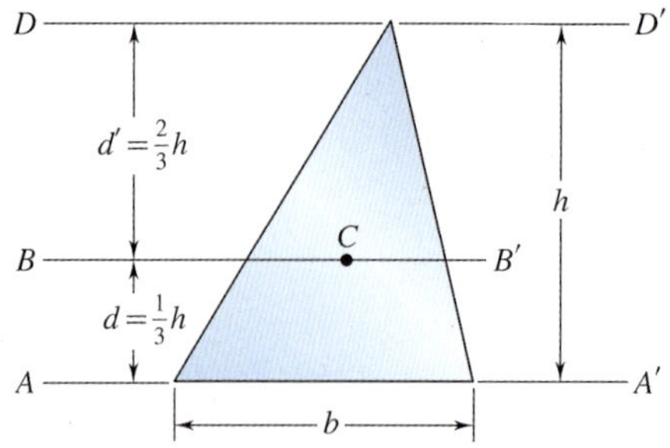

풀이

$$I_{AA'} = \overline{I_{BB'}} + Ad^2$$

$$\overline{I_{BB'}} = I_{AA'} - Ad^2 = \frac{1}{12}bh^3 - \frac{1}{2}bh\left(\frac{1}{3}h\right)^2 = \frac{1}{36}bh^3$$

$$I_{DD'} = \overline{I_{BB'}} + Ad'^2 = \frac{1}{36}bh^3 + \frac{1}{2}bh\left(\frac{2}{3}h\right)^2 = \frac{1}{4}bh^3$$ ■

1.16.5 복합 면적의 관성 모멘트

여러 개의 부품 면적 $A_1, A_2, A_3, \cdots$ 등으로 이루어진 복합 면적 A를 고려해 보자. 주어진 축에 대한 면적 A의 관성 모멘트는 주어진 축의 각각의 성분 면적 $A_1, A_2, A_3, \cdots$ 의 관성 모멘트를 더하면 된다. 여러 개의 형상으로 구성된 일반적인 형상의 면적 관성 모멘트는 표 1.1의 공식을 사용하여 구한다. 각 성분의 면적 관성 모멘트를 더하기 전에 평행축 정리를 사용하여 원하는 축으로 관성 모멘트를 전달할 수도 있어야 한다.

표 1.1 일반적인 형상에서의 관성 모멘트

사각형 (Rectangle)	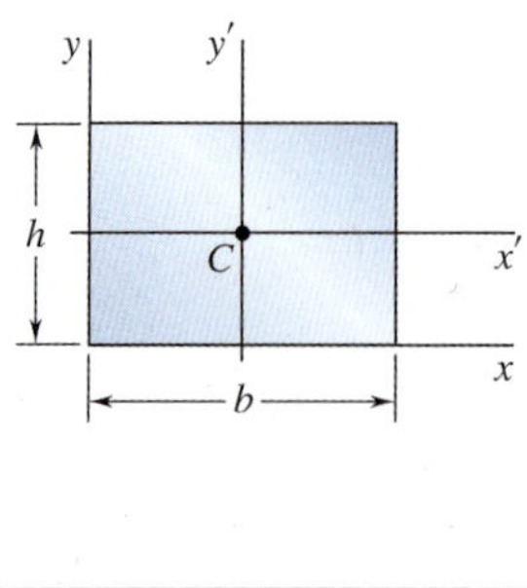	$\bar{I}_{x'} = \frac{1}{12}bh^3$ $\bar{I}_{y'} = \frac{1}{12}b^3h$ $I_x = \frac{1}{3}bh^3$ $I_y = \frac{1}{3}b^3h$ $J_C = \frac{1}{12}bh(b^2+h^2)$

삼각형 (Triangle)	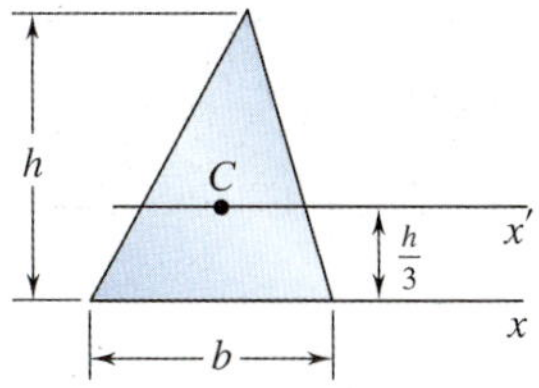	$\bar{I}_{x'} = \frac{1}{36}bh^3$ $I_x = \frac{1}{12}bh^3$
원 (Circle)	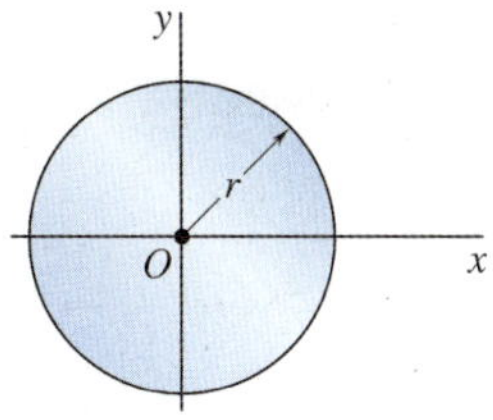	$\bar{I}_x = \bar{I}_y = \frac{1}{4}\pi r^4$ $J_O = \frac{1}{2}\pi r^4$
반원 (Semicircle)	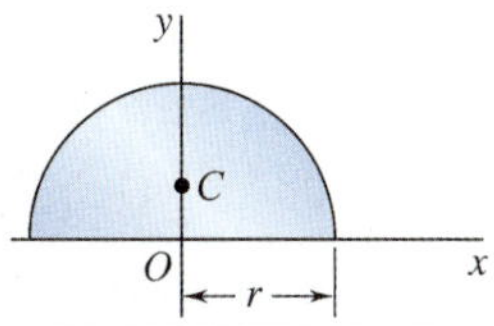	$I_x = I_y = \frac{1}{8}\pi r^4$ $J_O = \frac{1}{4}\pi r^4$
1/4원 (Quarter circle)	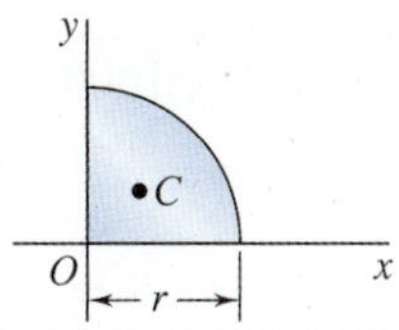	$I_x = I_y = \frac{1}{16}\pi r^4$ $J_O = \frac{1}{8}\pi r^4$
타원 (Ellipse)	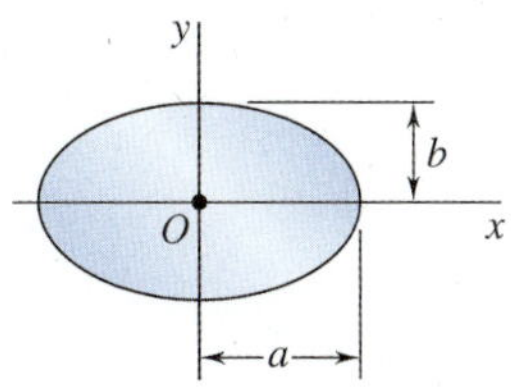	$\bar{I}_x = \frac{1}{4}\pi ab^3$ $\bar{I}_y = \frac{1}{4}\pi a^3 b$ $J_O = \frac{1}{4}\pi ab(a^2 + b^2)$

예제

다음과 같은 단면 형상을 가지는 도형의

(a) 도심의 위치를 구하라.

(b) 도심을 지나는 x축에 대한 관성 모멘트를 구하라.

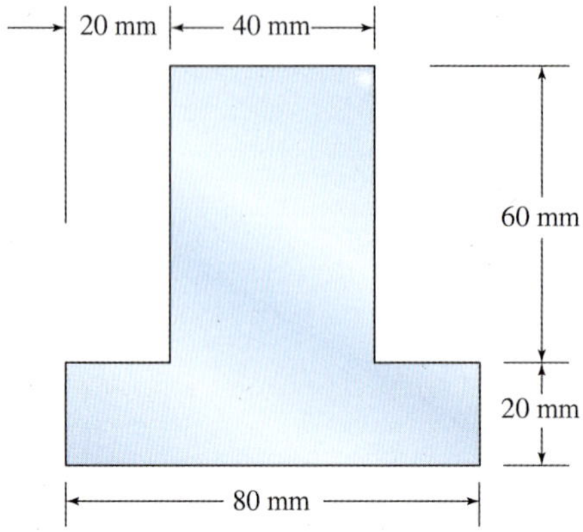

풀이

면적을 2개로 나눈다. $A_1 = (60)(40) = 2400\ \text{mm}^2$, $A_2 = (80)(20) = 1600\ \text{mm}^2$

도심의 위치를 구한다.

$$\bar{y} = \frac{y_1 A_1 + y_2 A_2}{A_1 + A_2} = \frac{(50)(2400) + (10)(1600)}{2400 + 1600} = 34\ \text{mm}$$

면적 A_1의 관성 모멘트

$$I_x)_1 = I_{x_G} + A_1 d_1^2 = \frac{(40)(60)^3}{12} + (60)(40)(50 - 34)^2$$

면적 A_2의 관성 모멘트

$$I_x)_2 = I_{x_G} + A_1 d_1^2 = \frac{(80)(20)^3}{12} + (80)(20)(34 - 10)^2$$

전체 관성 모멘트

$$I_x = I_x)_1 + I_x)_2 = 2.31 \times 10^6\ \text{mm}^4$$ ■

예제

I형 단면의 도심 x축에 대한 관성 모멘트를 구하라.

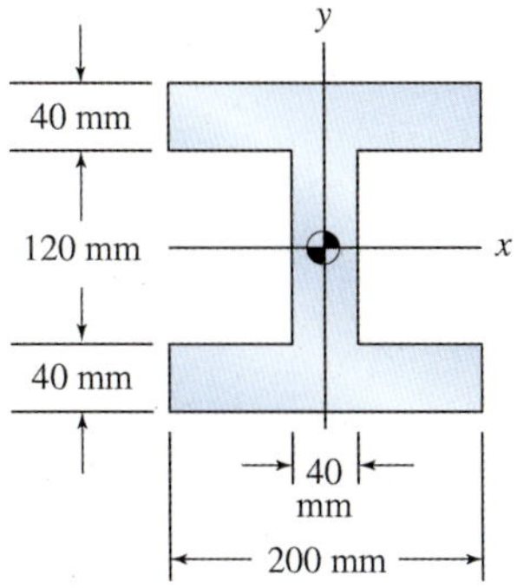

풀이

면적을 세 부분으로 나눈다. 각 부분의 도심에 $x'y'$의 원점이 위치하도록 좌표를 설정한다.

면적 $A_1 = (200)(40) = 8000\ \text{mm}^2$, $A_2 = (120)(40) = 4800\ \text{mm}^2$, $A_3 = (200)(40) = 8000\ \text{mm}^2$

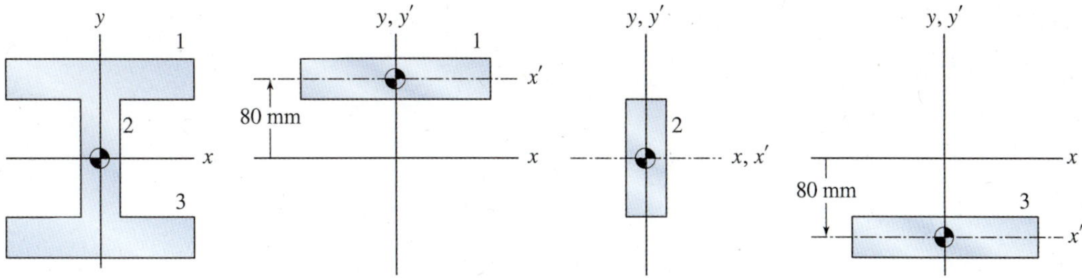

(a) (b)

면적 A_1에 대해 평행축 정리를 사용 도심축에 대한 극관성 모멘트를 구하면

$I_{x'})_1 = \frac{1}{12}(200)(40)^3$, $d_{1y} = 80\ \text{mm}$를 다음 식에 대입하면

$$I_x)_1 = I_{x'})_1 + A_1 d_{1y}^2 = 5.23 \times 10^7\ \text{mm}^4$$

면적 A_2에 대해 평행축 정리를 사용 도심축에 대한 극관성 모멘트를 구하면

$I_{x'})_2 = \frac{1}{12}(40)(120)^3$, $d_{2y} = 0$을 다음 식에 대입하면

$$I_x)_2 = I_{x'})_2 + A_2 d_{2y}^2 = 0.58 \times 10^7\ \text{mm}^4$$

면적 A_3에 대해 평행축 정리를 사용 도심축에 대한 극관성 모멘트를 구하면

$I_{x'})_3 = \frac{1}{12}(200)(40)^3$, $d_{3y} = -80$ mm를 다음 식에 대입하면

$$I_x)_3 = I_{x'})_3 + A_1 d_{1y}^2 = 5.23 \times 10^7 \text{ mm}^4$$

단면의 관성 모멘트는

$$I_x = I_x)_1 + I_x)_2 + I_x)_3 = (52.27 + 5.76 + 52.27) \times 10^6 \text{ mm}^4$$

■

예제

색칠된 면적의 관성 모멘트를 x축에 대하여 결정하라.

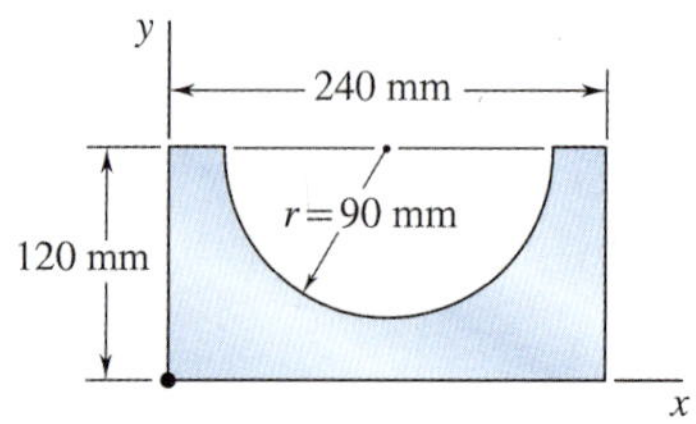

풀이

사각형 면적에서 반원의 면적을 빼준다.

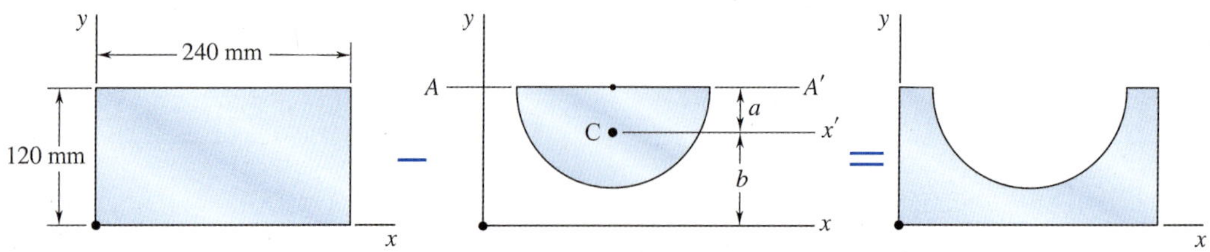

• 사각형의 관성 모멘트:

x축에 대한

$$I_x = \frac{1}{3}bh^3 = \frac{1}{3}(240 \text{ mm})(120 \text{ mm})^3 = 138.2 \times 10^6 \text{ mm}^4$$

• 반원의 관성 모멘트:

지름 AA'에 대한 반원의 도심 C의 위치는 다음과 같다.

$$a = \frac{4r}{3\pi} = \frac{(4)(90 \text{ mm})}{3\pi} = 38.2 \text{ mm}$$

도심 C에서 x축까지의 거리 b는

$$b = 120\text{ mm} - a = 120\text{ mm} - 38.2\text{ mm} = 81.8\text{ mm}$$

지름 AA'에 대한 반원의 관성 모멘트는

$$I_{AA'} = \frac{1}{8}\pi r^4 = \frac{1}{8}\pi(90\text{ mm})^4 = 25.76\times 10^6\text{ mm}^4$$

$$A = \frac{1}{2}\pi r^2 = \frac{1}{2}\pi(90\text{ mm})^2 = 12.72\times 10^3\text{ mm}^2$$

평행축 정리를 사용하면

$$I_{AA'} = I_{x'} + Aa^2$$

$$25.76\times 10^6\text{ mm}^4 = I_{x'} + (12.72\times 10^3\text{ mm}^2)(38.2\text{ mm})^2$$

따라서 $I_{x'} = 7.2\times 10^6\text{ mm}^4$ 이다.

다시 한번 평행축 정리를 사용하여 I_x를 구한다.

$$I_x = I_{x'} + Ab^2 = 7.2\times 10^6\text{ mm}^4 + (12.72\times 10^3\text{ mm}^2)(81.8\text{ mm})^2 = 92.3\times 10^6\text{ mm}^4$$

주어진 면적의 관성 모멘트는

$$I_x = 138.2\times 10^6\text{ mm}^4 - 92.3\times 10^6\text{ mm}^4 = 45.9\times 10^6\text{ mm}^4$$ ■

예제

폭 $b = 30\text{ mm}$ 이고 높이 $h = 80\text{ mm}$, 웨브의 두께 $t = 12\text{ mm}$ 를 가지는 단면의 도심축에 대한 관성 모멘트를 구하라.

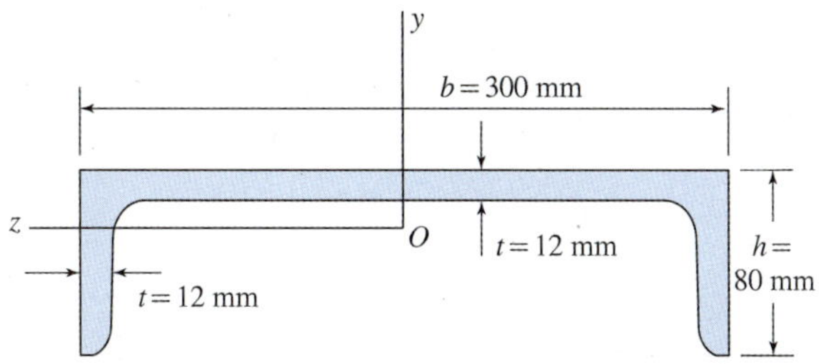

풀이

해석을 위해 간략화된 그림을 그린다.

$$A_1 \text{ 면적 } A_1 = (b-2t)(t) = (276 \text{ mm})(12 \text{ mm}) = 3312 \text{ mm}^2$$

$$A_2 \text{ 면적 } A_2 = (h)(t) = (80 \text{ mm})(12 \text{ mm}) = 960 \text{ mm}^2$$

$$A_3 \text{ 면적 } A_3 = (h)(t) = (80 \text{ mm})(12 \text{ mm}) = 960 \text{ mm}^2$$

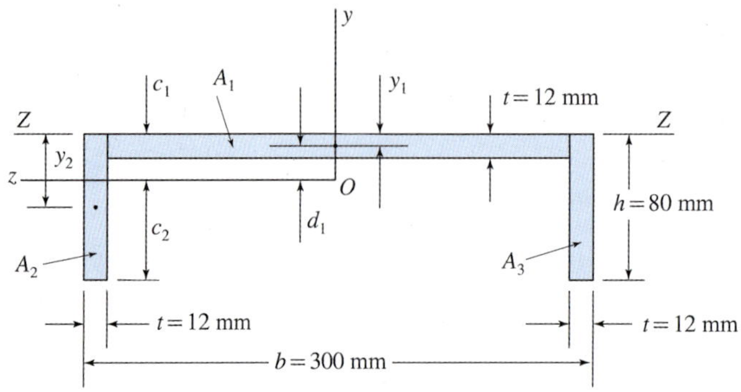

도심

$$c_1 = \frac{\sum y_i A_i}{\sum A_i} = \frac{y_1 A_1 + 2y_2 A_2}{A_1 + 2A_2} = \frac{(6 \text{ mm})(3312 \text{ mm}^2) + 2(40 \text{ mm})(960 \text{ mm}^2)}{3312 \text{ mm}^2 + 2(960 \text{ mm}^2)} = 18.48 \text{ mm}$$

$$c_2 = h - c_1 = 80 \text{ mm} - 18.48 \text{ mm} = 61.52 \text{ mm}$$

z축에 대한 면적 A_1의 관성 모멘트

$$I_{z1} = I_{c1} + A_1 d_1^2$$

여기서 I_{c1}은 면적 A_1 자신의 도심축에 대한 관성 모멘트이다. 다음과 같이 계산된다.

$$I_{c1} = \frac{1}{12}(b-2t)(t)^3 = \frac{1}{12}(276 \text{ mm})(12 \text{ mm})^3 = 39{,}744 \text{ mm}^4$$

d_1은 면적 A_1의 도심축으로부터 z축까지의 거리이다.

$$d_1 = c_1 - t/2 = 18.48 \text{ mm} - 6 \text{ mm} = 12.48 \text{ mm}$$

따라서 z축에 대한 면적 A_1의 관성 모멘트는

$$I_{z1} = I_{c1} + A_1 d_1^2 = 39{,}744\ \text{mm}^4 + (3312\ \text{mm}^2)(12.48\ \text{mm}^2) = 555{,}600\ \text{mm}^4$$

면적 A_2와 A_3에 대해서도 동일한 방식으로 진행하면

$$I_{z2} = I_{z3} = 956{,}600\ \text{mm}^4$$

따라서 전체 단면적의 도심축에 대한 관성 모멘트 I_z는

$$I_z = I_{z1} + I_{z2} + I_{z3} = 2.469 \times 10^6\ \text{mm}^4$$ ■

1.16.6 상승 모멘트(product of inertia)

적분 $I_{xy} = \int xy\,dA$는 임의 형상을 가지는 면적 A의 미분 요소 dA에 요소의 x, y좌표를 곱하고 전체 면적에 대해 적분함으로써 구한다(그림 1.26). 이 적분을 면적 A의 x와 y축에 대한 상승 모멘트 혹은 관성 곱 혹은 관성 모멘트 적이라 한다. 상승 모멘트 I_{xy}는 양이나 음의 값을 가질 수 있다. 면적 A가 x축 또는 y축에 대해 대칭이거나 모두에 대해 대칭이면 상승 모멘트 I_{xy}는 0이다.

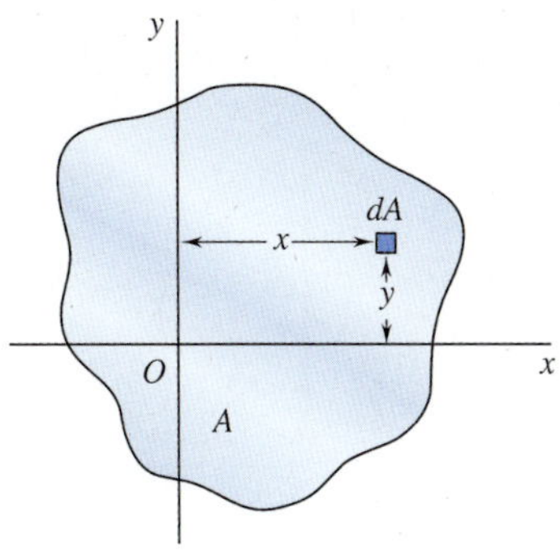

그림 1.26 임의 형상을 가지는 평면 도형의 면적

단면 도형의 채널을 고려해 보자(그림 1.27). 단면은 x축에 대해 대칭이므로 x, y좌표 값을 가지는 각 면적 요소 dA는 x와 $-y$의 좌표 값을 가지는 면적 요소 dA'와 연관시킬 수 있다. 이러한 방법으로 선택된 요소들은 서로 쌍을 이루며 상쇄될 수 있으므로 관성 적은 0이 된다. 즉, 양의 y좌표를 가지는 임의의 면적 요소 dA에 대응하여 음의 $-y$좌표를 가지는 동일한 크기 면적 요소 dA'가 존재하면 그들의 상승 모멘트(관성 모멘트 적)는 언제나 상쇄된다.

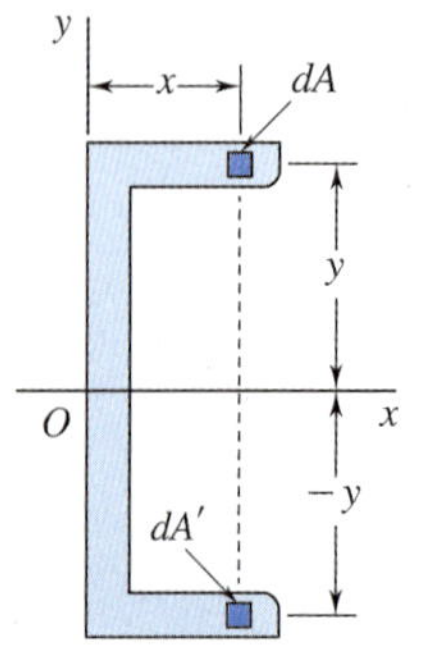

그림 1.27 한 축이 축 대칭일 때 0이 되는 관성 모멘트

도심 c와 도심축 x_c, y_c를 가지는 면적을 고려한다(그림 1.28). 평형축 정리는

$$
\begin{aligned}
I_{xy} &= \int (x+d_2)(y+d_1)dA = \int xydA + d_1\int xdA + d_2\int ydA + d_1d_2\int dA \\
&= I_{x_cy_c} + Ad_1d_2 \qquad (1.20)
\end{aligned}
$$

우측 적분의 첫 번째 적분 항은 도심축에 대한 관성 모멘트 적, 두 번째와 세 번째는 도심 축에 대한 1차 면적 모멘트이므로 0, 마지막 적분 항은 면적 A이다.

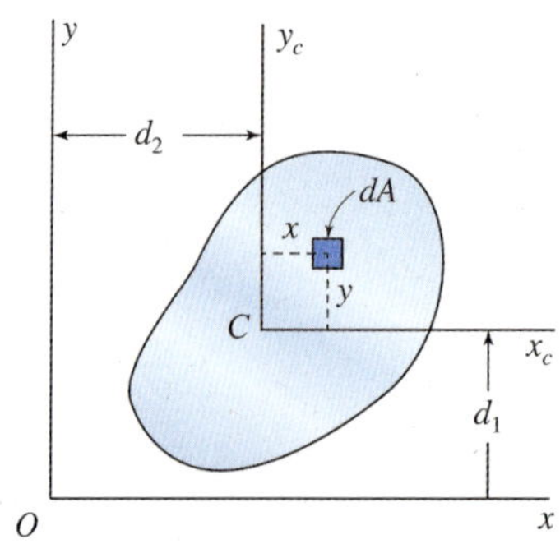

그림 1.28 관성 모멘트 적에 대한 평행축 정리

예제

다음 직사각형은 왼쪽 아래 모서리에 원점 O를 가진다. x, y축에 대한 직사각형의 관성 모멘트 적을 구하라.

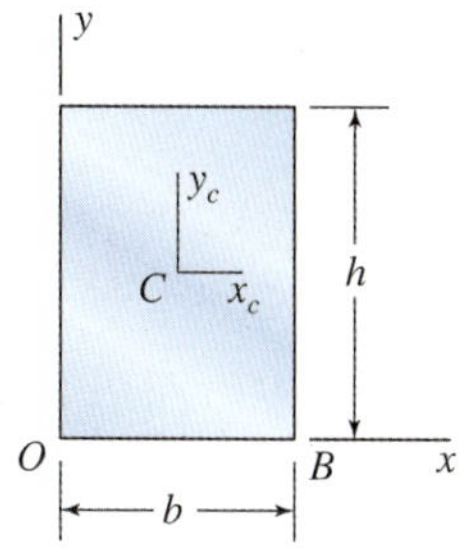

풀이

$I_{xy} = I_{x_c y_c} + Ad_1 d_2$로부터 $I_{x_c y_c} = 0$, $d_1 = \frac{h}{2}$, $d_2 = \frac{b}{2}$이므로

$$I_{xy} = I_{x_c y_c} + Ad_1 d_2 = 0 + bh\left(\frac{h}{2}\right)\left(\frac{b}{2}\right) = \frac{b^2h^2}{4}$$ ■

예제

원점 중심이 B점에 있을 경우 x, y축에 대한 직사각형의 관성적 모멘트를 구하라.

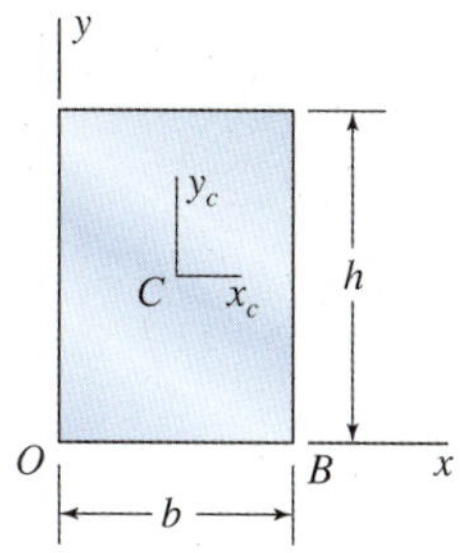

풀이

$$I_{xy} = I_{x_c y_c} + Ad_1 d_2 = 0 + bh\left(\frac{h}{2}\right)\left(-\frac{b}{2}\right) = -\frac{b^2h^2}{4}$$ ■

1장 요약

1. 힘과 모멘트는 벡터이다. 벡터의 합을 구하는 방법에는 평행 사변형 법칙과 삼각형 법칙, 다각형 법칙이 있다.

   (a) 평행 사변형 법칙: 두 개의 벡터 $\vec{P}$와 $\vec{Q}$의 합은 두 벡터를 같은 점 A에 일치시키고 $\vec{P}$와 $\vec{Q}$를 두 변으로 하는 평행 사변형을 구성함으로써 얻을 수 있다.

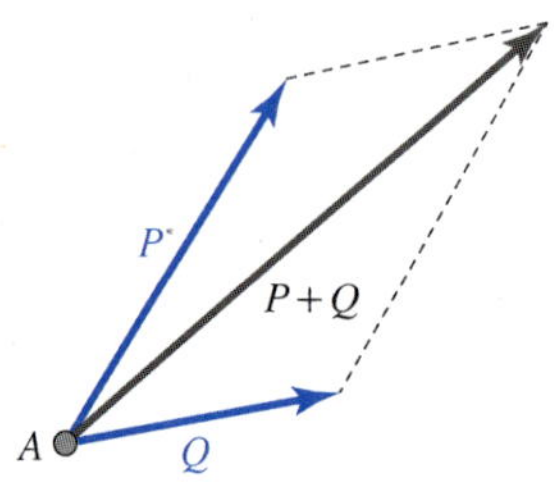

   (b) 삼각형 법칙: $\vec{P}$의 종점과 $\vec{Q}$의 시점이 맞닿도록 배열하고 $\vec{P}$의 시점을 $\vec{Q}$의 종점에 연결함으로써 얻을 수 있다.

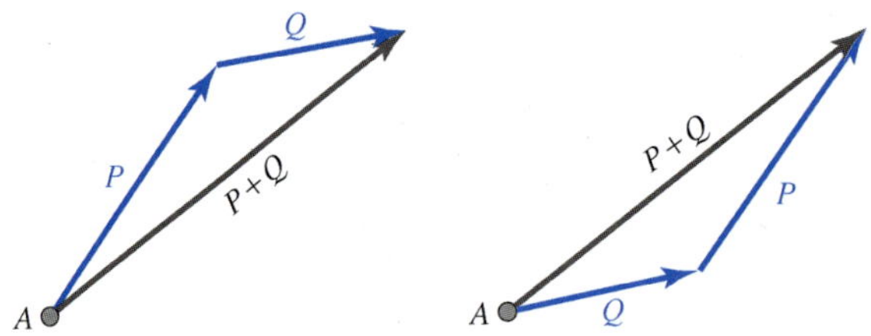

(a) (b)

   (c) 다각형 법칙: 주어진 벡터들을 시점과 종점이 일치하도록 배열하고 첫 번째 벡터의 시점과 마지막 벡터의 종점을 연결함으로써 세 벡터의 합을 직접 얻을 수 있다.

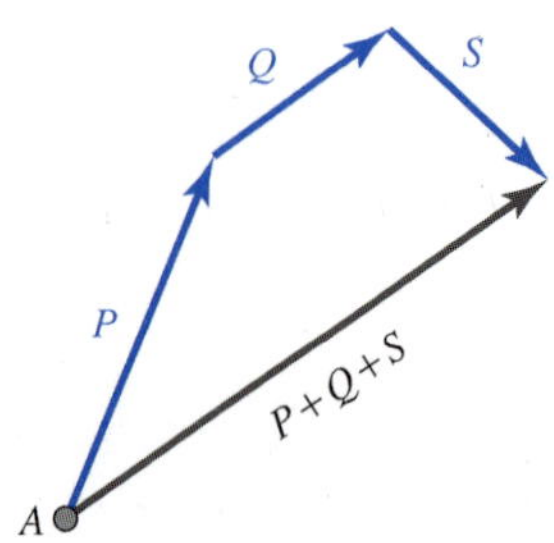

2. 2차원에서 질점의 평형을 위한 필요충분조건은 다음과 같다.

$$\sum F_x = 0, \ \sum F_y = 0$$

3차원 공간에서의 질점의 평형을 위한 필요충분조건은 다음과 같다.

$$\sum F_x = 0, \ \sum F_y = 0, \ \sum F_z = 0$$

3. 문제의 물리적 여건을 보여주는 스케치를 공간도(space diagram)이라 한다. 실제 구조물의 경우에는 많은 경우 질점의 평형에 관한 문제로 단순화될 수 있다. 즉, 중요한 질점을 선정하여 그곳에 작용하는 모든 힘들을 보여주는 그림을 그릴 수 있다. 이러한 그림을 자유 물체도(free body diagram)라 한다.

경우 1: 자유 물체도에 단지 세 힘만 포함된 경우 힘의 삼각형(force triangle)을 그리는 것이 가장 좋은 해결방법이다.

경우 2: 세 힘 이상 포함된 경우는 먼저 x축과 y축을 정하고 자유 물체도에 나타난 각 힘들을 x 성분과 y 성분으로 분해한다. 다음에 평형 방정식 $\sum F_x = 0$, $\sum F_y = 0$에 적용하여 미지의 힘을 계산할 수 있다.

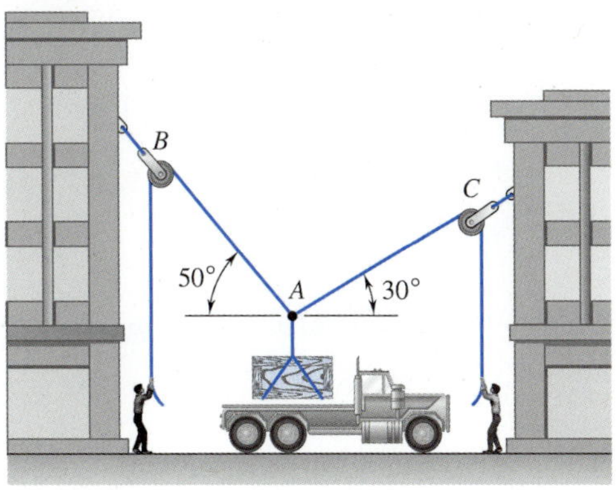

(a) 공간도

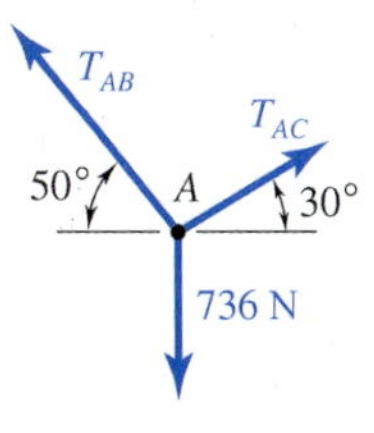

(b) 자유 물체도

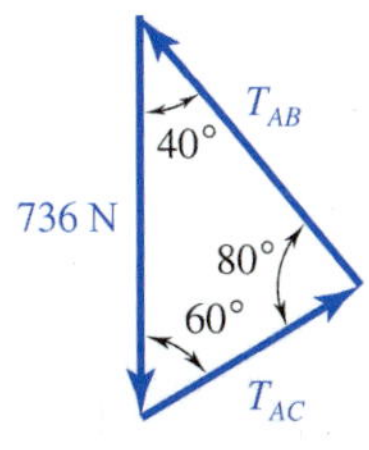

(c) 힘의 삼각형

4. 2차원 평면에서의 힘 $\vec{F}$를 직각성분 F_x, F_y로 분해할 수 있다.
3차원 공간에서의 힘 $\vec{F}$를 직각성분 F_x, F_y, F_z로 분해할 수 있다.
각 힘 $\vec{F}$를 크기 F와 힘의 방향을 정의하는 단위 벡터 $\vec{\lambda}$의 곱으로 나타낼 수 있다.

$$\vec{F} = F\vec{\lambda} = \frac{F}{d}(d_x\vec{i} + d_y\vec{j} + d_z\vec{k})$$

5. 면적의 도심: 면적의 도심$(\bar{x}, \bar{y})$은 다음과 같은 면적 1차 모멘트 식과 관련이 있다.

$$\bar{x}A = \int xdA \qquad \bar{y}A = \int ydA$$

$$Q_y = \bar{x}A \qquad Q_x = \bar{y}A$$

여기서
$Q_y = \int xdA$는 y축에 대한 면적 A의 1차 모멘트이다.
$Q_x = \int ydA$는 x축에 대한 면적 A의 1차 모멘트이다.

6. 관성 모멘트(moment of inertia): 관성 모멘트는 면적의 2차 모멘트라고도 한다. 적분식에 의한 관성 모멘트는 다음 식으로 정의된다.

$$I_x = \int y^2 dA \qquad I_y = \int x^2 dA$$

x축에 대한 사각 단면의 관성 모멘트는

$$dA = bdy \qquad dI_x = y^2 bdy \qquad I_x = b\int_0^h by^2 dy = \frac{1}{3}bh^3$$

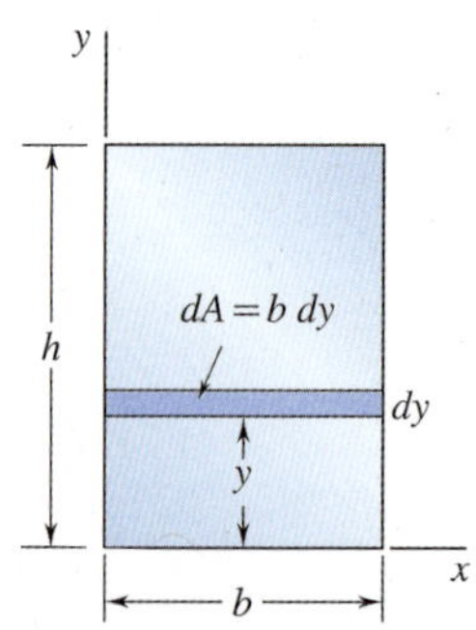

7. 극관성 모멘트(polar moment of inertia): 원형축의 비틀림 문제와 슬랩의 회전과 관련된 문제에서는 극관성 모멘트가 매우 중요하다.

$$J_O = \int r^2 dA$$

여기서 r은 면적요소 dA와 점 O 사이의 거리이다. 이 적분을 면적 A의 점 O에 관한 극관성 모멘트(polar moment of inertia)라 한다.

$$J_O = \int r^2 dA = \int (x^2 + y^2) dA = \int y^2 dA + \int x^2 dA$$
$$= I_x + I_y$$

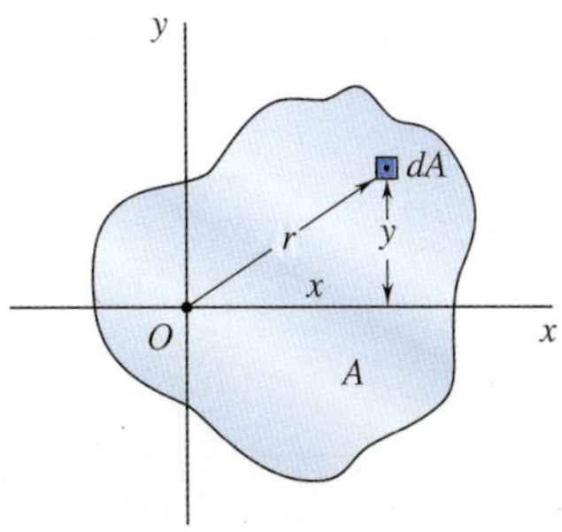

8. 상승 모멘트: 상승 모멘트는 관성곱(product of inertia)이라고도 한다. 다음과 같은 적분식으로 정의된다.

$$I_{xy} = \int xy dA$$

이 적분을 면적 A의 x와 y축에 대한 상승 모멘트라 한다. 면적 A의 요소 dA에 요소의 x, y 좌표 값을 곱하고 전체 면적에 대하여 적분함으로써 얻는다.

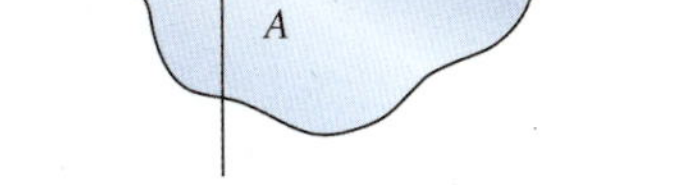

9. 면적의 회전 반경(radius of gyration)

면적이 A이고 x축에 대한 관성 모멘트 I_x이다.

x축에 대한 면적의 회전 반경 k_x는 다음과 같이 정의된다.

$$I_x = k_x^2 A \qquad k_x = \sqrt{\frac{I_x}{A}}$$

면적이 A이고 y축에 대한 관성 모멘트는 I_y이다.

y축에 대한 면적의 회전 반경 k_y는 다음과 같이 정의된다.

$$I_y = k_y^2 A \qquad k_y = \sqrt{\frac{I_y}{A}}$$

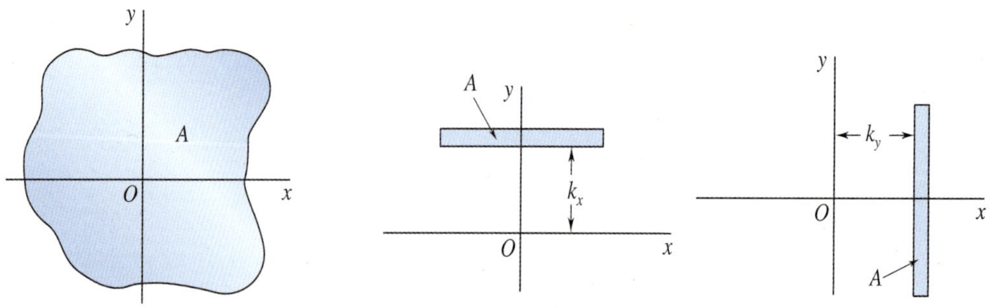

(a) x축에 대한 관성 모멘트 I_x를 가지는 면적 A (b) 회전 반경 k_x (c)회전 반경 k_y

10. 평행축 정리(parallel axis theorem)

면적 A의 AA'축에 대한 관성 모멘트는 그림으로부터

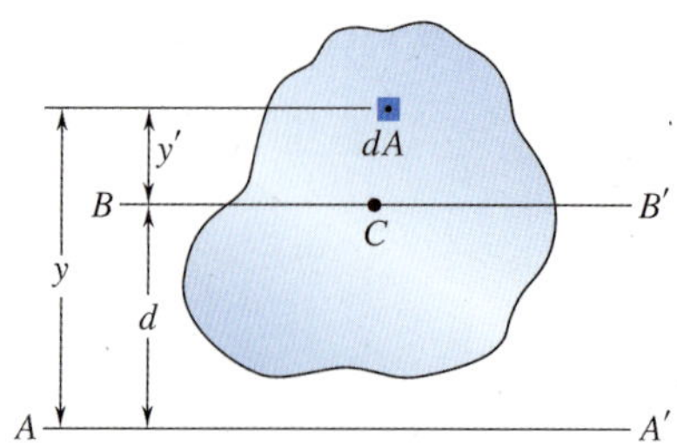

$I_{AA'} = \int y^2 dA$이다. 다음에는 면적의 도심을 지나면서 AA'축에 평행한 BB'축을 설정한다. 이 축을 도심축(centroidal axis)이라 부른다. dA로부터 BB'축까지의 거리를 y'라 하고 AA'축과 BB'축까지의 거리를 d라고 하면 $y = y' + d$이다.

$$I_{AA'} = \int y^2 dA = \int (y' + d)^2 dA$$
$$= \int y'^2 dA + 2d \int y' dA + d^2 \int dA$$

첫 번째 적분 항은 도심축 BB'에 대한 면적의 관성 모멘트 $\bar{I}$를 나타내면 두 번째 적분항은 도심을 통과하는 축 BB'상에 있으므로 0이다. 마지막 적분 항은 전체 면적 A이다. 따라서 최종 식은 다음과 같다.

$$I_{AA'} = \bar{I} + Ad^2$$

다음 원의 경우 T축에 대한 관성 모멘트 I_T를 평행축 정리를 사용하여 구해보면

$$I_T = \bar{I} + Ad^2 = \frac{1}{4}\pi r^4 + (\pi r^2) r^2 = \frac{5}{4}\pi r^4$$

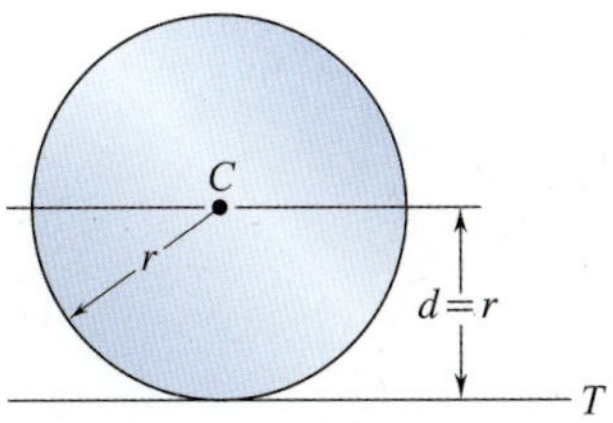

▒ 1장 연습문제

1.1 칼라(collar) A, B가 25 cm 길이를 가지는 와이어에 의해 연결되어 있다. 칼라는 마찰 없는 봉 안에서 자유롭게 움직인다. 만약 $Q = 60$ N의 힘이 B에 가해진다면

(a) $x = 9$ cm일 때 와이어에 걸리는 장력을 계산하라.

(b) 시스템이 평형 상태를 유지하도록 요구되는 하중 P의 크기를 계산하라.

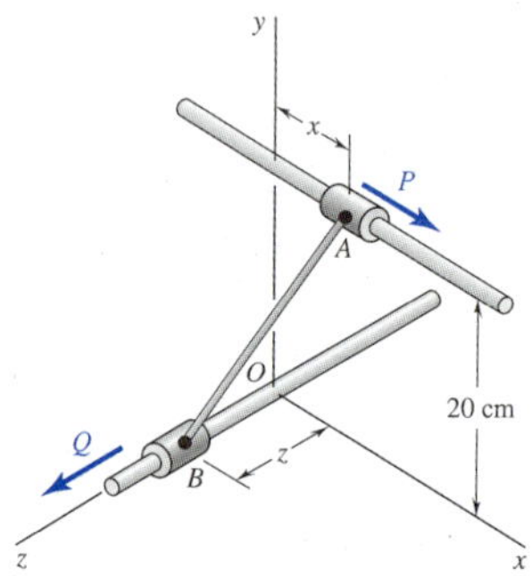

(c) 만일 $P = 120$ N, $Q = 60$ N이 가해져 유지된다면 시스템이 평형을 이루기 위해 요구되는 거리 x, z를 계산하라.

1.2 3개의 케이블선이 기구를 매달고 있다. 만일 케이블 AC의 장력이 444 N임을 안다면 A지점에서 기구에 가해지는 수직하중 P를 결정하라.

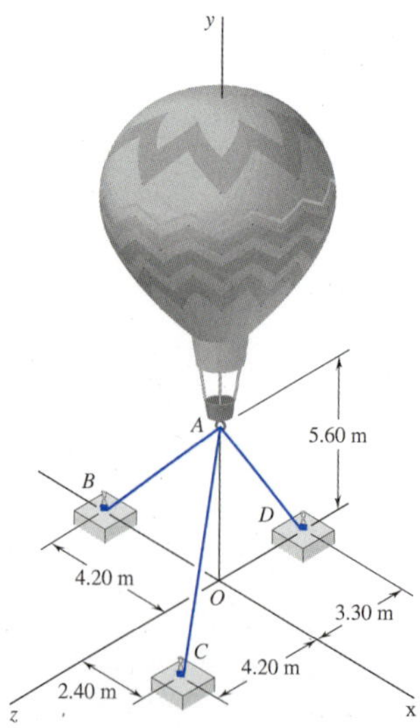

1.3 사각 판재가 브라켓 A, B와 와이어 CD에 의해 지탱되고 있다. 와이어에 작용하는 인장력이 200 N이면 A에 대한 점 C의 와이어에 가해지는 힘의 모멘트를 계산하라.

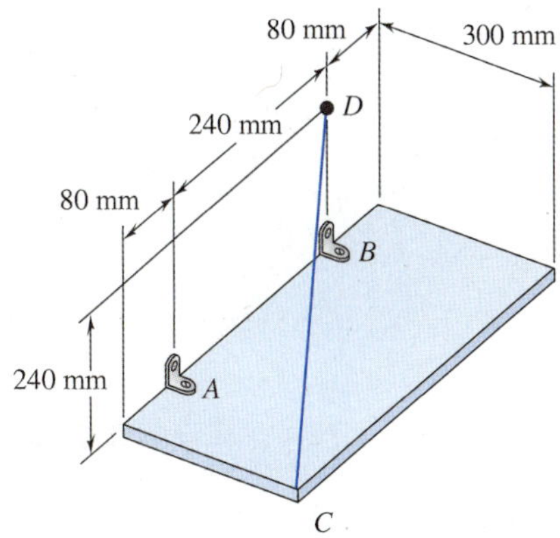

1.4 수동 변속레버에 $P = 50$ N의 힘 $\alpha = 30^\circ$일 때 B에서의 힘 P에 대한 모멘트를 구하라.

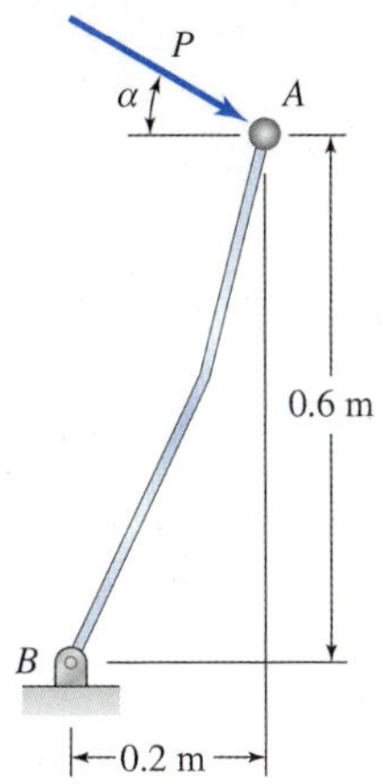

1.5 다음과 같은 구조물에서 케이블의 장력이 150 kN임을 안다. 고정된 끝단 C에서 반력을 결정하라. 반경 $r = 240$ mm 이고, 질량 $m = 30$ kg인 파이프 뚜껑이 케이블 CD에 의해 수평으로 유지되고 있다. 베어링 B에 어떠한 축력도 존재하지 않는다고 가정할 때 케이블의 인장력과 A, B에서의 반력을 구하라.

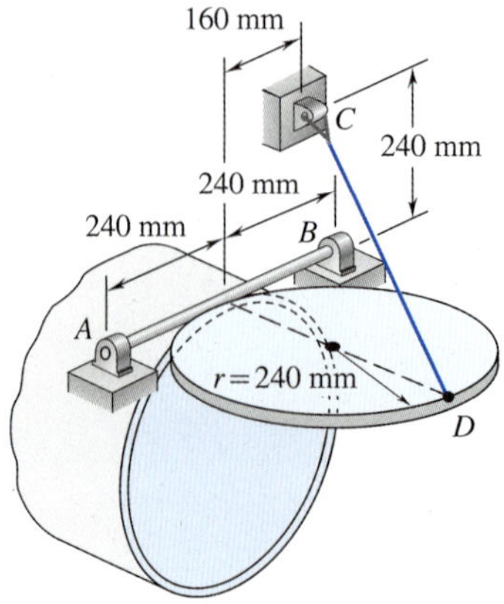

1.6 구조물에 집중하중이 3군데에 가해진다. B에서의 반력이 100 N↓ 혹은 200 N↑을 초과하지 않도록 거리 a의 범위를 정하라.

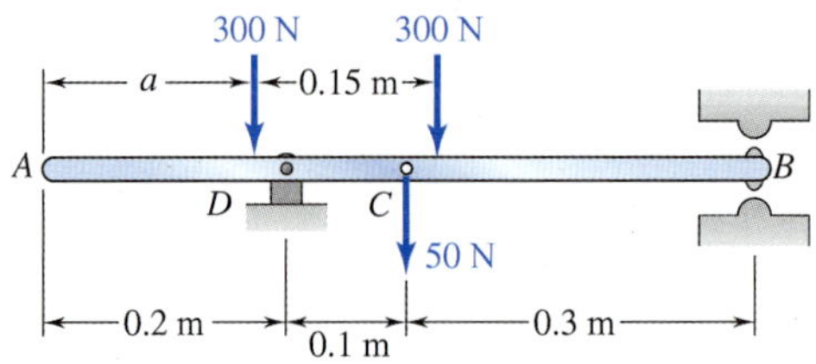

1.7 다음 구조물의 전체 부재에서의 자유 물체도를 그리고 각각의 부재에 대해서도 자유 물체도를 그려라.

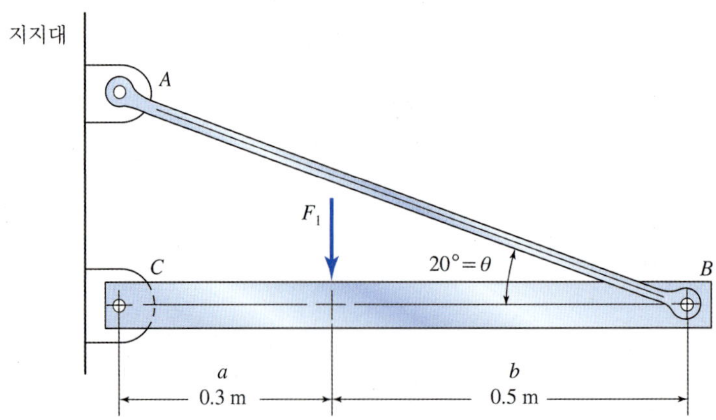

1.8 직사각형 단면의 $x'-x'$ 축에 대한 단면 2차 모멘트를 구하라.

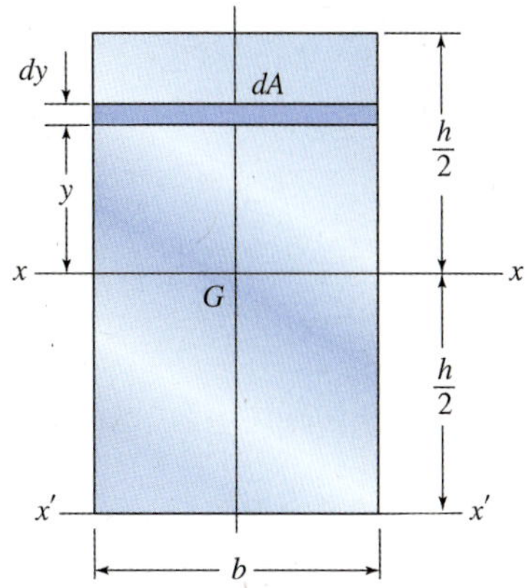

1.9 L자형 단면의 밑면 최저 단에서 도심 $x-x$축까지의 거리를 구하고, 도심에 대한 관성 모멘트(단면 2차 모멘트)와 단면계수를 구하라.

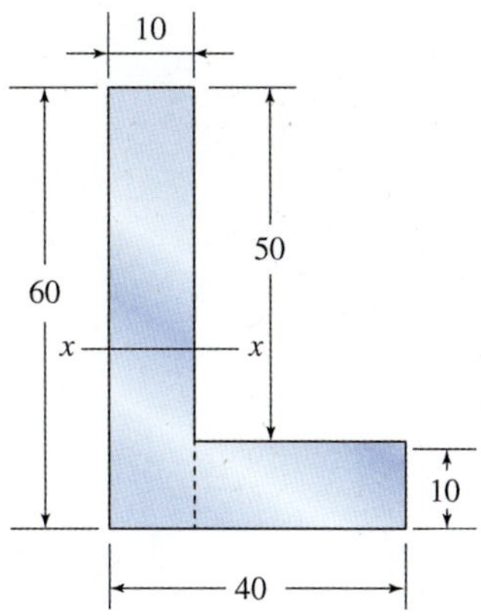

1.10 다음 복합 면적에 대한

(a) 도심의 위치를 구하라.

(b) $X-X$축에 대한 관성 모멘트를 구하라.

(c) 도심축 x_G에 대한 관성 모멘트를 구하라.

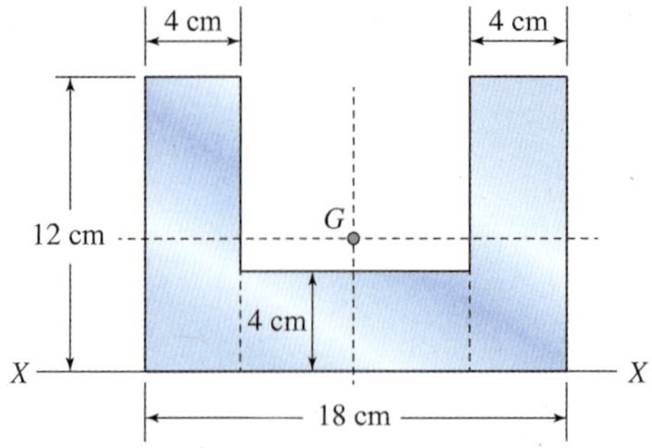

1.11 다음과 같은 Z형 단면의 관성 모멘트 적 I_{xy}를 구하라.

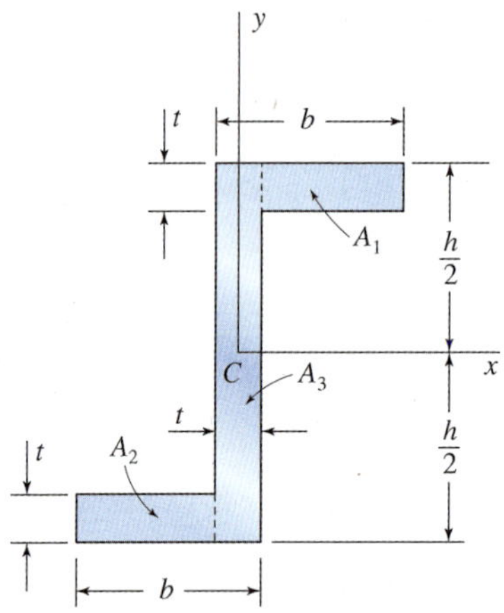

1.12 다음과 같은 형상의

(a) 도심의 위치를 구하라.

(b) 면적 최하단부의 축에 대한 관성 모멘트를 구하라.

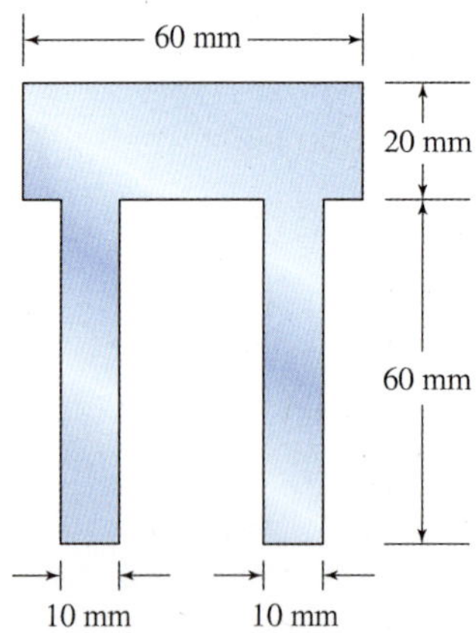

1.13 압연강으로 만들어진 $W360 \times 57.8$ 형상 보의 강도는 220×18 mm 판재를 상판 플랜지에 부착하면 증가된다. 판재에 평행하고 도심 C를 통과하는 축에 대하여 관성 모멘트와 회전 반경을 구하라.

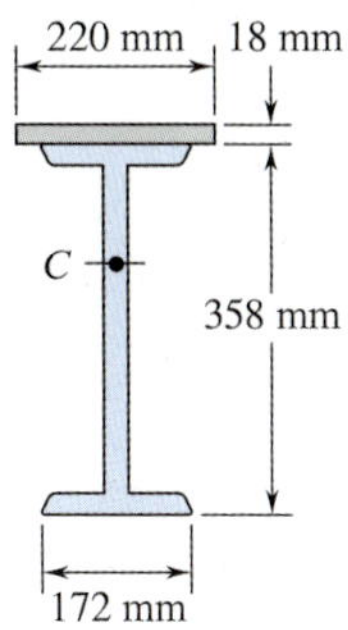

1.14 다음 면적에 대한 관성 모멘트 I_y를 구하라.

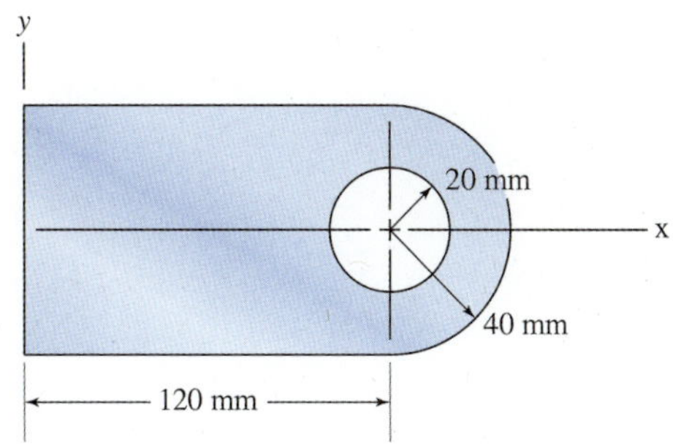

1.15 다음과 같은 각 케이블에 작용하는 힘을 구하라. 하중의 무게는 1500 kg이다.

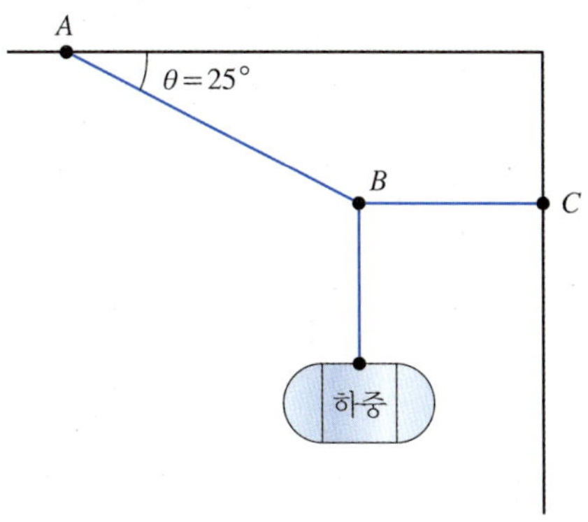

2장 응력(stress)

목표

1. 축 방향으로 하중을 받는 구조물에서 정역학 원리를 사용하여 내력을 결정할 수 있어야 한다.
2. 평균 축응력, 평균 전단응력, 베어링 응력, 평균 축 변형률 그리고 탄성계수, 전단 탄성계수, 푸아송비를 정의할 수 있어야 한다.
3. 응력, 변형률, 기하학적 적합성의 개념을 단순한 축하중을 받는 구조물 해석에 적용할 수 있어야 한다.
4. 인장 압축하중만을 받는 단순한 구조물에서 평균 축 방향 수직응력과 평균 전단응력을 정의하며 계산할 수 있어야 한다.
5. 연속체에서의 한 점에서 응력 상태를 정의할 수 있어야 하며, 응력 상태를 규정하는 용어 및 부호에 대해 알아야 한다.
6. 인장하중을 받는 바의 경사진 면에 작용하는 응력들을 계산할 수 있어야 한다.
7. 평면 응력하에서의 모아원을 사용하여 최대, 최소 주응력의 크기와 방향 그리고 면내 최대 전단응력 및 방향을 구할 수 있어야 한다.
8. 단축 인장하중의 부정정 문제를 이해해야 한다.
9. 변형률과 응력 사이의 관계 법칙인 훅스 법칙을 이해해야 한다.

2.1 서론

재료역학의 가장 기본적인 개념은 응력(stress)과 변형률(strain)이다. 따라서 각종 하중에 대해 응력, 변형률, 변위에 대해 이해를 하는 것은 매우 중요하다. 또한 이들 간의 상관관계를 잘 이해해야 한다. 하중에는 축에 수직으로 작용하는 인장하중, 압축하중이 있고 축에 대하여 모멘트로 작용하는 비틀림 하중(torsion), 굽힘하중(bending) 등이 있다. 2장에서는 응력 및 변형률 해석에서 많이 사용되는 식들과 개념들에 대해 설명한다. 등방성(isotropic) 재료의 선형 탄성거동을 다루며, 이에 따른 응력과 변형률 관계를 일반적인 훅스 법칙(Hook's law)을 사용하여 나타낸다. 본 교재에서는 가장 일반적인 2차원 물체의 표면 변형을 주로 다룬다. 물체 표면에서의 변형을 측정하는 것은 매우 흔한 일이다. 전기 저항 스트레인 게이지 등을 사용하는 실험 응력 해석에서는 2차원 해석만으로도 충분하다고 볼 수 있다.

2.2 응력(stress)

응력은 변형을 유발시키려고 재료 내부의 모든 점으로 전파되는 힘을 단위 면적으로 나타낸 값이라 할 수 있다. 응력의 단위는 SI 단위계에서는 Pascal(Pa)을 사용한다. 큰 값에는 메가파스칼(MPa), 기가파스칼(GPa)을 사용한다. 파스칼의 단위 Pa=N/m^{2}이며, 일반적으로 10^6 Pa=MPa, 10^9 Pa=GPa 등을 사용하여 표시한다. 또 다른 표시법으로는 kgf/cm^2, psi=lbf/in^{2}lbf, ksi 등이 있다. 단위들의 상관관계를 알면 편리하다. 예를 들면, 한국에서 사용되는 단위인 10 kgf/mm^{2}는 98 MPa과 같고, 20 kgf/mm^{2}는 196 MPa과 같다. 10 kgf/cm^{2}는 980 kPa과 같다. 한국에서 사용되는 단위는 미국에서 사용되는 단위와 다르므로, 이를 환산할 수 있어야 한다.

응력은 단면에 수직 방향으로 작용하는 수직응력(normal stress)과 전단 방향으로 작용하는 전단응력(shear stress)이 있다. 수직응력은 σ(시그마)로 표시하고, 전단응력은 τ(타우)로 표시한다.

2.2.1 수직응력(normal stress)

그림 2.1은 단면적 A에 하중 P가 작용하는 수직응력의 경우이다. 하중 P가 단면에 수직 방향으로 작용하면 인장응력, 반대방향으로 작용하면 압축응력이 된다.

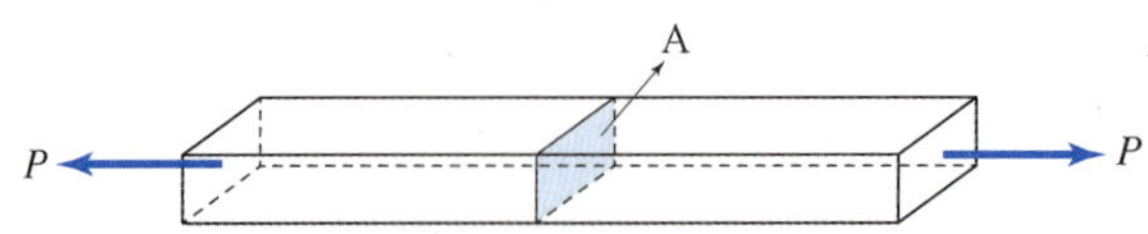

그림 2.1 축 방향으로 단면적 A에 작용하는 수직하중 P

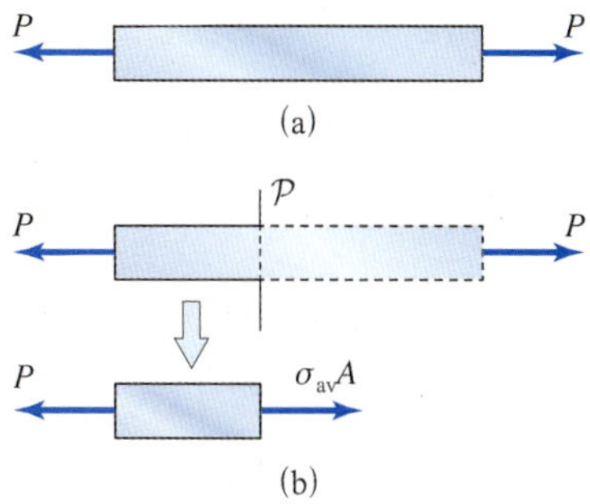

그림 2.2 축 방향 수직 인장하중을 받는 바(a)의 내부 자유 물체도(b)

일반적으로 축 방향 하중을 받는 막대기의 경우 간단한 자유 물체도로부터 평균 수직응력을 구할 수 있다. 그림 2.2(a)와 같은 축하중을 받는 부재의 임의 위치 P에서 절단한다. 그림 2.2(b)의 경우 힘의 평형식으로부터 $\sigma_{av}A - P = 0$임을 알 수 있다. 따라서 평균 수직응력(normal stress)은 $\sigma_{av} = \dfrac{P}{A}$가 된다. SI 단위계에서 힘 P의 단위는 뉴턴(N)이고, 면적 단위는 m^2이므로 수직응력 σ의 단위는 $\dfrac{\mathrm{N}}{\mathrm{m}^2}$이 된다. 이 단위는 파스칼(Pa)로서 이전에 정의하였음을 기억하자. 다음 예제는 수직응력에 대해 설명한다.

예제

다음 2단봉에서 봉 A, B에서의 수직응력을 구하라. 봉 A의 단면적은 200 mm^2이고 봉 B의 단면적은 100 mm^2이다.

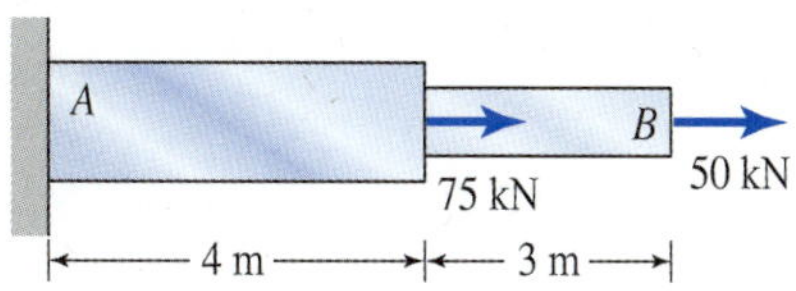

풀이

좌측 끝단 A에서의 반력을 우선 구한다. x 방향으로의 힘의 평형 방정식은 아래 자유 물체도로부터 $\sum F_x = 0 : -R_A + 75 + 50 = 0$이다. 따라서 A에서의 반력 $R_A = 125\ \mathrm{kN}$이다.

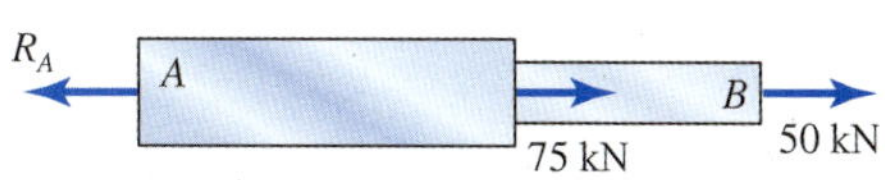

봉 A의 내력을 구하기 위해 봉 A의 임의 구간에서 절단하고 자유 물체도를 그린다. 동일한 방

식으로 봉 B의 임의 구간에서 절단하고 자유 물체도를 그리고 힘의 평형 방정식을 적용하면

(a) 봉 A에서의 수직응력

$\sum F_x = 0: F_A - 125 = 0$이므로 $F_A = 125$ kN이다. 따라서 인장응력은

$$\sigma_A = \frac{F_A}{A_A} = \frac{125{,}000 \text{ N}}{200 \times 10^{-6} \text{ m}^2} = 625 \text{ MPa}$$

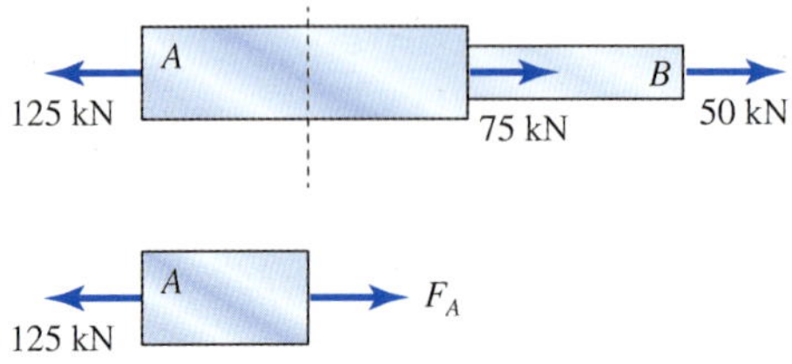

(b) 봉 B에서의 수직응력

자유 물체도로부터 $\sum F_x = 0: F_B - 125 + 75 = 0$이므로 $F_B = 50$ kN임을 안다. 따라서 인장 응력은 $\sigma_B = \dfrac{F_B}{A_B} = \dfrac{50{,}000 \text{ N}}{100 \times 10^{-6} \text{m}^2} = 500 \text{ MPa}$이 됨을 알 수 있다.

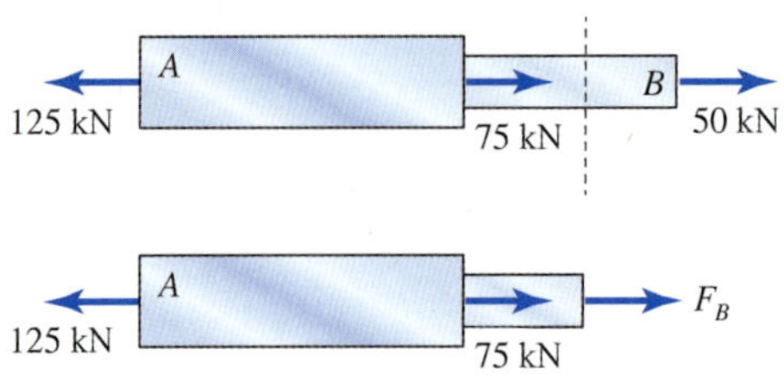

■

예제

강철판에 구멍을 뚫는 기계가 있다(그림 a). 직경 $d = 20$ mm인 펀치가 두께 $t = 8$ mm인 판에 구멍을 낸다(그림 b). 구멍을 뚫기 위해 $P = 110$ kN의 힘이 필요하다면 펀치에 작용하는 평균 압축응력을 구하라.

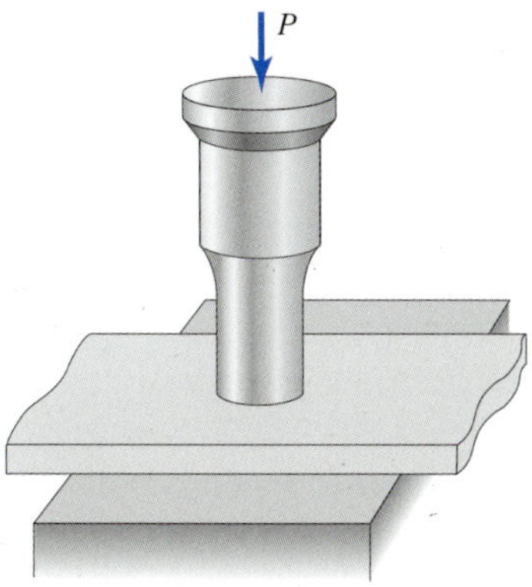

(a)

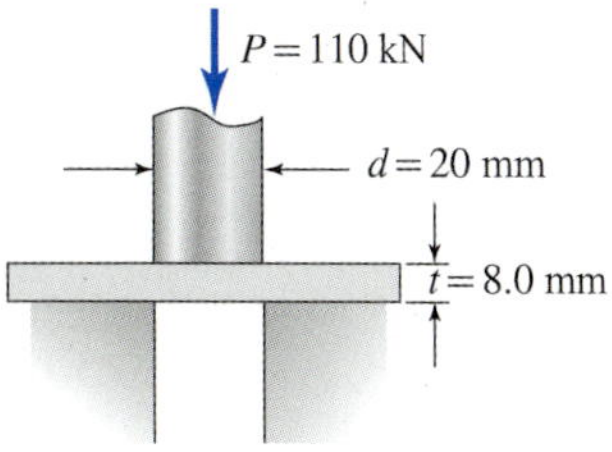

(b)

풀이

판의 압축면적 A_{punch}를 구한다. $A_{punch} = \dfrac{\pi d^2}{4} = \dfrac{\pi (20\text{ mm})^2}{4} = 314\text{ mm}^2$

판의 수직 압축응력은 하중 P를 펀치의 면적으로 나눈 값이다.

$$\tau = \frac{P}{A_{punch}} = \frac{110\text{ kN}}{314\text{ mm}^2} = 350\text{ MPa}$$

■

예제

다음과 같은 트러스 구조물이 10 kN의 하중을 지지하고 있다. 부재들의 단면은 반경이 20 mm인 중실축(circular shaft)이다. 절단 평면 P에 작용하는 평균 수직응력을 구하라.

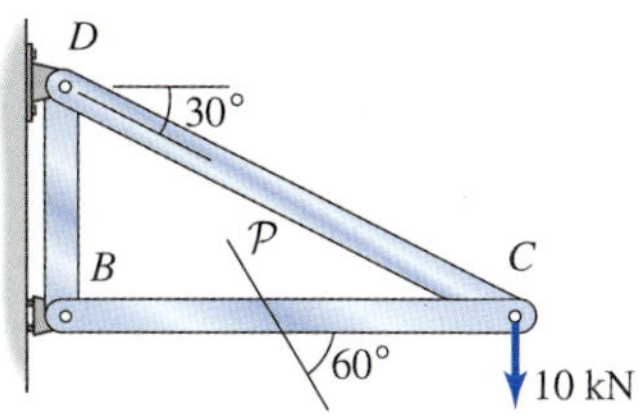

풀이

점 C에서의 자유 물체도를 그린다

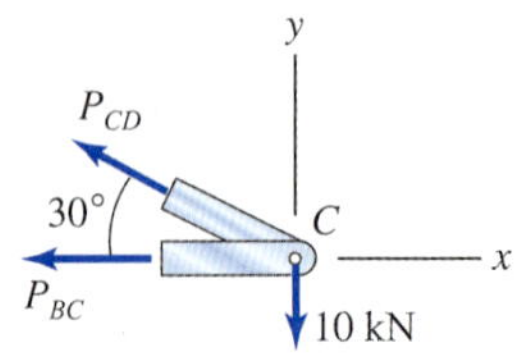

*C*점에서 평형 방정식을 사용한다.

$$\sum F_x = -P_{BC} - P_{CD}\cos 30° = 0,\ \sum F_y = -10 - P_{CD}\sin 30° = 0$$

따라서 $P_{BC} = -17.3\ \text{kN}$, $P_{CD} = 20\ \text{kN}$

각 부재에 작용하는 하중의 크기를 구하였다. ■

다음은 평면 *P*에 작용하는 자유 물체도를 그린다. 단면에 작용하는 힘의 평형 방정식을 적용하면 다음과 같은 식을 구할 수 있다.

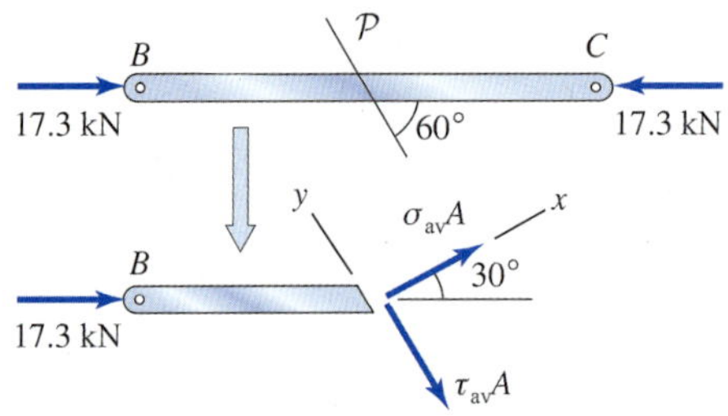

$$\sum F_x = \sigma_{av}A + 17.3\cos 30° = 0,\ \sum F_y = -\tau_{av}A + 17.3\sin 30° = 0$$

또한 경사진 면적 *A*와 반경 0.04 m인 원통부재의 단면적과의 사이의 관계식은

$$A\cos 30° = \pi(0.04)^2,\ 따라서\ A = 0.0058\ \text{m}^2$$

$\sigma_{av}A = -15\ \text{kN}$으로부터 경사진 단면에 작용하는 평균 수직응력 $\sigma_{av} = -2.58\ \text{MPa}$임을 알 수 있다.

2.2.2 전단응력(shear stress)

전단응력은 그림 2.3, 2.4와 같이 하중을 받는 기계 구조물의 볼트이음 혹은 리벳이음 구조물에서 쉽게 찾을 수 있다.

(a) 단일 전단

그림 2.3의 경우는 단일 전단을 받는 경우이다. 그림 2.3(c)의 자유 물체도로부터 $F=P$이므로 전단력이 P임을 알 수 있다. 따라서 평균 전단응력은 $\tau_{ave}=\dfrac{P}{A}=\dfrac{F}{A}$이다.

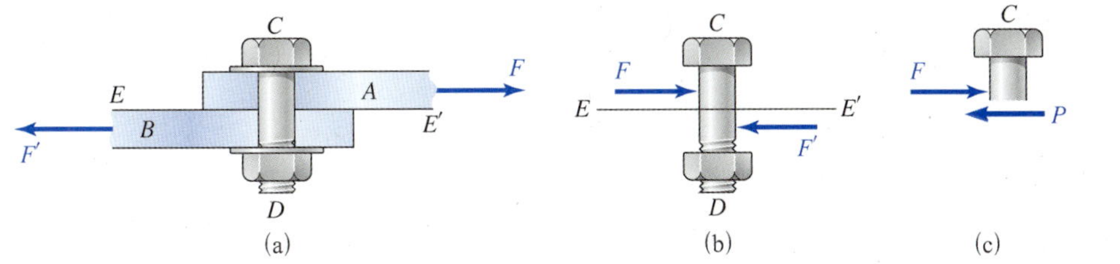

그림 2.3 단일 전단응력

그림 2.4의 경우도 단일 전단을 받는 경우이다. 단면 mn[그림 2.4(c)]에 전단력 V가 작용한다.

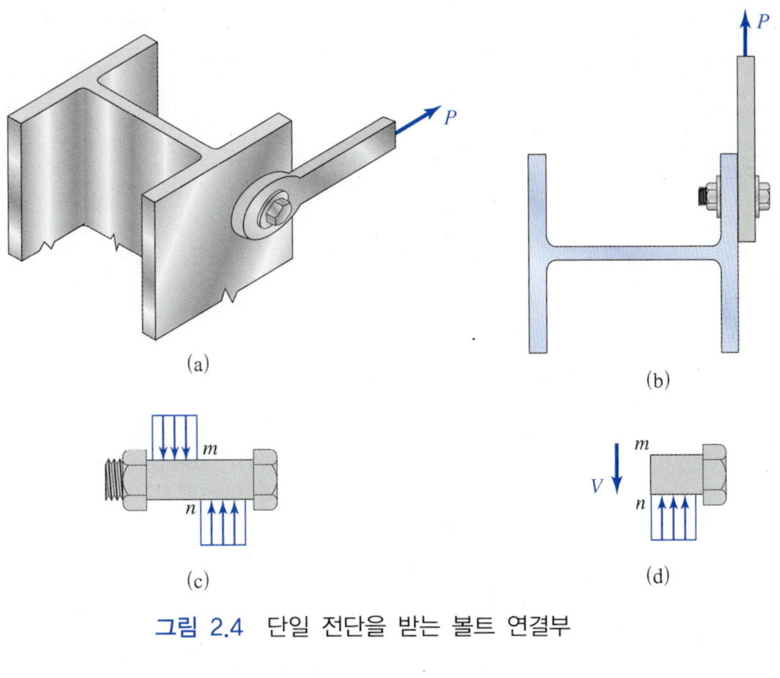

그림 2.4 단일 전단을 받는 볼트 연결부

(b) 이중 전단

전단응력의 또 다른 예는 그림 2.5, 2.6에서도 찾아볼 수 있다. 그림 2.5의 경우는 이중 전단 상태에 있는 볼트이다. 이 경우 두 개의 전단면을 가진다. 평균 전단응력은 자유물체도(그림 2.5)로부터 $F = 2P$, $P = \frac{F}{2}$이고, 따라서 핀 단면에 작용하는 평균 전단응력은 $\tau_{av} = \frac{P}{A} = \frac{F/2}{A} = \frac{F}{2A}$가 된다. 그림 2.6(d)의 자유 물체도 $mnpq$를 보면 전단력 V가 전단면에 작용한다. 이 경우 두 개의 전단면 mn과 pq가 있음을 알 수 있다. 이중 전단에서의 각각의 전단력은 볼트에 전달된 전체 하중의 절반과 같다($V = \frac{P}{2}$).

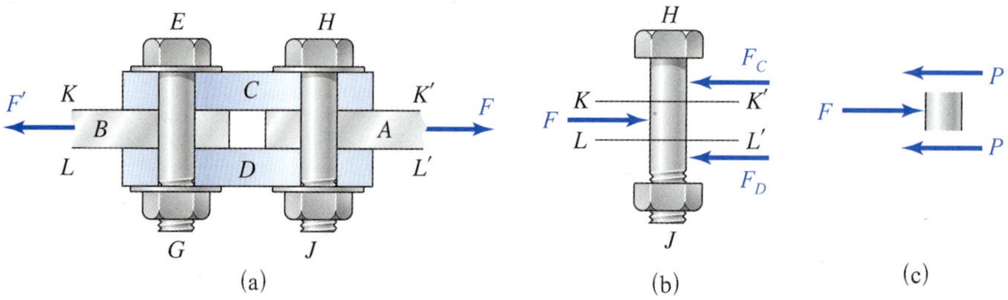

그림 2.5 이중 전단면에 작용하는 평균 전단응력

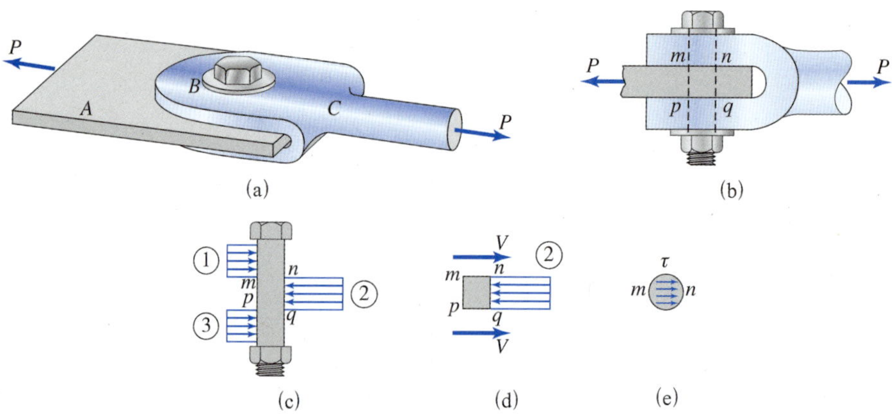

그림 2.6 이중 전단을 받는 볼트 연결부

2.2.3 베어링 응력(bearing stress)

지압 응력이라고도 하며 볼트, 핀, 리벳 등의 결합체에 있어서는 지압면 혹은 접촉면에 응력이 발생한다. 그림 2.7의 경우를 생각해 보자. 대부분 베어링 응력은 타원형으로 작용하지만 일정한 압력으로 작용한다고 가정한다. 하중 P를 볼트를 판의 단면에 투영되어 나타나는 사각형의 면적으로 나눈다. 따라서 베어링 응력은 $\sigma_b = \dfrac{P}{dt}$이다. 여기서 d는 볼트의 지름이고 t는 판재의 두께이다.

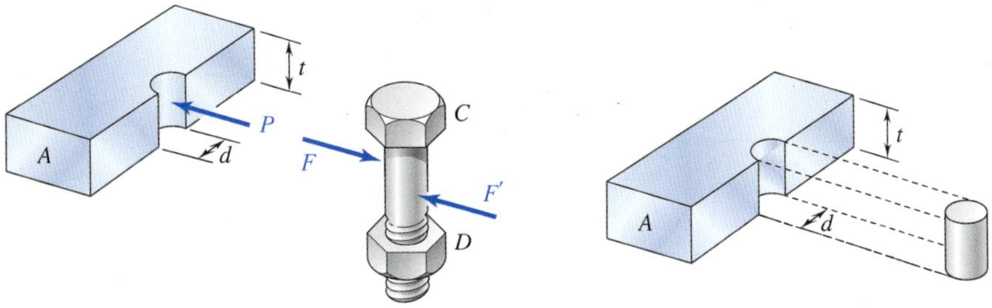

그림 2.7 베어링 응력

예제

트러스 연결 부위의 세부 도면이 있다 점 C에서 반경 20 mm인 핀으로 연결되어 있다. 핀에 작용하는 평균 전단응력을 구하라.

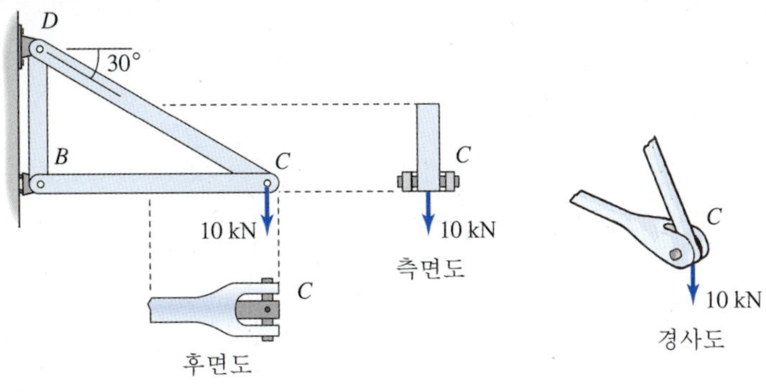

풀이

점 C에서의 자유 물체도를 그린다.

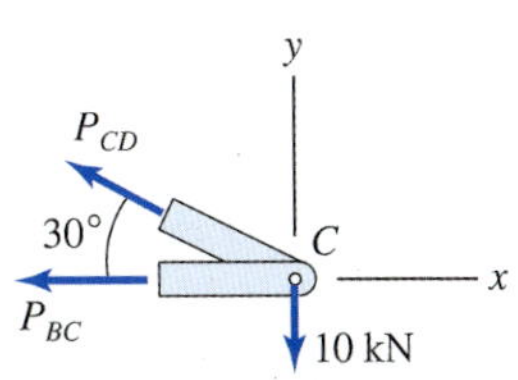

$$\sum F_x = -P_{BC} - P_{CD}\cos 30° = 0,\ \sum F_y = -10 - P_{CD}\sin 30° = 0$$

따라서 $P_{BC} = -17.3$ kN, $P_{CD} = 20$ kN이다.

점 C에서의 자유 물체도와 평형 방정식으로부터 부재 BC는 압축력 17.3 kN을 받는다. 압축력 17.3 kN이 핀의 전단응력에 의해 지지된다(그림 a, b).

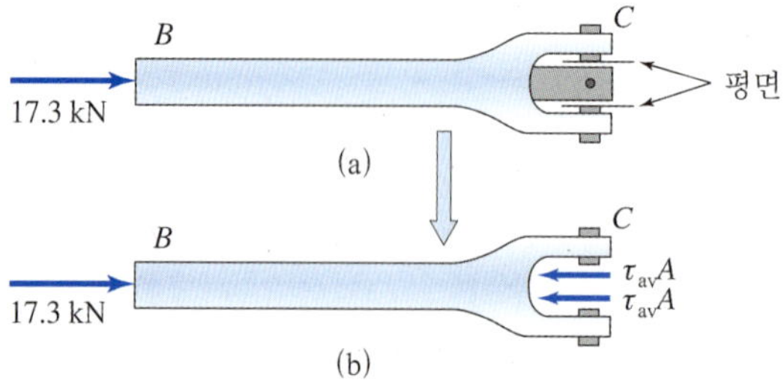

힘의 평형 방정식: $\sum F_x = 0$: $17.3 - 2\tau_{av}A = 0$ 이다. 따라서 $\tau_{av}A = 8.66$ kN, 핀의 단면적 $A = \pi r^2 = \pi(0.02\text{ m})^2 = 0.00126\text{ m}^2$ 이다. 핀의 평균 전단응력은 $\tau_{av} = \dfrac{8.66\text{ kN}}{0.00126\text{ m}^2} = 6.89\text{ MPa}$ 이다. ■

예제

다음과 같은 트러스 구조물이 10 kN의 하중을 지지하고 있다. 부재들의 단면은 반경이 20 mm인 중실축이다. BC평면을 P와 같이 절단했을 때 절단면 P에 작용하는 평균 전단응력을 구하라.

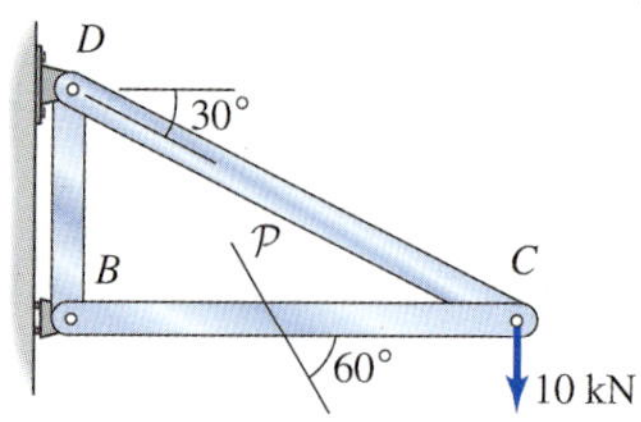

풀이

점 C에서의 자유 물체도를 그린다.

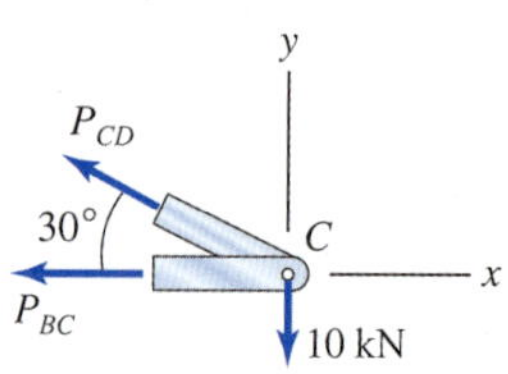

$$\sum F_x = -P_{BC} - P_{CD}\cos 30° = 0,\quad \sum F_y = -10 + P_{CD}\sin 30° = 0$$

따라서 $P_{BC} = -17.3\ \text{kN}$, $P_{CD} = 20\ \text{kN}$ ■

평면 P에 작용하는 자유 물체도를 그리고 힘의 평형 방정식을 작용하면 다음과 같은 식을 구할 수 있다.

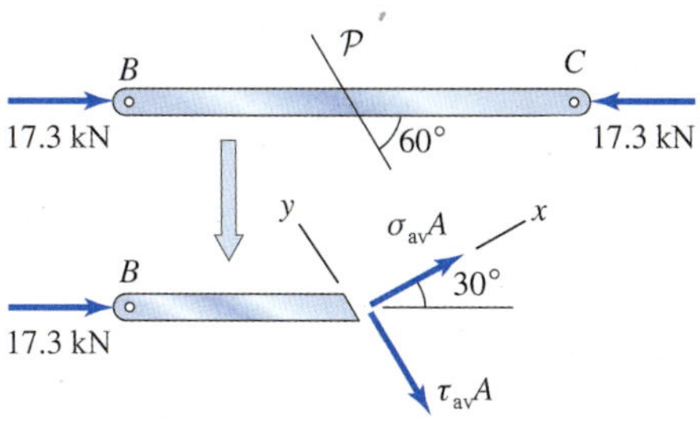

$$\sum F_x = \sigma_{av}A + 17.3\cos 30° = 0,\ \sum F_y = -\tau_{av}A - 17.3\sin 30° = 0$$

또한 경사진 면적 A와 반경 0.04 m인 원통부재의 단면적과의 사이의 관계식은 $A\cos 30° = \pi(0.04)^2$이다. 따라서 $A = 0.0058\ \text{m}^2$, $\tau_{av}A = -8.66\ \text{kN}$으로부터 $\tau_{av} = -1.49\ \text{MPa}$이다.

예제

강철판에 구멍을 뚫는 기계가 있다(그림 a). 직경 $d = 20\ \text{mm}$인 펀치가 두께 8 mm인 판에 구멍을 낸다(그림 b). 구멍을 뚫기 위해 $P = 110\ \text{kN}$의 힘이 필요하다면 판의 평균 전단응력을 구하라.

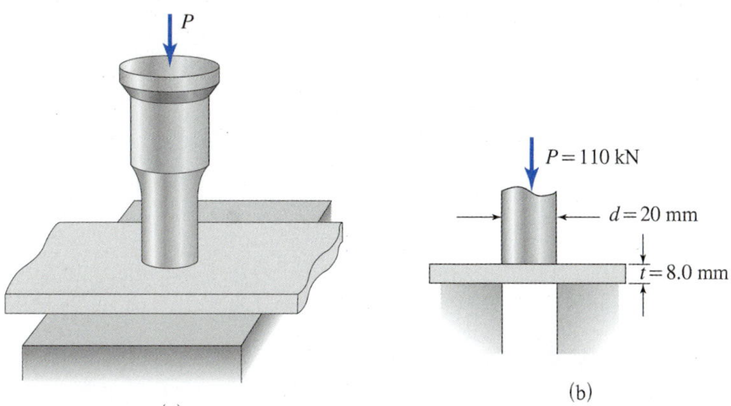

(a) (b)

풀이

판의 전단면적 A_s을 구한다. $A_s = \pi d t = \pi (20 \text{ mm})(8 \text{ mm}) = 502.7 \text{ mm}^2$

판의 전단응력은 하중 P를 판의 전단 면적으로 나눈 값이다.

$$\tau = \frac{P}{A_s} = \frac{110 \text{ kN}}{502.7 \text{ mm}^2} = 219 \text{ MPa}$$ ■

2.3 변형률(strain)

고무를 잡아당기거나 플라스틱 자를 구부리면 길이가 늘어나거나 변형이 발생하게 된다. 즉, 재료에 외력을 가하면 형태의 변화가 일어나게 된다. 외력에 의해 내부 점의 변위가 발생하면 이로 인해 내부 변형률이 발생되고, 이 변형률의 정도에 따라 응력을 환산할 수 있게 된다. 즉, 하중을 받고 있는 재료는 내, 외부 변형을 일으키고 이러한 변형거동을 이해하기 위해서는 변위(displacement)와 변형률(strain)의 개념을 이해해야 한다. 변형률의 자세한 개념은 3장에서 다시 다룬다. 변형률에는 길이 변형인 수직 변형률(normal strain)과 각도 변형인 전단 변형률(shear strain)이 있다. 변형률의 단위는 무차원이다.

2.3.1 수직 변형률(ε)

수직 변형률은 ε(엡실론, epsilon)이라 부르며 식 (2.1)로 정의된다. 실제 $\mu\varepsilon$(마이크로 엡실론)이 변형률을 지칭할 때 흔히 사용된다.

$$\varepsilon = \frac{\delta}{L} \tag{2.1}$$

δ는 수직하중 후 수직 방향으로 늘어난 길이이고, L은 변형 전 원래의 길이이다.

예제

원래 길이 $L = 20$ cm인 균일 단면 봉에 수직 인장하중 1 kN이 가해진 후 변형 후 길이가 21 cm가 되었다. 봉의 수직 변형률을 구하라.

풀이

$$\varepsilon = \frac{\delta}{L} = \frac{21\ \text{cm} - 20\ \text{cm}}{20\ \text{cm}} = \frac{1}{20} = 0.05 \quad \text{혹은}\ 5 \times 10^4 \mu\varepsilon \text{이다.}$$

■

2.3.2 전단 변형률(shear strain)

전단응력[그림 2.8(a)]이 가해질 때는 전단 변형률이 수반된다. 요소의 각 면의 길이는 변하지 않으나 요소 형상의 변화를 가져온다. 전단 변형률은 순수 전단 변형 상태에 있을 때 각도의 변형량이라 할 수 있다. 전단 변형률은 γ(감마)라 표시한다. 순수 전단 상태의 전단 변형률은 그림 2.8(b), (c), (d)에 있다.

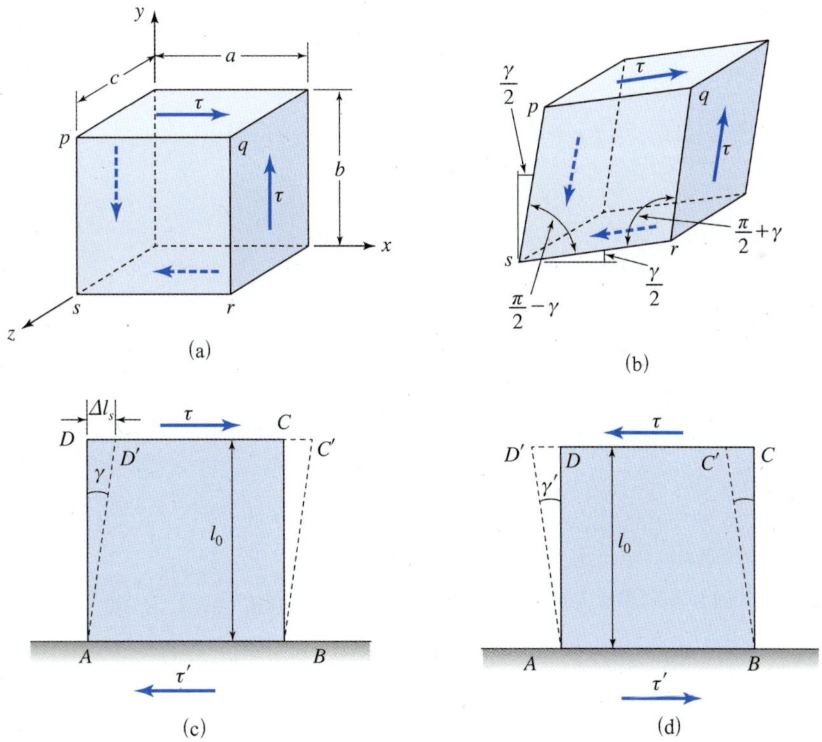

그림 2.8 전단응력과 전단 변형률

그림 2.8(c)로부터 $\varepsilon_o = \dfrac{\Delta l_s}{l_o} = \tan\gamma \fallingdotseq \gamma$(rad)이다. 이때 각도 $\angle ADC$는 그림 2.8(c)에서는 $(\frac{\pi}{2} - \gamma)$로, 그림 2.8(d)에서는 $(\frac{\pi}{2} + \gamma)$각으로 표시되며, 양의 방향은 그림 2.8(c), 음의 방향은 그림 2.8(d)이다.

2.4 변형률과 응력과의 상관관계

응력과 변형률 사이에는 상관관계가 존재한다. 다음의 상관관계는 재료가 등방성(isotropic)이며 선형 탄성 거동(linear elastic behavior)을 할 때 성립한다. 이러한 거동을 하는 재료의 응력과 변형률 간의 상관관계를 훅스 법칙(Hook's law)이라 한다. 훅스 법칙에는 1차원, 2차원, 3차원 법칙이 존재한다. 이때 사용되는 중요한 재료의 성질은 탄성계수(E), 푸아송비 ν와 전단 탄성계수(G)가 있다.

2.4.1 1차원 훅스 법칙(Hook's law)

$$\sigma = E\,\varepsilon,\ \ \tau = G\gamma = \frac{E}{2(1+\nu)} \tag{2.2}$$

2.4.2 2차원 평면응력($\sigma_z = \tau_{xz} = \tau_{yz} = 0$)의 경우 훅스 법칙

$$\varepsilon_x = \frac{1}{E}(\sigma_x - \nu\sigma_y),\ \ \varepsilon_y = \frac{1}{E}(\sigma_y - \nu\sigma_x),\ \ \varepsilon_z = \frac{1}{E}[-\nu(\sigma_x + \sigma_y)],\ \ \gamma_{xy} = \frac{\tau_{xy}}{G} \tag{2.3}$$

2.4.3 3차원의 경우 훅스 법칙

$$\varepsilon_x = \frac{1}{E}[\sigma_x - \nu(\sigma_y + \sigma_z)],\ \ \varepsilon_y = \frac{1}{E}[\sigma_y - \nu(\sigma_x + \sigma_z)],\ \ \varepsilon_z = \frac{1}{E}[\sigma_z - \nu(\sigma_x + \sigma_y)]$$

$$\gamma_{xy} = \frac{\tau_{xy}}{G},\ \ \gamma_{xz} = \frac{\tau_{xz}}{G},\ \ \gamma_{yz} = \frac{\tau_{yz}}{G} \tag{2.4}$$

여기서 G는 재료의 전단 탄성계수 혹은 횡 탄성계수라 한다. ν는 재료의 푸아송비라 한다.

2.4.4 푸아송비(Poisson's ratio)

재료가 x, y 평면상에서 인장이나 압축을 받을 때 하중의 길이 방향으로 가로 변형률 ε_x이 생긴다. 반면 세로 방향으로는 수축되는 변형률 $-\varepsilon_y$이 생긴다. 단면의 가로 방향의 변형률 대 세로 방향의 변형률의 비를 푸아송비 ν라 정의한다. 푸아송비는 재료의 값이므로 항상 양의 값을 가져야 하므로 '−'가 붙는다. 푸아송비는 ν(nu)로 표현한다.

$$\nu = -\frac{\text{가로 방향 변형률}}{\text{세로 방향 변형률}} \quad \text{혹은} \quad \nu = -\frac{\varepsilon_y}{\varepsilon_x} \tag{2.5}$$

대부분의 기계에 사용되는 탄성 재료에서는 푸아송비 ν는 $0.25 < \nu < 0.5$의 값을 가지며, 고무는 거의 0.5에 가까운 값을 가진다. 일반적인 재료의 경우 0.25에서부터 0.35의 범위 내에 있다. 이론적으로는 $0 < \nu < 0.5$ 이내여야 한다. 콘크리트는 0.1~0.2이고, 고무는 약 0.5, 코르크는 거의 0이며, 철은 0.25~0.35 정도이다.

푸아송비(Poisson's ratio)를 물리적으로 설명하면, 인장하중이 가해지는 방향의 변형률을 ε_x라 하면 반대 방향의 수직 변형률은 줄어들게 된다. 이 변형률은 ε_y 혹은 ε_z가 된다. 이 변형률들 간의 상대 비가 푸아송비이다. 즉, 푸아송비는 축 방향이 신장되면서 횡방향은 수축되는 비를 말하며, 재료를 규정하는 재료상수 중의 하나이다.

2.4.5 응력-변형률 선도(stress-strain curve)

재료의 응력-변형률 선도, 즉 S-S(stress-strain) 선도를 얻기 위해서는 재료의 시편을 사용 인장 실험을 한다. 시편에 수직하중을 가하면 시편의 길이는 수직 방향으로 늘

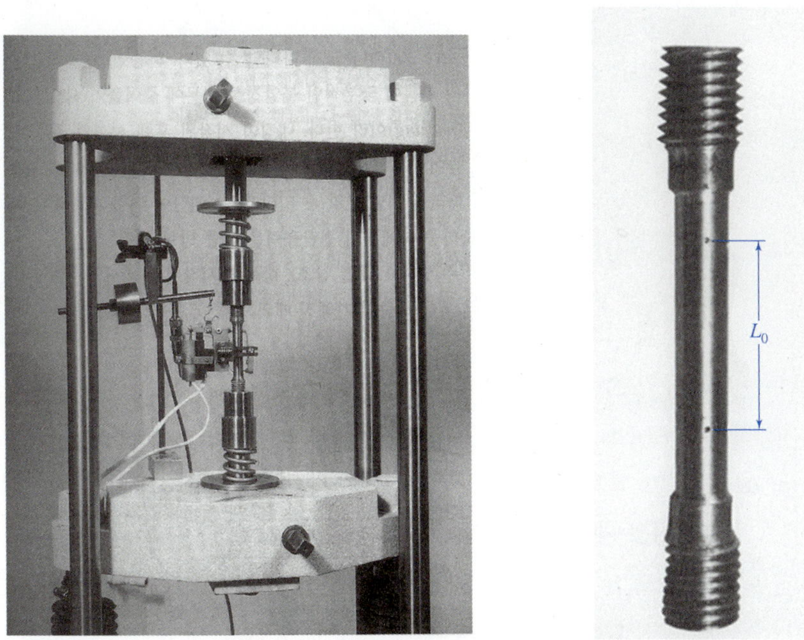

(a) (b)

그림 2.9 인장시험 시험기(a)와 표점거리(b)

어난다. 힘의 크기와 늘어난 길이의 관계 선도를 하중-변위 선도라 한다. 기계 재료의 경우 하중-변위 선도를 구하려면 시험 규격에 따라 재료의 시편을 만들고 이 시편을 측정 시험기[그림 2.9(a)]에 부착하여 실험을 하여야 한다. 이때 시편의 표점거리 L_o[그림 2.9(b)]를 정하고 인장하중 시 표점거리의 늘어난 길이를 측정하기 위해 신장 측정기(extensometer)를 부착한다. 시편규격은 미국에서는 ASTM 규격을, 한국에서는 KS 규격을, 일본에서는 JIS 규격을 사용한다.

시편에 인장하중을 적용할 때 y축을 하중 축으로, x축을 늘어난 길이 축으로 하여 그래프를 그리면 하중-변위 곡선을 얻을 수 있다. 하중-변위 선도에서 y축 하중을 시편의 초기 단면적으로 나눈 값(응력: σ)과 x축의 늘어난 길이를 변형 전의 최초 표점거리로 나눈 값(변형률: ε)으로 표시하면 공칭 응력-변형률 선도(S-S curve)가 된다(그림 2.10). 그림 2.10에서 점 $O-A$까지는 직선으로 선형적이며 비례적임을 알 수 있다. 그림 2.10에서 점 A에서의 응력을 비례한도(proportional limit)라 한다.

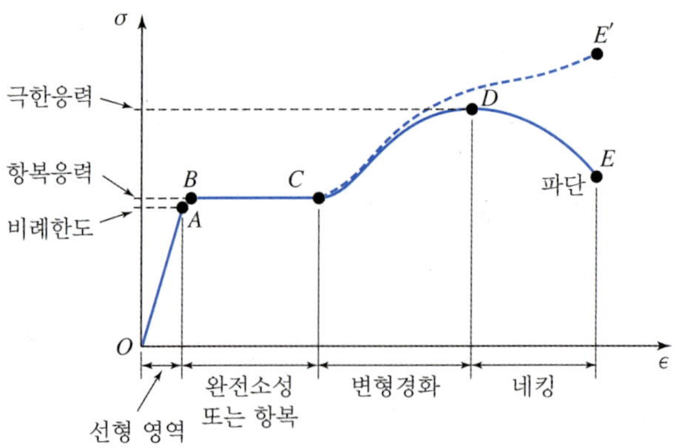

그림 2.10 전형적인 응력-변형률 선도

이 응력-변형률 선도로부터 탄성계수, 극한강도(ultimate strength), 항복강도(yield strength), 인장파단강도(tensile strength), %파단 연신율(strain at fracture), %단면 수축률(reduction in area) 등을 얻을 수 있다. 재료의 특성에 따라 응력-변형률 선도는 모양을 달리한다. 예를 들면, 취성 재료(brittle material)와 연성재료(ductile material)의 응력－변형률 선도는 매우 다르다(그림 2.11). 취성재료는 파단 연신율이 작으며 연성재료는 파단 연신율이 크다. %단면 수축률의 크기에 따라 재료가 취성인지 연성인지 구별하기도 한다.

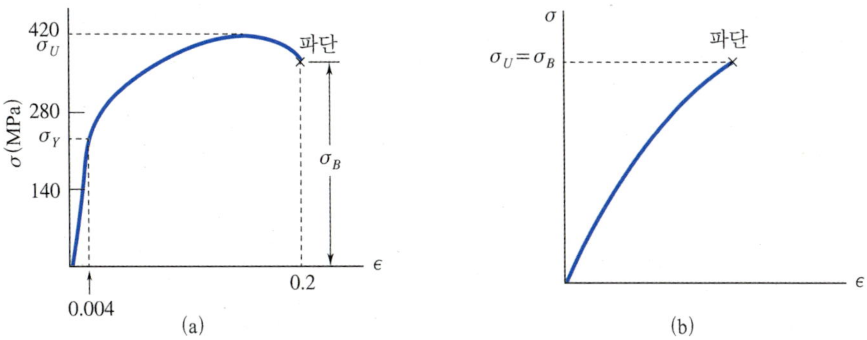

그림 2.11 연성재료의 응력-변형률 선도(a) 취성재료의 응력-변형률 선도(b)

2.4.6 탄성계수(Young's modulus), 항복강도, 극한강도, %파단 연신율

탄성계수는 응력 변형률 선도에서 선형적인 비례한도에서 직선의 기울기를 말한다(그림 2.12). 이 선형 탄성계수를 영의 계수(Young's modulus)라고도 하며 종탄성 계수라고도 한다.

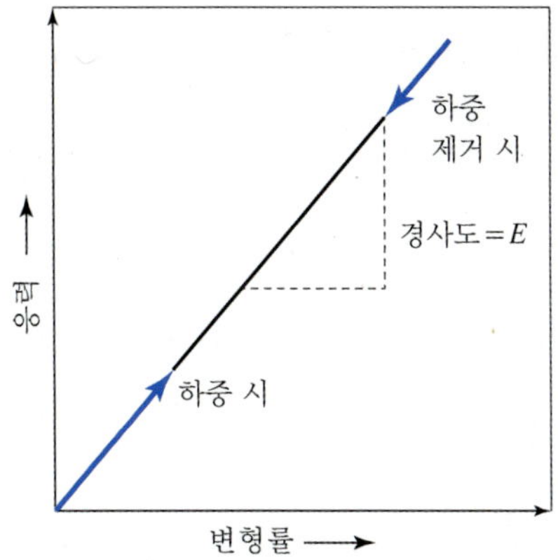

그림 2.12 탄성계수

그림 2.10의 BC 구간에서는 인장력이 증가하지 않더라도 시편은 많이 늘어난다. 이런 현상을 항복(yielding)이라 하고 점 B를 항복점이라 하며, 이에 대응하는 응력을 항복응력(yield stress)이라 한다. 가공경화(strain hardening)는 변형률의 증가와 함께 응력도 함께 증가하는 현상을 말한다. 재료에 따라 가공 경화 정도가 다르다.

그림 2.10에서 응력 최대값을 가지는 점 D에서의 응력을 극한응력(ultimate stress)이라 한다. 재료의 항복응력과 극한응력을 항복강도(yield strength) 또는 극한강도(ultimate strength)라고도 한다.

파단 시의 연신율은 다음과 같이 정의된다.

$$\text{파단 시 연신율}(\%) = \frac{L_f - L_i}{L_i} \times 100 \tag{2.6}$$

여기서 L_f는 파단 시의 시편 길이, L_i는 변형 전 초기 시편 길이이다.

2.4.7 안전계수와 허용하중

설계에서 사용되는 기준은 재료의 작용 응력 σ가 재료의 항복응력 σ_y를 초과하지 않게 하는 것이다. 이때 허용응력 σ_{allow}은 항복응력(σ_y)을 안전계수(safety factor; SF)값으로 나눈 응력을 말한다. 즉, 설계 허용응력은

$$\sigma_{allow} = \frac{\sigma_y}{SF} \tag{2.7}$$

안전계수의 크기를 선택 사용하여 설계하는 것은 설계자의 선택에 달려 있고 위험한 구조물일수록 높은 안전계수 값을 선택한다. 설계 허용응력 계산 시 일반적으로 항복응력을 기준으로 사용하기도 하고 취성이 강한 재료에서는 극한응력(σ_u)을 사용한다. 설계 시 설계 허용응력은 계산하거나 실제 현장의 예측된 작용응력보다 항상 커야 안전하다고 할 수 있다.

예제

다음 트러스 구조물의 재료는 항복응력 $\sigma_y = 500$ MPa이고 일정한 단면적을 가진다. 부재의 수직응력을 구하라. 안전계수 $SF = 3$으로 $m = 3400$ kg을 지탱할 수 있어야 한다. 부재의 단면적은 얼마가 되어야 하는가?

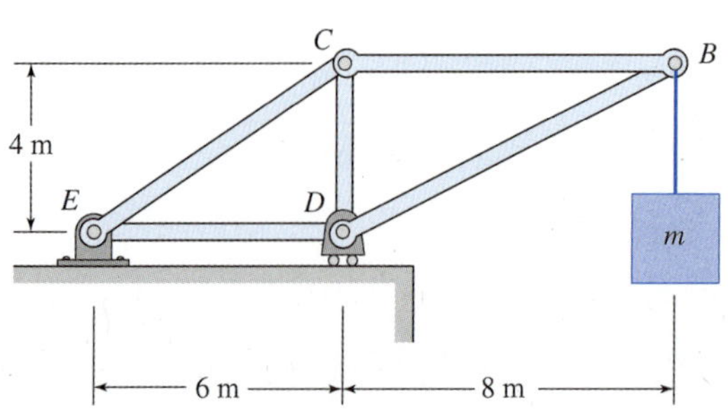

풀이

조인트 B에서 자유 물체도를 그린다.

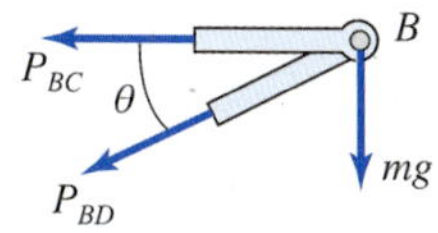

$$\sum F_x = -P_{BC} - P_{BD}\cos\theta = 0$$

$$\sum F_y = -mg - P_{BD}\sin\theta = 0$$

따라서 $P_{BC} = 2\,mg$, $P_{BD} = -2.24\,mg$를 구할 수 있다. 트러스 구조물의 계산 결과 가장 큰 하중은 부재 CE에서 80,200 N이다. 안전계수를 3으로 한 설계 허용응력은 $\sigma_{allow} = \dfrac{\sigma_y}{S} = \dfrac{500\text{ MPa}}{3} =$ 233 MPa이다. 부재 CE에서의 수직응력을 설계 허용응력과 같게 하면 $\dfrac{80{,}200}{A} = 233 \times 10^6$이다. 따라서 부재의 단면적은 $A = 0.000344\text{ m}^2$이다. ■

2.4.8 온도 변화에 따른 변형

변형 전 길이가 L이고 균일 단면을 가지는 봉이 매끄러운 수평면에 놓여 있다. 봉의 온도가 ΔT만큼 상승하면 봉의 길이는 늘어나며 늘어난 길이는 다음과 같이 계산할 수 있다.

$$\delta_T = \alpha(\Delta T)L \tag{2.8}$$

여기서 α는 재료의 열팽창 계수이다.

2.4.9 열변형률

$\varepsilon_T = \dfrac{\delta_T}{L}$이므로 식 (2.8)을 사용하면 열변형률은 다음과 같다.

$$\varepsilon_T = \alpha\Delta T \tag{2.9}$$

온도차에 의해 열변형률이 생기는 경우, 즉 자유롭게 길이 변형이 발생하는 경우 응력은 발생되지 않는다. 변형률은 기계적 하중에 의한 변형률(mechanical strain)과 온도에 의한 열변형률(thermal strain)이 있으며, 이 두 변형률을 더하면 전체 변형률(total strain)

이 된다.

2.4.10 열응력

물체를 가열하거나 냉각시키면 물체는 팽창 혹은 수축하게 된다. 이러한 팽창 수축을 방해할 때에는 열응력이 발생한다. 길이가 L인 봉 AB가 양 끝단에서 고정된 경우를 생각해 보자(그림 2.13). 이 경우 응력이나 변형률이 초기에는 발생하지 않는다. 온도를 ΔT만큼 올리면 변형량 $\delta_T = \alpha(\Delta T)L$가 생겨야 하지만 양 끝단이 고정되어 있으므로 봉의 변형량은 0(zero)이다. 따라서 변형률 $\varepsilon_T = \dfrac{\delta_T}{L}$도 0이다. 그러나 끝단에서는 늘어나고자 하는 길이를 억제하므로 봉에는 크기는 같고 방향이 반대인 압축하중 C(compressive force)가 일정한 단면에 작용하게 되어 응력이 발생하게 된다. 열응력을 계산하기 위해서는 온도 증가에 따른 열 변형 길이를 억제하는 반력을 우선 계산한다. 봉을 지지끝단으로부터 분리한다.

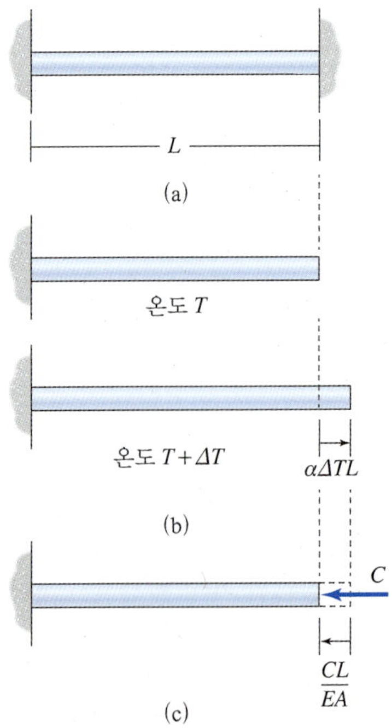

그림 2.13 (a) 양단 고정봉 (b) 우측 단을 제거한 후 온도를 올림
(c) 팽창함에 따라 지지단에 의해 가해지는 압축하중

압축응력 $\sigma = -\dfrac{C}{A}$ 이고 압축력(compressive force)은 $\dfrac{CL}{AE} = \alpha \Delta TL$로부터 $C = AE\,\alpha\Delta T$이다. 압축력을 응력 식에 대입하면 열응력

$$\sigma = -E\,\alpha\Delta T \tag{2.10}$$

이 된다.

예제

2개의 알루미늄 봉과 1개의 구조강 봉으로 구성된 구조물은 왼쪽은 완전 고정되어 있고 오른쪽은 크로스봉으로 지지되어 있다. 크로스봉의 변형은 무시하고 $\Delta T = 100^\circ\text{C}$이다. 알루미늄의 탄성계수와 열팽창계수는 각각 $E = 70\text{ GPa}$, $\alpha = 23 \times 10^{-6}/^\circ\text{C}$이고 강철의 탄성계수와 열팽창계수는 각각 $E = 200\text{ GPa}$, $\alpha = 12 \times 10^{-6}/^\circ\text{C}$이다. 모든 보의 단면적은 $A = 25\text{ cm}^2$이고 길이 $L = 25\text{ cm}$이다. 세 봉에서의 응력을 계산하라.

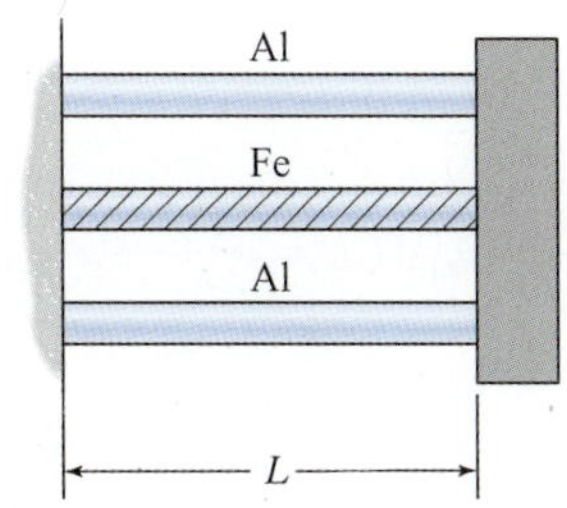

풀이

자유 물체도로부터 평형 방정식을 적용하면

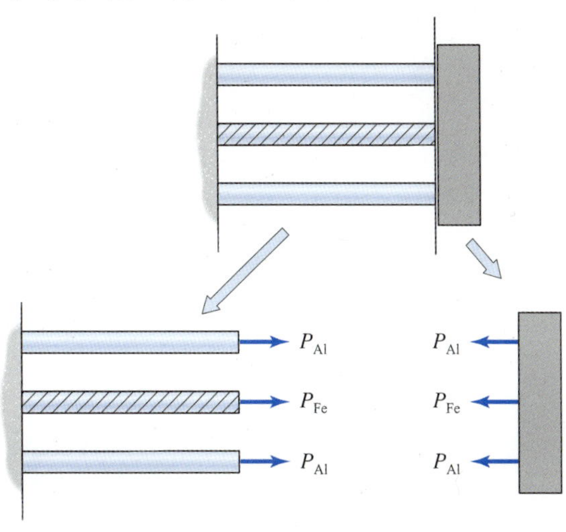

$$2P_{\mathrm{Al}} + P_{\mathrm{Fe}} = 0$$

힘 변위 관계식으로부터

(1) 알루미늄 봉의 축 방향 하중과 온도 변화에 의한 길이 변화

$$\delta_{\mathrm{Al}} = \frac{P_{\mathrm{Al}} L}{AE_{\mathrm{Al}}} + \alpha_{\mathrm{Al}} \Delta T L$$

(2) 구조강 봉의 축 방향 하중과 온도 변화에 의한 길이 변화

$$\delta_{\mathrm{Fe}} = \frac{P_{\mathrm{Fe}} L}{AE_{\mathrm{Fe}}} + \alpha_{\mathrm{Fe}} \Delta T L$$

적합 조건

$$\delta_{\mathrm{Al}} = \delta_{\mathrm{Fe}}$$

변형식을 적합 조건 식에 대입하면 따라서

$$\frac{P_{\mathrm{Al}} L}{AE_{\mathrm{Al}}} + \alpha_{\mathrm{Al}} \Delta T L = \frac{P_{\mathrm{Fe}} L}{AE_{\mathrm{Fe}}} + \alpha_{\mathrm{Fe}} \Delta T L$$

평형 방정식과 위 식을 사용하여 P_{Al}과 P_{Fe}를 구한 후 $\sigma_{\mathrm{Al}} = \dfrac{P_{\mathrm{Al}}}{A}$, $\sigma_{\mathrm{Al}} = \dfrac{P_{\mathrm{Al}}}{A}$에 대입하여 세 봉에 가해지는 응력을 구한다. ■

2.5 축하중을 받는 봉

트러스 구조물은 일반적으로 인장 혹은 압축하중을 받는 부재이다. 다리, 건물, 차량 및 기계 구조물을 지지하는 데 사용되며 부재에 작용하는 축 방향 하중을 지지하는 봉들의 구조이다. 봉 구조물에 축 방향으로 수직 인장 압축하중을 가하고 길이 변화를 측정하는 일은 기본적인 실험의 과정이다. 이에 따른 봉 구조물 재료의 응력 분포를 단순화하고 해석하는 일은 중요하다고 할 수 있다. 따라서 균일 단면 봉에서의 응력 분포를 연구한다.

2.5.1 수직면에서의 응력

축하중을 받는 봉의 수직면에 작용하는 응력을 고려하자. 그림 2.14는 봉의 양 끝단에 수직응력 σ를 작용시키고, 임의의 면을 축하중에 수직한 방향으로 절단했을 때, 봉의 축에 수직인 사각면을 가지는 한 요소의 자유 물체도를 나타낸다.

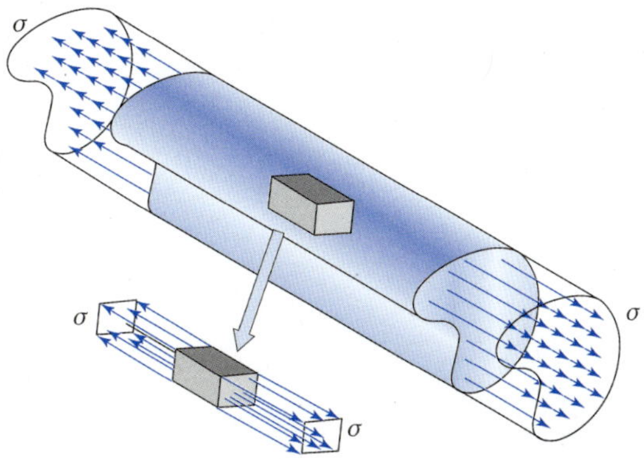

그림 2.14 축하중 시 사각면 요소의 자유 물체도

단면의 도심에 $P = A\sigma$의 힘을 가하면 하중 P에 의한 y축과 z축에 대한 모멘트는 0이다(그림 2.15). 따라서 하중 P는 균일한 수직응력 분포와 동일하게 간주할 수 있다. 즉, 균일한 수직응력 분포와 등가이다.

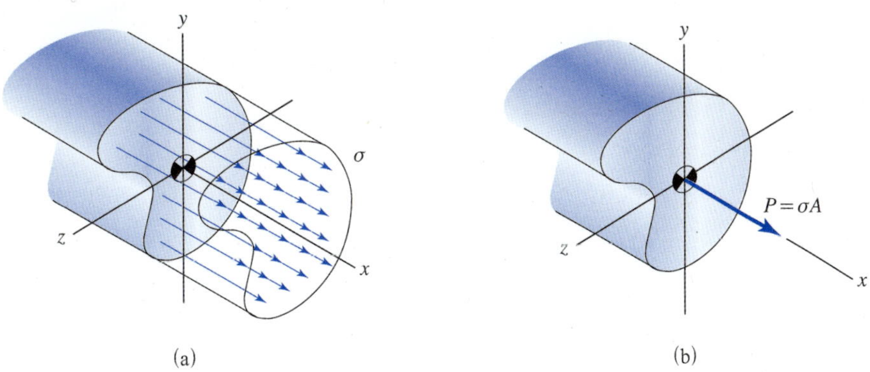

그림 2.15 도심에 원점을 가지는 좌표계(a), 도심에 작용하는 하중 P는 균일 분포응력 σ와 같다(b).

길이 L인 구조물에 수직 인장하중 F가 작용한다. 축 변형률을 ε이라 하고 축 방향으로 늘어난 길이를 δ라 한다. 단면이 일정하고 재료는 탄성거동을 하며 균일한 재료라 하면 변형률 ε은 정의에 의해

$$\varepsilon = \frac{\delta}{L}$$

$$\sigma = \frac{F}{A} = E\varepsilon = E\frac{\delta}{L}$$

따라서 늘어난 길이는

$$\delta = \frac{FL}{AE} \tag{2.11}$$

이 된다.

–생브낭 원리(Saint Venant's principle)

그림 2.16을 살펴보자. 봉의 경계 조건에서의 응력 분포는 일정하지 않지만, 봉 끝에서 거리가 증가함에 따라 응력 분포는 균일한 분포를 보인다. 이 원리를 생브낭 원리라 하며 이 원리에 의해 축하중을 받는 봉의 축에 수직인 평면상의 응력 분포는 균일한 수직응력이라 가정할 수 있다.

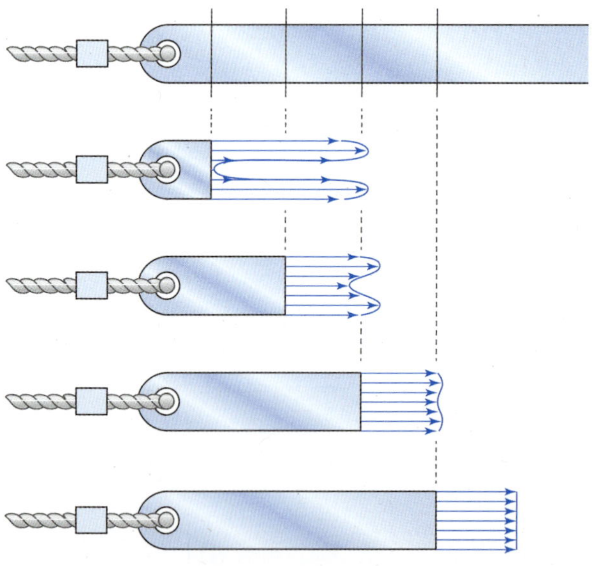

그림 2.16 생브낭 원리

예제

지점 A는 핀으로 연결되어 있고 B, C에서 직경 $d = 5$ mm인 두 개의 알루미늄 와이어로 연결되어 있는 구조물이 있다. 봉의 무게는 200 N이다. 설계 시 와이어 c에 턴버클(turn buckle)을 장착한다. 1회전 시 1 mm 줄어든다. 바 ABC의 높이를 일정하게 유지하기 위해 몇 번의 회전을 하여야 하는가?

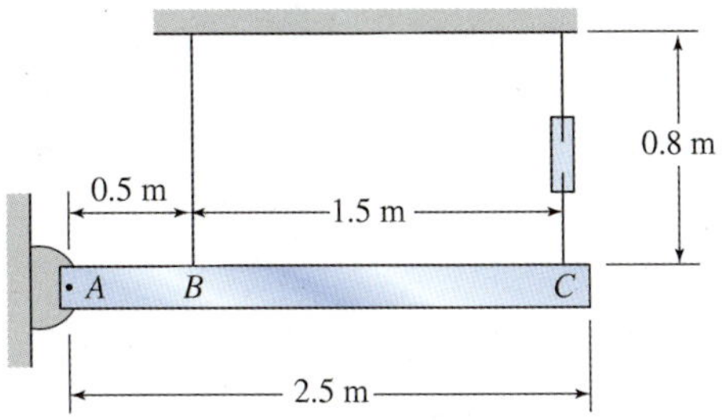

풀이

구조물의 자유 물체도를 그린다.

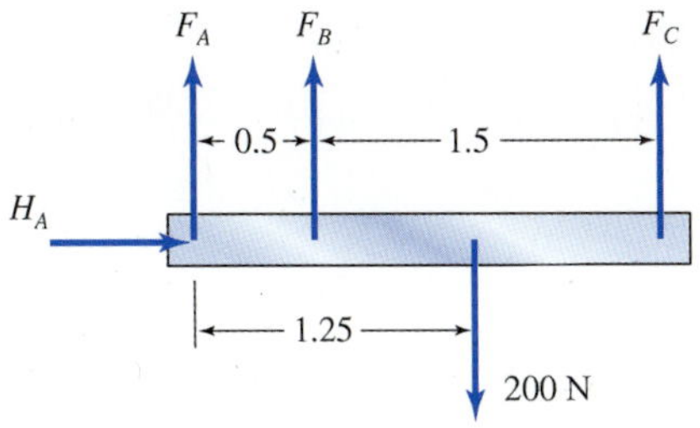

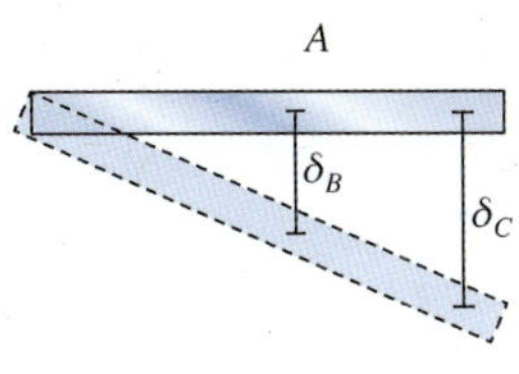

힘의 평형 조건을 사용한다.

$$\sum F_y = 0: \quad F_A + F_B + F_C = 200$$

$$\sum F_x = 0: \quad H_A = 0$$

$$\sum M_A = 0: \quad 0.5F_B + 2F_C - 1.25(200\text{ N}) = 0$$

오른쪽 삼각형으로부터 $\frac{\delta_B}{0.5} = \frac{\delta_c}{2}$ 혹은 $4\delta_B = \delta_c$의 관계식을 얻는다. 따라서 $\frac{4F_BL}{E_BA_B} = \frac{F_cL}{E_cA_c}$이 된다. 여기서는 재료가 알루미늄인 동일 재료이고 동일 반경을 가지므로 $4F_B = F_c$가 된다. 따라서 이 식을 모멘트의 평형 방정식에 대입한다. $0.5F_B + 2(4F_B) = 250\ \text{N}\cdot\text{m}$, $8.5F_B = 250$로부터 $F_B = 29.4\ \text{N}$, 그리고 $F_c = 117.6\ \text{N}$, 최종적으로

$$\delta_c = \frac{F_cL}{E_cA_c} = \frac{(117.6\ \text{N})(0.8\ \text{m})}{(70\times 10^9\ \text{N/m}^2)[\frac{\pi\times(1\times 10^{-3}\ \text{m})^2}{4}]} = 1.71\ \text{mm}$$

이다. 1회전당 1 mm 이동시킬 수 있으므로 1.71회전을 시켜야 한다. ■

2.5.2 경사진 면에서의 응력

무게 W를 가지는 기둥을 고려한다. 기둥 축에 수직으로 절단하였을 때 자유 물체도는 그림 2.17과 같다. 평형 방정식 $-W - \sigma A = 0$을 적용하면 수직응력 $\sigma = -\frac{W}{A}$가 된다. 기둥 재료의 설계허용 압축수직응력 σ와 단면적 A에 의해 최대 허용 무게 W를 결정할 수 있다. 만약 무게 W가 고정된 값이라면 재료의 설계허용 압축응력을 알면 단면적 A를 선택할 수 있다.

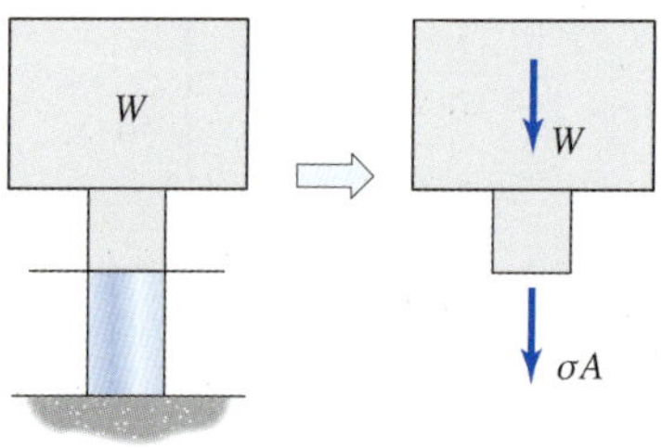

그림 2.17 무게 W를 지탱하는 기둥 축에 수직 절단 시의 자유 물체도

만일 경사면 P에 작용하는 수직응력과 전단응력을 구해보자. 그림 2.18(a)는 축 하중을 받는 봉의 임의의 경사진 면 P를 나타내고 그림 2.18(b)는 경사진 면에서의 자유 물체도를 나타낸다. 그림 2.18은 계산 시 필요한 면적과 힘을 나타낸다.

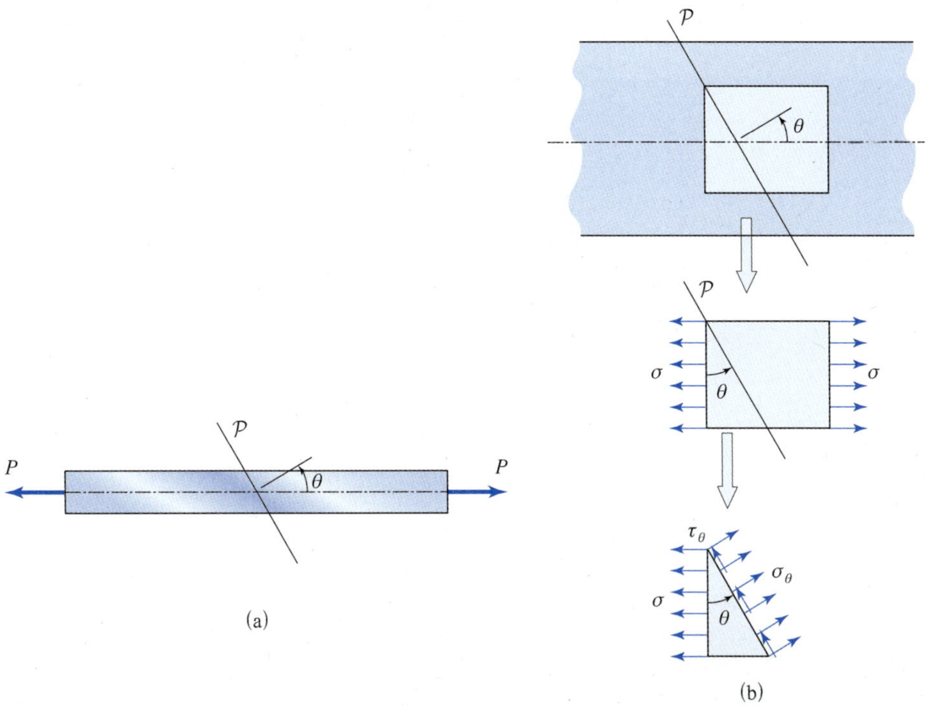

그림 2.18 (a) 축하중을 받는 봉의 임의의 경사진 면 P (b) 경사진 면에서의 자유 물체도

경사면 P에 작용하는 수직응력과 전단응력을 각각 σ_θ, τ_θ라 하며 경사면에 작용하는 자유 물체도를 그린다[그림 2.18(b)]. 자유 물체도상의 면적과 힘은 그림 2.19(a), (b)와 같다. σ_θ 방향으로 힘의 합력을 구하면

$$\sigma_\theta A_\theta - (\sigma A_\theta \cos\theta)\cos\theta = 0$$

따라서 경사진 면 P에서

$$\text{수직응력} \quad \sigma_\theta = \sigma\cos^2\theta \tag{2.12}$$

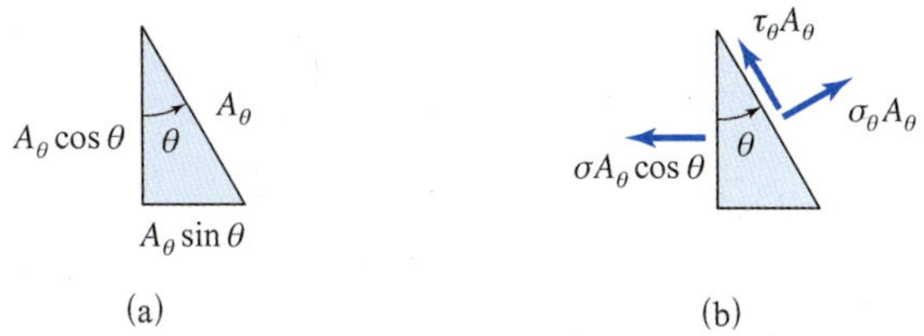

그림 2.19 단면 계산 시 면적(a)과 힘(b)

τ_θ 방향으로 힘의 합력을 구하면

$$\tau_\theta A_\theta + (\sigma A_\theta \cos\theta)\sin\theta = 0$$

경사진 면 P에서

$$\text{전단응력 } \tau_\theta = -\sigma \sin\theta \cos\theta \tag{2.13}$$

이 된다.

예제

접착제를 실험하기 위하여 다음 그림과 같이 접착시켰다. 접착된 판으로 이루어진 봉이 200 N의 인장하중을 받을 때 접착면에 작용하는 수직응력과 전단응력을 구하라.

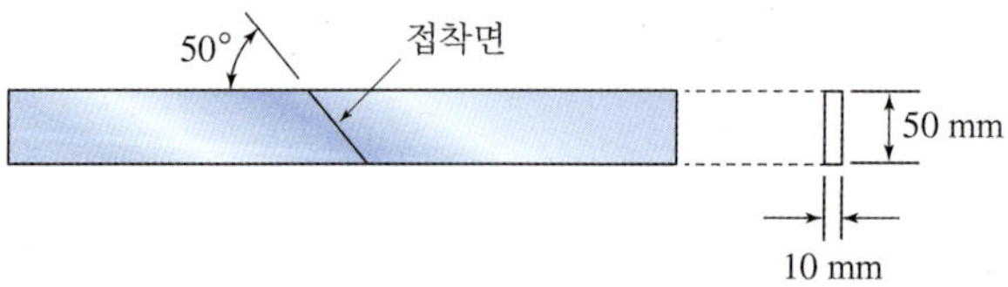

풀이

봉의 축의 수직인 면에서의 수직응력은

$$\sigma = \frac{P}{A} = \frac{200}{(0.01)(0.05)} = 400{,}000 \text{ Pa}$$

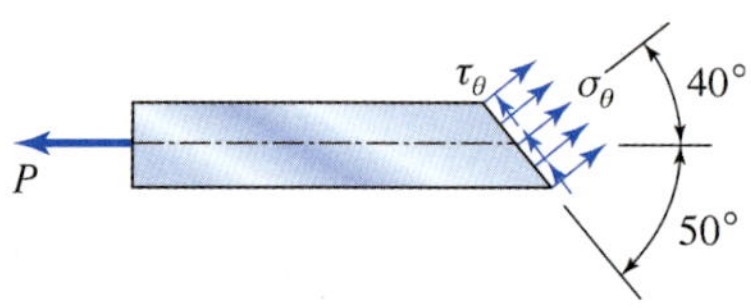

그리고 접착면과 수직면 사이의 각도는 40° 이다. σ_x만 존재하므로 위 식 (2.12)에 대입하면 접착면의 수직응력은 $\sigma_\theta = \sigma\cos^2\theta = (400{,}000)\cos^2 40° = 235{,}000$ Pa이며, 전단응력은 $\tau_\theta = -\sigma\sin\theta\cos\theta = -(400{,}000)\sin 40°\cos 40° = -197{,}000$이 된다. ■

2.5.3 부정정 문제

미지 반력의 수가 독립적인 평형 방정식의 수보다 많을 때를 부정정(statically indeterminate)이라 말한다. 이러한 부정정 문제를 해결하기 위한 방법에는 유연도법과 강성도법(변위법)이 있다.

예를 들면, 양단이 고정된 봉이 축하중 F를 받고 있다[그림 2.20(a)]. 자유 물체도는 그림 2.20(b)이다.

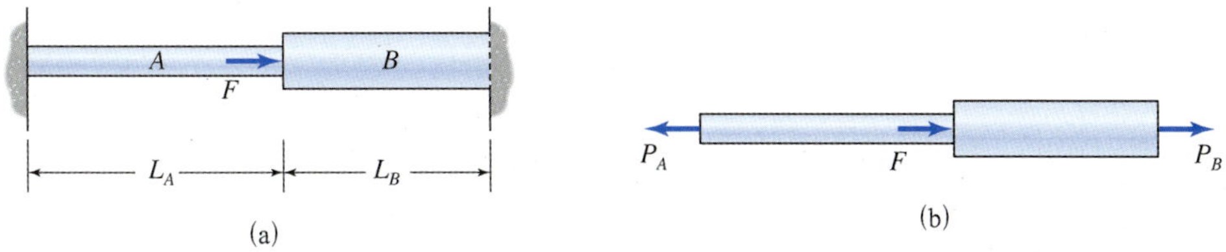

그림 2.20 축하중을 받고 있는 양단이 고정된 봉(a) 자유 물체도(b)

평형 방정식은 $\sum F_x = 0$: $F - P_A + P_B = 0$이며, 이 식만으로는 두 개의 반력 P_A, P_B를 구할 수 없다. 따라서 부정정 문제이다. 내부에 작용하는 축 방향 힘은 그림 2.18과 같다.

A 부분의 축하중은 P_A이다. 길이 변형량은

$$\delta_A = \frac{P_A L_A}{EA_A} \tag{2.14}$$

B 부분의 축하중은 P_B이다. 길이 변형량은

$$\delta_B = \frac{P_B L_B}{EA_B} \tag{2.15}$$

양단이 고정되어 있으므로 다음의 적합조건(compatibility condition)을 만족해야 한다.

$$\delta_A + \delta_B = 0 \tag{2.16}$$

따라서

$$\frac{P_A L_A}{EA_A} + \frac{P_B L_B}{EA_B} = 0 \tag{2.17}$$

이다.

이 적합조건을 사용하면 최종적으로 반력을 알 수 있고 봉의 각 부분의 길이 변화를

구할 수 있다. 결과식은

$$P_A = \frac{F}{1 + L_A A_B / L_B A_A}, \quad P_B = \frac{-F}{1 + L_B A_A / L_A A_B} \tag{2.18}$$

힘과 변위와의 관계식 $\delta_A = \frac{P_A L_A}{EA_A}$, $\delta_B = \frac{P_B L_B}{EA_B}$를 사용하고 적합조건 식 $\delta_A + \delta_B = 0$을 사용하고 평형 조건식 $\sum F_x = 0$: $F - P_A + P_B = 0$을 사용한다.

-유연도법(flexibility method)

이 방법은 힘과 변위와의 관계식을 다음과 같이 표현한다.

$$\delta_A = \frac{L_A}{EA_A} P_A = f_A P_A, \quad \delta_B = \frac{L_B}{EA_B} P_B = f_B P_B$$

여기서 $f_A = \frac{L_A}{EA_A}$는 봉 A의 유연도이고, $f_B = \frac{L_B}{EA_B}$는 봉 B의 유연도이다. 이 식들을 적합 조건식에 대입하면

$$f_A P_A + f_B P_B = 0 \tag{2.19}$$

이 식을 반력 P_A, P_B에 대한 평형 방정식으로 풀 수 있다. 이 방법은 하중법(force method)이라고도 한다.

-강성도법(stiffness method)

힘과 변위와의 관계식을 다음과 같이 표현한다.

$$P_A = \frac{EA_A}{L_A} \delta_A = k_A \delta_A, \quad P_B = \frac{EA_B}{L_B} \delta_A = k_B \delta_B \tag{2.20}$$

여기서 $k_A = \frac{EA_A}{L_A}$는 봉 A의 강성도이고 $k_B = \frac{EA_B}{L_B}$는 봉 B의 강성도이다.

예제

길이 L, 단면적 A_1, 탄성계수 E_1인 봉과 길이 L, 단면적 A_2, 탄성계수 E_2인 튜브에 설치되어

있다. 강체 판에 하중 P가 작용할 때 봉과 튜브의 변형량을 구하라.

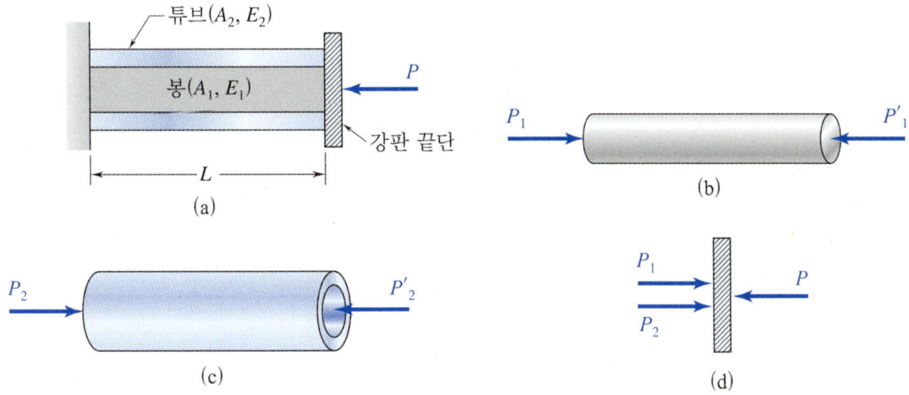

풀이

자유 물체도로부터

$$P_1 + P_2 = P$$

$$\delta_1 = \frac{P_1 L}{E_1 A_1}, \quad \delta_2 = \frac{P_2 L}{E_2 A_2}$$

적합조건 $\delta_1 = \delta_2$, $\dfrac{P_1}{E_1 A_1} = \dfrac{P_2}{E_2 A_2}$이다. 연립하여 식을 풀면 $P_1 = \dfrac{A_1 E_1 P}{A_1 E_1 + A_2 E_2}$, $P_2 = \dfrac{A_2 E_2 P}{A_1 E_1 + A_2 E_2}$이다. 이 값을 대입하여 봉과 튜브의 변형량을 결정할 수 있다. ■

2.6 평면응력

평면응력 상태란 하중을 받을 때 x, y평면에서의 한 점에 작용하는 응력 성분들이 존재하는 상태를 말한다. 인장과 압축을 받는 봉의 상태, 비틀림을 받는 축 그리고 굽힘 하중을 받는 보의 상태는 평면응력 상태라 할 수 있다. 실제의 모든 응력 상태는 3차원 응력 상태이지만 2차원 평면 상태로 가정할 수 있다. 2차원에서의 응력 상태에는 평면응력, 평면 변형률 상태가 있다. 그림 2.21(a)는 3차원 응력 상태, 그림 2.21(b), (c)는 평면응력 상태를 나타낸다. 평면응력 상태의 특수한 경우에는 단축응력, 이축응력, 순수 전단응력을 받는 경우가 있다. 단축응력을 받는 경우는 그림 2.22(a)에, 순수 전단을 받는 경

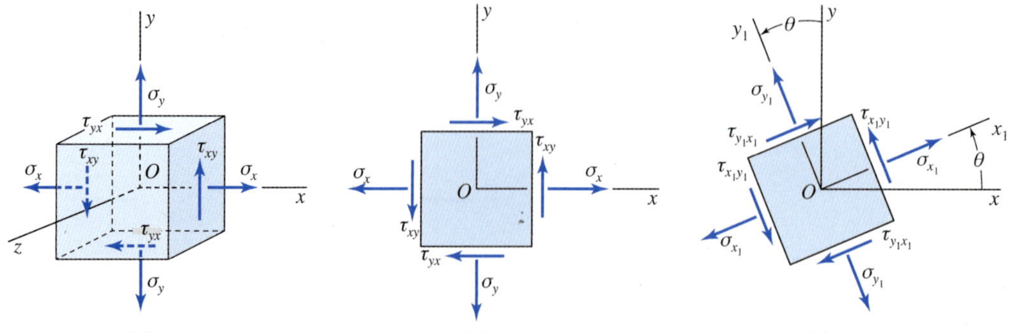

그림 2.21 평면응력 상태의 요소

우는 그림 2.22(b)에, 이축응력 상태의 경우는 그림 2.22(c)에 있다.

단축응력의 경우[그림 2.22(a)]는 다음의 형태를 취하며

$$\begin{bmatrix} \sigma_x & 0 & 0 \\ 0 & 0 & 0 \\ 0 & 0 & 0 \end{bmatrix}$$

이축응력의 경우[그림 2.22(b)]는 다음과 같다.

$$\begin{bmatrix} \sigma_x & 0 & 0 \\ 0 & \sigma_y & 0 \\ 0 & 0 & 0 \end{bmatrix}$$

반면 순수 전단 상태의 경우[그림 2.22(c)]는

$$\begin{bmatrix} 0 & \tau_{xy} & 0 \\ \tau_{xy} & 0 & 0 \\ 0 & 0 & 0 \end{bmatrix}$$

이고, 일반적으로 평면응력 상태의 경우 다음 형태를 취한다[그림 2.21(a), (b)].

$$\begin{bmatrix} \sigma_x & \tau_{xy} & 0 \\ \tau_{xy} & \sigma_y & 0 \\ 0 & 0 & 0 \end{bmatrix}$$

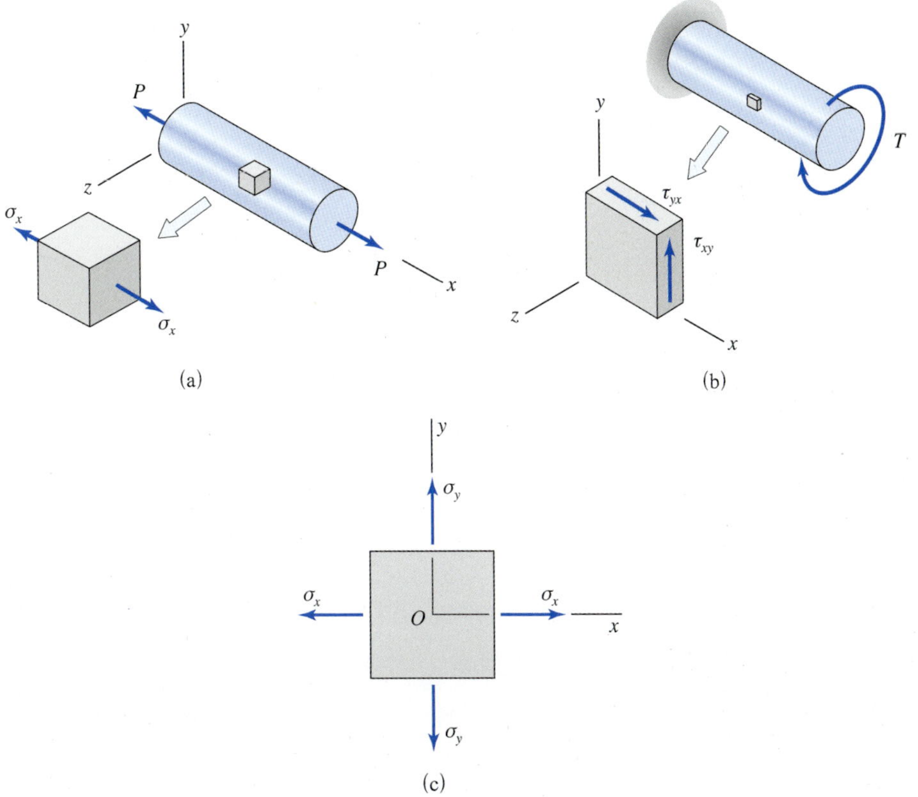

그림 2.22 (a) 인장하중을 받는 봉의 단축응력 (b) 순수 비틀림을 받는 부재의 순수 전단응력 (c) 이축응력

이러한 평면 상태의 응력은 좌표 변환을 통해 임의의 단면에서의 수직응력과 전단응력이 발생할 때 이들의 크기를 구할 수 있다. 임의의 각도로 회전시켰을 때 회전하는 각도의 크기에 따라 최대 주응력과 최대 전단응력이 발생하는 단면을 결정할 수 있다. 이와 같은 방법을 해석적 방법이라 한다. 또한 도식적 방법인 모아원을 사용하여 동일한 해석을 할 수 있다. 해석적 방법은 4장에서 다루며, 도식적 방법인 모아원의 경우는 2.7절에서 설명한다.

2.7 평면응력에서의 모아원

모아원은 어떤 부재에서의 응력 및 변형률이 알려진 후 진행되는 과정이다. 응력 해석을 하려면 해석된 좌표계에서 해석하려고 하는 점의 응력 상태가 응력 요소 형태 또는 응력 값으로 주어져야 한다. 모아원을 이용, 도식적 방법으로 해석하기 위해서는 응력 상태가 응력 요소 형태로 표현되는 것이 시각적으로 쉽다. 평면에서 모아원을 그리는 순서는 다음과 같다.

(1) X, Y축에 모아 평면($\sigma - \tau$평면)을 그린다.

(2) 모아 평면 위에 점 $A(\sigma_x, 0)$, 점 $B(\sigma_y, 0)$, 점 $C\{\frac{1}{2}(\sigma_x + \sigma_y), 0\}$, 점 $X(\sigma_x, -\tau_{xy})$ 점 $Y(\sigma_y, \tau_{xy})$를 찍는다. 여기서 점 X, Y는 응력 요소에서 면 X, 면 Y에 각각 대응하는 응력 상태를 나타내는 점들이다.

(3) 점 X, 점 Y를 선분으로 잇는다. 선분 XY는 점 C를 통과하게 된다.

(4) 선분 XY를 지름으로 하는 원을 그린다. (즉, 선분 CX 또는 CY를 반지름으로 하는 원을 그려도 된다.)

모아원을 이용하면 기준점(점 X, 점 Y)과 임의의 점(점 X_1, 점 X_2)과의 회전 방향 및 각도, 그리고 실제 응력 요소에서의 대응 관계를 알 수 있고, 임의의 점에서의 응력 크기 및 응력 요소로 표현 가능하며, 최대 주응력의 크기 및 방향과 응력 요소로의 표현이 가능하고, 최대 전단응력의 크기 및 방향과 응력 요소로의 표현이 도식적으로 가능하다는 장점이 있다.

모아원을 그릴 때 유의해야 할 기본적 규칙은 다음과 같다.

(1) 모아원의 각도는 실제 면 회전 각도의 2배이다.

(2) 모아 면에서의 수직응력은 x축, 즉 횡축에의 좌표로 표시하며 인장응력은 양의 값으로, 압축응력은 음의 값으로 나타낸다.

(3) 모아 면에서의 전단응력은 y축, 즉 종축에의 좌표로 표시하며, 이 책에서는 요소 시계 방향의 회전 전단응력 값은 모아 평면의 양의 전단응력 값으로 표시되며, 요소 반시계 방향의 회전응력은 모아 평면에서 음의 값으로 나타낸다.

(4) 모아원에서의 한 점은 물체 내의 점 p를 지나는 임의의 면에서의 수직응력과 전단응력의 크기와 방향을 나타낸다.

그림 2.23은 이전 설명에 따라 그린 모아원의 예이다. 그림 2.23(d)에서는 모아원에서 최대, 최소 주응력의 위치와 최대 전단응력의 위치를 나타낸다.

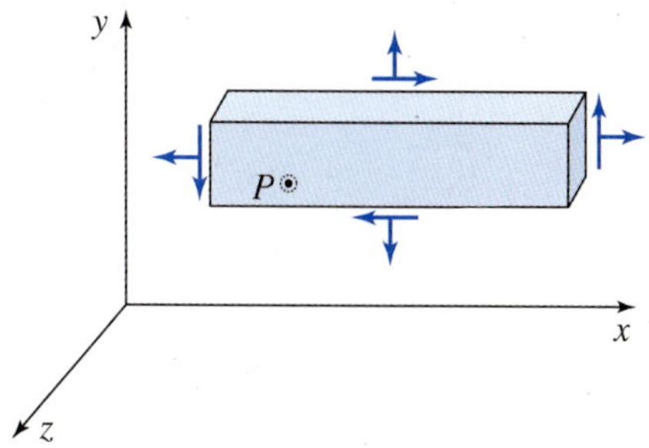

(a) 부재응력 해석

요소의 응력 상태:[$\sigma_x > \sigma_y > 0, \tau_{xy} > 0$]
면 X 위의 응력 상태 (σ_x, τ_{xy})
면 Y 위의 응력 상태 (σ_y, τ_{xy})

모아 평면 위 점의 응력 상태
(1) 점 $P(\sigma_x, -\tau_{xy})$, 점 $Q(\sigma_y, \tau_{xy})$
(2) 점 $P'(\sigma_x, \tau_{xy})$, 점 $Q'(\sigma_y, -\tau_{xy})$

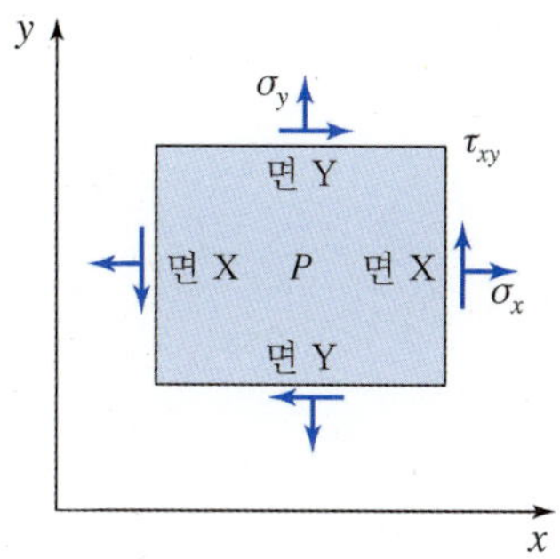

(b) 응력요소 표현(점 P)

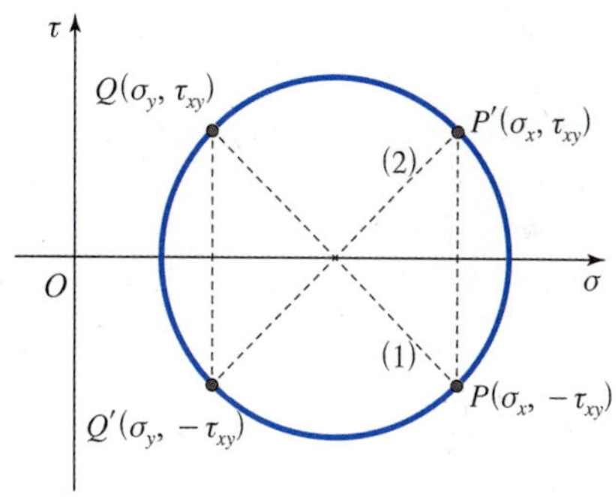

(c) 모아원(Mohr circle)

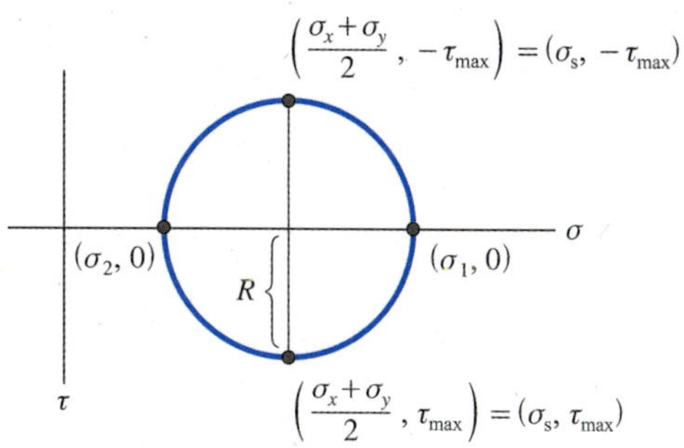

(d) 주응력 값과 면내 최대 전단응력

그림 2.23 모아원의 예

모아원(Mohr circle)은 모든 θ값에 대해서 $\sigma_{x'}$, $\sigma_{y'}$, $\tau_{x'y'}$에 대해 나타낸 도식적 그림이다. 따라서 원을 그릴 수 있다면 최대, 최소 수직응력 값과 면내 최대 전단응력 값을 알 수 있다. 원의 최상단 점과 최하단 바닥면의 꼭지점의 좌표 값은 절대값은 같고 부호가 다른 면내 최대, 최소 전단응력 값이 된다. 즉, 원의 반경 R은 면내 최대 전단응력(maximum shear stress) 값과 같다. 모아원을 사용하면 면내 최대 전단응력 및 최대 수직(주)응력의 방향을 알 수 있다. 모아원을 보면 최대 주응력이 작용하는 면에서는 전단응력은 0이 되며 또 최대, 최소 면내 전단응력이 작용하는 면에서는 수직응력($\frac{\sigma_x + \sigma_y}{2}$)은 동일함을 알 수 있다.

2.7.1 면내 최대, 최소 주응력(in plane principal stress) 결정

주응력 각을 구하고자 할 때 주응력과 일치하는 점을 P'로 놓으면[그림 2.24(a)], 주응력이 작용하는 각도 $2\theta_p$를 구할 수 있으며, 주응력이 작용하는 평면 방향을 그림 2.24(b)와 같이 나타낼 수 있다.

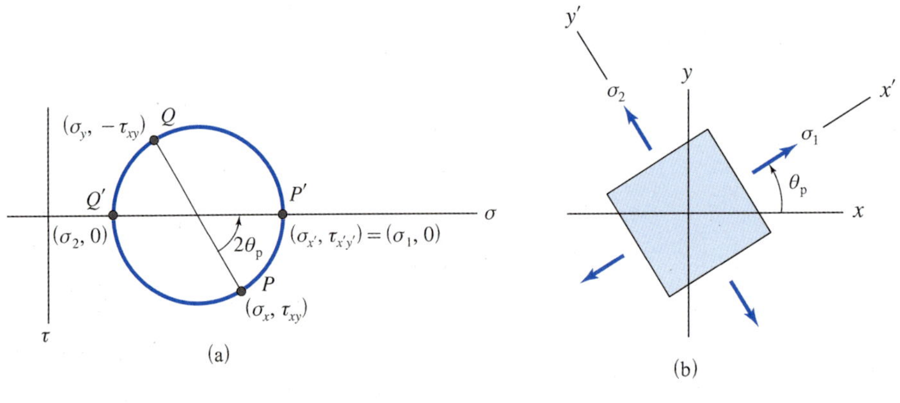

그림 2.24 주응력의 크기와 작용하는 면의 결정

2.7.2 면내 최대 전단응력(in plane maximum shear stress)

최대 혹은 최소 전단응력과 일치하는 점을 P'로 놓으면[그림 2.25(a)] 면내 최대 전단응력이 작용하는 각도 $2\theta_s$를 구할 수 있으며, 면내 최대 전단응력이 작용하는 평면 방향을 그림 2.25(b)와 같이 나타낼 수 있다. 면내 최대 전단응력이 작용할 때 수직응력의 크기는 $\sigma_s = \dfrac{\sigma_x + \sigma_y}{2}$이다.

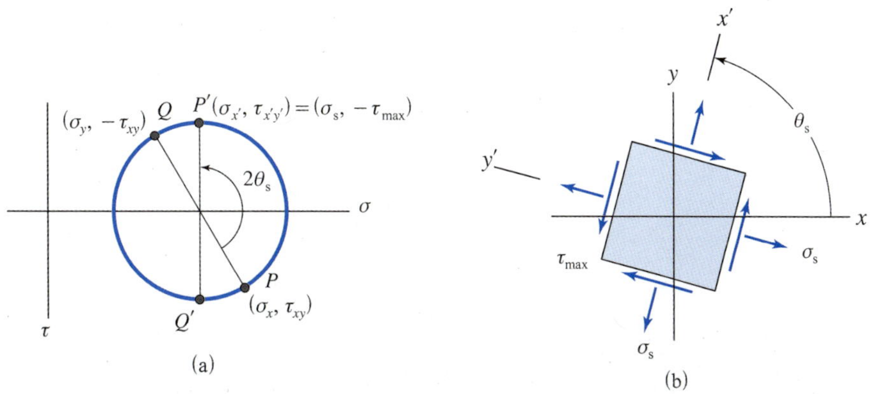

그림 2.25 면내 최대 전단응력의 크기와 작용하는 면의 결정

예제

모아원을 사용하여 다음 응력 상태에서 반시계 방향으로 60도 회전시켰을 때 작용하는 응력을 구하라.

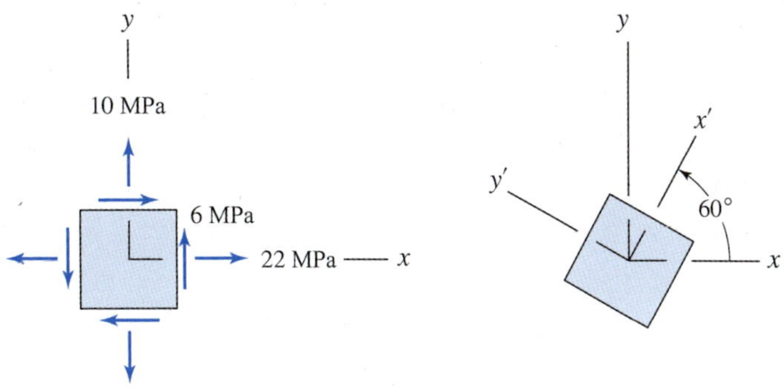

풀이

1단계: 모아원을 그린다. 각 점의 위치는 $A(\sigma_x, 0)$, $B(\sigma_y, 0)$, $C(\frac{\sigma_x + \sigma_y}{2}, 0)$, $P(\sigma_x, -\tau_{xy})$, $Q(\sigma_y, \tau_{xy})$이다.

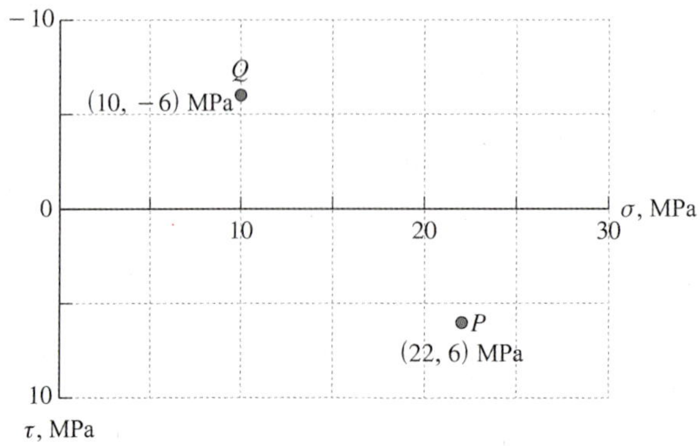

2단계: 점 P와 점 Q를 연결하는 직선을 그린다.

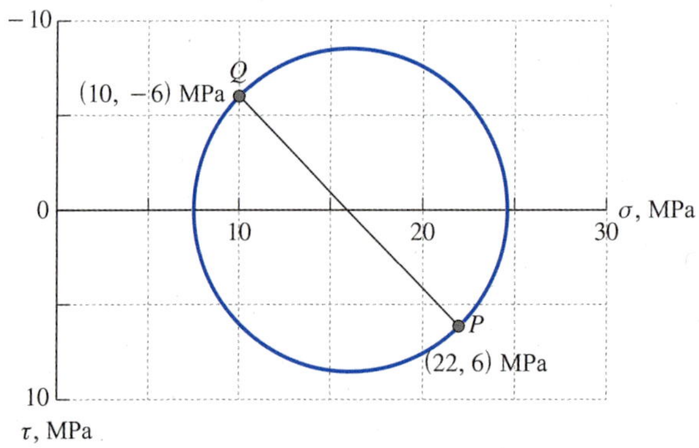

3단계: 점 P로부터 반시계 방향으로 $2\theta = 120°$ 회전시킨다. 이때 원의 중심을 통과하는 직선을 그린다.

4단계: 점 P'는 좌표$(\sigma_{x'}, \tau_{x'y'})$를 갖는다. 원의 그래프로부터 얻는 값은 $\sigma_{x'} = 18.3$ MPa, $\tau_{x'y'} = -8.3$ MPa이다. 점 Q'는 좌표$(\sigma_{y'}, -\tau_{x'y'})$를 갖는다. 원의 그래프로부터 얻는 값은 $\sigma_{y'} = 13.8$ MPa, $\tau_{x'y'} = 8.3$ MPa이다.

5단계: 최대 전단응력과 이때 작용하는 수직응력의 크기와 방향은 그림과 같다.

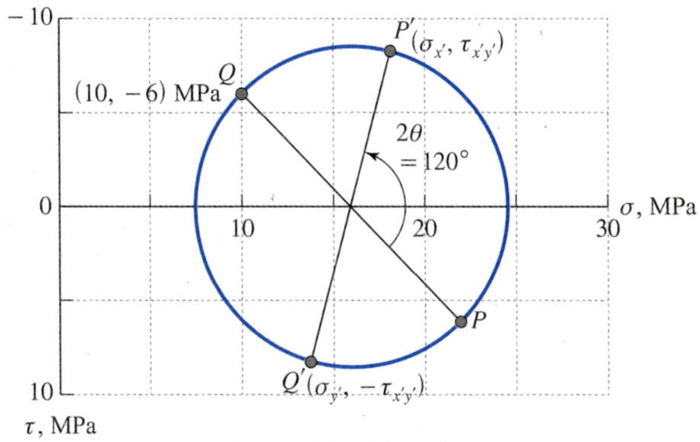

(a) 점 P'와 Q'의 위치

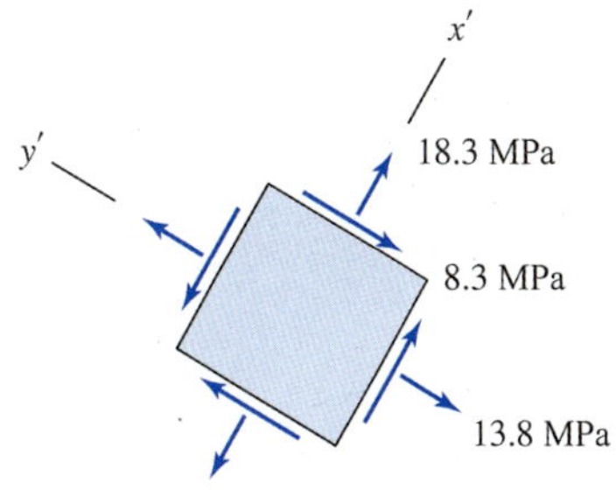

(b) 회전된 요소에서 응력

예제

모아원을 사용하여 최대 주응력의 크기와 면내 최대 전단응력의 크기를 결정하고 방향을 도시하라.

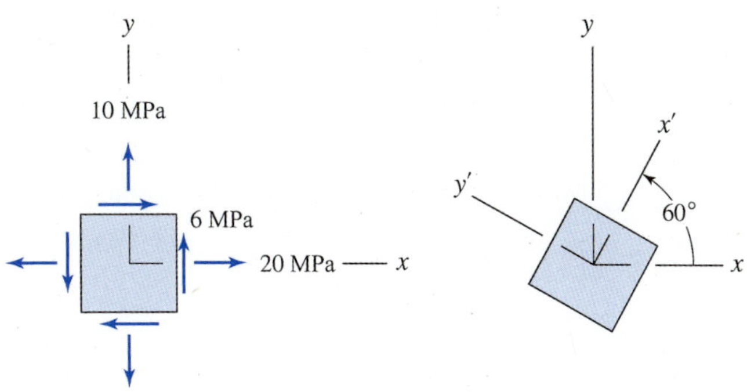

풀이

1단계: 전단응력을 수직축에 수직응력을 수평축에 설정한 다음 점 P, Q의 위치를 잡고 모아원을 그린다(그림 a).

2단계: 주응력점 P', Q'의 위치를 정하고 위치시킨다(그림 b).

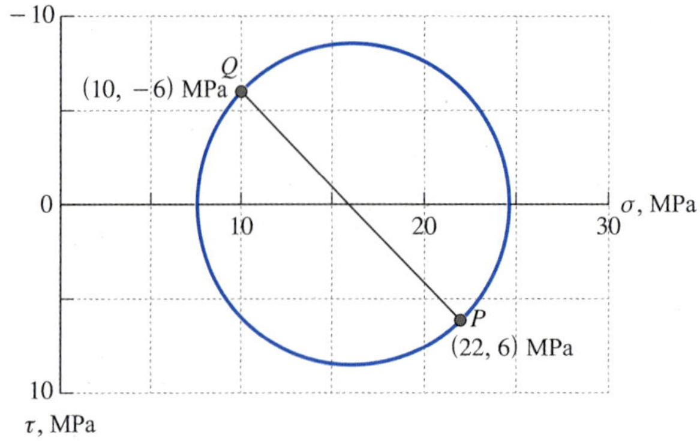

(a) 모아원

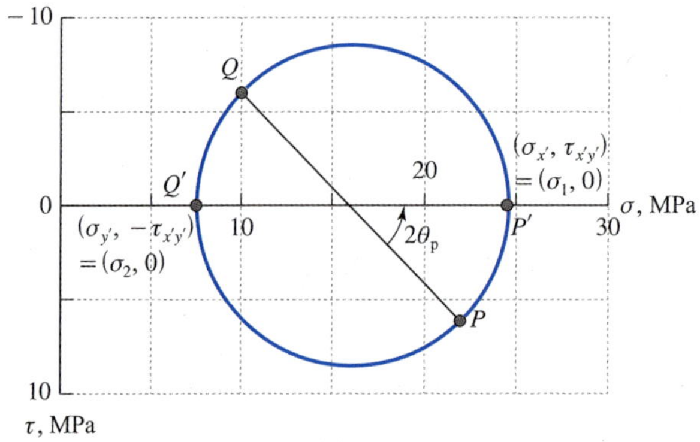

(b)

모아원으로부터 P', Q'점이 각각 최대, 최소 주응력 $\sigma_1 = 24.5$ MPa, $\sigma_2 = 7.5$ MPa임을 알 수 있다. 주응력이 작용하는 면의 방향을 결정하기 위해 $2\theta_p$를 구한다. 모아원에서 $2\theta_p = \tan\dfrac{(\sigma_x - \sigma_y)}{2\tau_{xy}}$, 따라서 $\theta_p = 22.5°$임을 알 수 있다(그림 c).

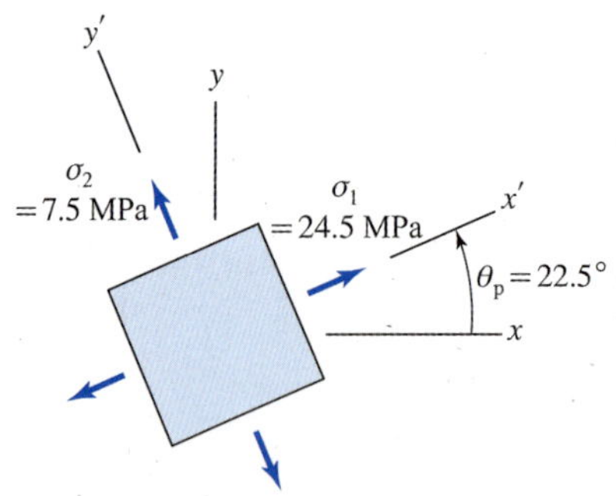

(c)

3단계: 면내 최대 전단응력을 결정하기 위해 P', Q'의 위치를 아래 그림과 같이 위치시킨다. 최대 전단응력 $\tau_{max} = 8.5$ MPa이고, 이때의 수직응력은 $\sigma_s = 16$ MPa임을 알 수 있다.

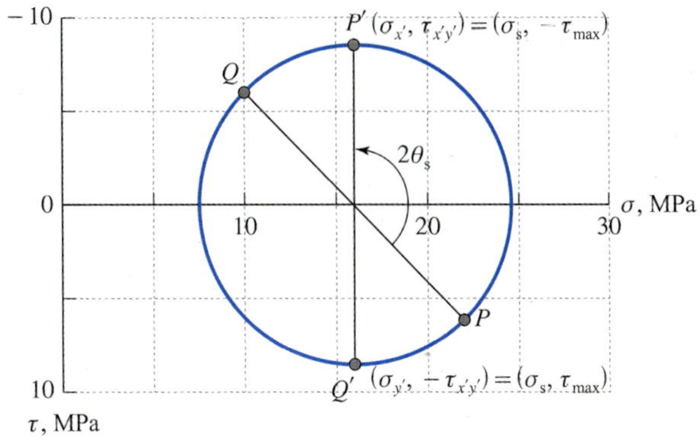

각도 $2\theta_s$를 구하여 면내 최대, 최소 전단응력 면의 방향을 결정할 수 있다.

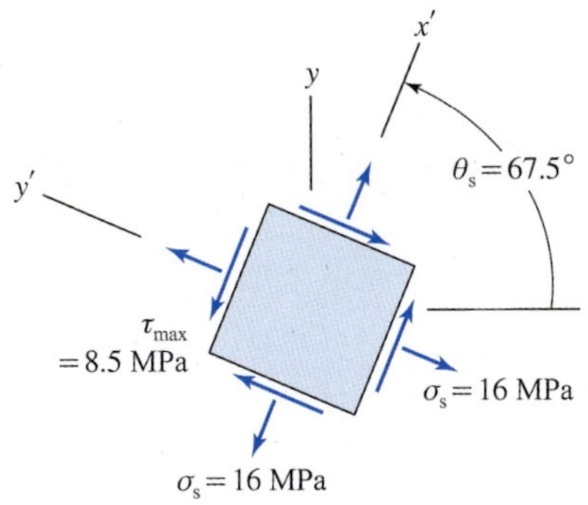

■

2.8 평면응력의 응용

2.8.1 압력용기의 설계

압력용기는 사고로 이어질 수 있으므로 압력용기의 적절한 설계가 중요하다. 압력용기에는 원통형 용기와 구형 용기가 있다. 사용처별로 살펴보면 압축 프로판 연료를 담고 있는 가정용 프로판 가스통과 압축 공기용 탱크 그리고 산업용 가스를 저장하는 대형 구 모양의 탱크들이 있다. 또한 압축 천연가스를 사용하는 차량의 연료저장 탱크들이 있다.

압력용기의 압력은 대략 20 MPa 정도이다. 가스 형태의 수소를 사용할 때 고압으로 적당량을 수용하는 것은 매우 중요하다. 일반적인 압력용기는 내부압력 p_i를 가지는 유체(가스)로 채워져 있고 외벽에는 균일 압력, 일반적으로 대기압 p_o를 받는다. 대기압의 크기는 대략 10^5 Pa 정도이다. 실제로 내부 압력(p_i)과 외부 압력(p_o) 차를 p로 나타내며 일반적으로 설계 시 내부 압력에 비해 외부 압력이 작다고 무시한 압력 p를 설계에 사용한다. 액체 혹은 기체를 수용하는 용기의 안전을 보장 여부를 결정하기 위해서는 용기의 응력을 결정해야 한다.

–얇은 벽과 두꺼운 벽의 압력용기의 구별

일반적으로 벽 내의 위치에 따라 압력용기 벽의 응력의 크기는 변한다.

$$\text{평균 반경의 정의: } R_m = \frac{r_o + r_i}{2}$$

여기서 r_i는 내부 반지름, r_o는 외부 반지름이다.

$$\text{평균 직경의 정의: } D_m = \frac{d_o + d_i}{2}$$

벽 두께 대 압력용기의 평균 반경비가 10보다 크면 응력은 균일하다고 본다. 이러한 압력용기를 얇은 벽의 압력용기(thin pressure vessel)라 부른다.

$$\frac{R_m}{t} \geq 10 \text{ 혹은 } \frac{D_m}{t} \geq 20$$

이다.

(a) 얇은 벽을 가지는 구형 압력용기

구형 압력용기의 응력 상태는 그림 2.26과 같다. 내부 반지름이 r, 벽 두께가 t이고, 내부 압력이 p가 구형 용기(spherical vessel)에 작용하는 경우($t \ll r$인 경우)이며 $\sigma_1 = \sigma_2$이다.

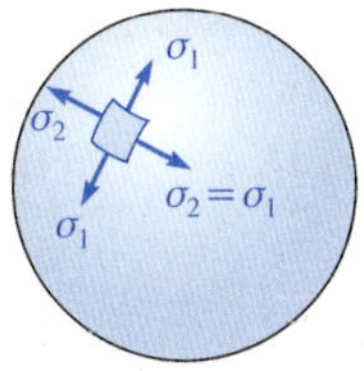

그림 2.26 얇은 벽을 가지는 구형 압력용기의 응력 상태

구의 자유 물체도(그림 2.27)와 평형 방정식은 다음 식과 같다.

$$\sum F_x = 0: \ \sigma_2 \times (2\pi rt) - p \times (\pi r^2) = 0$$

따라서

$$\sigma_2 = \frac{pr}{2t} \quad \sigma_1 = \sigma_2 = \frac{pr}{2t} \tag{2.21}$$

여기서 p는 내부 압력 p_i와 외부 압력(대개 대기압) p_o와의 차이이다. 대기압은 대략 100 kPa이다. 구형 용기에 주어지는 응력은 대칭성으로 인해 $\sigma_1 = \sigma_2$이다.

식 (2.21)은 얇은 벽의 구의 내부 압력 p에 의해 작용하는 구의 수직 응력이다. 구의 평균 반경 R_m 대신에 외부 반경 r_o 혹은 내부 반경 r_i를 사용하여도 결과는 5% 미만의 작은 오차를 갖는다.

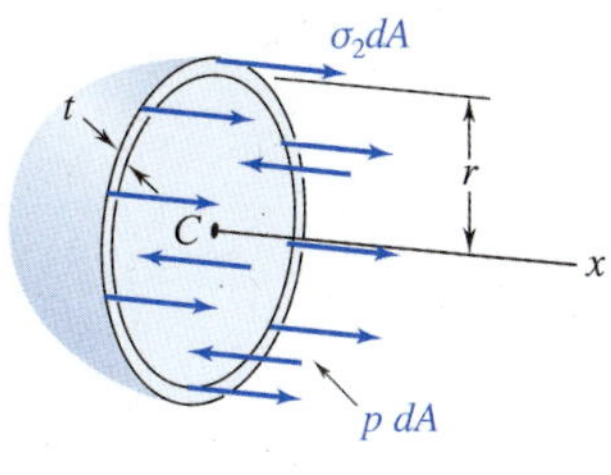

그림 2.27 얇은 벽을 가지는 구형 압력용기의 자유 물체도

이 경우의 모아원은 그림 2.28과 같이 한 점으로 표시된다. 면내 수직응력은 일정하고 면내 최대 전단응력 $\tau_{in} = \frac{1}{2}(\sigma_1 - \sigma_2) = 0$이므로 0(zero)이 된다. 하지만 용기 벽에 작용하는 최대 전단응력은 0이 아니며 지름 OA인 원의 반지름과 같고, 이때의 평면응력을 45° 회전한 것과 같다. 크기는 $\tau_{\max} = \frac{1}{2}(\sigma_1 - 0) = \frac{1}{2}\sigma_1 = \frac{pr}{4t}$이다.

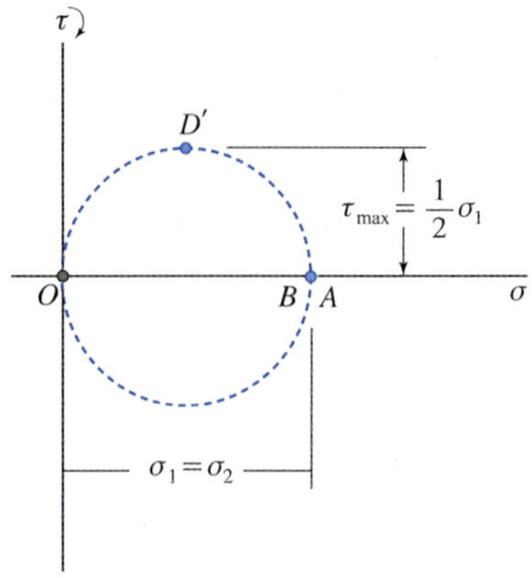

그림 2.28 구형 용기의 모아원

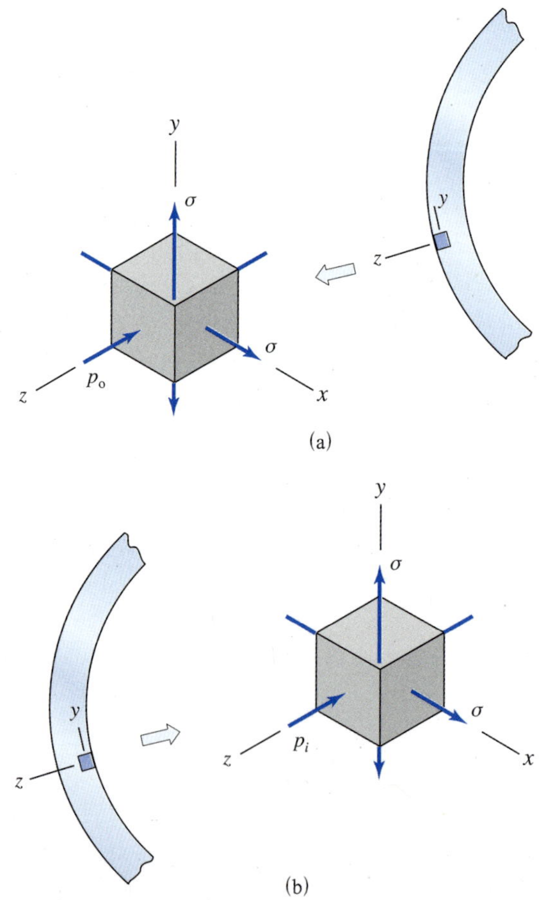

그림 2.29 외부 표면(a)과 내부 표면(b) 요소 상에서의 응력

그림 2.29는 얇은 벽을 가지는 구형 압력용기의 외부 표면과 내부 표면 요소 상에서의 응력이다.

(b) 원통형 압력용기

내부 압력이 p이고 단면이 원형인 두께가 얇은 실린더형 압력용기는 축(혹은 길이 방향) 방향 응력 σ_2(longitudinal stress)와 원주 방향 응력 σ_1(hoop stress 혹은 circumferential stress)만이 존재하는 평면응력의 경우이다(그림 2.30). 즉, 전단응력이 작용하지 않는다.

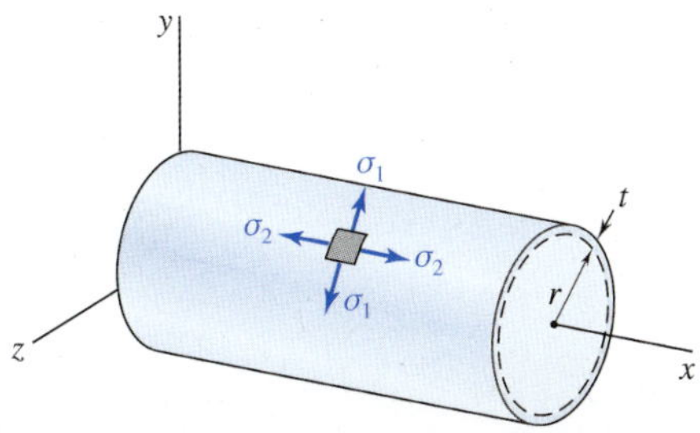

그림 2.30 원통형 압력용기에서의 원주응력과 축응력

반경 r과 직경 d, 두께 t를 가지는 원통형(실린더형) 압력용기를 고려해 보자. 실린더형 벽의 응력 상태 결과는 끝단의 경계조건에 영향을 받지 않는다고 가정한다. 내부는 균일 압력 p_i를, 외부는 균일 압력 p_o를 받는다. 이 경우는 길이 혹은 축 방향 응력(σ_2: longitudinal stress)과 원주 방향의 응력(σ_1: hoop stress)이 존재한다. 축응력과 원주응력이 작용하는 면은 그림 2.31과 같다.

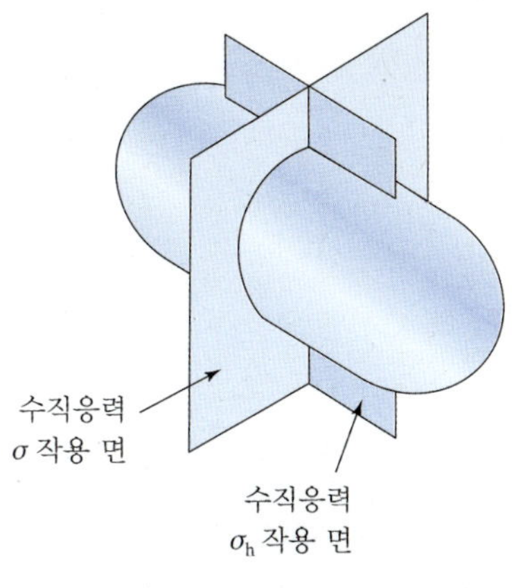

그림 2.31 실린더형 압력용기에서 축응력과 원주응력이 작용하는 면

–축(길이) 방향 응력

자유 물체도(그림 2.32)로부터 수평 방향의 평형 방정식을 사용하면

$$\sum F_x = 0 :\ \sigma_2(2\pi rt) - p(\pi r^2) = 0$$

따라서 길이(축)방향 응력 σ_2는

$$\sigma_2 = \frac{pr}{2t} \tag{2.22}$$

이 된다. 혹은

$$\sigma_2 = \frac{(p_i - p_o)r}{2t} = \frac{pr}{2t} = \frac{pd}{4t} \tag{2.23}$$

로도 주어진다.

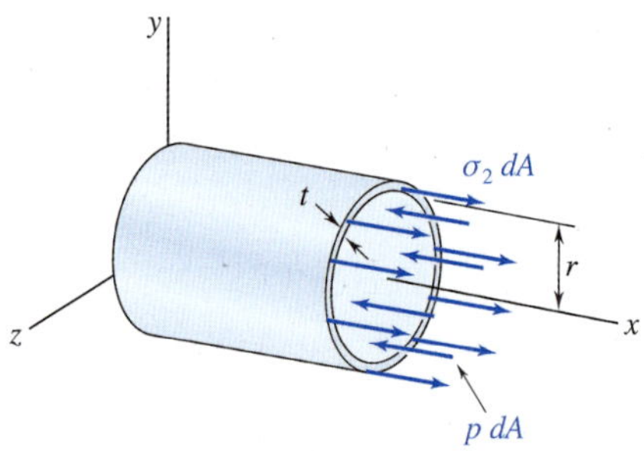

그림 2.32 축 방향 자유 물체도

–원주(후프) 방향 응력

그림 2.33은 원주 방향의 응력을 계산하기 위한 자유 물체도이다.

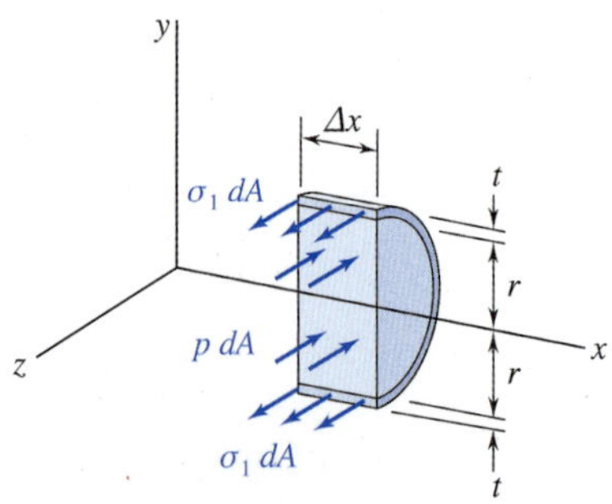

그림 2.33 원주 방향의 응력을 계산하기 위한 자유 물체도

그림 2.33으로부터 힘의 평형 방정식은

$$\sum F_z = 0: \ \sigma_1 (2t\Delta x) - p(2r\Delta x) = 0$$

내부 압력에 작용하는 힘 $\sigma_1 dA$의 합은 $\sigma_1 \times 2t\Delta x$와 같다. 압축력 pdA의 합은 $p \times 2r\Delta x$와 같다.

따라서 원주(후프) 방향 응력 σ_1은

$$\sigma_1 = \frac{pr}{t} \tag{2.24}$$

이 응력을 후프 혹은 원주 방향 응력(hoop stress 또는 circumferential stress)이라 하며 σ_h로 표시하기도 한다.

(c) 두꺼운 벽을 가지는 실린더형 압력용기와 원통형 압력용기

그림 2.34와 표 2.1은 두꺼운 벽을 가지는 원통형 압력용기와 구형 압력용기의 각종 응력을 계산하는 공식이다.

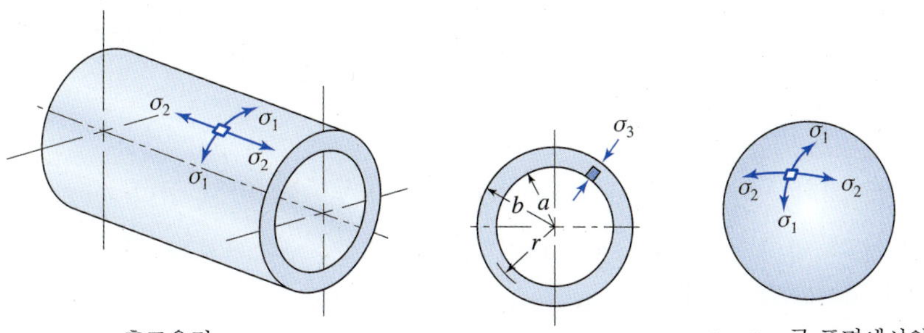

그림 2.34 두꺼운 벽을 가지는 원통형 압력용기와 구형 압력용기의 응력 표기

요약하면, 압력용기 설계 시 고려해야 할 사항은 구형과 원통형 용기의 벽에 작용하는 주응력과 최대 전단응력을 결정할 수 있어야 한다. 이후 파손 판별식을 선택한다. 예를 들면, 최대 전단응력 판별식(Tresca 판별 기준식)을 사용했을 경우 벽에 작용하는 최대 전단응력이 압력용기 재료가 견딜 수 있는 항복 전단응력보다 작아야 안전하다고 할 수 있다. 최대 전단응력 판별식을 사용할 경우 안전계수는 다음과 같이 정의된다.

표 2.1 두꺼운 벽을 가지는 원통형 압력용기와 구형 압력용기의 응력

두꺼운 벽을 가지는 원통형	r에서의 응력	최대 응력
후프	$\sigma_1 = \dfrac{pa^2(b^2+r^2)}{r^2(b^2-a^2)}$	$\sigma_1 = \dfrac{p(b^2+a^2)}{(b^2-a^2)}$
길이 방향	$\sigma_2 = \dfrac{pa^2}{(b^2-a^2)}$	$\sigma_2 = \dfrac{pa^2}{(b^2-a^2)}$ (벽두께 일정)
반경 방향	$\sigma_3 = \dfrac{-pa^2(b^2-r^2)}{r^2(b^2-a^2)}$	$\sigma_3 = -p$ (내부 표면에서)
두꺼운 벽을 가지는 구	**r에서의 응력**	**최대 응력**
후프	$\sigma_1 = \sigma_2 = \dfrac{-pa^2(b^2-r^2)}{2r^3(b^3-a^3)}$	$\sigma_1 = \sigma_2 = \dfrac{p(b^3+2a^3)}{2(b^3-a^3)}$
반경 방향	$\sigma_3 = \dfrac{-pa^3(b^3-r^3)}{r^3(b^3-a^3)}$	$\sigma_3 = -p$ (내부 표면에서)

$$S = \frac{\tau_y}{\tau_{allow}} \tag{2.25}$$

여기서 전단항복은 $\tau_y = \dfrac{1}{2}\sigma_y$로 주어진다. 전단항복 크기는 단축 인장 시의 항복응력 σ_y의 50%에 해당하는 크기이다.

예제

얇은 벽의 압력용기가 200 kPa의 내압과 2000 N · m의 토크를 받고 있다. 용기의 두께와 용기의 평균 반경은 각각 0.1 m와 0.4 m이다. 점 A에서 x축으로의 주응력(the principal stresses)과 주응력 방향각(the principal angle)을 결정하라.

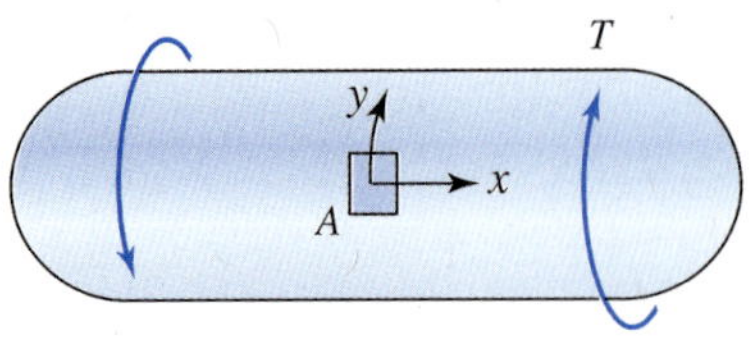

(a)

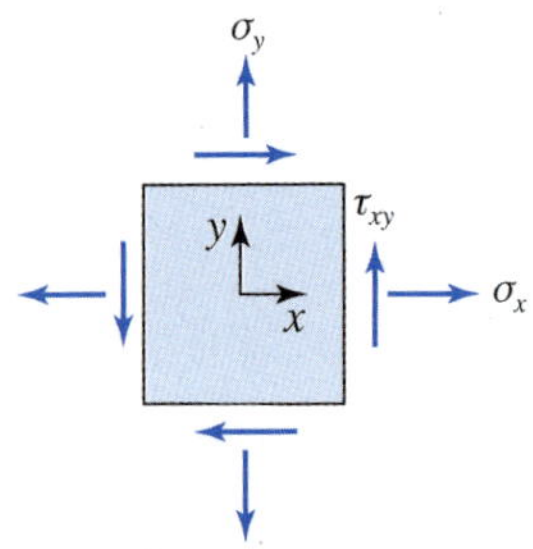

(b)

풀이

$$\sigma_x = \frac{PR}{2t} = \frac{(200\times 10^3\ \mathrm{N/m^2})(0.4\ \mathrm{m})}{(2)(0.1\ \mathrm{m})} = 400\ \mathrm{kPa}$$

$$\sigma_y = \frac{PR}{t} = 2\sigma_x = 800\ \mathrm{kPa}$$

$$\tau_{xy} = \frac{T}{2\pi R^2 t} = \frac{2000\ \mathrm{N\cdot m}}{2\pi(0.4^2\ \mathrm{m^2})(0.1\ \mathrm{m})} = 19.9\ \mathrm{kPa}$$

이 된다.

모아원을 그려보면,

$$C = \frac{\sigma_x + \sigma_y}{2} = \frac{400+800}{2} = 600\ \mathrm{kPa}$$

$$R = [\frac{(\sigma_x - \sigma_y)^2}{4} + \tau_{xy}^2]^{1/2} = [\frac{(400-800)^2}{4} + 19.9^2]^{1/2} = 200.98\ \mathrm{kPa}$$

을 얻는다. 따라서 주응력은

$$\sigma_1 = OC + R = 600 + 200.98 = 800.98\ \mathrm{kPa}$$

$$\sigma_2 = OC - R = 600 - 200.98 = 399.02\ \mathrm{kPa}$$

이 된다. 또,

$$\tan 2\alpha = \frac{2\tau_{xy}}{\sigma_x - \sigma_y}\ \text{에서}\ \ \alpha = -1.424^\circ$$

를 얻는다. ■

예제

다음과 같은 얇은 벽으로 압력용기가 벽에 부착되어 있다. 내부에 작용하는 압력은 1.2 MPa, 지름은 250 mm, 두께 t는 5 mm이다. 그림에서와 같이 토크 $T = 3\ \mathrm{kN-m}$가 작용하고 끝단에서 수직력 $P = 20\ \mathrm{kN}$이 작용할 때 실린더 표면 점 A에서의 최대 주응력과 최대 전단 응력을 계산하고, 그 방향을 표시하라.

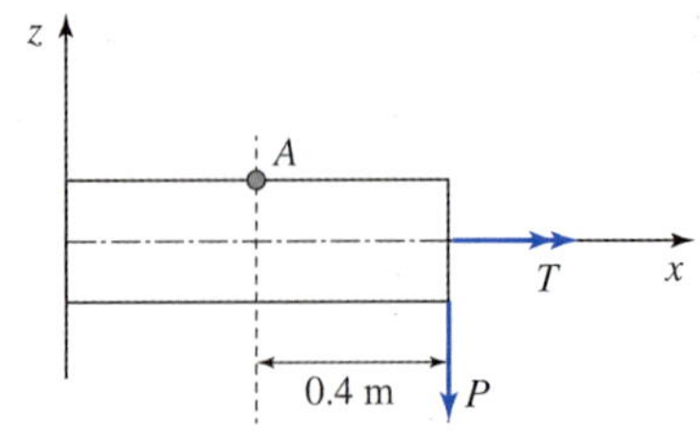

풀이

굽힘에 의한 응력 $\sigma_b = \frac{Mr}{I} = \frac{8(10^3)r}{\pi r^3 t} = \frac{8(10^3)}{\pi(0.125^2)(0.005)} = 32.6\text{ MPa}$

비틀림에 의한 응력 $\tau_t = -\frac{Tr}{J} = \frac{3(10^3)r}{2\pi r^3 t} = -\frac{3(10^3)}{2\pi(0.125^2)(0.005)} = -6.112\text{ MPa}$

내부 압력에 의한 축응력 $\sigma_a = \frac{pr}{2t} = \frac{1.2(10^6)(125)}{2(5)} = 15\text{ MPa}$

내부 압력에 의한 원주 방향 응력(hoop stress) $\sigma_h = \frac{pr}{t} = 2\sigma_a = 30\text{ MPa}$

이를 종합하면 x 방향 응력 $\sigma_x = \sigma_b + \sigma_a = 32.6\text{ MPa} + 15\text{ MPa} = 47.6\text{ MPa}$이 되고, y 방향 응력 $\sigma_y = \sigma_h = 30\text{ MPa}$이 되며, 전단응력 $\tau_{xy} = \tau_t = -6.112\text{ MPa}$이 된다. 이를 기초로 모아원을 그리면 A점(47.6, 0), B점(30, 0), C점(38.8, 0)을 표시하고 X점(47.6, 6.112), Y점(30, −6.112)을 모아원 좌표 면에 표시한 후 선분 XY를 지름으로 하고 점 C를 중심으로 하는 원을 그리면 그림에서 주응력은

$$\sigma_{1,2} = \frac{1}{2}(\sigma_x + \sigma_y) \pm R = 38.8 \pm \sqrt{\left(\frac{\sigma_x - \sigma_y}{2}\right)^2 + \tau_{xy}^2} = 38.8 \pm \sqrt{\left(\frac{47.6 - 30}{2}\right)^2 + (6.112)^2}$$
$$= 38.8 \pm 10.7$$

이므로, 최대 주응력은 $\sigma_1 = 49.5\text{ MPa}$이며 $\sigma_2 = 28.1\text{ MPa}$이 된다. 그리고 최대 면내 전단응력 $\tau_{\max} = R = \pm 10.7\text{ MPa}$이 된다. 또 이때 작용하는 수직응력은 $\sigma' = \frac{1}{2}(\sigma_x + \sigma_y) = \frac{1}{2}(47.6 + 30) = 38.8\text{ MPa}$이 되며 최대 전단응력이 작용하는 면은 원래 x축과 다음과 같은 각도로 반시계 방향으로 기울어진 면에 작용한다.

$$\theta_s = \frac{1}{2}\tan^{-1}\left[-\frac{47.6 - 30}{2(-6.112)}\right] = 27.6°,\ 117.6°$$

가 된다. ■

예제

압축공기 탱크가 두 개의 받침대로 지지된다. 압축공기 탱크의 원통형 부분의 지름은 750 mm이고 길이는 2.4 m이다. 용기의 두께는 10 mm이고 횡단면과 25° 각도를 따라 맞대기 용접으로 제작되어 있다. 끝단의 캡은 구형으로 6 mm의 균일 벽 두께를 가지고 있다. 게이지 내부 압력이 $p = 2.0$ MPa일 때 (a) 구형 캡에서의 수직응력과 최대 전단응력, (b) 나선 용접면에 작용하는 수직응력과 전단응력을 구하라.

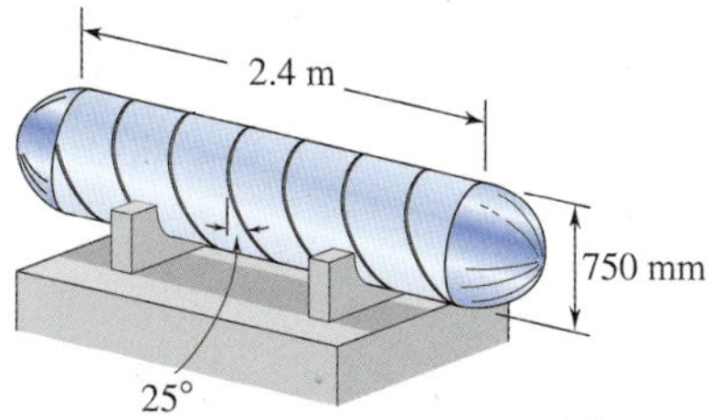

풀이

(a) 구형 캡:

$p = 2.0$ MPa, $t = 6$ mm, $r = 375 - 6 = 369$ mm 이다. 따라서 캡에서의 응력은

$$\sigma_1 = \sigma_2 = \frac{pr}{2t} = \frac{(2\text{ MPa})(369\text{ mm})}{2(6\text{ mm})} = 61.5\text{ MPa}$$

면내 전단응력은 0이지만 캡의 평면에 작용하는 제3 주응력이 0이고 지름이 OA인 모아원 상에서 점 D'는 최대 전단응력을 나타낸다. 캡과 45°를 이루는 평면상에 나타난다. 따라서 최대 전단응력은

$$\tau_{\max} = \frac{1}{2}(61.5 - 0) = 30.75\text{ MPa}$$

(b) 탱크의 원통부:

$p = 2$ MPa, $t = 10$ mm, $r = 375 - 10 = 365$ mm 이다. 따라서 캡에서의 원주 방향 응력인 후프 응력은

$$\sigma_1 = \frac{pr}{t} = \frac{(2\text{ MPa})(365\text{ mm})}{10\text{ mm}} = 73\text{ MPa}$$

이고, 축 방향 응력 $\sigma_2 = \frac{pr}{2t} = \frac{1}{2}\sigma_1 = 36.5$ MPa이다.

따라서 나선 용접면에 작용하는 수직응력과 전단응력을 구하기 위해서는

$$\sigma_1 = 73 \text{ MPa}, \ \sigma_2 = 36.5 \text{ MPa}$$

이므로 후프응력과 길이 방향 응력을 모아원에 그린다. 다음에 이를 25° 회전시켜 용접면에서의 수직응력과 전단응력을 구한다.

$$\sigma_w = \frac{1}{2}(\sigma_1 + \sigma_2) - R\cos 50° = \frac{1}{2}(73 + 36.5) - 18.25\cos 50° = 43.8$$

$$\tau_w = R\sin 50° = 18.25 \sin 50° = 13.98$$

여기서 R은 모아원 반지름으로 $R = \frac{1}{2}(\sigma_1 - \sigma_2) = \frac{1}{2}(73 - 36.5) = 18.25$이다.

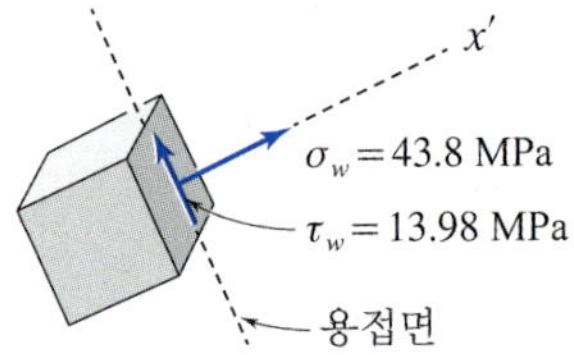

2장 요약

1. 표면응력 t는 단면 A상의 미소면적 요소 dA에 작용하는 힘이 tdA로 정의되는 함수이다. 이때 수직 성분 σ를 수직응력이라 하고, 면의 접선 성분 τ를 전단응력이라 한다(그림 a). 만일 수직응력 σ가 양의 방향이면 인장응력이라 하고 음의 방향이면 압축응력이라 한다.
   단면 A에 수직하고 평행한 평균 표면 응력 성분에는 평균 수직응력 σ_{av}와 평균 전단응력 τ_{av}가 있다. 이때 단면에 작용하는 총 수직력과 접선력은 $A\,a_{av}$와 $A\tau_{av}$이다.

2. 변형 전 미소길이 dL이 변형 후 dL'이면(그림 b, c), 신장 변형률(변형률, strain)은 $\varepsilon = \dfrac{dL' - dL}{dL}$이다. 선분의 길이 변화는 $\delta = L' - L = \int_L \varepsilon dL$, ε이 일정하면 $\delta = L' - L = \varepsilon L$이 된다.

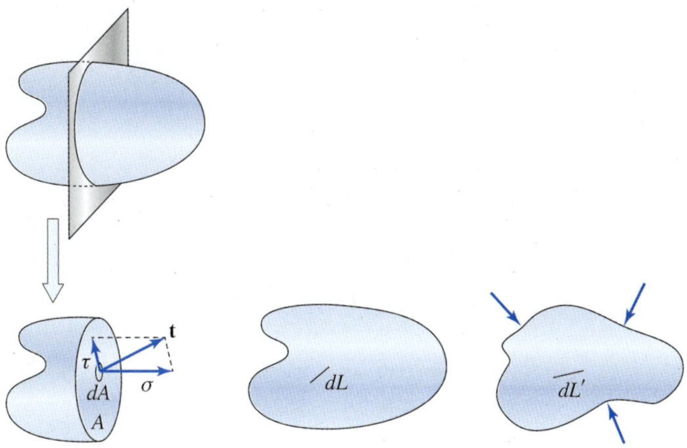

(a) (b) (c)

3. 축 방향 인장하중 P를 받는 균일한 단면 A를 가지는 봉이 있다. 재료가 선형 탄성거동을 한다고 할 때 $\sigma = \dfrac{P}{A}$이다.

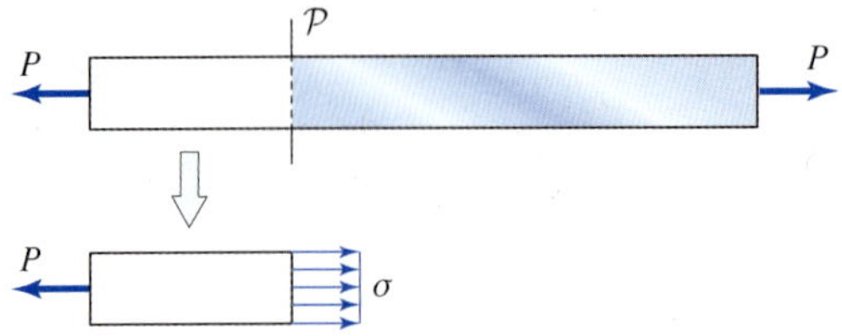

경사진 면 P상에서 수직 및 전단응력은 $\sigma_\theta = \sigma\cos^2\theta$, $\tau_\theta =-\sigma\cos^2\theta$

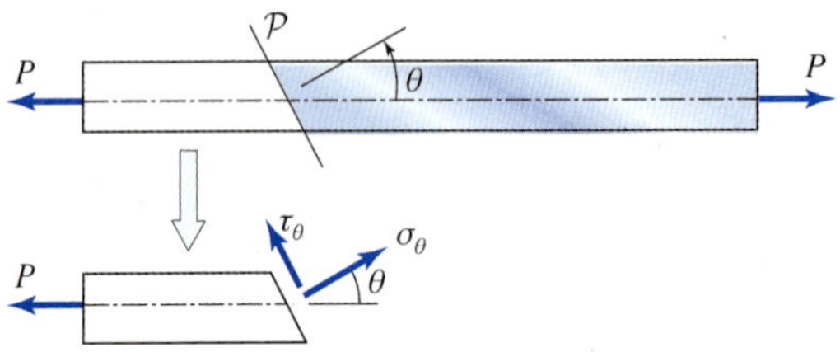

균일 단면 봉에서의 변형률: 봉의 길이가 δ만큼 늘어난다.

$$\delta = \varepsilon L$$

$\sigma = E\varepsilon$이므로 $\dfrac{P}{A} = E\dfrac{\delta}{L}$이 된다. 따라서 늘어난 길이 $\delta = \dfrac{PL}{AE}$이 된다.

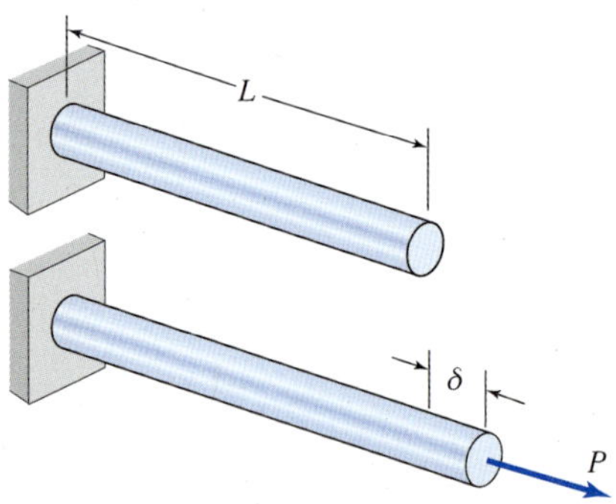

축 인장하중을 받는 균일 단면 봉

4. 푸아송비 $\nu =-\dfrac{\varepsilon_y}{\varepsilon_x}$
5. 열변형률 $\varepsilon_T = \alpha \Delta T$, 열응력 $\sigma_T = \varepsilon_T \alpha \Delta T$
6. 부정정 문제: 미지 반력 수가 평형 방정식 수보다 많을 경우 축하중을 받는 경우 다음 사항들을 고려해야 한다.
   (a) 축 방향 하중과 길이 변화와의 관계
   (b) 길이 변화와 관련된 기하학적 관계(적합 방정식)

(c) 평형 방정식

7. 모아원을 사용하여 최대 주응력과 최대 전단응력의 크기와 방향을 결정할 수 있다. 모아원은 $A(\sigma_x, 0)$, $B(\sigma_y, 0)$, $C(\frac{\sigma_x+\sigma_y}{2}, 0)$, $P(\sigma_x, -\tau_{xy})$, $Q(\sigma_x, \tau_{xy})$의 다섯 개의 점을 σ축(x축)과 τ축(y축)에 표시하고, 선분 PQ를 지름으로 하는 원을 그린다. 이때 반지름 R은 면내 최대 전단응력과 크기가 같다. 주응력(최대, 최소 수직응력) σ_1과 σ_2는 $\sigma_{1,2} = \frac{\sigma_x+\sigma_y}{2} \pm \sqrt{(\frac{\sigma_x-\sigma_y}{2})^2 + \tau_{xy}^2}$ 이다.

8. 원통형 압력용기의 응력은 축 방향 응력과 원주 방향 응력이 있다.

$$\text{축 방향 응력 } \sigma_a = \frac{pr}{2t}, \text{ 원주 길이 방향 응력 } \sigma_h = \frac{pr}{tt}$$

구형 압력용기의 응력은 축 방향 응력과 원주 방향 응력은 같고 크기는 $\sigma_1 = \sigma_2 = \frac{pr}{2t}$ 이다.

- 실린더형 압력용기의 경우:

(a) 외부 표면에 작용하는 응력

$$\begin{bmatrix} \sigma_x & \tau_{xy} & \tau_{xz} \\ \tau_{yx} & \sigma_y & \tau_{yz} \\ \tau_{zx} & \tau_{zy} & \sigma_z \end{bmatrix} = \begin{bmatrix} \sigma & 0 & 0 \\ 0 & \sigma_h & 0 \\ 0 & 0 & -p_o \end{bmatrix}$$

이 경우 주응력은 $\sigma, \sigma_h, -p_o$ 이며

절대 최대 전단응력은

$$\tau_{\max} = \text{Max}[\left|\frac{\sigma}{2}\right|, \left|\frac{\sigma+p_o}{2}\right|, \left|\frac{\sigma_h+p_o}{2}\right|]$$

(b) 내부 표면에 작용하는 응력

$$\begin{bmatrix} \sigma_x & \tau_{xy} & \tau_{xz} \\ \tau_{yx} & \sigma_y & \tau_{yz} \\ \tau_{zx} & \tau_{zy} & \sigma_z \end{bmatrix} = \begin{bmatrix} \sigma & 0 & 0 \\ 0 & \sigma_h & 0 \\ 0 & 0 & -p_i \end{bmatrix}$$

이 경우 주응력은 $\sigma, \sigma_h, -p_i$ 이며 절대 최대 전단응력은

$$\tau_{\max} = \text{Max}[\left|\frac{\sigma}{2}\right|, \left|\frac{\sigma+p_i}{2}\right|, \left|\frac{\sigma_h+p_i}{2}\right|]$$

2장 연습문제

2.1 지름이 10 mm인 알루미늄 봉 *CE*와 20 mm인 봉 *DF*가 강체 *ABCD*에 결합되어 있다. 알루미늄의 탄성 계수는 70 GPa이다. *A*지점에서 40 kN의 하중이 작용할 때 각 봉에 걸리는 힘과 *A*에서의 변위를 계산하라.

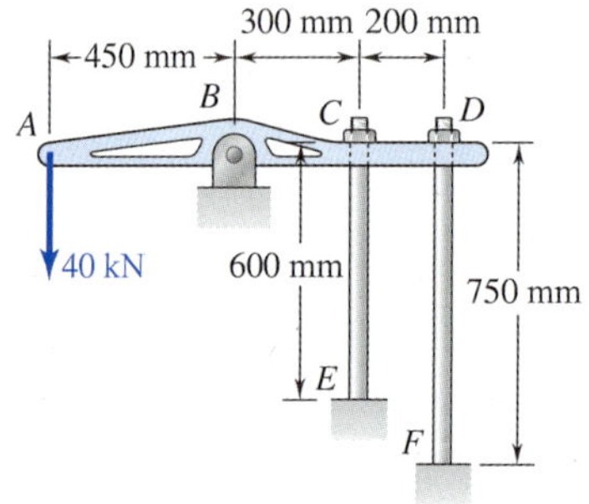

2.2 강체 봉 *BDE*가 두 개의 링크 *AB*와 *CD*로 연결되어 있다. 링크 *A*의 단면적은 5×10^{-4} m^2, 링크 *AB*의 탄성계수 $E = 70$ GPa이고 링크 *B*의 단면적은 5×10^{-4} m^2이며, 링크 *CD*의 탄성계수 $E = 200$ GPa이다. 점 *E*에 30 kN의 힘이 작용할 때 *B*, *D*, *E*점에서의 각각의 변형량 δ를 결정하라.

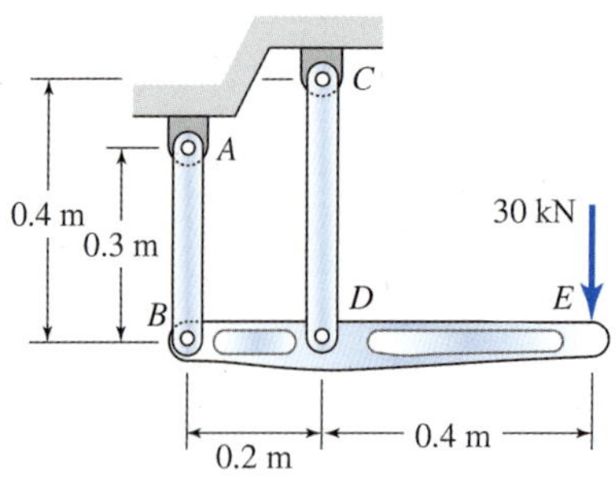

2.3 단면적 $A = 60\ \text{mm}^2$ 이고 탄성계수 $E = 200\ \text{GPa}$ 이다. 만일 40 kN의 힘이 A점에서 수직으로 가해질 때 점 A에서의 수지 및 수평변위를 구하라.

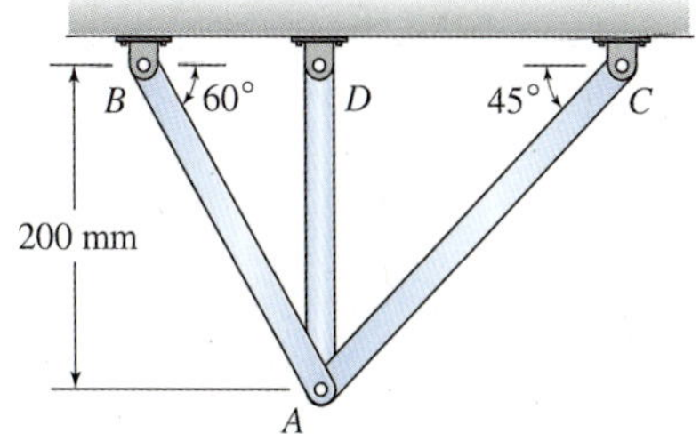

2.4 압력용기의 끝단의 외압은 대기압과 같은 $p_o = 1 \times 10^5\ \text{Pa}$이고, 내압 $p_i = 8 \times 10^5\ \text{Pa}$에 견디도록 설계되어 있다. 압력용기에 사용된 구조용 강의 항복강도 $\sigma_y = 700\ \text{MPa}$이다. 안전계수 $S = 3$을 사용했을 때 압력용기 벽의 두께를 결정하라.

2.5 다음 구조물에서 팔 AB와 봉 BC에 걸리는 수직응력을 계산하고 각 연결 부위에서의 전단응력을 결정하라. 마지막으로 부재 AB의 A에서의 수직 지압응력(bearing stress)을 결정하라. 부재 AB의 B점에서 발생하는 지압응력을 계산하라.

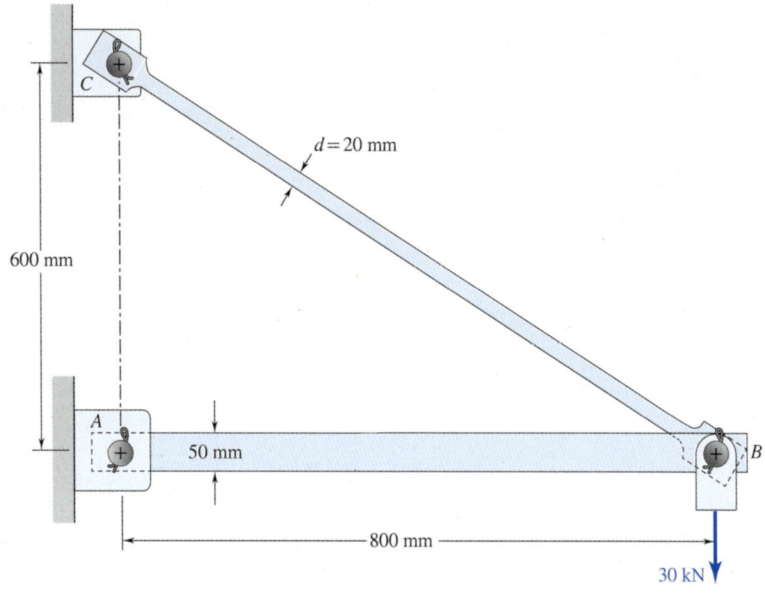

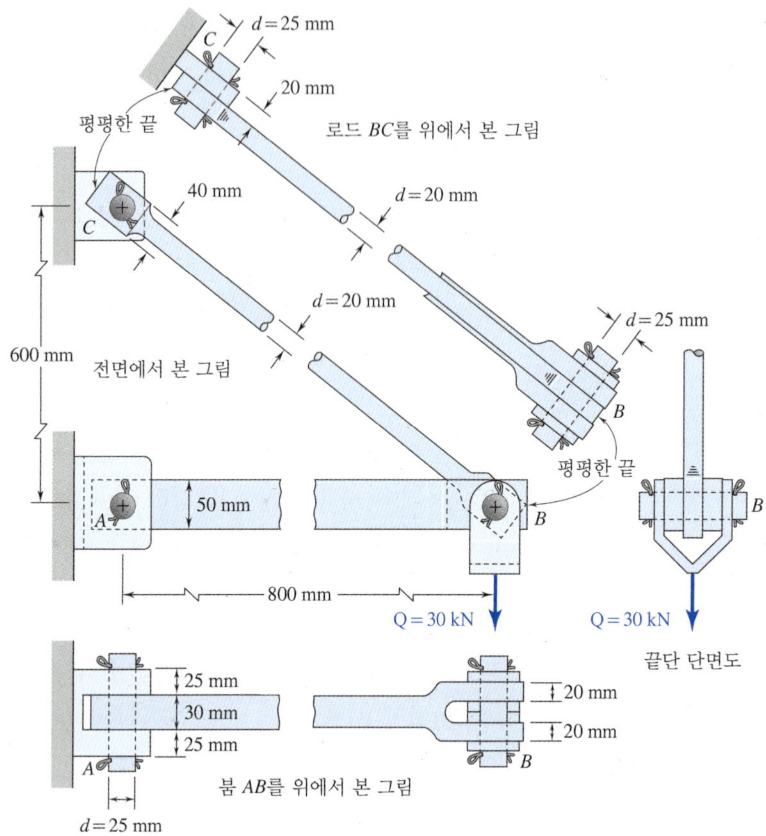

봉 BC는 지름이 20 mm이고, 양 끝단이 20×40 mm의 사각 단면을 가지도록 가공되었다. 팔 AB는 30×50 mm의 단면을 가지고 있으며 끝점에서 U자형 링크로 연결되어 있다. 양 부재는 B점에서 핀으로 고정되고 30 kN의 하중이 끝단 단면도(end view)의 그림같이 작용하고 있다. 팔 AB는 A점에서 이중 브라켓과 핀으로 고정되었다. 봉 BC는 단순 브라켓과 핀으로 고정되어 있고 모든 핀의 지름은 25 mm이다.

2.6 $\sigma_x = 50\,\text{MPa}$, $\sigma_y = 20\,\text{MPa}$, $\tau_{xy} = 15\,\text{MPa}$이다. 주응력의 크기와 주응력이 작용하는 방향을 구하라. 또한 반시계 방향으로 15° 회전하였을 때 나타나는 응력을 구하라.

2.7 $\sigma_x = -120\,\text{MPa}$, $\sigma_y = 180\,\text{MPa}$, $\tau_{xy} = 80\,\text{MPa}$이다. 주응력의 크기와 주응력이 작용하는 방향을 구하라. 또한 최대 전단응력의 크기와 방향을 도시하라.

2.8 전단응력이 없는 2축 응력 상태의 경우 모아원을 그리고 최대 전단응력의 크기를 표시하고 방향을 구하라. $\sigma_x = 220\,\text{MPa}$, $\sigma_y = -120\,\text{MPa}$, $\tau_{xy} = 0\,\text{MPa}$이다.

2.9 두 개의 봉으로 이루어진 트러스 구조물 ABC가 있다. 점 A, C는 핀으로 고정되어 있다. AB, BC는 봉 형상을 가지는 강구조물이다. 무게 5.4 kN인 표지판이 D, E점에 매달려 있다. 강구조물의 인장 및 전단 허용응력이 각각 125 MPa, 45 MPa일 때, 봉 AB의 단면적과 지지점 C에서의 핀의 지름을 구하라. (지지점에서 핀은 이중 전단을 받으며 부재 AB, BC의 무게는 무시한다.)

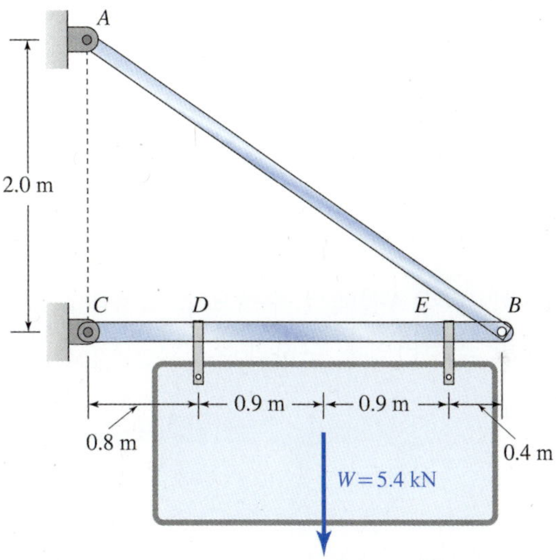

2.10 A점에서 윈치(winch)를 사용하여 케이블 AB를 잡아당겨 붐 BC를 회전하게 한다. 무게 $W = 10\,\text{kN}$이고 케이블 면적이 20 mm^2이면 붐이 얼마나 회전하는가?

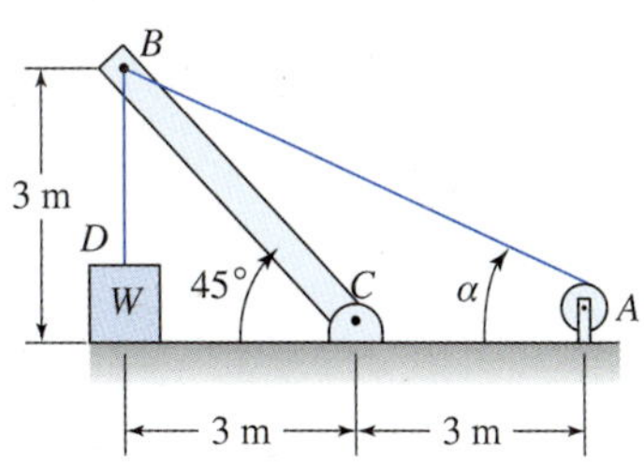

2.11 강철로 만든 파이프가 있다 내부에는 콘크리트가 차 있다. 하중 F가 상단에서 가해질 때 강철과 콘크리트에 가해지는 응력을 계산하라.

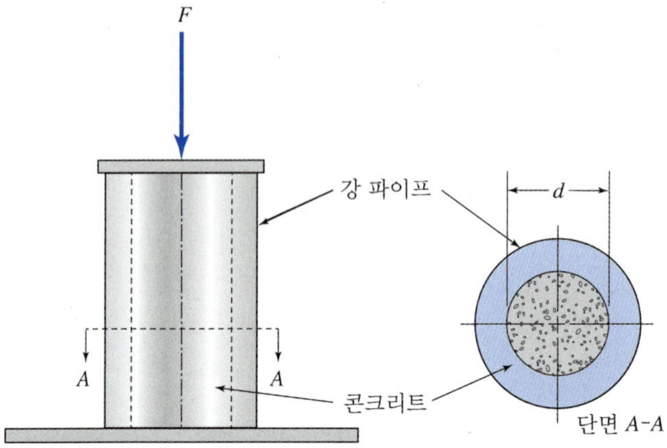

2.12 단면적 $A = 60\ \text{mm}^2$ 이고 탄성계수 $E = 200\ \text{GPa}$ 이고 열팽창계수 $\alpha = 12 \times 10^{-6}/℃$ 이다. 만일 40 kN의 힘이 A점에서 수직으로 작용하고 온도가 30℃ 상승한다면 점 A에서의 수직 및 수평변위를 구하라.

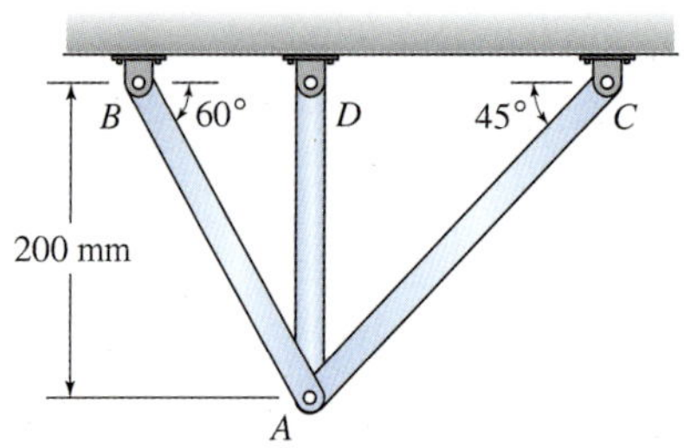

3 장 변형률(strain)

목표

1. 작은 변형과 회전에 대한 수직 변형률과 전단 변형률을 이해해야 한다.
2. 압축, 인장 시 평면 변형률을 알아야 한다.
3. 모아원을 사용하여 최대 주변형률과 최대 전단 변형률의 크기와 방향을 표시할 수 있어야 한다.
4. 변위장과 변형률장과의 상관관계를 알아야 한다.
5. 스트레인 게이지 로젯 사용법을 알아야 하고 측정된 변형률로부터 응력으로 환산하는 법을 이해해야 한다.

3.1 서론

재료가 외부의 하중을 받으면 변형이 발생한다. 이는 재료 내부의 임의의 점들이 변형 전과 비교할 때 상대적인 이동을 하게 된다. 응력과 마찬가지로 변형률도 수직 변형률(normal strain)과 전단 변형률(shear strain)로 구분된다. 수직 변형률은 ε(엡실론)으로 표시하며 전단 변형률은 γ(감마)로 표시한다. 수직 변형률은 길이 변화이고 전단 변형률은 각도 변화라 할 수 있다. 수직 변형률 ε은 그림 3.1과 같이 인장하중이 사각 바에 작용하였을 때, 변형 전 바의 길이가 L로부터 L_0로 늘어날 경우 $\varepsilon = \dfrac{L-L_0}{L} = \dfrac{\Delta L}{L}$로 정의되며 그림 3.1과 같다. 변형률의 단위는 없다. 즉, 무차원이며 일반적으로 $\mu\varepsilon$(10^{-6} mm/mm 혹은 10^{-6} inch/inch)으로 표시된다. 예를 들면, 원래 길이 1 m인 물체에 수직으로 힘을 가했을 때 수직 방향으로 1 mm의 길이 증가분이 발생하면 이때의 수직 변형률 $\varepsilon = \dfrac{1\text{ mm}}{1\text{ m}} = \dfrac{0.001\text{ m}}{1\text{ m}} = 0.001\varepsilon = 1000\mu\varepsilon$ 이 된다. 만약 원래 길이 1 m에 대해 2 mm

늘어나면 이때는 2000$\mu\varepsilon$(마이크로 엡실론)이 된다.

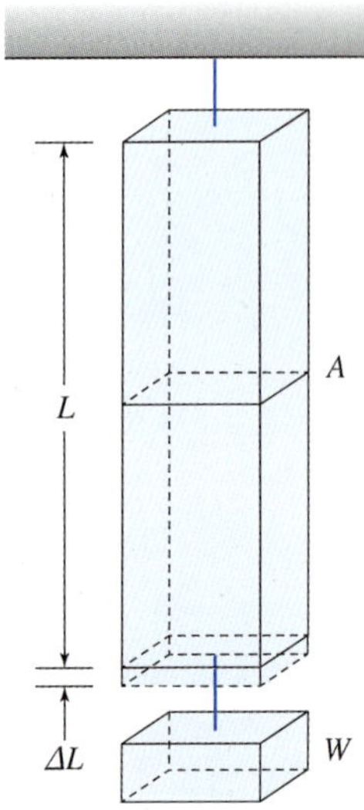

$$변형률 = \frac{\Delta L}{L} = \frac{\text{in}}{\text{in}} = \frac{\text{mm}}{\text{mm}}$$

변형률 단위 표시 = 0.000001 in/in
또는 1μ in/in —— 또는 1 $\mu\,\varepsilon$

그림 3.1 수직 변형률과 단위

탄성학 이론(elasticity)에서 변위장에서 변형률을 구하는 고전적인 방법은 다음과 같다. 직교좌표계에서 x축 방향의 변위를 u라 하고 y축 방향의 변위를 v, 그리고 z축 방향의 변위를 w라 하면 변위와 변형률과의 관계는 식 (3.1)과 같다.

$$\varepsilon_x = \frac{\partial u}{\partial x},\quad \varepsilon_y = \frac{\partial v}{\partial y},\quad \varepsilon_z = \frac{\partial w}{\partial z}$$
$$\gamma_{xy} = \frac{\partial v}{\partial x} + \frac{\partial u}{\partial y},\quad \gamma_{xz} = \frac{\partial w}{\partial x} + \frac{\partial u}{\partial z},\quad \gamma_{yz} = \frac{\partial w}{\partial y} + \frac{\partial v}{\partial z} \tag{3.1}$$

하중을 받고 있는 구조물에서의 한 점에서의 변형률은 축의 회전에 따라 변한다. 따라서 기준 방향의 변형률과 경사진 방향에 따른 변형률과의 상관 관계식이 필요하다. 변형률 변환 방정식은 실험실과 현장에서 많이 사용된다. 변형률은 대부분의 경우 전기저항 스트레인 게이지로 측정한다. 구조물에 부착되는 전기저항 변형률 게이지는 특정 방향에 대해서만 측정되기 때문에 변환 방정식을 사용하여 다른 방향의 변형률을 계산할 수 있어야 한다.

예제

변위장이 다음 식과 같을 때 점 (2, 2, 2)에서의 변형률을 계산하라.

$$u = (x^2 + y^4 + 2y^2 z + yz)(10^{-3})$$
$$v = (xy + xz + 3x^2 z)(10^{-3})$$
$$w = (y^4 + 4y^3 + 2z^2)(10^{-3})$$

풀이

식 (3.1)로부터 $\varepsilon_x = \frac{\partial u}{\partial x} = 2x(10^{-3})$에 좌표 $x=2$를 대입하면 $\varepsilon_x = 4(10^{-3})$이 된다. 동일한 방법으로 $\varepsilon_y = x(10^{-3}) = 2(10^{-3})$이 되며, $\varepsilon_z = 4z(10^{-3}) = 8(10^{-3})$이 된다.

$$\gamma_{xy} = \frac{\partial v}{\partial x} + \frac{\partial u}{\partial y} = (y + z + 6xz + 4y^3 + 4yz + z) = 78(10^{-3}),$$

$$\gamma_{xz} = \frac{\partial w}{\partial x} + \frac{\partial u}{\partial z} = 0 + 2y^2(10^{-3}) + y(10^{-3}) = 10(10^{-3})\text{이고,}$$

$$\gamma_{yz} = \frac{\partial w}{\partial y} + \frac{\partial v}{\partial z}$$
$$= (4y^3 + 12y^2)(10^{-3}) + (x + 3x^2)(10^{-3}) = 80(10^{-3}) + 14(10^{-3}) = 94(10^{-3})$$

이 된다. ■

3.2 평면 변형률(plane strain)

x방향의 수직 변형률 ε_x[그림 3.2(b)], y방향의 수직 변형률 ε_y[그림 3.2(c)], 전단 변

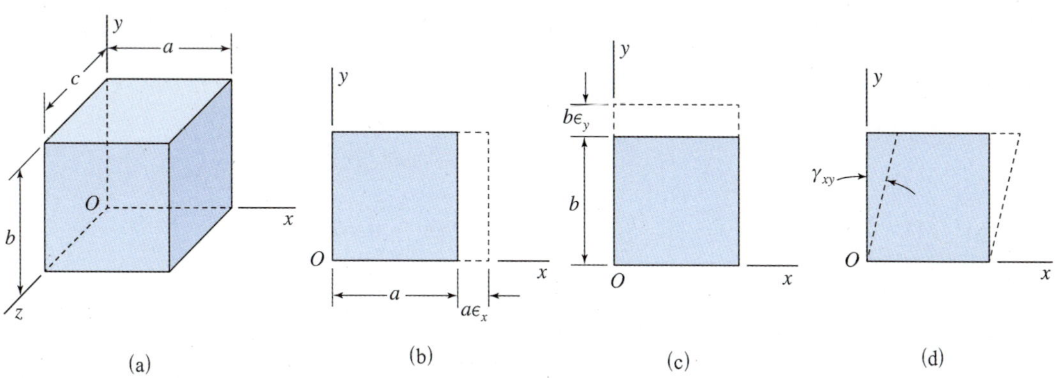

그림 3.2 평면 변형률

형률 γ_{xy}[그림 3.2(c)]의 성분만을 갖는 재료의 요소를 평면 변형률(plain strain) 상태에 있다고 한다(그림 3.2). 평면 변형률 상태 경우는 z방향의 수직 변형률 ε_z와 xz및 yz평면에 대한 전단 변형률 γ_{xz}, γ_{yz}를 갖지 않는다. 즉, $\varepsilon_z = \gamma_{xz} = \gamma_{yz} = 0$이다.

반면 평면응력에서는 $\sigma_z = \tau_{xz} = \tau_{yz} = 0$임을 주목해야 한다.

3.3 주변형률과 최대 전단 변형률

평면에서의 응력 성분을 안다면 평면 내의 한 점에서의 응력은 결정될 수 있다. 변형률도 마찬가지이다. 응력 상태에 대해 익숙한 학생들은 변형률에 대해 다음에 대한 사항을 알아두면 매우 편리하다. 모든 응력 변환 공식에 수직응력 σ 대신 수직 변형률 ε을, 전단응력 τ 대신에 $\frac{\gamma_{xy}}{2}$를 대입하면 변형률 변환에 관한 공식을 얻을 수 있다.

많은 공학 문제에 있어서는 특정 좌표계에서 변형률을 결정하는 것이 필요하다. 따라서 한 좌표계에서의 변형률과 다른 좌표계에서의 변형률과의 관계를 아는 것이 필요하다. 즉, 변형률 전환 식을 유도하는 것이 필요하다. 스트레인 게이지를 비롯한 대개의 변형률 측정은 2차원 표면에서 행하므로 모든 공식 유도는 2차원 평면에 한정한다.

3.4 평면 변형률에서의 모아원

평면 변형률 모아원을 그리는 순서는 다음과 같다.

(1) 수평축에 수직 변형률 ε을, 수직축 아래 축에 전단 변형률 γ를 설정한다[그림 3.3(a)].

(2) P점의 좌표 $(\varepsilon_x, \frac{\gamma_{xy}}{2})$를 표시한다. 다음에 Q점 좌표$(\varepsilon_x, -\frac{\gamma_{xy}}{2})$를 표시한다[그림 3.3(b)].

(3) 선분 PQ를 그린다[그림 3.3(c)].

(4) 선분 PQ를 지름으로 하는 원을 그린다[그림 3.3(c)].

점 P로부터 반시계 방향으로 2θ 되는 곳에 아래 그림과 같이 원의 중심을 통과하는 직선 $P'Q'$를 그린다. 이 선은 P'좌표$(\varepsilon_{x'}, \frac{\gamma_{x'y'}}{2})$를 가지며 Q'좌표$(\varepsilon_{x'}, -\frac{\gamma_{x'y'}}{2})$를 가지게

된다[그림 3.3(d)].

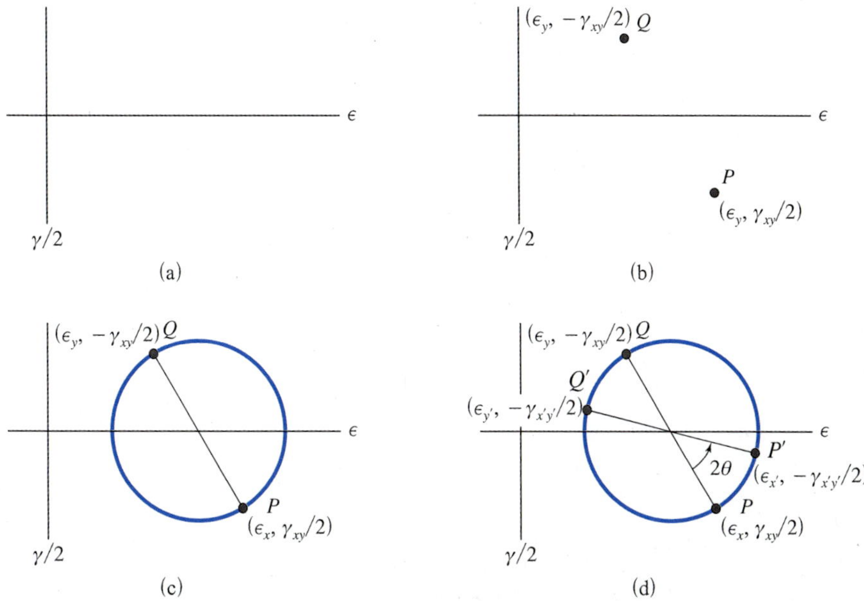

그림 3.3 모아원 좌표

모아원으로부터 최대, 최소 수직 변형률(principal strain)과 면내 최대 전단 변형률(in-plane maximum shear strain)의 크기를 구할 수 있다(그림 3.4).

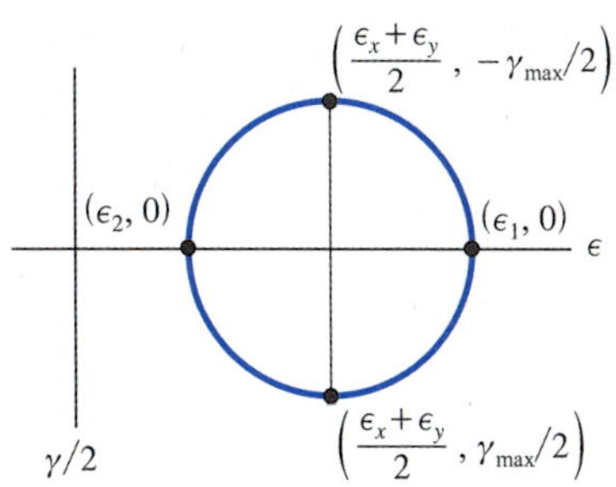

그림 3.4 최대, 최소 수직 변형률과 면내 최대 전단 변형률

3.4.1 최대 주변형률

그림 3.5는 주변형률이 발생하는 각도와 $x'y'$ 방향을 결정할 수 있다. 그림에서 최대 주변형률의 점을 P'라 하면[그림 3.5(a)], 각도 $2\theta_p$를 측정하여 최대 주변형률과 관련된

축의 방향을 구할 수 있다[그림 3.5(b)].

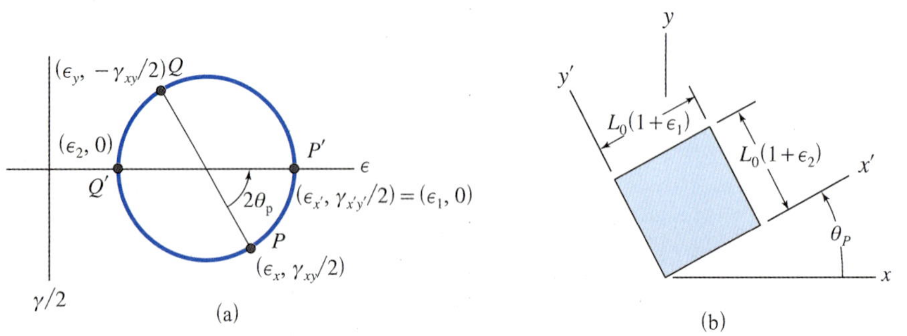

그림 3.5 최대 주변형률 크기와 방향

3.4.2 면내 최대 전단 변형률

그림 3.6은 면내 최대 전단 변형률이 발생하는 각도와 요소의 방향을 결정할 수 있다. 그림에서 최대 혹은 최소 전단 변형률이 작용하는 점을 P'라 하면[그림 3.6(a)], 각도 $2\theta_s$를 측정하여 전단 변형률과 관련된 축의 방향을 구할 수 있다[그림 3.6(b)].

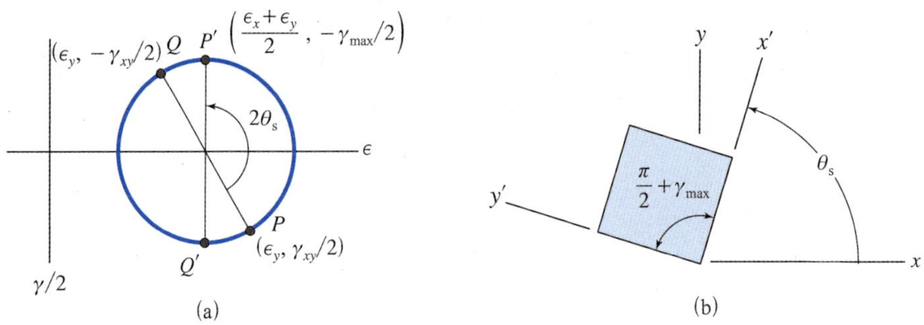

그림 3.6 면내 최대 전단 변형률 크기와 방향

예제

한 점 P에서의 평면 변형률 성분은 다음과 같다.

$$\varepsilon_x = 0.003,\ \varepsilon_y = 0.001,\ \gamma_{xy} = -0.006$$

모아원(Mohr's circle)을 사용하여 최대 주변형률과 면내 최대 전단 변형률을 결정하고 이를 각각 도시하라.

풀이

최대, 최소 주변형의 크기와 방향을 도시하기 위해 다음 순서대로 행한다.

(1) P점$(\varepsilon_x, \frac{\gamma_{xy}}{2})$과 Q점$(\varepsilon_x, -\frac{\gamma_{xy}}{2})$을 잡고 모아원을 그린다(그림 a).

(2) 최소 주변형률과 일치된 점 P'를 표시한다(그림 b).

(3) 원 그림으로부터 최대, 최소 주변형률($\varepsilon_1 = 0.0052, \varepsilon_2 = -0.0012$)을 얻는다(그림 c).

(4) 각도 $2\theta_p$를 측정하여 주변형률이 작용하는 각도 회전량을 구한다($\theta_p = 54.5^\circ$)(그림 c).

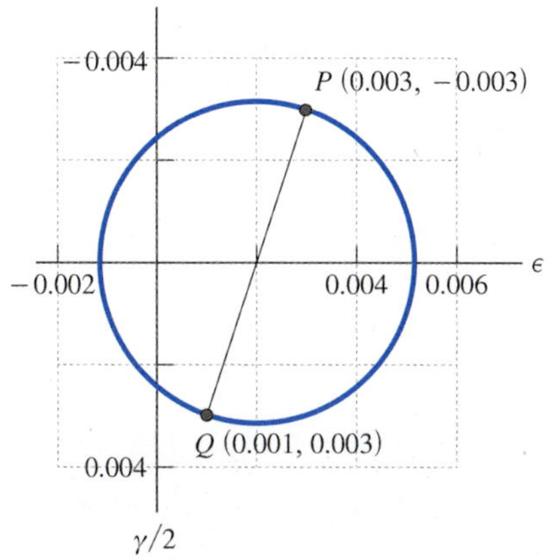

(a) 모아원

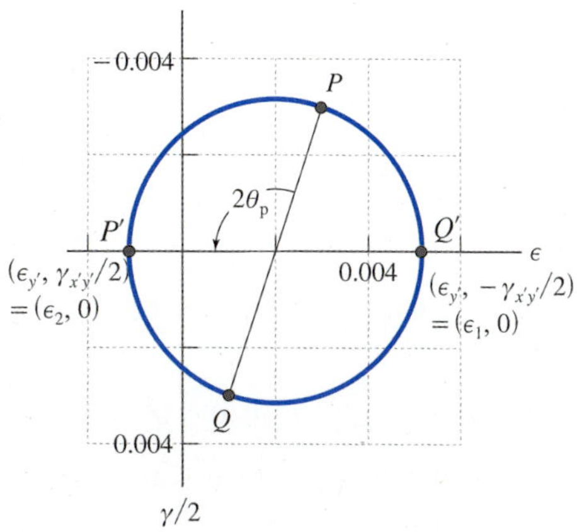

(b) 주변형률과 일치된 ϵ_2와 일치된 P'

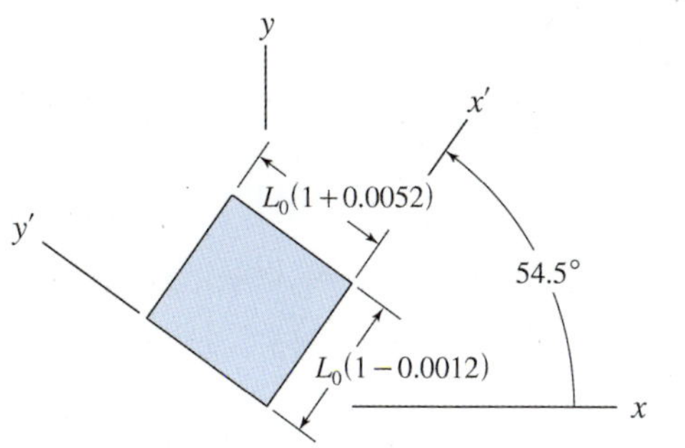

(c) 주변형률을 받는 요소

(5) 면내 최대 전단 변형률을 구하기 위해 다음과 같이 한다. 방향을 회전시켜 최소 면내 전단 변형률과 일치하는 점 P'점과 일치시킨다(그림 d). 이때 최소 면내 전단 변형률 $\gamma_{\min} = -0.0062$를 구한다. 각도 $2\theta_s$를 그림에서 구한다. 따라서 $\theta_s = 9.5^\circ$를 얻을 수 있으며 따라서 최대 최소 면내 전단 변형률을 받는 방향 요소는 그림 (e)와 같다.

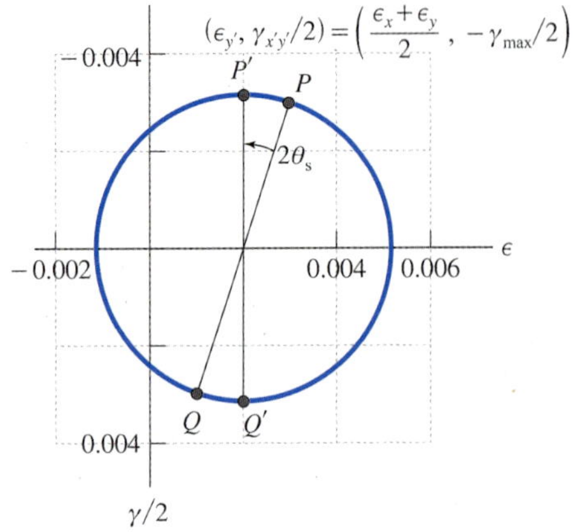

(d) 최소 면내 전단 변형률과 일치하는 P'를 설정한다.

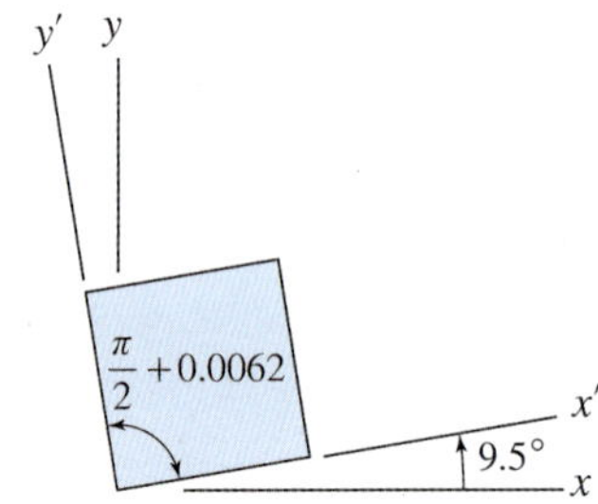

(e)

3.5 스트레인 게이지 로젯

스트레인 게이지는 일반적으로 하중을 받고 있는 기계 부품이나 구조물의 자유 표면에 부착하여 한 점에서의 평면응력 상태를 결정한다. x, y축을 자유 표면 평면에서의 좌표축이라 하면 z축은 x, y의 평면과 수직인 축이다. 평면응력 상태에서 $\sigma_z = \tau_{xz} = \tau_{yz} = 0$이다. 일반적으로 3개의 스트레인 게이지로 이루어진 로젯(rosette)은 3개의 독립적인 미지수 σ_x, σ_y, τ_{xy}를 결정하기 위해 필요하다. 또는 주응력 σ_1과 σ_2 그리고 주응력 각 α_1을 알기 위해 필요하다. 만일 주응력 방향을 미리 알고 있다면 두 개의 스트레인 게이지로 이루어진 로젯만으로도 미지수를 결정할 수 있다. 로젯은 각 게이지가 주응력 방향과 일치하도록 표면에 부착된다. 방향이 그림 3.7과 같은 일반적인 3요소 로젯을 고려해 보자.

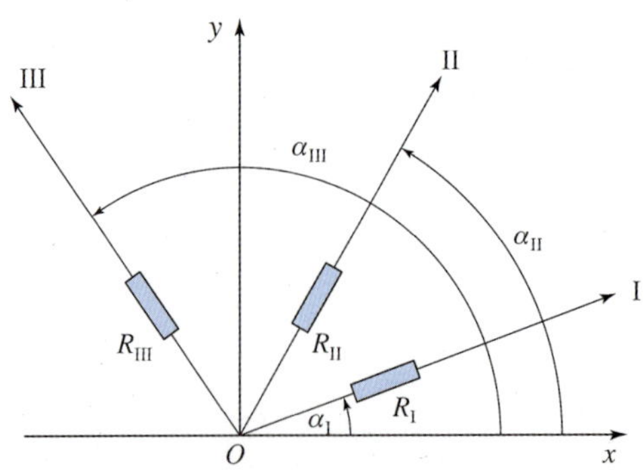

그림 3.7 3요소 직교형 스트레인 로젯의 방향

잘 알고 있는 스트레인 변환식을 사용하면 식 (3.2)를 구할 수 있다.

$$
\begin{aligned}
\varepsilon_I &= \varepsilon_x \cos^2\alpha_I + \varepsilon_y \sin^2\alpha_I + \gamma_{xy}\cos\alpha_I \sin\alpha_I \\
\varepsilon_{II} &= \varepsilon_x \cos^2\alpha_{II} + \varepsilon_y \sin^2\alpha_{II} + \gamma_{xy}\cos\alpha_{II} \sin\alpha_{II} \\
\varepsilon_{III} &= \varepsilon_x \cos^2\alpha_{III} + \varepsilon_y \sin^2\alpha_{III} + \gamma_{xy}\cos\alpha_{III} \sin\alpha_{III}
\end{aligned}
\tag{3.2}
$$

주어진 각도 α_I, α_{II}, α_{III}를 알면 변형률 ε_x, ε_y, γ_{xy}는 주어진 각도에 상응하는 게이지의 측정값 ε_I, ε_{II}, ε_{III}를 식 (3.2)에 대입하고 연립 방정식을 사용하여 구할 수 있다. 변형률 ε_x, ε_y, γ_{xy}를 알면 주변형률 ε_1과 ε_2과 각도 α_1(x축과 ε_1과의 각도)을 식 (3.3)을 사용하여 구할 수 있다.

$$
\begin{aligned}
\varepsilon_1 &= \frac{1}{2}(\varepsilon_x + \varepsilon_y) + \frac{1}{2}[(\varepsilon_x - \varepsilon_y)^2 + \gamma_{xy}^2]^{1/2} \\
\varepsilon_2 &= \frac{1}{2}(\varepsilon_x + \varepsilon_y) - \frac{1}{2}[(\varepsilon_x - \varepsilon_y)^2 + \gamma_{xy}^2]^{1/2} \\
\alpha_1 &= \frac{1}{2}\tan^{-1}\frac{\gamma_{xy}}{(\varepsilon_x - \varepsilon_y)}
\end{aligned}
\tag{3.3}
$$

이다.

주변형률 ε_1과 ε_2를 알고 탄성계수 E와 푸아송비 ν를 알면 평면에서의 주응력 σ_1과 σ_2를 식 (3.4)에 의해 구할 수 있다.

$$
\begin{aligned}
\sigma_1 &= \frac{E}{1-\nu^2}(\varepsilon_1 + \nu\varepsilon_2) \\
\sigma_2 &= \frac{E}{1-\nu^2}(\varepsilon_2 + \nu\varepsilon_1)
\end{aligned}
\tag{3.4}
$$

주응력 방향은 주변형률 방향과 같다는 점을 기억해야 한다. 다음 표 3.1은 설계 시 로젯 종류에 따른 주변형률 및 주응력과 주응력 방향을 결정하는 데 요긴하게 사용된다.

표 3.1 스트레인 로젯 식

1. 45° 로젯	
주변형률:	$\varepsilon_{1,2} = \frac{1}{2}\left[\varepsilon_a + \varepsilon_c \pm \sqrt{(\varepsilon_a - \varepsilon_c)^2 + (2\varepsilon_b - \varepsilon_a - \varepsilon_c)^2}\right]$
주응력:	$\sigma_{12} = \frac{E}{2}\left[\frac{\varepsilon_a + \varepsilon_c}{1-\nu} \pm \frac{1}{1+\nu}\sqrt{(\varepsilon_a - \varepsilon_c)^2 + (2\varepsilon_b - \varepsilon_a - \varepsilon_c)^2}\right]$
주응력 방향:	$\tan 2\theta_p = \frac{2\varepsilon_b - \varepsilon_a - \varepsilon_c}{\varepsilon_a - \varepsilon_c}$
2. 60° 로젯	
주변형률:	$\varepsilon_{1,2} = \frac{1}{3}\left[\varepsilon_a + \varepsilon_b + \varepsilon_c \pm \sqrt{2}\sqrt{(\varepsilon_a - \varepsilon_b)^2 + (\varepsilon_b - \varepsilon_c)^2 + (\varepsilon_c - \varepsilon_a)^2}\right]$
주응력:	$\sigma_{12} = \frac{E}{3}\left[\frac{\varepsilon_a + \varepsilon_b + \varepsilon_c}{1-\nu} \pm \frac{\sqrt{2}}{1+\nu}\sqrt{(\varepsilon_a - \varepsilon_b)^2 + (\varepsilon_b - \varepsilon_c)^2 + (\varepsilon_c - \varepsilon_a)^2}\right]$
주응력 방향:	$\tan 2\theta_p = \frac{\sqrt{3}(\varepsilon_b - \varepsilon_c)}{2\varepsilon_b - \varepsilon_a - \varepsilon_c}$

예제

구조용강($E = 200$ GPa, $\nu = 0.3$)으로 만들어진 기계요소의 표면에 장착된 60° 스트레인 로젯(0°, 60°, 120°)으로부터 다음과 같은 결과를 얻었다.

$$\varepsilon_a = 190\mu,\ \varepsilon_b = 200\mu,\ \varepsilon_c = -300\mu$$

이때 평면 내의 주변형률과 주응력을 구하고 이와 관련된 방향을 각각 구하라. 또 최대 전단 변형률을 구하라.

풀이

위의 스트레인 로젯 공식을 사용하면

$$\varepsilon_a = \varepsilon_x$$

$$\varepsilon_b = \frac{1}{4}\varepsilon_x + \frac{3}{4}\varepsilon_y + \frac{\sqrt{3}}{4}\gamma_{xy}$$

$$\varepsilon_c = \frac{1}{4}\varepsilon_x + \frac{3}{4}\varepsilon_y - \frac{\sqrt{3}}{4}\gamma_{xy}$$

가 된다. 이들 식으로부터 $\varepsilon_x = \varepsilon_a$, $\varepsilon_y = \frac{1}{3}[2(\varepsilon_b + \varepsilon_c) - \varepsilon_a]$, $\gamma_{xy} = \frac{2}{\sqrt{3}}(\varepsilon_b - \varepsilon_c)$를 얻는다. $\varepsilon_x = \varepsilon_a = 190\mu$, $\varepsilon_y = -130\mu$, $\gamma_{xy} = 577\mu$가 되며, 이들로부터 주변형률은

$$\varepsilon_{1,2} = \frac{1}{2}(\varepsilon_x + \varepsilon_y) \pm R = 30\mu \pm 330\mu = 30\mu \pm 330\mu$$

따라서 $\varepsilon_1 = 360\mu$, $\varepsilon_2 = -300\mu$가 된다. 또 최대 변형률 $\gamma_{\max} = \pm(\varepsilon_1 - \varepsilon_2) = \pm[360 - (-300)]\mu = \pm 660\mu$가 된다. 주변형률 축과 이루는 각도는 $\tan 2\theta_p = \frac{\gamma_{xy}}{\varepsilon_x - \varepsilon_y}$로부터 $2\theta_p = \tan^{-1}\frac{577}{320} = 61°$, 즉 수평인 x축과 ε_1과 이루는 각도는 반시계 방향의 각도 $\theta_p = 30.5°$임을 알 수 있다. 최대 주응력은 평면응력($\sigma_z = 0$)을 가정한 다음의 식에 $\sigma_x = \sigma_1$, $\sigma_y = \sigma_2$, $\varepsilon_x = \varepsilon_1$, $\varepsilon_y = \varepsilon_2$를 대입하여 구한다.

$$\sigma_x = \frac{E}{1-\nu^2}(\varepsilon_x + \nu\varepsilon_y), \quad \sigma_y = \frac{E}{1-\nu^2}(\varepsilon_y + \nu\varepsilon_x)$$

따라서

$$\sigma_1 = \frac{200 \times 10^6}{1 - 0.09}[360 + 0.3(-300)(10^{-6})] = 59.34 \text{ MPa}$$

$$\sigma_2 = \frac{200 \times 10^6}{1 - 0.09}[-300 + 0.3(360)(10^{-6})] = -42.2 \text{ MPa}$$

이 된다. 그리고 최대 전단 응력 $\tau_{\max} = \frac{1}{2}(\sigma_{\max} - \sigma_{\min}) = \frac{1}{2}[59.34 - (-42.2)] = 50.77$ MPa이 된다. ■

예제

변형률 게이지 45°로젯이 우주 발사선 노즐의 외곽 벽 쪽에 장착되었다. 장착된 곳은 동질의 평면응력 상태이다. 로젯에 의해 측정된 변형률(ε_a는 0°, ε_b는 45°, ε_c는 90°에서 측정된 값)은 다음과 같다.

$$\varepsilon_a = 0.0053, \varepsilon_b = 0.0038, \varepsilon_c = 0.0029$$

재료의 탄성계수 $E = 70$ GPa, $\nu = 0.33$일 때 평면응력(σ_x, σ_y, τ_{xy})을 결정하라. 그리고 최대 주응력과 최대 전단응력과 von Mises 응력을 결정하라.

풀이

$\varepsilon_{x'} = \varepsilon_x \cos^2\theta + \varepsilon_y \sin^2\theta + \gamma_{xy} \sin\theta\cos\theta$에서 $\theta = 0°$를 대입하면

$$\varepsilon_a = \varepsilon_x = 0.0053$$

이 되며, $\theta = 90°$를 대입하면

$$\varepsilon_c = \varepsilon_y = 0.0029$$

가 된다. $\theta = 45°$를 대입하면

$$\varepsilon_c = \frac{1}{2}(\varepsilon_x + \varepsilon_y + \gamma_{xy})$$

가 된다. 따라서 $\gamma_{xy} = -0.0006$이 된다.

2차원 훅스 법칙(Hook's law) $\sigma_x = \dfrac{E}{1-\nu^2}(\varepsilon_x + \nu\varepsilon_y)$, $\sigma_y = \dfrac{E}{1-\nu^2}(\varepsilon_y + \nu\varepsilon_x)$에 대입하면 σ_x, σ_y, τ_{xy}를 구할 수 있다.

최대 최소 주응력은 $\sigma_{1,2} = \dfrac{\sigma_x + \sigma_y}{2} \pm \sqrt{\dfrac{(\sigma_x - \sigma_y)^2}{2} + \tau_{xy}^2}$ 에 대입하여 구할 수 있다.

최대 전단 응력은 $\tau_{\max} = \dfrac{1}{2}(\sigma_{\max} - \sigma_{\min})$ 에 대입하여 구한다. ■

3장 요약

1. 한 점 p에서의 변형률이 평면변형률 상태인 경우 모아원은 다음과 같다.

   x축은 수직 변형률 ε을, y축은 전단 변형률 γ을 설정한다. 점 $P(\varepsilon_x, \frac{\gamma_{xy}}{2})$와 점 $Q(\varepsilon_y, -\frac{\gamma_{xy}}{2})$의 두 점을 그린다. 두 점을 연결하는 선분 PQ를 그린다. 선분 PQ를 이지름으로 하는 원을 그린다. 점 P로부터 반시계 방향으로 2θ만큼 회전시킨 후 원의 중심을 통과하는 선분 $P'Q'$를 그린다. 점 P'는 좌표 $(\varepsilon_{x'}, \frac{\gamma_{x'y'}}{2})$를 갖고 점 Q'는 좌표 $(\varepsilon_{y'}, -\frac{\gamma_{x'y'}}{2})$를 갖는다. 즉, 반시계 방향으로 θ만큼 회전 시의 평면에 새롭게 나타나는 변형률$(\varepsilon_{x'}, \varepsilon_{y'}, \gamma_{x'y'})$을 표시한다.

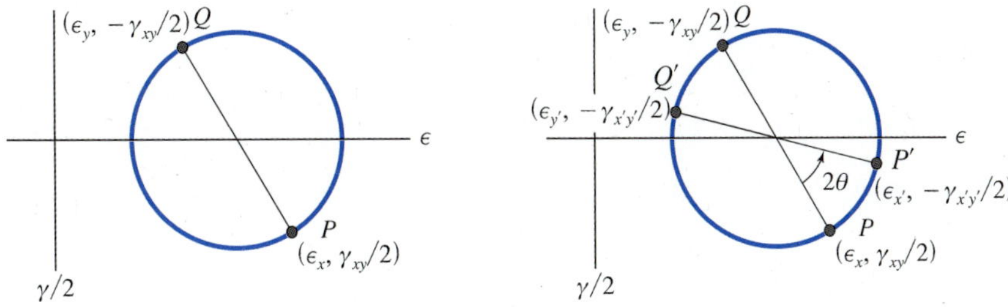

2. 스트레인 로젯 게이지

$$
\begin{aligned}
\varepsilon_I &= \varepsilon_x \cos^2\alpha_I + \varepsilon_y \sin^2\alpha_I + \gamma_{xy}\cos\alpha_I \sin\alpha_I \\
\varepsilon_{II} &= \varepsilon_x \cos^2\alpha_{II} + \varepsilon_y \sin^2\alpha_{II} + \gamma_{xy}\cos\alpha_{II} \sin\alpha_{II} \\
\varepsilon_{III} &= \varepsilon_x \cos^2\alpha_{III} + \varepsilon_y \sin^2\alpha_{III} + \gamma_{xy}\cos\alpha_{III} \sin\alpha_{III}
\end{aligned}
\tag{3.2}
$$

   주어진 스트레인 로젯 각도 α_I, α_{II}, α_{III}를 알면 변형률 ε_x, ε_y, γ_{xy}는 주어진 각도에 상응하는 게이지의 측정 값 ε_I, ε_{II}, ε_{III}를 식 (3.2)에 대입하고 연립 방정식을 사용하여 구할 수 있다. 변형률 ε_x, ε_y, γ_{xy}를 알면 주변형률 ε_1과 ε_2과 각도 α_1(x축과 ε_1과의 각도)을 식 (3.3)을 사용하여 구할 수 있다. 또한 훅스 법칙을 사용하여 응력 σ_x, σ_y, τ_{xy}를 계산할 수 있다. 모아원을 사용하여 최대 주응력, 전단응력을 계산할 수 있다.

▩ 3장 연습문제

3.1 다음과 같이 45°스트레인 게이지 로젯의 측정 변형률 값이 $\varepsilon_a = 0.003$, $\varepsilon_b = 0.001$, $\varepsilon_b = -0.001$일 때 전단 변형률 γ_{xy}를 결정하라.

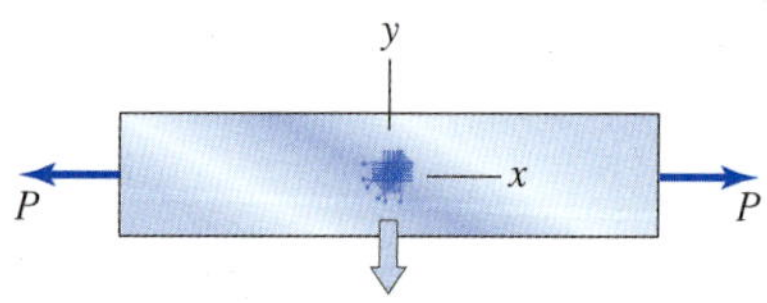

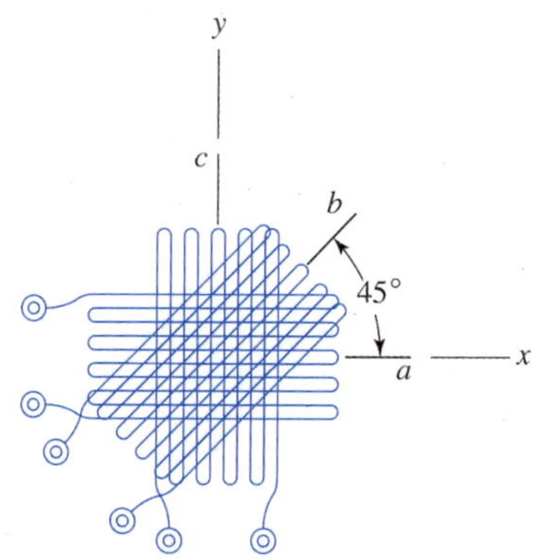

3.2 기계요소의 한 점 p에서 평면 변형률 성분이 $\varepsilon_x = 0.003$, $\varepsilon_y = 0.001$, $\gamma_{xy} = -0.001$일 때 반시계 방향으로 $\theta = 45°$일 때 모아원을 사용하여 $\varepsilon_{x'}, \varepsilon_{y'}, \gamma_{x'y'}$를 결정하라.

3.3 기계요소의 한 점 p에서 평면 변형률 성분이 $\varepsilon_x = 0.0$, $\varepsilon_y = 0.0$, $\gamma_{xy} = 0.004$일 때 반시계 방향으로 $\theta = 45°$일 때 모아원을 사용하여 $\varepsilon_{x'}, \varepsilon_{y'}, \gamma_{x'y'}$를 결정하라.

3.4 기계요소의 한 점 p에서 평면 변형률 성분이 $\varepsilon_x = 0.008$, $\varepsilon_y = -0.004$, $\gamma_{xy} = -0.006$일 때 모아원을 사용하여 주변형률과 면내 최대 전단 변형률을 결정하라.

3.5 변위장이 다음 식과 같을 때 점 (2, 2, 2)에서의 변형률을 계산하라.

$$u = (ay)(10^{-3})$$

$$v = (bz)(10^{-3})$$

$$w = (cz^2)(10^{-3})$$

3.6 다음과 같은 스트레인 로젯의 측정 변형률 값이 $\varepsilon_a = 0.003$, $\varepsilon_b = 0.001$, $\varepsilon_c = -0.001$ 일 때 변형률 성분 ε_x, ε_y, γ_{xy}를 결정하라.

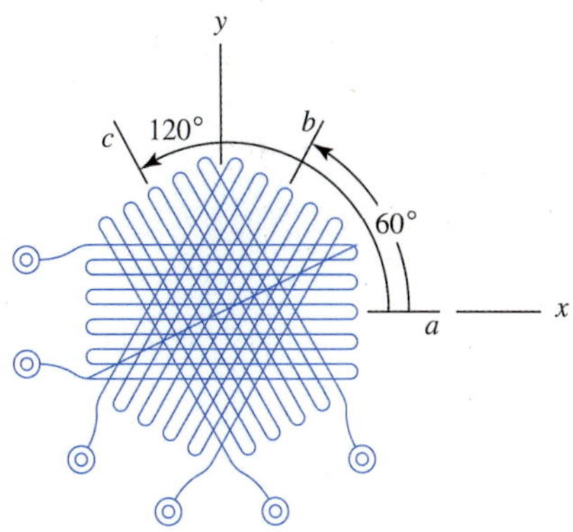

4장 응력과 변형률 변환

목표

1. 응력 및 변형률 변환식의 결과와 모아원의 결과와 비교할 수 있어야 한다.
2. 평면응력이 작용할 때 임의의 단면에 작용하는 수직응력과 전단응력을 결정할 수 있어야 한다.
3. 임의의 한 점에 작용하는 평면응력을 알고 있을 때, 이 응력 상태로부터 최대 주응력, 전단응력의 크기와 방향을 도시할 수 있어야 한다.
4. 임의의 한 점에 작용하는 평면 변형률을 알고 있을 때, 이 변형률 상태로부터 주변형률, 면내 최대 전단 변형률의 크기와 방향을 도시할 수 있어야 한다.
5. 평면응력과 변형률의 좌표 변환 공식을 이해해야 한다.

4.1 서론

평면응력 상태란 하중을 받을 때 x, y평면에서의 한 점에 작용하는 응력 성분들이 존재하는 상태를 말한다. 인장과 압축을 받는 봉의 상태, 비틀림을 받는 축 그리고 굽힘 하중을 받는 보의 상태는 평면응력 상태라 할 수 있다. 모든 응력 상태는 3차원 응력 상태이지만 2차원 평면 상태로 가정할 수 있다. 2차원에서의 응력 상태에는 평면응력, 평면 변형률 상태가 있다. 그림 4.1은 $\sigma_z = 0$인 3차원 응력 상태[그림 4.1(a)]와 평면응력 상태[그림 4.1(b), (c)]를 나타낸다. 평면응력 상태의 특수한 경우에는 단축응력을 받는 경우[그림 4.1(d)], 순수 전단을 받는 경우[그림 4.1(e)], 이축응력의 경우[그림 4.1(f)] 등이 있다.

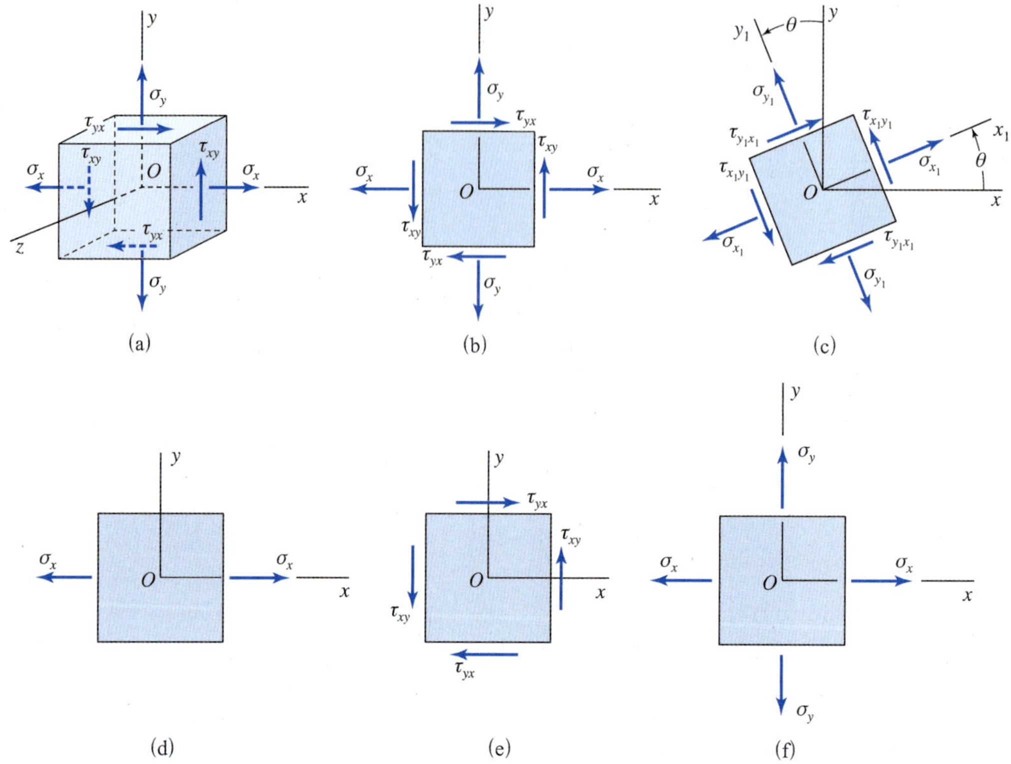

그림 4.1 평면응력 상태의 요소

4.2 경사면상의 평면응력 성분과 응력 변환

축하중을 받을 시 임의 경사진 면에서의 응력 상태는 그림 4.2와 같다.

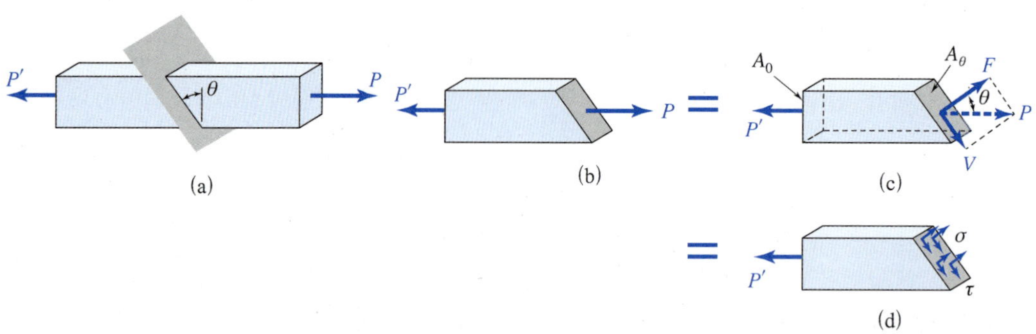

그림 4.2 경사진 면에서의 응력 상태

평면응력 상태의 경우 σ_x, σ_y 그리고 τ_{xy}를 알고 있을 때 임의의 경사 단면에 작용하는 응력 상태를 알고자 한다. 그림 4.3의 경사진 면에 작용하는 수직응력을 $\sigma_{x'}$라 하고, 전단응력을 $\tau_{x'y'}$라고 한다. x, y 방향의 힘의 평형 방정식 $\Sigma F_x = 0$, $\Sigma F_y = 0$으로부터

$\Sigma F_x = 0$에서

$$(\sigma_{x'}A)\cos\alpha - (\tau_{x'y'}A)\sin\alpha - (\sigma_x A)\cos\alpha - (\tau_{yx}A)\sin\alpha = 0$$

$\Sigma F_y = 0$에서

$$(\sigma_{x'}A)\sin\alpha + (\tau_{x'y'}A)\cos\alpha - (\sigma_y A)\sin\alpha - (\tau_{xy}A)\cos\alpha = 0$$

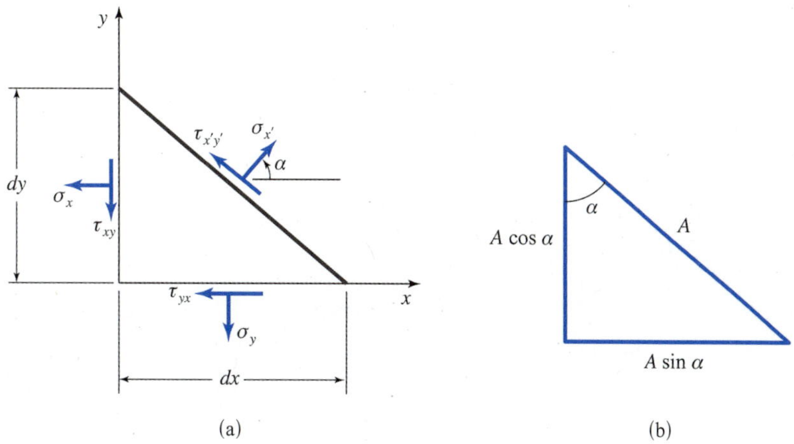

그림 4.3 경사면에서의 응력 성분 자유 물체도

$\tau_{xy} = \tau_{yx}$의 관계를 이용하여 위 식을 정리하면

$$\begin{aligned}
\sigma_{x'} &= \sigma_x\cos^2\alpha + \sigma_y\sin^2\alpha + 2\tau_{xy}\sin\alpha\cos\alpha \\
\sigma_{y'} &= \sigma_y\cos^2\alpha + \sigma_x\sin^2\alpha - 2\tau_{xy}\sin\alpha\cos\alpha \qquad (4.1) \\
\tau_{x'y'} &= (\sigma_y - \sigma_x)\sin\alpha\cos\alpha + \tau_{xy}(\cos^2\alpha - \sin^2\alpha)
\end{aligned}$$

식 (4.1)을 응력 변환식(equation of stress transformation)이라 하며 식 (4.1)을 유도하는 데는 다음 삼각함수 공식이 사용된다.

$$\sin(\alpha + \frac{\pi}{2}) = \cos\alpha,\ \ \cos(\alpha + \frac{\pi}{2}) = -\sin\alpha$$

또 다른 형태의 응력 변환식을 유도하기 위해 다음 삼각함수 공식 $\sin 2\alpha =$

$2\sin\alpha\cos\alpha$, $\sin^2\alpha = \dfrac{1-\cos 2\alpha}{2}$, $\cos^2\alpha = \dfrac{1+\cos 2\alpha}{2}$을 식 (4.1)에 대입하면 또 다른 응력 변환식 식 (4.2)를 구할 수 있다.

$$\begin{aligned}
\sigma_{x'} &= \frac{(\sigma_x + \sigma_y)}{2} + \frac{(\sigma_x - \sigma_y)}{2}\cos 2\theta + \tau_{xy}\sin 2\theta \\
\sigma_{y'} &= \frac{(\sigma_x + \sigma_y)}{2} - \frac{(\sigma_x - \sigma_y)}{2}\cos 2\theta - \tau_{xy}\sin 2\theta \\
\tau_{x'y'} &= -\frac{(\sigma_x - \sigma_y)}{2}\sin 2\theta + \tau_{xy}\cos 2\theta
\end{aligned} \tag{4.2}$$

그림 4.4는 경사각 θ에 따른 경사면에 작용하는 수직응력과 전단응력의 변화를 나타낸다.

그림 4.5는 축하중을 받는 경우 경사면 각도가 $\pm 45°$일 때 경사면에 작용하는 수직

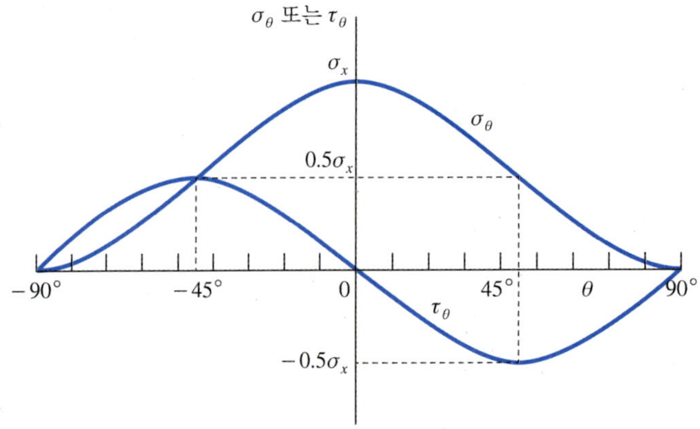

그림 4.4 임의의 경사각도에 따른 수직응력과 전단응력의 변화

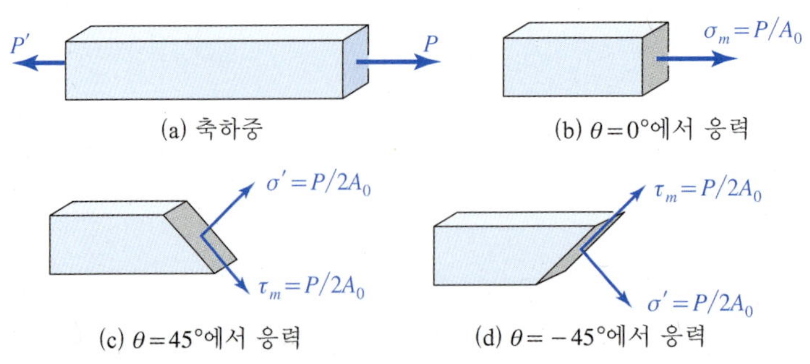

그림 4.5 $\pm 45°$일 때 경사면에 작용하는 수직응력과 전단응력

응력과 전단응력의 크기를 나타낸다. 크기는 $\sigma_x = \frac{P}{A}$의 $0.5\sigma_x$인 것을 그림 4.4의 그래프에서 확인할 수 있다.

4.3 해석적 방법에 의한 최대 주응력(maximum principal stress)과 최대 전단응력(maximum shear stress)식

구조용 부재나 기계요소는 과도한 수직응력 또는 전단응력 때문에 파손되므로 임의의 점에서의 최대 수직응력과 최대 전단응력을 결정하는 것은 매우 중요하다. 일반적으로 최대 및 최소 수직응력을 주응력이라 말하며 σ_1과 σ_2라 표시한다. 주응력은 모아원과 같은 도식적 방법과 해석적 방법 및 유한요소법으로부터 구할 수 있다. 또한 스트레인 게이지를 측정하고자 하는 부위에 부착시켜 변형률을 측정한 후 그 실험값으로부터도 구할 수 있다. 해석적 방법으로는 이전의 경사진 면에서의 응력식 식 (4.2)를 사용하여 임의의 각도 θ에 대해 수직응력과 전단응력을 구할 수 있다.

4.3.1 최대 수직응력

수직응력이 최대 혹은 최소값을 가질 때의 θ값을 θ_p라고 하자. 그리고 식 (4.2)를 θ에 대해 미분하여 0으로 놓으면 다음 주응력이 작용하는 각도 식을 구할 수 있다.

$$\frac{d\sigma_{x'}}{d\theta} = \frac{(\sigma_x - \sigma_y)}{2}(-2)\sin 2\theta + 2\tau_{xy}\cos 2\theta = 0$$

$$2\tau_{xy}\cos 2\theta = (\sigma_x - \sigma_y)\sin 2\theta$$

$$\frac{\sin 2\theta}{\cos 2\theta} = \frac{2\tau_{xy}}{\sigma_x - \sigma_y}$$

따라서 $\tan 2\theta_p = \frac{2\tau_{xy}}{\sigma_x - \sigma_y}$가 된다.

즉, σ_x와 σ_y 그리고 τ_{xy}를 알면 최대, 최소 수직응력이 작용하는 면의 각도를 알 수 있으며 위 식을 사용하여 구한 각도 θ_p를 식 (4.2)의 첫 번째 식에 대입하면 최대 수직응력, 즉 주응력 σ_1을 구할 수 있다. 주응력과 주응력이 작용하는 면을 그림으로 표시하면 그림 4.6과 같다.

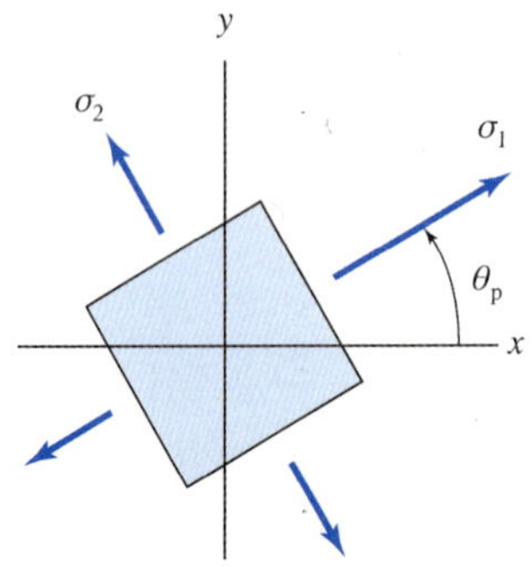

그림 4.6 주응력과 주응력이 작용하는 면

주응력을 주응력이 작용하는 평면을 고려하지 않고 정량적으로 쉽게 구하는 유용한 공식이 있다. $\tan 2\theta_p = \dfrac{2\tau_{xy}}{\sigma_x - \sigma_y}$ 식과 $\sin^2 2\theta_p + \cos^2 2\theta_p = 1$ 식을 사용하여 $\cos 2\theta_p$와 $\sin 2\theta_p$를 각각 구한 후 식 (4.2)의 첫 번째 식에 대입하면 다음과 같은 최대 주응력 식을 구할 수 있다. 이 식은 주응력이 작용하는 각도의 상태를 모르는 상황에서 주응력의 크기를 구할 수 있는 식이다.

$$\sigma_{1,2} = \frac{\sigma_x + \sigma_y}{2} \pm \sqrt{(\frac{\sigma_x - \sigma_y}{2})^2 + \tau_{xy}^2} \tag{4.3}$$

$\cos 2\theta_p$와 $\sin 2\theta_p$를 식 (4.2)의 세 번째 식에 대입하면 $\tau_{x'y'} = 0$이 된다. 즉, 주응력이 작용하는 면에서의 전단응력은 0이 된다.

4.3.2 면내 최대 전단응력

면내 최대 전단응력도 이전의 주응력 결정 방법과 유사한 방법을 사용하여 결정할 수 있다. 전단응력이 최대 또는 최소가 될 때의 θ값을 θ_s라 한다. 식 (4.2)의 세 번째 식을 θ에 대해 미분하고 그 값을 0으로 놓으면 다음과 같은 식을 구할 수 있다.

$$\tan 2\theta_s = -\frac{\sigma_x - \sigma_y}{2\tau_{xy}}$$

이로부터 θ_s를 구할 수 있고 이 각도 값을 식 (4.2)의 세 번째 식에 대입하면 전단응력의 최대, 최소값을 구할 수 있다.

최대 전단응력의 크기를 해석적 방법으로 얻기 위하여 다음 두 방정식

$$\tan 2\theta_s = -\frac{\sigma_x - \sigma_y}{2\tau_{xy}} \text{와 } \sin^2 2\theta_s + \cos^2 2\theta_s = 1$$

을 풀고, 그 결과 값 $\cos 2\theta_s$와 $\sin 2\theta_s$를 식 (4.2)의 세 번째 식에 대입하면 다음과 같은 최대 전단응력 식을 구할 수 있다.

$$\tau_{\max} = \sqrt{\left(\frac{\sigma_x - \sigma_y}{2}\right)^2 + \tau_{xy}^2} \tag{4.4}$$

이 응력을 면내 최대 전단응력(in plane maximum shear stress)이라 한다. p점을 포함하는 다른 평면 내에서의 전단응력은 보다 큰 전단응력일 수도 있다.

최대 면내 전단응력이 작용하는 요소 상에서 완전한 평면응력을 결정하기 위해서는 최대 전단응력이 작용할 때의 수직응력을 결정해야 한다.

$\cos 2\theta_s$와 $\sin 2\theta_s$ 값을 식 (4.2)의 첫 번째와 두 번째 식에 대입하면 다음의 결과 식 (4.5)를 얻는다.

$$\sigma_{x'} = \sigma_{y'} = \frac{\sigma_x + \sigma_y}{2} \tag{4.5}$$

즉, 최대 면내 전단응력이 발생하는 요소 상에서의 수직응력은 같다. 이때의 응력 상태를 도식적으로 표시하면 다음 그림 4.7과 같다.

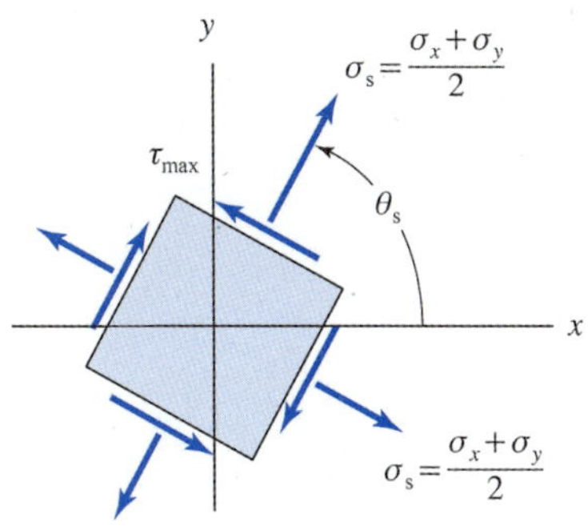

그림 4.7 면내 최대 전단응력이 작용하는 면의 응력 상태

점 p를 지나는 다른 평면상에서 발생하는 면내 최대 전단응력보다 더 큰 전단응력 상태를 고려하고, 주응력이 작용하는 면내 좌표계를 다시 설정하면 다음과 같은 세 가지 전단응력 식을 구할 수 있다.

첫째로 $\sigma_x = \sigma_1$, $\sigma_y = \sigma_2$, $\tau_{xy} = 0$일 경우[그림 4.8(a)]
최대 면내 전단응력 식에 대입하면 다음과 같은 식을 얻는다.

$$\tau_{\max} = \sqrt{\left(\frac{\sigma_x - \sigma_y}{2}\right)^2 + \tau_{xy}^2} = \sqrt{\left(\frac{\sigma_1 - \sigma_2}{2}\right)^2 + 0} = \left|\frac{\sigma_1 - \sigma_2}{2}\right| \tag{4.6}$$

두 번째는 $\sigma_x = 0$, $\sigma_y = \sigma_1$, $\tau_{xy} = 0$인 경우[그림 4.8(b)]

$$\tau_{\max} = \sqrt{\left(\frac{\sigma_x - \sigma_y}{2}\right)^2 + \tau_{xy}^2} = \sqrt{\left(\frac{0 - \sigma_1}{2}\right)^2 + 0} = \left|\frac{\sigma_1}{2}\right| \tag{4.7}$$

마지막으로 $\sigma_x = \sigma_2$, $\sigma_y = 0$, $\tau_{xy} = 0$인 경우[그림 4.8(c)]

$$\tau_{\max} = \sqrt{\left(\frac{\sigma_x - \sigma_y}{2}\right)^2 + \tau_{xy}^2} = \sqrt{\left(\frac{\sigma_2 - 0}{2}\right)^2 + 0} = \left|\frac{\sigma_2}{2}\right| \tag{4.8}$$

주응력 값에 따라 위 식들은 면내 최대 전단응력 값보다 큰 값을 가질 수 있다. 어떤 p점을 통과하는 임의의 평면 상태에서의 절대 최대 전단응력 값은 위의 세 값 중에 가장 큰 값이다. 그리고 최대 전단응력은 다음과 같은 식에서 최대값을 선택하면 된다.

$$\begin{aligned}\tau_{\max} &= \frac{1}{2}[\sigma_{\max} - \sigma_{\min}] = \mathrm{Max}\left|\frac{1}{2}(\sigma_x - \sigma_y), \frac{1}{2}(\sigma_x - \sigma_z), \frac{1}{2}(\sigma_y - \sigma_z)\right| \\ &= \mathrm{Max}\left|\frac{1}{2}(\sigma_1 - \sigma_2), \frac{1}{2}(\sigma_1 - \sigma_3), \frac{1}{2}(\sigma_2 - \sigma_3)\right| \end{aligned} \tag{4.9}$$

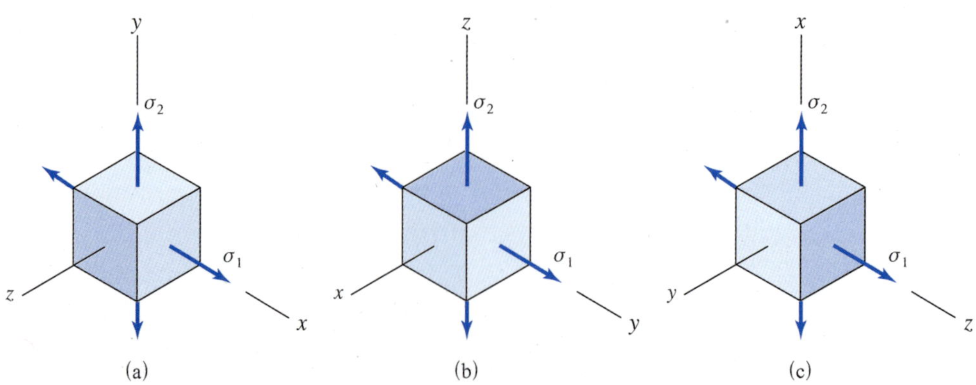

그림 4.8 주응력이 작용하는 요소

예제

작용하는 평면응력 $\sigma_x = 50\,\text{MPa}$, $\sigma_y = 20\,\text{MPa}$, $\tau_{xy} = 15\,\text{MPa}$일 때, 반시계 방향으로 15° 회전시켰을 때의 $\sigma_{x'}, \sigma_{y'}, \tau_{x'y'}$과 최대 주응력 및 면내 최대 전단응력을 구하고, 이때 각각의 방향을 구하라.

풀이

$$\sigma_{x'} = \frac{1}{2}(\sigma_x + \sigma_y) + \frac{1}{2}(\sigma_x - \sigma_y)\cos 2\theta + \tau_{xy}\sin 2\theta$$

$$= \frac{1}{2}(50+20) + \frac{1}{2}(50-20)\cos 30^\circ + 15\sin 30^\circ$$

$$= 55.49\ \text{MPa}$$

$$\sigma_{y'} = \frac{1}{2}(\sigma_x + \sigma_y) - \frac{1}{2}(\sigma_x - \sigma_y)\cos 2\theta - \tau_{xy}\sin 2\theta$$

$$= \frac{1}{2}(50+20) - \frac{1}{2}(50-20)\cos 30^\circ - 15\sin 30^\circ$$

$$= 14.5\ \text{MPa}$$

$$\tau_{x'y'} = -\frac{\sigma_x - \sigma_y}{2}\sin 2\theta + \tau_{xy}\cos 2\theta$$

$$= -\frac{50-20}{2}\sin 30^\circ + 15\cos 30^\circ$$

$$= -15\sin 30^\circ + 15\cos 30^\circ$$

$$= 5.49$$

최대 주응력과 면내 최대 전단응력은
최대, 최소 주응력은

$$\sigma_{1,2} = \frac{\sigma_x + \sigma_y}{2} \pm \sqrt{\left(\frac{\sigma_x - \sigma_y}{2}\right)^2 + \tau_{xy}^2}$$

면내 최대 전단응력은 $\tau_{\max} = \sqrt{\left(\frac{\sigma_x - \sigma_y}{2}\right)^2 + \tau_{xy}^2}$에 대입하여 구할 수 있다. ■

예제

기계요소의 한 점에서의 응력 상태가 다음과 같은 평면응력 상태하에 있다. 반시계 방향으로 60° 회전시켰을 때 경사면에 작용하는 응력 성분을 구하라.

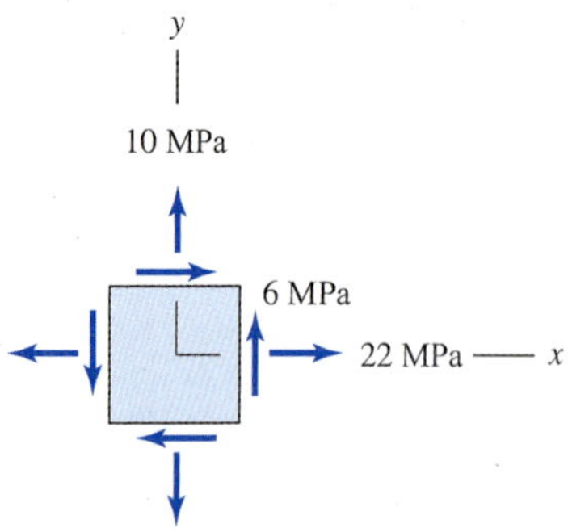

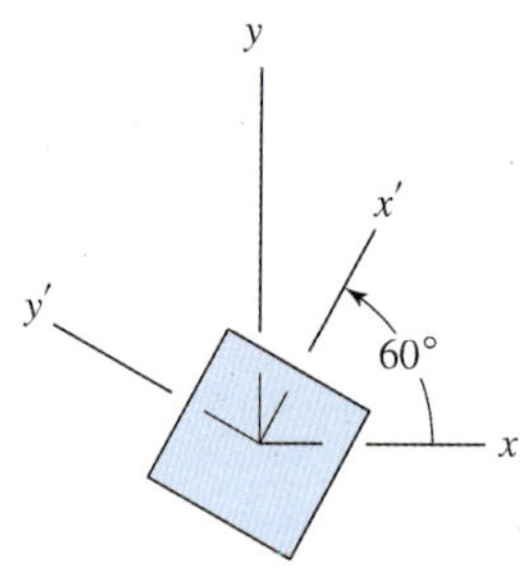

풀이

$$\sigma_x = 22\ \text{MPa},\ \sigma_y = 10\ \text{MPa}$$

$$\tau_{xy} = 6\ \text{MPa},\ \theta = 60°$$

$$\sigma_{x'} = \frac{\sigma_x + \sigma_y}{2} + \frac{\sigma_x - \sigma_y}{2}\cos 2\theta + \tau_{xy}\sin 2\theta$$

$$= \frac{22+10}{2} + \frac{22-10}{2}\cos 120° + 6\sin 120°$$

$$= 18.20\ \text{MPa}$$

$$\sigma_{y'} = \frac{\sigma_x + \sigma_y}{2} - \frac{\sigma_x - \sigma_y}{2}\cos 2\theta - \tau_{xy}\sin 2\theta$$

$$= \frac{22+10}{2} - \frac{22-10}{2}\cos 120° - 6\sin 120°$$

$$= 13.80\ \text{MPa}$$

$$\tau_{x'y'} = -\frac{\sigma_x - \sigma_y}{2}\sin 2\theta + \tau_{xy}\cos 2\theta$$

$$= -\frac{22-10}{2}\sin 120° + 6\cos 120°$$

$$= -8.19\ \text{MPa}$$

■

4.4 해석적 방법에 의한 평면 변형률 상태에서의 변형률 변환식

현 직교 좌표축을 x, y라 하고 새로 변환된 좌표축을 x', y'라 하자(그림 4.9). 좌표 간의 사이 각을 θ라 한다면 다음과 같은 변형률 변환식 식 (4.10)을 구할 수 있다.

$$\varepsilon_{x'} = \varepsilon_x\cos^2\theta + \varepsilon_y\sin^2\theta + \gamma_{xy}\sin\theta\cos\theta$$

$$\varepsilon_{y'} = \varepsilon_x\sin^2\theta + \varepsilon_y\cos^2\theta - \gamma_{xy}\sin\theta\cos\theta$$

$$\gamma_{x'y'} = 2(\varepsilon_y - \varepsilon_x)\sin\theta\cos\theta + \gamma_{xy}(\cos^2\theta - \sin^2\theta) \tag{4.10}$$

식 (4.10)을 변형률 변환식(equation of strain transformation)이라 한다. 여기서 θ는 x축으로부터 반시계 방향의 각도이고 이때의 방향이 양의 각도이다. 식 (4.10)을 삼각함수의 성질을 사용하여 달리 표현하면 식 (4.11)과 같다.

$$\varepsilon_{x'} = \frac{\varepsilon_x + \varepsilon_y}{2} + \frac{\varepsilon_x - \varepsilon_y}{2}\cos 2\theta + \frac{\gamma_{xy}}{2}\sin 2\theta$$

$$\varepsilon_{y'} = \frac{\varepsilon_x + \varepsilon_y}{2} - \frac{\varepsilon_x - \varepsilon_y}{2}\cos 2\theta - \frac{\gamma_{xy}}{2}\sin 2\theta \tag{4.11}$$

$$\frac{\gamma_{x'y'}}{2} = \frac{\varepsilon_y - \varepsilon_x}{2}\sin 2\theta + \frac{\gamma_{xy}}{2}\cos 2\theta$$

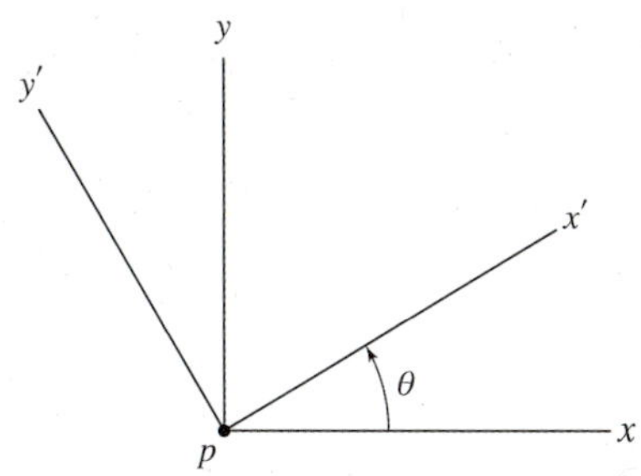

그림 4.9 평면에서의 직교 변환 전후 좌표계

평면 변형률($\varepsilon_x, \varepsilon_y, \gamma_{xy}$)에서의 변형률 변환식의 유도 과정은 다음과 같다.

점 P에서의 미소 요소를 고려한다. 그림 4.10(a)는 변형 전이고 그림 4.10(b)는 변형 후이다. 삼각형에서의 코사인 법칙*을 변형 후 요소에 적용하면 식 (4.12)가 된다.

$$dL_o^2(1+\varepsilon_{x'})^2 = dL_o^2\sin^2\theta(1+\varepsilon_y)^2 + dL_o^2\cos^2\theta(1+\varepsilon_x)^2$$
$$- 2dL_o^2\sin\theta\cos\theta(1+\varepsilon_x)(1+\varepsilon_y)\cos(\pi/2+\gamma_{xy}) \tag{4.12}$$

여기서 $\cos(\pi/2+\gamma_{xy}) = -\sin\gamma_{xy} = -\gamma_{xy}$이다.

변형률끼리의 곱은 매우 작으므로 "0"으로 간주한다. 식 (4.12)를 정리하면 다음과

* 삼각형의 코사인 법칙: $c^2 = a^2 + b^2 - 2ab\cdot\cos\theta$; 여기서 θ는 선분 a, b의 사이 각도이다.

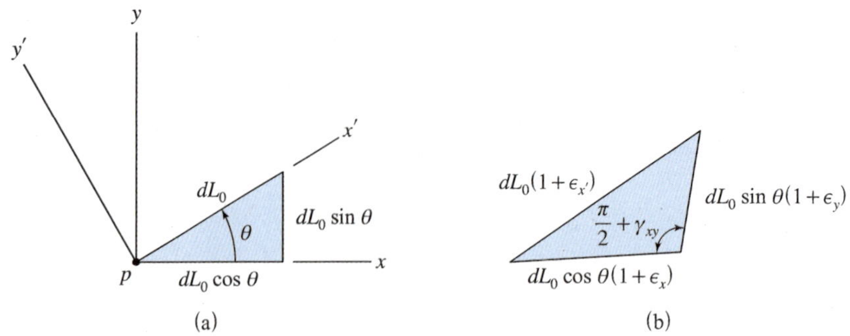

그림 4.10 변형 전(a)과 변형 후(b)의 삼각형 요소

같은 새로운 좌표의 변형률 식 (4.13)을 구할 수 있다.

$$\varepsilon_{x'} = \varepsilon_x \cos^2\theta + \varepsilon_y \sin^2\theta + \gamma_{xy}\sin\theta\cos\theta \tag{4.13}$$

다음과 같은 삼각함수의 공식을 사용하면

$$2\cos^2\theta = 1 + \cos 2\theta,\ \ 2\sin^2\theta = 1 - \cos 2\theta,\ \ 2\sin\theta\cos\theta = \sin 2\theta$$

변형률 변환식 식 (4.14)를 유도할 수 있다.

$$\varepsilon_{x'} = \frac{\varepsilon_x + \varepsilon_y}{2} + \frac{\varepsilon_x - \varepsilon_y}{2}\cos 2\theta + \frac{\gamma_{xy}}{2}\sin 2\theta \tag{4.14}$$

이 식의 θ 대신에 $\theta + 90°$를 대입하면 $\varepsilon_{y'}$에 대한 식 (4.15)를 구할 수 있다.

$$\varepsilon_{y'} = \frac{\varepsilon_x + \varepsilon_y}{2} - \frac{\varepsilon_x - \varepsilon_y}{2}\cos 2\theta - \frac{\gamma_{xy}}{2}\sin 2\theta \tag{4.15}$$

위의 식들로부터 다음의 관계식을 유추할 수 있다. ε_x를 $\varepsilon_{x'}$, $\varepsilon_{y'}$, $\gamma_{x'y'}$의 변형률의 항으로 나타내어 사용하기 위해서 θ를 $-\theta$로 대체하여 대입하면 식 (4.16)을 얻는다.

$$\varepsilon_x = \frac{\varepsilon_{x'} + \varepsilon_{y'}}{2} + \frac{\varepsilon_{x'} - \varepsilon_{y'}}{2}\cos 2\theta - \frac{\gamma_{x'y'}}{2}\sin 2\theta \tag{4.16}$$

식 (4.14)와 식 (4.15)를 식 (4.16)에 대입하면 $\gamma_{x'y'}$에 관한 식 (4.17)을 구할 수 있다.

$$\frac{\gamma_{x'y'}}{2} = \frac{\varepsilon_y - \varepsilon_x}{2}\sin 2\theta + \frac{\gamma_{xy}}{2}\cos 2\theta \tag{4.17}$$

예제

재료의 한 점에서 평면 변형률 성분은 $\varepsilon_x = 0.003$, $\varepsilon_y = 0.001$, $\gamma_{xy} = -0.006$이다. x, y좌표계를 반시계 방향으로 30° 돌렸을 때 새로운 x', y'좌표계에 의한 평면 변형률의 성분을 결정하라.

풀이

$$\varepsilon_{x'} = \frac{\varepsilon_x + \varepsilon_y}{2} + \frac{\varepsilon_x - \varepsilon_y}{2}\cos 2\theta + \frac{\gamma_{xy}}{2}\sin 2\theta$$

$$= \frac{0.003 + 0.001}{2} + \frac{0.003 - 0.001}{2}\cos 2(30^\circ) + \frac{-0.006}{2}\sin 2(30^\circ) = 4.098 \times 10^{-3}$$

$$\varepsilon_{y'} = \frac{\varepsilon_x + \varepsilon_y}{2} - \frac{\varepsilon_x - \varepsilon_y}{2}\cos 2\theta - \frac{\gamma_{xy}}{2}\sin 2\theta$$

$$= \frac{0.003 + 0.001}{2} - \frac{0.003 - 0.001}{2}\cos 2(30^\circ) - \frac{-0.006}{2}\sin 2(30^\circ) = -9.8 \times 10^{-5}$$

$$\frac{\gamma_{x'y'}}{2} = \frac{\varepsilon_y - \varepsilon_x}{2}\sin 2\theta + \frac{\gamma_{xy}}{2}\cos 2\theta$$

$$= \frac{(0.001 - 0.003)}{2}\sin 2(30^\circ) + \frac{-0.006}{2}\cos 2(30^\circ)$$

$$\therefore \ \gamma_{x'y'} = -4.732 \times 10^{-3}$$

■

4.4.1 최대 및 최소 변형률

식 (4.14), (4.15), (4.17)로부터 최대 및 최소 변형률을 구할 수 있다. 식 (4.14)를 2θ에 대해 미분하여 "0"으로 놓으면 식 (4.18)을 구할 수 있다.

$$\tan 2\theta_p = \frac{\gamma_{xy}}{\varepsilon_x - \varepsilon_y} \tag{4.18}$$

식 (4.18)로부터 구한 θ_p를 식 (4.14), (4.15)에 대입하면 최대 및 최소 변형률, 즉 주변형률 ε_1, ε_2를 구할 수 있다. θ_p를 식 (4.17)에 대입하면 $\gamma_{x'y'}$는 0이 됨을 알 수 있다. 주변형률에 대한 최종적인 공식을 구하기 위해서는 $\sin^2 2\theta_p + \cos^2 2\theta_p = 1$과 $\tan 2\theta_p = \frac{\gamma_{xy}}{\varepsilon_x - \varepsilon_y}$를 사용하여 $\sin 2\theta_p$와 $\cos 2\theta_p$를 구한 식 (4.14), (4.15)에 대입하여 정리하면 식 (4.19)를 구할 수 있다.

$$\varepsilon_1,\ \varepsilon_2 = \frac{\varepsilon_x + \varepsilon_y}{2} \pm \sqrt{\left(\frac{\varepsilon_x - \varepsilon_y}{2}\right)^2 + \left(\frac{\gamma_{xy}}{2}\right)^2} \tag{4.19}$$

4.4.2 최대 전단 변형률

최대 전단 변형률을 구하기 위해서는 식 (4.17)을 2θ에 대해 미분한 후 그 값을 "0"으로 하면 식 (4.20)을 구할 수 있다.

$$\tan 2\theta_s = -\frac{\varepsilon_x - \varepsilon_y}{\gamma_{xy}} \tag{4.20}$$

주어진 $\varepsilon_x, \varepsilon_y, \gamma_{xy}$값을 식 (4.20)에 대입하면 θ_s값을 구할 수 있다. 최대 전단 변형률을 얻기 위해서는 이 θ_s값을 식 (4.17)에 대입하면 된다. 최대 전단 변형률에 대한 최종 해석적 식을 구하기 위해서는 식 (4.20)과 $\sin^2 2\theta_s + \cos^2 2\theta_s = 1$을 사용하여 $\sin 2\theta_s$와 $\cos 2\theta_s$에 대하여 풀고, 이 값을 식 (4.17)에 대입하면 다음과 같은 해석적 결과 식 (4.21)을 구할 수 있다.

$$\gamma_{\max} = \sqrt{(\varepsilon_x - \varepsilon_y)^2 + \gamma_{xy}^2} \tag{4.21}$$

식 (4.21)은 $x-y$ 평면내의 최대 변형률이기 때문에 면내 최대 전단 변형률이라 부른다. 또한 이때의 수직 변형률은 $\sin 2\theta_s$와 $\cos 2\theta_s$값을 식 (4.14)와 (4.15)에 대입하면 구할 수 있다. 최대 전단 변형률이 작용 시 수직 변형률은 식 (4.22)와 같다.

$$\varepsilon_{x'} = \varepsilon_{y'} = \frac{\varepsilon_x + \varepsilon_y}{2} \tag{4.22}$$

주어진 평면 변형률 상태에서 주변형률과 최대 전단 변형률을 구하는 단계를 요약하면 다음과 같다.

(1) θ_p를 결정하기 위하여 식 (4.18)을 사용하여 주변형률 방향과 일치된 $x'y'$좌표계의 방향을 설정한다.

(2) θ_p를 식 (4.14), (4.15)에 대입하여 ε_1과 ε_2를 결정한다. 식 (4.19)로부터 ε_1과 ε_2를 구할 수 있지만 이 식은 주변형률이 x' 방향인지 y' 방향인지는 말해주지 않는다.

(3) θ_s를 결정하기 위하여 식 (4.20)을 사용하며, γ_{xy}가 최대 혹은 최소값에 대한 x' 혹은 y' 방향을 설정한다.

(4) θ_s를 사용하여 식 (4.17)에 대입하면 면내 최대 전단 변형률 $\gamma_{x'y'}$을 결정한다. 식 (4.21)을 사용하면 정량적으로 면내 최대 전단응력 크기만을 쉽게 결정할 수 있다.

(4.5) 절대 최대 전단 변형률은 다음 세 값 중 가장 큰 값을 선택한 값이다.

$$|\varepsilon_1 - \varepsilon_2|,\ |\varepsilon_1|,\ |\varepsilon_2|$$

예제

한 점 p에서 평면 변형률 상태는 $\varepsilon_x = 0.003$, $\varepsilon_y = 0.001$, $\gamma_{xy} = -0.006$이다. 최대 주변형률과 면내 최대 전단 변형률과 절대 최대 전단 변형률을 구하라. 요소 방향을 결정하라.

풀이

$\tan 2\theta_p = \dfrac{\gamma_{xy}}{\varepsilon_x - \varepsilon_y} = \dfrac{-0.006}{0.003 - 0.001} = -3.0$이다.

따라서 $\theta_p = -35.8^\circ$를 구한다.

이 값을 변형률 변환식에 대입하면

$$\begin{aligned}
\varepsilon_{x'} &= \frac{\varepsilon_x + \varepsilon_y}{2} + \frac{\varepsilon_x - \varepsilon_y}{2}\cos 2\theta + \frac{\gamma_{xy}}{2}\sin 2\theta \\
&= \frac{0.003 + 0.001}{2} + \frac{0.003 - 0.001}{2}\cos 2(-35.8^\circ) + \frac{-0.006}{2}\sin 2(-35.8^\circ) \\
&= 5.16 \times 10^{-3} \\
\varepsilon_{y'} &= \frac{\varepsilon_x + \varepsilon_y}{2} - \frac{\varepsilon_x - \varepsilon_y}{2}\cos 2\theta - \frac{\gamma_{xy}}{2}\sin 2\theta \\
&= \frac{0.003 + 0.001}{2} - \frac{0.003 - 0.001}{2}\cos 2(-35.8^\circ) - \frac{-0.006}{2}\sin 2(-35.8^\circ) \\
&= -1.16 \times 10^{-3}
\end{aligned}$$

이 요소는 전단 변형률을 받지 않는다. 그림으로 표시하면 다음과 같다.

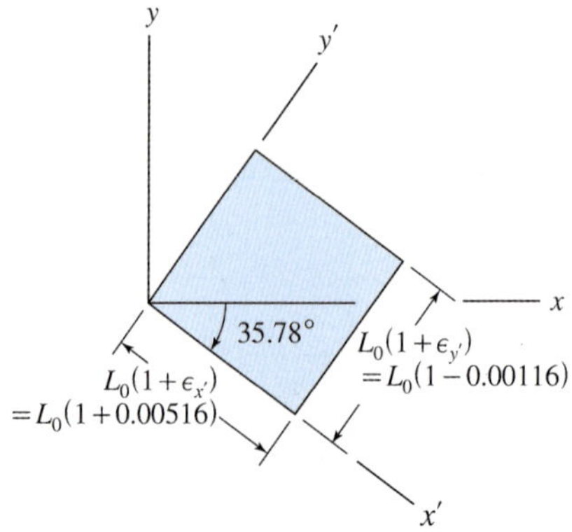

면내 최대 전단응력은 $\tan 2\theta_s = -\dfrac{\varepsilon_x - \varepsilon_y}{\gamma_{xy}} = -\dfrac{0.003-0.001}{-0.006} = 0.333$

따라서 $\theta_p = 9.22^\circ$를 구한다. 이 값을 $\dfrac{\gamma_{x'y'}}{2} = \dfrac{\varepsilon_y - \varepsilon_x}{2}\sin 2\theta + \dfrac{\gamma_{xy}}{2}\cos 2\theta$에 대입하면

$$\frac{\gamma_{x'y'}}{2} = \frac{0.001-0.003}{2}\sin 2(9.2^\circ) + \frac{-0.006}{2}\cos 2(9.22^\circ) = -0.00316$$

따라서 $\gamma_{x'y'} = -0.00316$

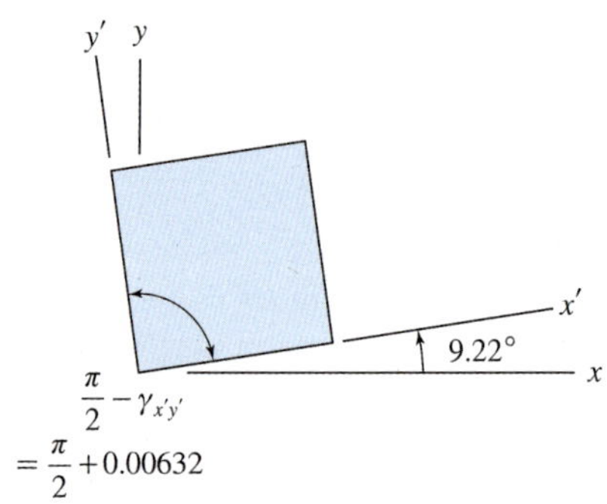

절대 최대 변형률 값은 $|\varepsilon_1 - \varepsilon_2|, |\varepsilon_1|, |\varepsilon_2|$ 중에서 최대값을 선택하면

$$|\varepsilon_1 - \varepsilon_2| = 0.00632, \quad |\varepsilon_1| = 0.00516, \quad |\varepsilon_2| = 0.00116$$

0.00632이다. 이 값은 면내 최대 전단 변형률과 같다. ■

4장 요약

1. 평면응력의 변환식은

$$\sigma_{x'} = \frac{(\sigma_x + \sigma_y)}{2} + \frac{(\sigma_x - \sigma_y)}{2}\cos 2\theta + \tau_{xy}\sin 2\theta$$

$$\sigma_{y'} = \frac{(\sigma_x + \sigma_y)}{2} - \frac{(\sigma_x - \sigma_y)}{2}\cos 2\theta - \tau_{xy}\sin 2\theta$$

$$\tau_{x'y'} = -\frac{(\sigma_x - \sigma_y)}{2}\sin 2\theta + \tau_{xy}\cos 2\theta$$

2. 평면응력에서의 최대 최소 응력 $\tan 2\theta_p = \dfrac{2\tau_{xy}}{\sigma_x - \sigma_y}$

구한 θ_p를 $\sigma_{x'}, \sigma_{y'}$식에 대입하면

$$\sigma_{1,2} = \frac{\sigma_x + \sigma_y}{2} \pm \sqrt{(\frac{\sigma_x - \sigma_y}{2})^2 + \tau_{xy}^2} \tag{4.3}$$

3. 면내 최대 전단응력 $\tan 2\theta_s = -\dfrac{\sigma_x - \sigma_y}{2\tau_{xy}}$

θ_s를 $\tau_{x'y'} = -\dfrac{(\sigma_x - \sigma_y)}{2}\sin 2\theta + \tau_{xy}\cos 2\theta$ 에 대입하면 면내 최대 전단응력을 구할 수 있다.

$$\tau_{\max} = \sqrt{(\frac{\sigma_x - \sigma_y}{2})^2 + \tau_{xy}^2} \tag{4.4}$$

4. 절대 최대 전단응력은 다음 세 값 중 가장 큰 값이다.

$$\tau_{\max} = \mathrm{Max}\left| \frac{1}{2}(\sigma_1 - \sigma_2),\ \frac{1}{2}(\sigma_1 - \sigma_3),\ \frac{1}{2}(\sigma_2 - \sigma_3) \right|$$

평면상에서 $\sigma_3 = 0$인 경우는 $\tau_{\max} = \mathrm{Max}\left| \frac{1}{2}(\sigma_1 - \sigma_2),\ \frac{1}{2}(\sigma_1),\ \frac{1}{2}(\sigma_2) \right|$

5. 평면 변형률의 변환식은

$$\varepsilon_{x'} = \frac{\varepsilon_x + \varepsilon_y}{2} + \frac{\varepsilon_x - \varepsilon_y}{2}\cos 2\theta + \frac{\gamma_{xy}}{2}\sin 2\theta$$

$$\varepsilon_{y'} = \frac{\varepsilon_x + \varepsilon_y}{2} - \frac{\varepsilon_x - \varepsilon_y}{2}\cos 2\theta - \frac{\gamma_{xy}}{2}\sin 2\theta$$

$$\frac{\gamma_{x'y'}}{2} = \frac{\varepsilon_y - \varepsilon_x}{2}\sin 2\theta + \frac{\gamma_{xy}}{2}\cos 2\theta$$

6. 평면 변형률에서 최대, 최소 변형률: 수직변형률이 최대, 최소값을 가지는 θ는

$$\tan 2\theta_p = \frac{\gamma_{xy}}{\varepsilon_x - \varepsilon_y}$$

주변형률은

$$\varepsilon_1, \varepsilon_2 = \frac{\varepsilon_x + \varepsilon_y}{2} \pm \sqrt{\left(\frac{\varepsilon_x - \varepsilon_y}{2}\right)^2 + \left(\frac{\gamma_{xy}}{2}\right)^2}$$

7. 면내 최대 전단 변형률: 면내 최대 전단 변형률이 최대, 최소값을 가지는 θ는

$$\tan 2\theta_s = -\frac{\varepsilon_x - \varepsilon_y}{\gamma_{xy}} \tag{4.20}$$

θ_s를 $\frac{\gamma_{x'y'}}{2} = \frac{\varepsilon_y - \varepsilon_x}{2}\sin 2\theta + \frac{\gamma_{xy}}{2}\cos 2\theta$에 대입하면 면내 최대 전단 변형률을 구할 수 있다.

$$\gamma_{\max} = \sqrt{(\varepsilon_x - \varepsilon_y)^2 + \gamma_{xy}^2} \tag{4.21}$$

절대 최대 전단 변형률 값은 세 값 중 가장 큰 값이다.

$$|\varepsilon_1 - \varepsilon_2|, |\varepsilon_1|, |\varepsilon_2|$$

4장 연습문제

4.1 응력 상태가 $\sigma_x = 50\,\mathrm{MPa}$, $\sigma_y = -10\,\mathrm{MPa}$, $\tau_{xy} = 40\,\mathrm{MPa}$일 때 주응력과 주응력 방향(면)과 최대 전단응력의 크기와 해당 수직응력을 구하고 방향을 도시하라.

4.2 한 점 p에서 평면 변형률 상태는 $\varepsilon_x = 0.003$, $\varepsilon_y = 0.001$, $\gamma_{xy} = -0.006$이다. 면내 최대 전단 변형률과 최대 주변형률을 구하라. 요소 방향을 결정하라.

4.3 구조물이 다음과 같은 하중을 받을 때 (a) 점 H 요소에서의 수직응력과 전단응력을 결정하고, (b) 주응력과 주응력 방향을 결정하라. 하중 $P = 900\,\mathrm{N}$이 레버 ABD 끝단 점 D에 가해진다. 레버 AB의 직경은 36 mm이다.

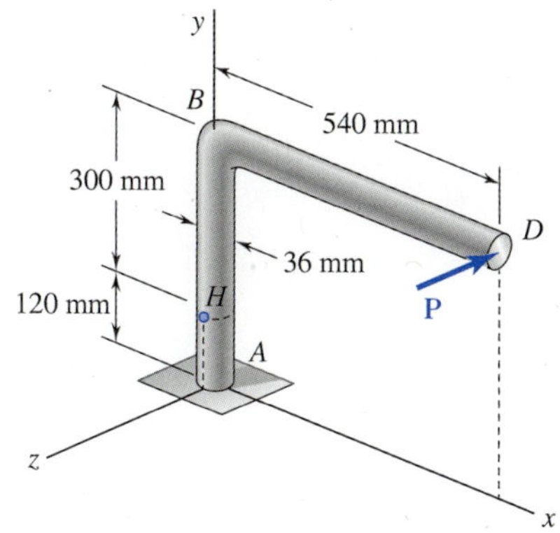

4.4 다음과 같은 평면응력 상태에서 최대 주응력을 구하고 주응력 방향을 도시하라. 다음으로 최대 전단응력과 해당 수직응력을 구하고 방향을 도시하라.

$$\sigma_x = 150\ \mathrm{MPa},\ \sigma_y = 30\ \mathrm{MPa},\ \tau_{xy} = -80\ \mathrm{MPa}$$

4.5 다음과 같은 평면응력 상태에서 grain에 평행한 면내 전단응력을 구하라.

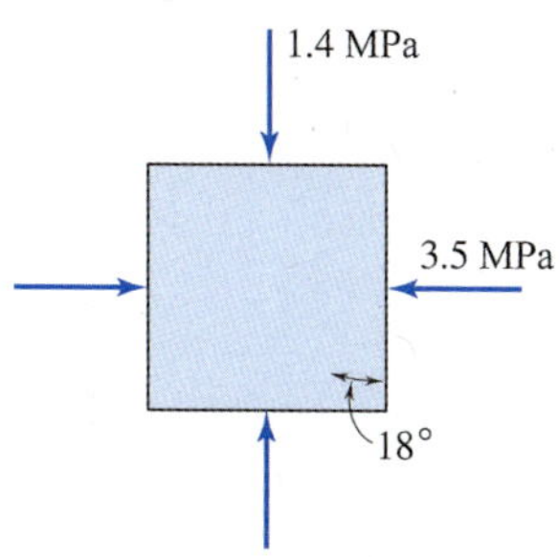

4.6 다음과 같은 평면응력 상태에서 grain에 수직한 수직응력을 구하라.

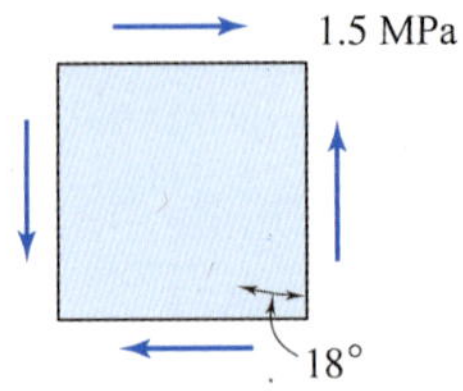

4.7 조인터가 glue를 사용하여 접합되어 있다. 조인터의 최대 허용응력이 인장 시에는(경사면에 수직일 때) 400 kPa이고, 전단 시에는(경사면에 평행할 때) 600 kPa이다. 최대 축하중 P를 결정하라.

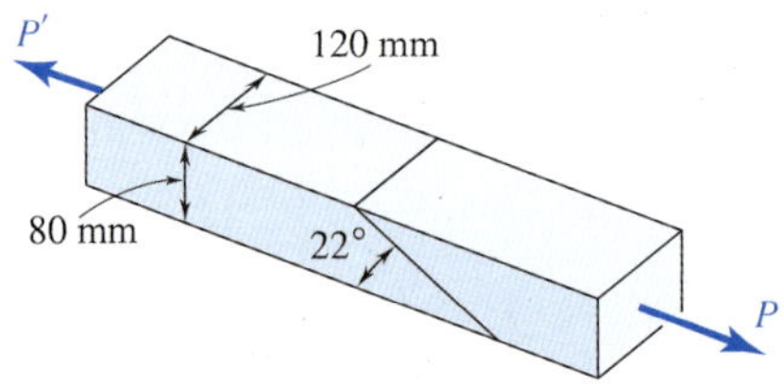

4.8 자동차의 액슬(axle)에 힘과 모멘트가 작용한다. 액슬의 지름이 32 mm일 때

(a) 액슬 맨 위에 위치한 H점에서 주응력과 주응력 면을 결정하라.

(b) 동일 점에서 최대 전단응력을 결정하라.

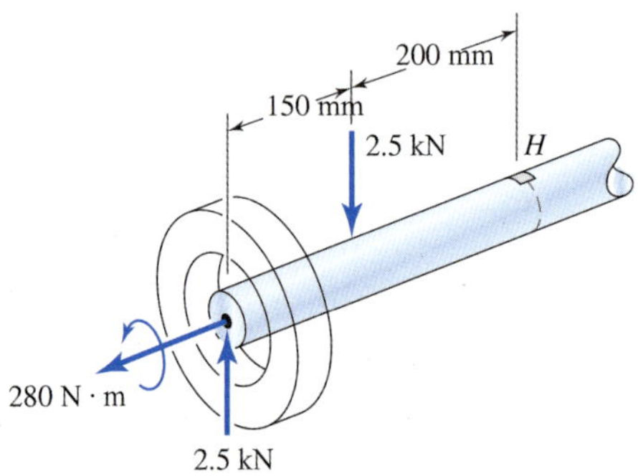

4.9 베어링 하우징의 점 p는 평면응력 상태에 있다. 변형률 성분이 $\varepsilon_x = -0.0024$, $\varepsilon_y = 0.0044$, $\gamma_{xy} = -0.003$, $\theta = 20°$일 때 $\varepsilon_{x'}$, $\varepsilon_{y'}$, $\gamma_{x'y'}$를 구하라.

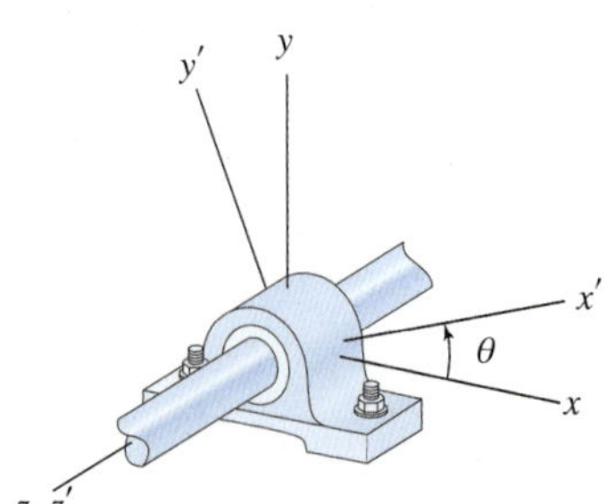

5 장 비틀림(torsion)

목표

1. 탄성 중실축, 중공축에서의 비틀림 하중에서의 변형각을 계산할 수 있어야 한다.
2. 비틀림 하중하에서의 탄성 원형 중실축(circular shaft), 중공축(circular hollow shaft)에서의 변형률 및 응력 분포를 계산할 수 있어야 한다.
3. 축 설계 시 사용되는 공식을 이해해야 한다. 전단응력을 받는 요소의 설계를 할 수 있어야 한다.
4. 순수 전단을 받는 경우, 경사면에서의 응력을 계산할 수 있어야 한다.
5. 비틀림 모멘트를 받는 부정정축의 문제를 해석할 수 있어야 한다.

5.1 서론

비틀림(torsion)은 봉의 경우를 살펴보면 길이 방향 회전 모멘트에 의해 발생하는 비틀림 현상이다. 스크류드라이버의 손잡이에 축방향의 회전 모멘트인 토크를 가하면 생긴다(그림 5.1). 그림 5.1(c)는 보트의 추진 시스템의 그림이다. 엔진에 의해 생성된 동력은 트랜스미션과 동력 추진축을 거쳐 최종적으로 프로펠러까지 전달되어 보트가 출발할 수 있다. 트랜스미션 내의 여러 다양한 축들과 동력 추진축(drive shaft)과 기어(gear)(그림 5.2)는 비틀림 하중하에 놓이게 된다. 모멘트의 단위는 N · m이다. 이전의 정역학에서 배웠던 바와 같이 모멘트는 크기와 방향을 가지는 벡터이다. 모멘트의 방향은 오른손 법칙을 따른다. 그림 5.2는 오른손 법칙을 설명하는 모멘트와 비틀림 모멘트를 표시하는 방법을 나타낸다. 보의 비틀림을 발생시키는 모멘트를 토크(torque)라고도 하며 비틀림 모멘트(twisting moment) 혹은 우력이라고도 한다.

구조물에서 비틀림 하중이 주를 이루는 구조물은 자동차의 구동축(drive shaft)이다.

동력 전달장치인 축을 설계할 시에 축에 작용하는 비틀림 하중에 의한 변형각도, 변형률, 응력을 계산하는 것은 매우 중요하다고 할 수 있다. 축의 기본적인 형상은 단면을 기준으로 단면이 일부 비어 있는 원형 중공축(hollow shaft)과 속이 꽉 찬 원형 중실축(circular shaft)이 있다. 사각 단면과 얇은 두께를 가지는 비선형 거동을 하는 불균일하고 복잡한 단면 등도 있을 수 있다.

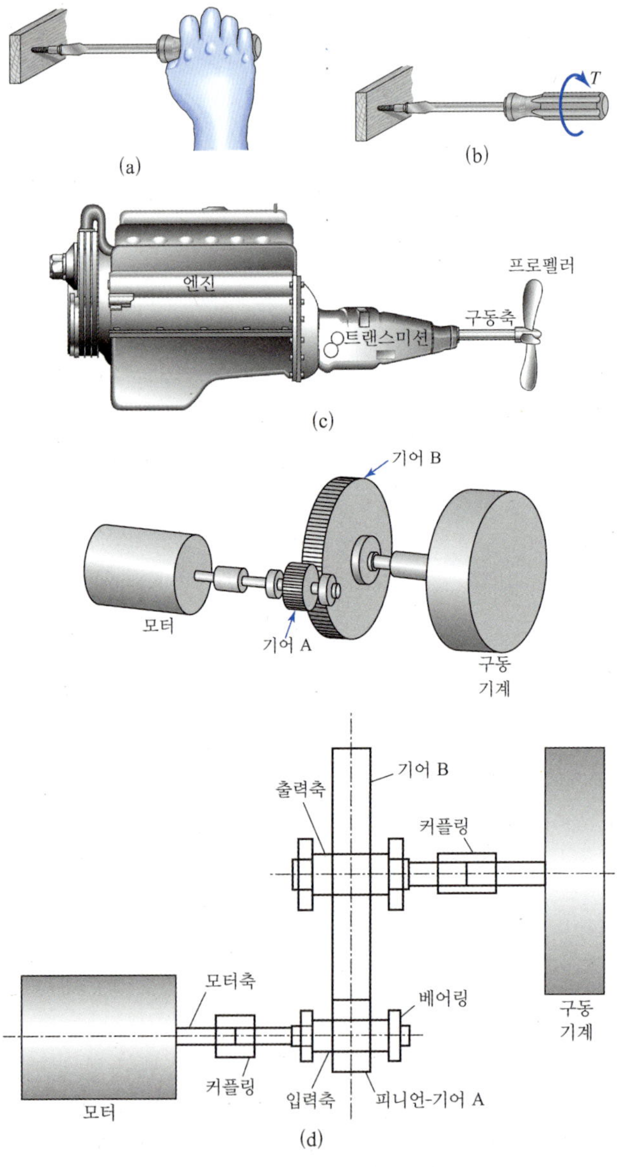

그림 5.1 스크류 드라이버의 비틀림 모멘트 T(a, b)와 보트의 드라이빙 시스템(c), 모터 및 구동기어 시스템(d)

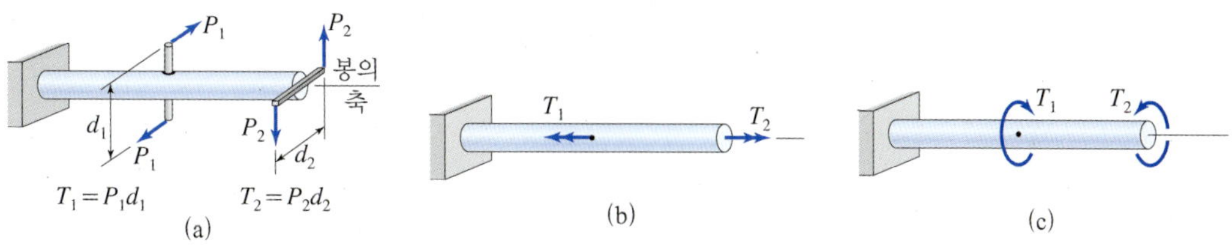

그림 5.2 원형봉의 비틀림 모멘트의 방향과 2가지 표시법

수직응력이 없고 전단응력만 있는 상태를 순수 전단응력(pure shear stress) 상태라 한다. 정육면체에 전단응력이 가해질 때 발생하는 전단 변형률(shear strain) γ는 그림 5.3과 같이 표시할 수 있다.

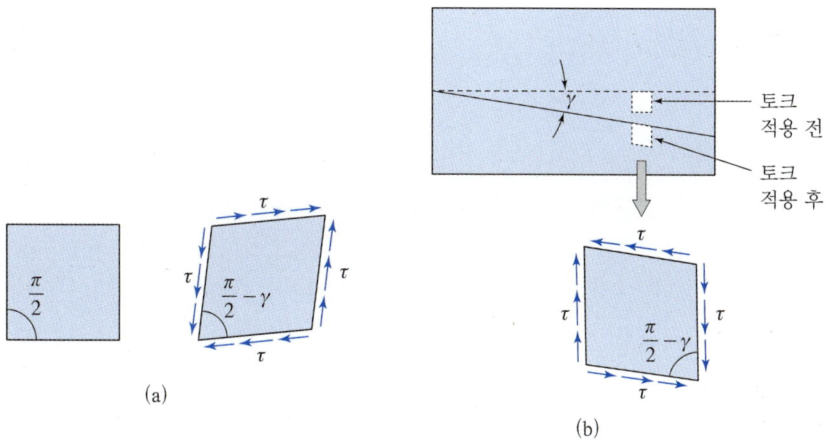

그림 5.3 전단응력에 의한 전단 변형률(a) 변형 전과 후의 미소 요소 전단 변형률 비교(b)

재료가 선형적인 거동을 할 경우 응력과 변형률과의 관계는 $\tau = G\gamma$이며, G를 전단 탄성계수(shear modulus)라 한다. 전단 탄성계수는 $G = \dfrac{E}{2(1+\nu)}$로 표시된다. 봉 안의 원통 쉘이 이 비틀림 모멘트를 받을 때의 형상은 그림 5.4와 같다.

그림 5.4(b)로부터 $c = r\phi$임을 알 수 있다. 전단 변형률은 각도 γ가 작을 경우 그림 5.4(c)로부터 $\tan\gamma \simeq \gamma = \dfrac{c}{L}$임을 알 수 있다. 또한 이 두 식으로부터 전단 변형률 $\gamma = \dfrac{c}{L} = \dfrac{r\phi}{L}$임을 알 수 있다. 또한 전단응력은 선형 탄성거동일 경우 훅스 법칙으로부터 $\tau = G\gamma = G\dfrac{r\phi}{L}$임을 알 수 있다.

비틀림 모멘트가 작용할 때 절단면에서의 양의 방향은 오른손 법칙을 사용하여 엄지

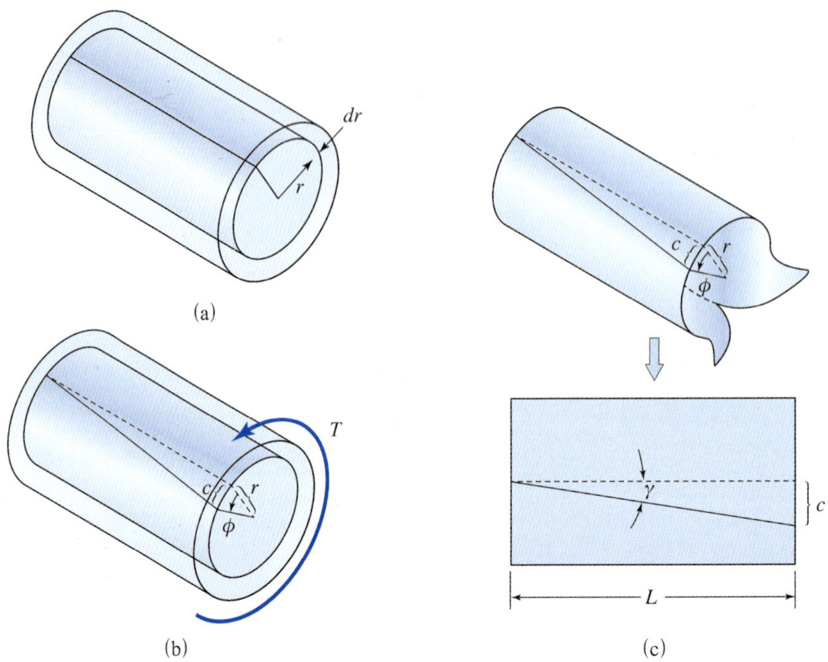

그림 5.4 비틀림 모멘트를 받을 때의 형상

손가락이 가리키는 방향이 양의 비틀림 모멘트 방향이다. 요소의 비틀림 각도는 양의 비틀림 모멘트에 의한 각도를 양의 값으로 정의한다(그림 5.5).

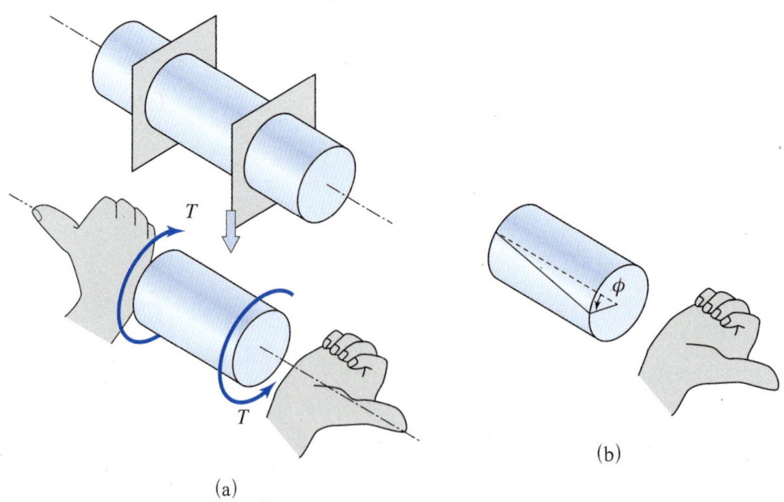

그림 5.5 비틀림 모멘트의 양의 방향(a), 비틀림 각도의 양의 방향(b)

5.2 비틀림을 받는 단면적이 일정한 원형 축에서의 각도 변화량과 변형률 및 전단응력

순수 비틀림 하중을 받는 단면이 일정한 원형 축을 생각한다. 그림 5.6의 원형 단면의 경우 $d\phi$라디안(radian)만큼 회전한다(OA에서 OA'로). 변형 각도가 작다고 가정하며 수직 변형률 $\varepsilon_r = \varepsilon_\theta = \varepsilon_z = 0$과 전단 변형률 $\gamma_{r\theta} = \gamma_{zr} = 0$으로 가정한다. 즉, 변형 전과 후의 경우 축에 수직한 단면은 찌그러짐 없이 동일한 평면을 유지한다고 가정한다. OA와 AB 사이의 각도는 $\frac{\pi}{2}$이고, OA'과 $A'B$ 사이의 각도는 $\frac{\pi}{2}$이다. 따라서 $\gamma_{rz} = 0$이다. 삼각형 ABA'와 삼각형 OAA'로부터

$$\tan\gamma \simeq \gamma = \frac{AA'}{AB} = \frac{rd\phi}{dz}, \quad \gamma = \gamma_{z\theta} = r\frac{d\phi}{dz} \tag{5.1}$$

변형률을 알면 훅스 법칙으로부터 응력을 계산할 수 있다.

$$\tau = \tau_{z\theta} = G\gamma_{z\theta} = Gr\frac{d\phi}{dz} \tag{5.2}$$

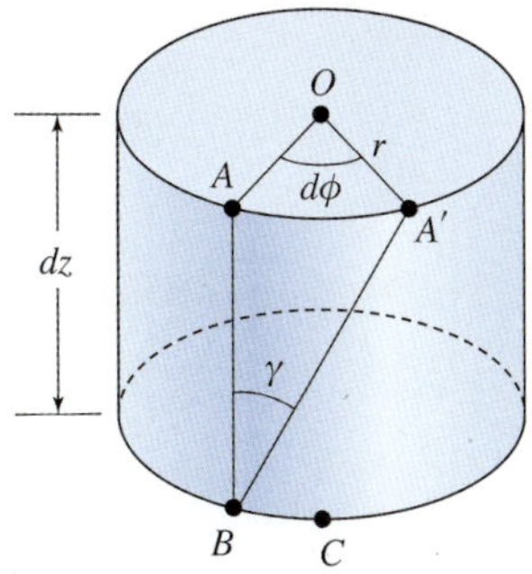

그림 5.6 비틀림 하중을 받고 있는 요소의 변형

비틀림 모멘트 $M_z(=T)$를 받고 있을 때 전단응력 $\tau_{z\theta}$는 반경 γ인 얇은 환형에 일정하게 작용한다(그림 5.7).

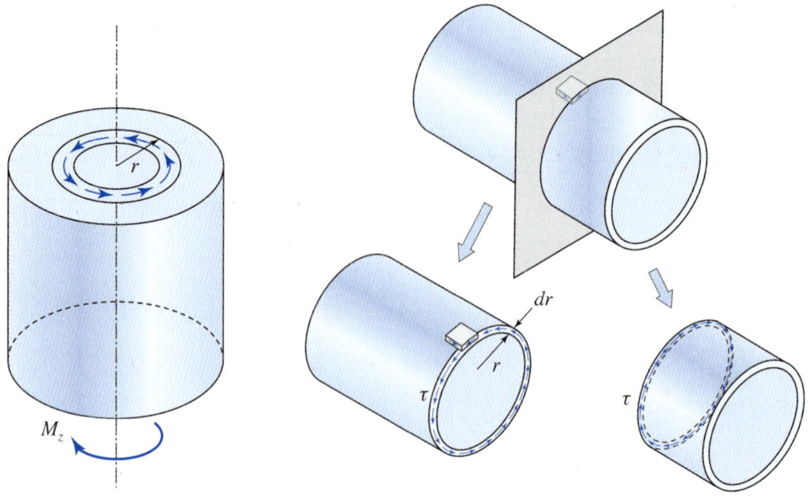

그림 5.7 최상단 및 임의 단면에서의 비틀림 모멘트에 의한 전단응력

환형(annulus) 면적에 작용하는 전단력(전단응력 $\tau\times$전단면적 dA)에 의한 전체 모멘트는 $r\tau dA$이다. 맨 위 표면에 작용하는 전체 모멘트 M_z 혹은 토크 T는

$$M_z = T = \int r\tau dA = \int G\frac{d\phi}{dz}r^2 dA = G\frac{d\phi}{dz}\int r^2 dA \tag{5.3}$$

면적에 작용하는 모멘트는 그림 5.8과 같으며 크기는 $T=\int_A r\tau dA$와 같다

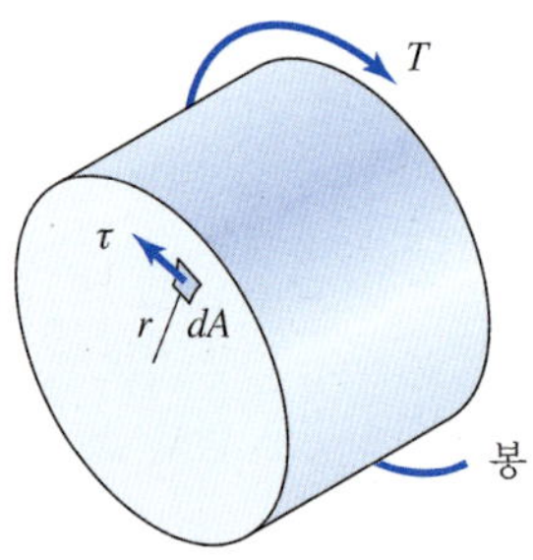

그림 5.8 봉에 작용하는 전단력에 의한 비틀림 모멘트

원형 단면적의 면적 극관성 모멘트(polar moment of inertia)는

$$I_{zz} = J = I_p = \int r^2 dA = \int r^2(2\pi r dr) = 2\pi\int_0^R r^3 dr = \frac{\pi R^4}{2} \tag{5.4}$$

여기서 R 최외곽 단의 반경이다. 식 (5.3)과 (5.4)로부터

$$M_z = G\frac{d\phi}{dz}I_{zz} \text{ 혹은 } \frac{d\phi}{dz} = \frac{M_z}{GI_{zz}} \tag{5.5}$$

식 (5.2)와 (5.5)로부터 비틀림 모멘트에 의한 전단응력은

$$\tau = \tau_{r\theta} = \frac{M_z r}{I_{zz}} = \frac{Tr}{J} \tag{5.6}$$

여기서 극관성 모멘트는

$$I_{zz} = J = I_p = \frac{\pi R^4}{2} = \frac{\pi D^4}{32} \tag{5.7}$$

R, D는 최외곽 단의 반경과 지름이다. 단면의 중심 $r=0$에서는 전단응력이 0(zero)이며 최대 전단응력은 최외곽 단($r=R$)에서 발생함을 알 수 있다. 극관성 모멘트 J의 단위는 m^4이다.

예제

볼트에 가해지는 토크의 크기를 계산하라. 토크 암 길이 $d=250$ mm인 점에서 $F=50$ N이 가해진다.

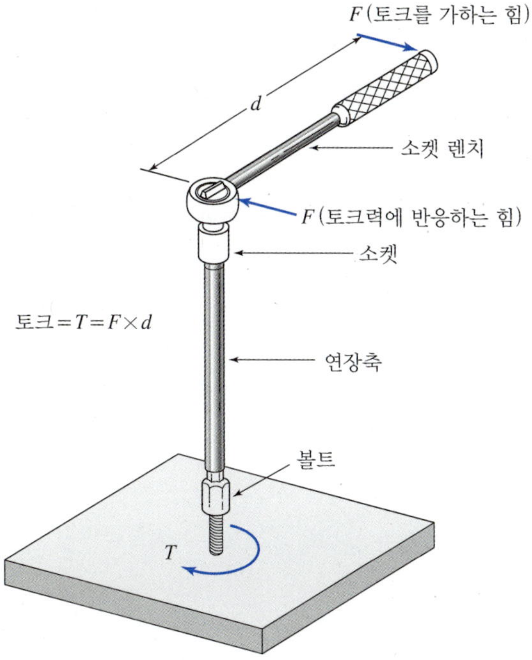

풀이

$T = F \times d = (50\ \text{N}) \times (0.25\ \text{m}) = 12.5\ \text{N} \cdot \text{m}$ 랜치는 $12.5\ \text{N} \cdot \text{m}$ 의 토크를 볼트에 가한다.

(1) 주어진 원형 축의 길이에 대한 각도 변화량:

식 (5.5)를 적분한다.

$$\Delta\phi = \int_0^L \frac{M_z dz}{GI_{zz}} \tag{5.8}$$

만일 M_z, G, I_{zz}가 z와 독립적이면 전체 비틀림 각도 변화량은

$$\Delta\phi = \frac{M_z L}{GI_{zz}} = \frac{TL}{GJ} \tag{5.9}$$

몇몇 다른 책에서는 M_z를 T로, I_{zz}를 I_p 혹은 J로 표시하기도 한다. 따라서 식 (5.6)의 전단 응력을 $\tau = \tau_{r\theta} = \dfrac{M_z r}{I_{zz}} = \dfrac{Tr}{J}$ 로 표시한다. 극관성 모멘트 식 (5.7)을 $J = I_{zz} = \dfrac{\pi R^4}{2} = \dfrac{\pi D^4}{32}$ 로 표시하기도 한다.

(2) 중공축의 경우:

외경을 R_o, 내경을 R_i라 하면

$$I_{zz} = J = I_p = \frac{\pi R_o^4}{2} - \frac{\pi R_i^4}{2} = \frac{\pi}{2}(R_o^4 - R_i^4) \tag{5.10}$$

이다. 만일 두께가 얇은 튜브의 경우 두께는 $t = R_o - R_i$, 아주 얇은 경우 $R_o \simeq R_i \simeq R$ 평균 반경이라 할 수 있다. 따라서 원형 중공축의 경우

$$\begin{aligned} I_{zz} = J = I_p &= \frac{\pi}{2}(R_o^4 - R_i^4) = \frac{\pi}{2}(R_o^2 + R_i^2)(R_o^2 - R_i^2) \\ &= \frac{\pi}{2}(R_o^2 + R_i^2)(R_o + R_i)(R_o - R_i) \end{aligned} \tag{5.11}$$

얇은 두께를 가지는 경우는

$$I_{zz} = J = I_p \simeq \frac{\pi}{2}(2R^2)(2R)t = 2\pi R^3 t = \frac{\pi d^3 t}{4} \tag{5.12}$$

혹은 면적 $A \simeq 2\pi Rt$라고 하면 $I_{zz} = J = I_p \simeq AR^2$이 된다. ■

예제

길이가 1 m이고 반경이 20 mm인 황동으로 만들어진 봉이 비틀림 모멘트 1750 N · m를 받고 있다. 양 끝단 사이에서 최대 응력과 최대 각도를 계산하라.

풀이

최대 전단응력은 $r = R$에서 발생한다.

관성 모멘트는 $I_{zz} = J = \frac{\pi}{2}R^4 = \frac{\pi}{2}(0.02\ \text{m})^4 = 2.51 \times 10^{-7}\text{m}^4$ 이다.

식 (5.6)으로부터

$$\tau_{\max} = \frac{TR}{J} = \frac{(1750\ \text{N}\cdot\text{m})(0.02\ \text{m})}{2.51 \times 10^{-7}\text{m}^4} = 139 \times 10^6\ \text{N/m}^2 = 139\ \text{MPa}$$

황동*의 전단계수 $G = 37$ GPa이다. 전체 비틀림 각도는 식 (5.9)로부터

$$\Delta\phi = \frac{M_z L}{GI_{zz}} = \frac{TL}{GJ} = \frac{(1750\ \text{N}\cdot\text{m})(1\ \text{m})}{(37 \times 10^9\ \text{N/m}^2)(2.51 \times 10^{-7}\text{m}^4)} = 0.188\ \text{rad} = 10.8°$$ ■

예제

단면이 다른 봉에서 그림과 같이 비틀림 모멘트를 받고 있다. 봉 A의 지름은 $d_A = 40$ mm, 길이는 $L_A = 160$ mm이고, 봉 B의 경우 지름은 $d_B = 20$ mm, 길이는 $L_B = 120$ mm이다. $G = 28$ GPa의 재료를 사용한다.

(a) 봉 A, B가 받는 최대 전단응력을 구하라.

(b) 봉 우측 끝단의 최대 비틀림각을 구하라.

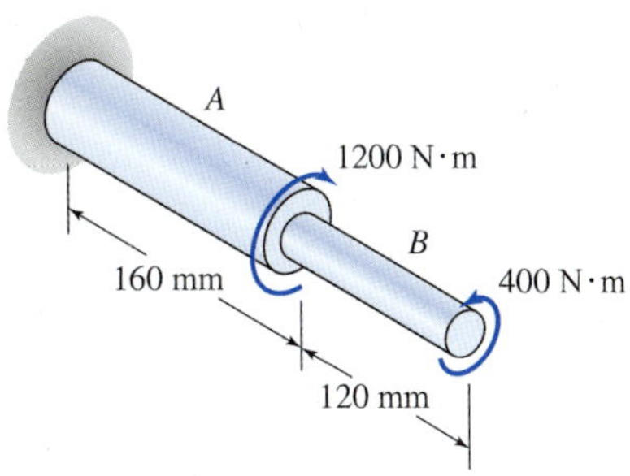

---

* 황동의 인장항복강도는 340 MPa이다. 전단 항복강도는 $\frac{\sigma_y}{2} = \frac{340}{2} = 170$ MPa 정도가 된다. 지금 작용하는 최대 전단강도는 139 MPa이므로 전단 항복강도 170 MPa보다 작으므로 탄성 범위 안에서 거동한다고 할 수 있다.

풀이

봉 전체의 자유 물체도는 다음과 같다.

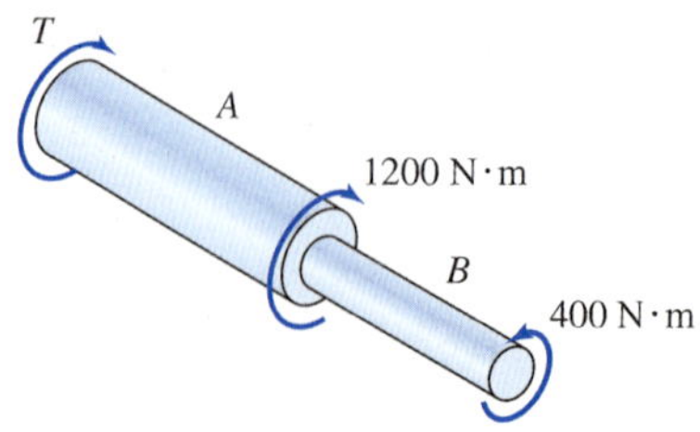

(a)

자유 물체도(그림 a)로부터 비틀림 모멘트 평형 방정식 $\sum M = 0 : 400 - 1200 - T = 0$이다. 따라서 벽에 작용하는 비틀림 모멘트 $T = -800$ N·m이다.

부재 A를 자른다. 자유 물체도(그림 b)로부터 평형 방정식은 $T + 800 = 0$이다. 따라서 부재 A에서의 비틀림 모멘트는 -800 N·m이다. 부재 A에서의 극관성 모멘트 $J = \frac{\pi}{2}R^4 = \frac{\pi}{2}(0.02)^4 = 2.51 \times 10^{-7}\text{m}^4$이다.

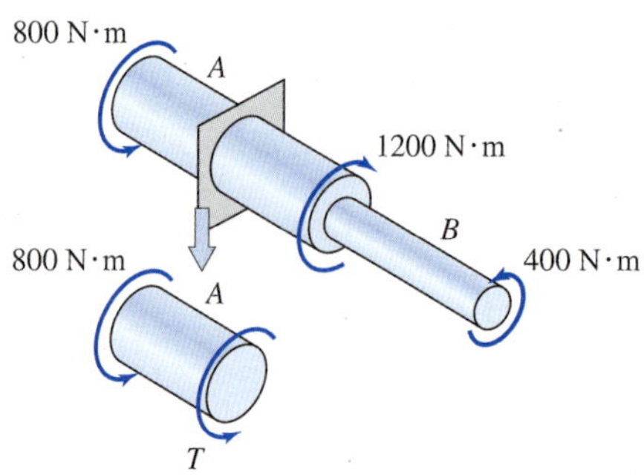

(b)

(a) 부재 A에서의 최대 전단응력은 $r = 0.02$ m에서 일어난다.

$$\tau = \frac{TR}{J} = \frac{(800)(0.02)}{2.51 \times 10^{-7}} = 63.7 \text{ MPa}$$

부재 B를 자른다. 자유 물체도 (c)로부터 평형 방정식은 $T - 1200 + 800 = 0$이다. 따라서 부재 B에서의 비틀림 모멘트는 400 N·m이다.

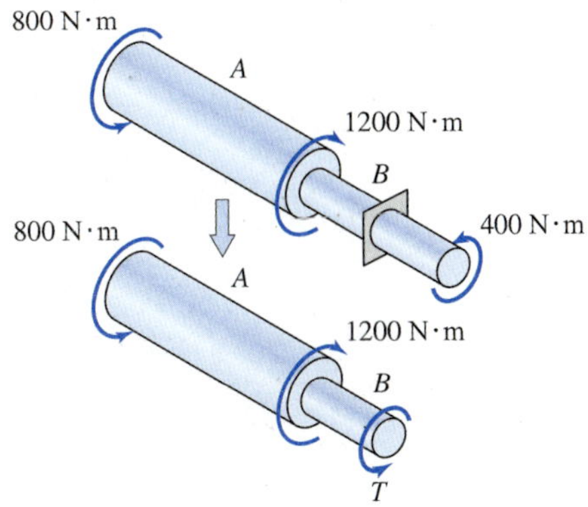

(c)

부재 B에서의 극관성 모멘트 $J=\frac{\pi}{2}R^4=\frac{\pi}{2}(0.01)^4=1.57\times10^{-8}\text{m}^4$ 이다.

부재 B에서의 최대 전단응력은 $r=0.01$ m에서 일어난다.

$$\tau=\frac{TR}{J}=\frac{(400)(0.01)}{1.57\times10^{-8}}=255\ \text{MPa}$$

(b) 부재 A에서의 비틀림각은

$$\phi_A=\frac{TL}{GJ}=\frac{(-800)(0.16)}{(28\times10^9)(2.51\times10^{-7})}=-0.0182\ \text{rad}=-1.04^\circ$$

부재 A의 끝단에 대한 부재 B에서의 비틀림각은

$$\phi_B=\frac{TL}{GJ}=\frac{(400)(0.12)}{(28\times10^9)(1.57\times10^{-8})}=0.109\ \text{rad}=6.25^\circ$$

따라서 벽에 대한 부재 B에서의 비틀림각은

$$\phi=\phi_A+\phi_B=-1.04+6.25=5.21^\circ$$

■

5.3 탄성 범위에서 비틀림을 받는 중공축, 중실축 해석 및 설계

비틀림 모멘트를 받고 있는 중공축과 중실축을 비교해 보자. 1차적으로 전단응력 계산 시 사용되는 극관성 모멘트를 비교하자.

(a) 중공축(hollow shaft)

$$J_h = \frac{\pi(d_o^4 - d_i^4)}{32} \tag{5.13}$$

(b) 중실축(solid shaft)

$$J_s = \frac{\pi d^4}{32} = \frac{\pi R^4}{2} \tag{5.14}$$

동일 면적을 가지는 중공축과 중실축을 비교해 보자. 예를 들면, 중실축의 직경 $d = 30$ mm 와 중공축의 외경 $d_o = 50$ mm, 내경 $d_i = 40$ mm 가 동일 면적에 해당한다. 우선 극관성 모멘트를 계산하여 비교해 보자.

중실축의 극관성 모멘트는 $J_s = \frac{\pi d^4}{32} = \frac{\pi(30)^4}{32} = 79.5 \times 10^3 \text{mm}^4 = 79.5 \times 10^{-9} \text{m}^4$ 이고, 중공축의 극관성 모멘트는 $J_h = \frac{\pi(d_o^4 - d_i^4)}{32} = \frac{\pi(50)^4 - (40)^4}{32} = 362.3 \times 10^3 \text{mm}^4 = 362.3 \times 10^{-9} \text{m}^4$ 이다.

두 축이 동일한 비틀림 모멘트를 받는 경우 중실축의 최대 전단응력은

$$\tau_{\max} = \frac{TR}{J_s} = \frac{T(0.03 \text{ m})}{79.5 \times 10^{-9} \text{m}^4} = 0.38 \times 10^6 T \tag{5.15}$$

중공축의 경우 최대 전단응력은

$$\tau_{\max} = \frac{TR}{J_s} = \frac{T(0.05 \text{ m})}{362.3 \times 10^{-9} \text{m}^4} = 0.138 \times 10^6 T \tag{5.16}$$

즉, 최대 전단응력이 중실축이 중공축보다 2.8배 더 많이 걸림을 알 수 있다. 동일 면적은 동일 재료의 양이 사용됨을 의미하며, 생산 시 재료 비용이 동일하다고 가정할 수 있다. 따라서 축의 설계 시 동일한 재료의 양(동일 무게)을 가지고 응력이 덜 발생하는 중공축이 경제적으로 유리함을 알 수 있다. 하지만 제조 비용은 중공축이 중실축보다 더 많이 들어감에 유의해야 한다.

(c) 극단면계수(polar section modulus)

설계 시 극관성 단면계수를 사용하면 편리하다. 식 (5.17)과 같이 정의된다.

$$Z_p = \frac{J}{c} = \frac{\pi D^4/32}{D/2} = \frac{\pi D^3}{16} \tag{5.17}$$

$$\tau_{\max} = \frac{T}{Z_p} \tag{5.18}$$

$$Z_p = \frac{T}{\tau_{\max}} \tag{5.19}$$

• 원형 중공축의 경우: 설계 시 직경 계산식은

$$D = \sqrt[3]{\frac{16Z_p}{\pi}} \tag{5.20}$$

• 중실축의 경우: 직경 계산식은

$$Z_p = \frac{J}{c} = \frac{\pi}{32}(D_o^4 - D_i^4)/(D_o/2) = \frac{\pi}{16}\frac{D_o^4 - D_i^4}{D_o} \tag{5.21}$$

예제

높은 연성을 가지는 원형 축 재료의 항복강도는 $\sigma_y = 500$ MPa이다. 원형 축에 가해지는 토크의 크기는 $T = 800$ N·m이다. 안전계수 $SF = 5$를 사용한다.

(a) 원형 축의 극단면 계수를 계산하라.

(b) 최소 직경을 계산하라.

풀이

전단 항복 응력은 $\tau_y = \frac{\sigma_y}{2} = \frac{500\ \text{MPa}}{2} = 250\ \text{MPa}$

설계허용 전단응력은 $\tau_{allow} = \frac{\tau_y}{SF} = \frac{250\ \text{MPa}}{5} = 50\ \text{MPa}$

원형 축의 극단면계수 $Z_p = \frac{T}{\tau_{allow}} = \frac{800\ \text{N}\cdot\text{m}}{50\ \text{N/mm}^2} = 16 \times 10^3\text{mm}^3$

최소 요구 직경은 $D = \sqrt[3]{\frac{16Z_p}{\pi}} = \sqrt[3]{\frac{16 \times (16 \times 10^3)}{\pi}} = 43.35$ mm ■

−토크 센서

축 설계자 혹은 엔지니어들은 제품 개발 시 실험실에서 토크 센서를 사용 토크 양을 측정할 필요가 있다. 토크 센서를 구입할 때 제품 안에는 토크의 측정 가능 범위가 일반적으로 표시되어 있다. 측정 범위는 5 mN·m～225,000 N·m 정도이다. 센서는 토크 양을 디지털 혹은 아날로그로 표시하는 트랜스듀스와 결합된다.

–축 설계

그림 5.9는 터빈 A와 전동축 AB 그리고 발전기 B로 구성된 시스템이다. 발전기의 회전에 따라 크기가 같고 방향이 반대인 토크 T'를 전동축에 전달한다. 이 전동축은 터빈에 크기는 같고 방향이 반대인 토크 T'를 발생시킨다.

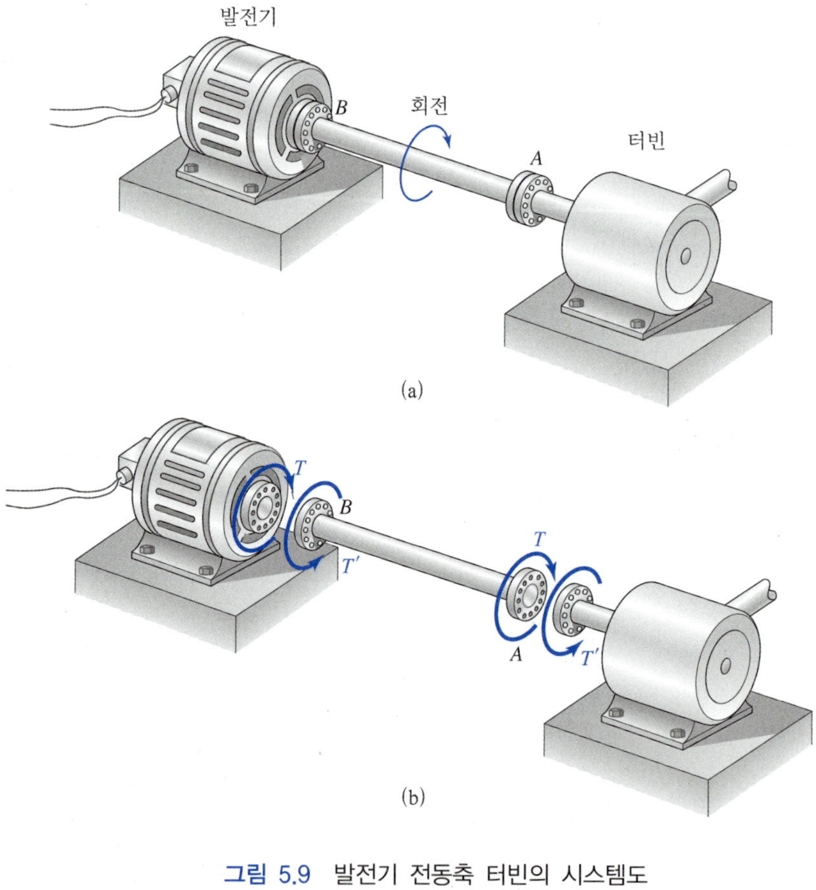

그림 5.9 발전기 전동축 터빈의 시스템도

축은 동력 전달 요소로 널리 사용됨을 알 수 있다. 단위 시간당 에너지 양(joule/sec)을 동력(power)이라고 한다. 동력의 단위로 와트(watt) 혹은 마력(hp)을 사용한다. 1 Watt =

1 W = 1 J/s = 1 N·m/s이다. 여기서 1 J(joule)은 1 N · m이다. 회전 토크 T(N · m), 회전 각속도 ω(rad/s), 전달 동력 P(W)와의 관계, N은 분당 회전수(rpm), f는 초당 회전수로 헤르츠(Hz)이다.

$$P = T\omega = T \cdot \frac{2\pi N}{60} = T(2\pi f),\ \ T(\mathrm{N \cdot m}) = \frac{P(\mathrm{Watt})}{2\pi f(\mathrm{Hz})} \tag{5.22}$$

동력 P(kW)이고 토크 T(N · m)이고 N은 분당 회전수(rpm)라고 하면

$$P = \frac{T \cdot N}{9549} \tag{5.23}$$

초당 회전수가 f(Hz)이면 동력 P(watt)와 비틀림 모멘트인 토크 T와의 관계는

$$T = \frac{P}{2\pi f} \tag{5.24}$$

미국에서는 마력(hp: horse power)으로 표시한다. 1마력은 745 N · m/sec이다.

축 설계 시 축의 직경을 결정하기 위해서는 안전계수(safety factor; SF)와 재료의 전단항복응력(τ_y)을 알고 설계허용 전단응력(τ_{allow})을 알아야 한다. 설계허용 전단응력은 $\tau_{allow} = \dfrac{\tau_y}{SF}$를 사용하여 계산한다. 여기서 τ_y =전단항복응력이고, 보통 인장항복응력(σ_y)의 50%이다. SF(safety factor)는 안전계수이다. 다음에 최대 전단응력과 설계허용 전단응력과 동일하게 놓고 축의 직경을 결정한다.

$$\tau_{allow} = \frac{\tau_y}{SF} = \frac{TR}{J} = \frac{T \cdot R}{\pi R^4/2} = \frac{2T}{\pi R^3} \tag{5.25}$$

식 (5.25)로부터 축의 반경을 구하면

$$R = \left(\frac{2T}{\pi \tau_{allow}}\right)^{1/3} \tag{5.26}$$

예제

모터에서 나오는 동력이 20 kW이고 분당 최대 회전수 3300 rpm을 가지는 원형 중실축이 있다. 축 재료의 인장항복강도가 σ_y = 200 MPa이고 안전계수 2를 사용한다. 이때 허용전단응력 τ_{allow}를 계산하고 축 지름을 계산하라.

풀이

허용전단응력을 알기 위해 우선 전단항복응력을 계산한다.

전단항복응력 $\tau_y = \frac{\sigma_y}{2} = \frac{200\ \text{MPa}}{2} = 100\ \text{MPa}$이므로 설계허용 전단응력

$$\tau_{allow} = \frac{\tau_y}{SF} = \frac{100\ \text{MPa}}{2} = 50\ \text{MPa}$$

최대 작용 전단응력

$$\tau_{\max} = \frac{TR}{J}$$

이다. $\tau_{\max} = \tau_{allow}$라 하면 축 반경 $R = (\frac{2T}{\pi\tau_{allow}})^{1/3}$이 된다. 토크는 $P = T \cdot \frac{2\pi N}{60}$으로부터 계산할 수 있다. 토크 $T = \frac{60P}{2\pi N} = \frac{60(20\ \text{kW})}{2\pi(3300)} = 58\ \text{N} \cdot \text{m}$가 된다. 따라서 축 반경

$$R = (\frac{2T}{\pi\tau_{allow}})^{1/3}$$

으로부터 직경 $d = 2R$이 계산된다. ■

5.4 순수 전단을 받는 경우 경사면에서의 응력

순수 전단응력을 받는 경우 반시계 방향으로 θ만큼 회전시켰을 때의 경사면에서의 자유 물체도(그림 5.10)를 고려하자. 자유 물체도에서 경사면의 면적을 A_θ라 하면 x축과 수직한 면의 면적은 $A_\theta \cos\theta$, y축과 수직한 면의 면적은 $A_\theta \sin\theta$가 된다. 이때에 작용하는 힘의 크기와 방향은 그림 5.10과 같다.

$$\begin{aligned} \sum F_x &= 0 : -\tau A_\theta \sin\theta + \sigma_\theta A_\theta \cos\theta - \tau_\theta A_\theta \sin\theta = 0 \\ \sum F_y &= 0 : -\tau A_\theta \cos\theta + \sigma_\theta A_\theta \sin\theta + \tau_\theta A_\theta \cos\theta = 0 \end{aligned} \tag{5.27}$$

두 식으로부터

$$\sigma_\theta = 2\tau \sin\theta \cos\theta,\ \ \tau_\theta = \tau(\cos^2\theta - \sin^2\theta) \tag{5.28}$$

를 구할 수 있다.

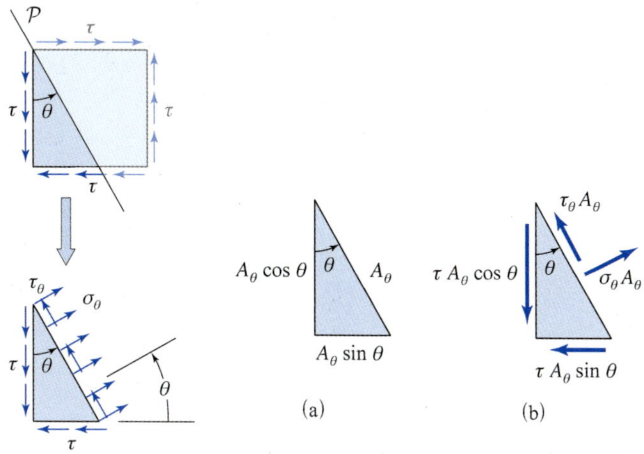

그림 5.10 순수 전단응력 시의 경사면에서의 응력과 힘의 자유 물체도(a, b)

순수 전단하중 시 경사각 θ에 따른 경사면에 작용하는 수직응력과 전단응력의 영향을 살펴보자. $\theta = 45^\circ$일 때 경사면에 작용하는 최대 인장 수직응력은 $\sigma_\theta = \tau$가 된다. $\theta = 135^\circ$일 때 경사면에 작용하는 최대 압축 수직응력은 $\sigma_\theta = -\tau$가 된다. 즉, 순수 전단응력을 받고 있을 때 최대, 최소 인장 압축응력 및 최대 전단응력의 크기는 τ가 된다.

5.5 단면적이 다른 경우 비틀림 모멘트를 받는 축 해석

–단면적이 점진적으로 변화하는 봉

단면적이 점진적으로 변화하는 봉이 비틀림 모멘트를 받고 있다[그림 5.11(a), (b)]. 즉, 단면의 극관성 모멘트 $J(x)$가 x에 따라 변한다. 축 방향 x지점에서의 평면의 응력 분포는 이 경우의 x지점에서의 전단응력은

$$\tau = \frac{Tr}{J(x)} \tag{5.29}$$

여기서 $J(x)$는 지점 x에서의 극관성 모멘트이다. T는 토크이다. 극관성 모멘트 $J(x)$가 변하면 전단응력 또한 변화한다. 길이가 dx인 봉의 미소 요소를 생각해 보자[그림 5.11(c)]. 요소의 비틀림각은 $\phi_{element} = \dfrac{Tdx}{GJ(x)}$이다. 이 식을 길이 $x=0$에서부터 $x=L$까지 적분을 수행하면 봉 전체의 비틀림각을 구할 수 있다. 전체 각도 변화량은

$$\phi = \int_0^L \frac{Tdx}{GJ(x)} \tag{5.30}$$

구간별로 단면적이 다른 경우, 재료가 다른 경우, 비틀림 모멘트가 다른 경우는 다음 공식을 사용한다.

$$\phi = \sum_{i=1}^{n} \frac{M_{z(i)}L_{(i)}}{G_i I_{zz_{(i)}}} = \frac{T_i L_i}{G_i J_i} \tag{5.31}$$

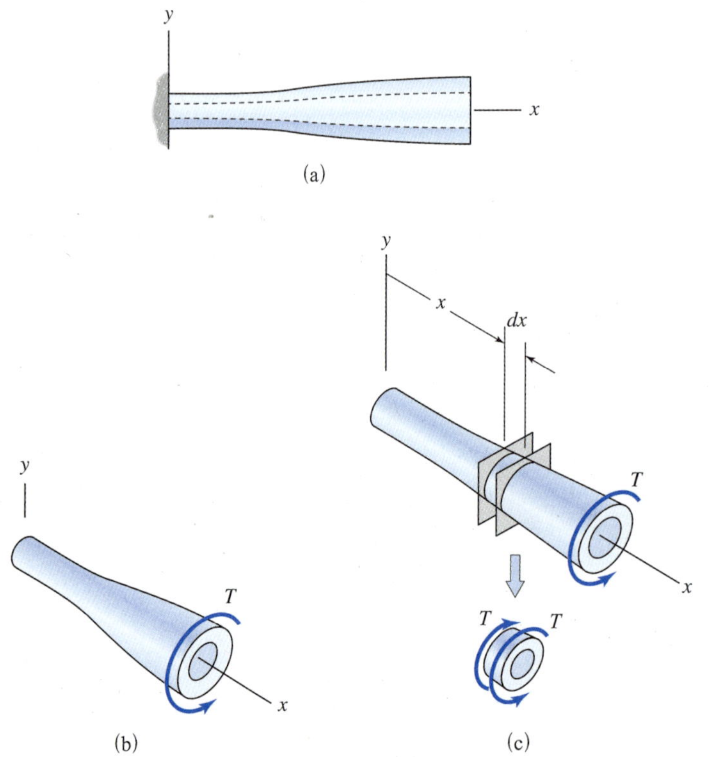

(a) (b) (c)

그림 5.11 비틀림 모멘트를 받는 단면적이 변하는 봉

예제

중실 원형 단면을 가지는 봉이 끝단에서 $T = 800\ \text{kN}\cdot\text{m}$를 받고 있다. 봉의 극관성 모멘트 $J = 0.00016 + 0.0006x^2\ \text{m}^4$이다. 봉의 전단 탄성계수 $G = 47\ \text{GPa}$일 때

(a) $x = 1\ \text{m}$ 되는 단면에서의 최대 전단응력을 구하라.

(b) 봉의 비틀림각을 구하라.

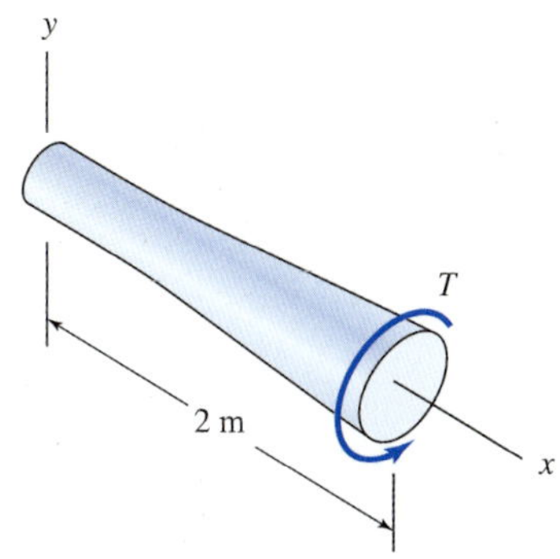

풀이

(a) $x=1$ m에서의 봉의 반경을 구하기 위해 극관성 모멘트 식 $J=\dfrac{\pi R^4}{2}=0.00016+0.0006(1)^4=0.00076\ \mathrm{m}^4$로부터 그 위치에서의 반경 $R=0.148$ m를 구한다. 따라서 $x=1$ m에서의 전단응력은

$$\tau=\frac{TR}{J(1)}=\frac{(800{,}000)(0.148)}{0.00076}=156.0\ \mathrm{MPa}$$

(b) 봉의 비틀림 각도의 크기는

$$\Delta\phi=\int_0^L\frac{Tdx}{GJ(x)}=\int_0^2\frac{(800{,}000)dx}{(47\times10^9)(0.00016+0.0006x^2)}=0.072\ \mathrm{rad}$$

각도는 4.13°이다. ■

–분포 비틀림 하중을 받는 경우

그림 5.12와 같이 왼쪽 끝단이 고정된 분포 비틀림 하중을 받는 봉을 고려한다. 축방향 비틀림 모멘트는 cdx로 정의된다. 여기서 c의 차원은 '모멘트/길이'이다. 그림 5.12(b)는 임의 x지점에서 절단한 부위의 자유 물체도이다. 이 부위의 자유 물체도와 평형 방정식으로부터 내부 토크를 구하면

$$-T+\int_x^L c_0\left(\frac{x}{L}\right)^2dx=0\quad\therefore\ T=\frac{c_0}{3}\left(L-\frac{x^3}{L}\right)$$

오른쪽 끝단의 비틀림각을 구하기 위해 길이가 dx인 봉의 미소 요소를 생각한다[그림 5.12(c)].

$$\phi_{element} = \frac{Tdx}{GJ} = \frac{c_o}{3GJ}(L - \frac{x^3}{L^2})dx \tag{5.32}$$

이 결과를 $x=0$에서 $x=L$까지 적분을 하면 우측 끝단에서의 비틀림 각도를 구할 수 있다(식 5.28).

$$\phi = \int_0^L \frac{c_o}{3GJ}(L - \frac{x^3}{L^2})dx = \frac{c_0 L^2}{4GJ} \tag{5.33}$$

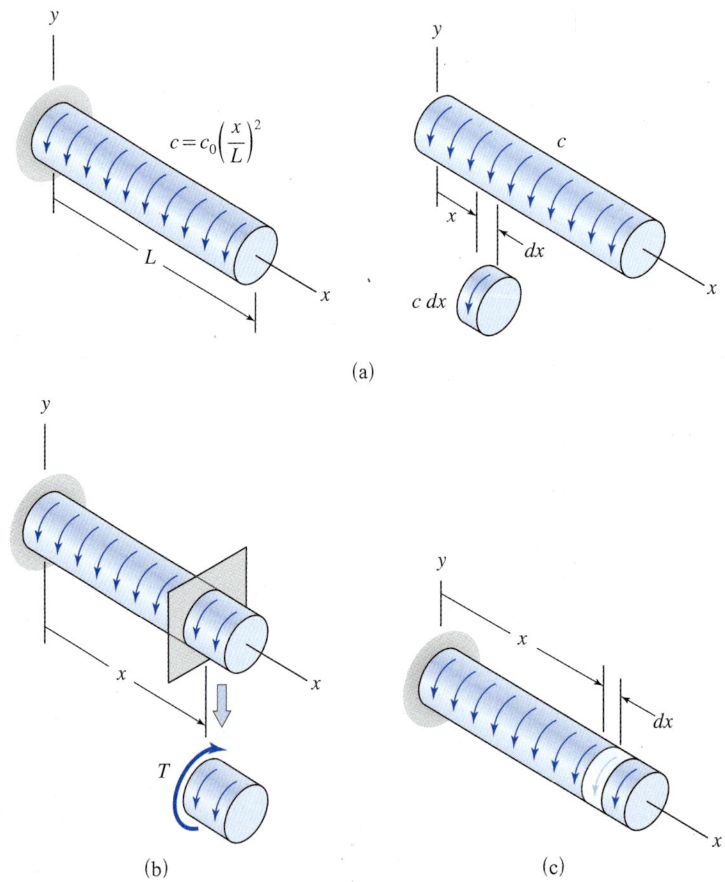

그림 5.12 분포 비틀림 모멘트를 받는 봉(a) x지점에서의 분포 비틀림 모멘트(b) 길이 dx의 요소(c)

5.6 비틀림 모멘트를 받는 부정정 축

미지 반력의 수가 평형 방정식의 수를 초과하는 비틀림 하중을 받는 봉의 경우를 부정정 문제라 한다. 예를 들어, 양 끝단이 고정되고 중앙부에서 토크를 받는 경우를 생각해 보자(그림 5.13). 이 경우 힘의 평형 조건식 1개만으로는 비틀림을 받는 봉의 양 끝단 반력 2개를 구할 수 없다. 이 경우는 회전 각도와 관련된 적합 방정식을 세우고 평형 방정식과 함께 해석할 수 있다.

우선 회전 모멘트 평형 방정식을 세운다.

$$\sum M = 0 : T_0 - T_A + T_B = 0 \tag{5.34}$$

평형 방정식(식 5.29)만으로는 두 개의 반력 T_A, T_A를 구할 수 없다. 부재 A에 작용하는 비틀림 모멘트는 T_A이고 비틀림각은 $\phi_A = \dfrac{T_A L_A}{GJ_A}$, 부재 B에 작용하는 비틀림 모멘트는 T_B이고 따라서 비틀림각은 $\phi_B = \dfrac{T_B L_B}{GJ_B}$이다. 봉의 양끝이 고정되어 있으므로 적합 조건은 비틀림각의 합은 0이다. 즉, $\phi_A + \phi_B = 0$이다. 위에서 구한 ϕ_A와 ϕ_B를 적합 조건식에 대입하면 $\dfrac{T_A L_A}{GJ_A} + \dfrac{T_B L_B}{GJ_B} = 0$이 된다. 이 식을 적합 방정식(compatibility equation)이라 한다. 적합 방정식을 평형 방정식과 연립하여 풀면

$$T_A = \frac{T_0}{1 + L_A J_B / L_B J_A}, \quad T_B = \frac{T_0}{1 + L_B J_A / L_A J_B} \tag{5.35}$$

따라서 각 부재에 작용하는 전단응력은 $\tau_A = \dfrac{T_A r}{J_A}$, $\tau_B = \dfrac{T_B r}{J_B}$ 이다.

비틀림 모멘트를 받는 부정정 축 문제의 해석 단계는 다음 단계를 생각해야 한다.

(1) 자유 물체도(FBD)로부터 평형 방정식을 세운다.

(2) 비틀림각과 관련한 물리적 조건에 관련된 적합 방정식(compatibility equation)을 세운다.

(3) 비틀림 모멘트와 변형 각도와 관련된 식을 사용하여 비틀림 모멘트와 비틀림 각도를 연관시킨다. 최종 식은 비틀림 모멘트, 즉 토크를 미지수로 하는 방정식이 된다. 평형 방정식과 적합 방정식을 연립하여 해를 구한다.

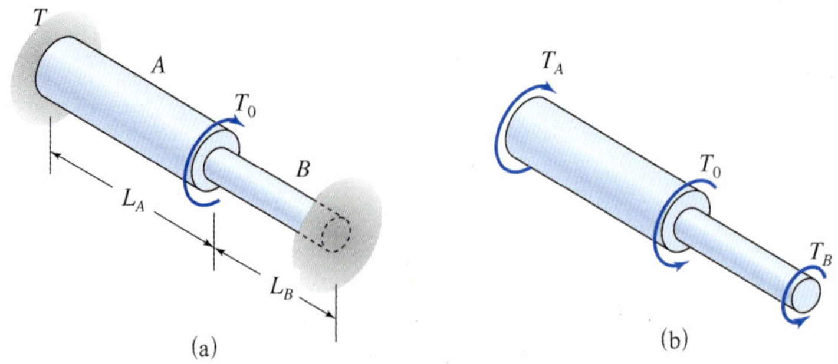

그림 5.13 양단이 고정되어 비틀림 하중을 받는 봉(a) 자유 물체도(b)

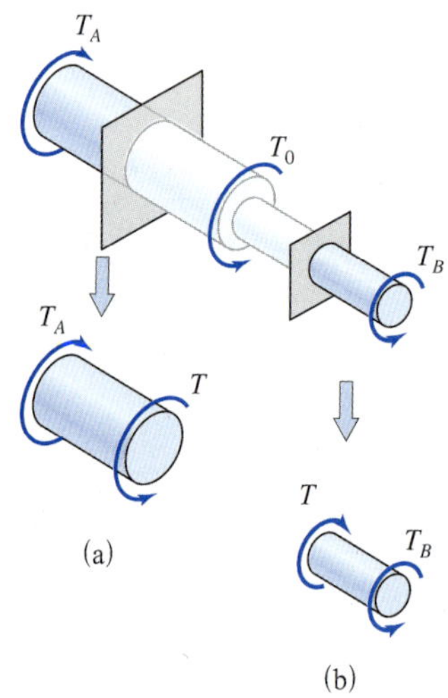

그림 5.14 부재 A와 B에 작용하는 내부 비틀림 모멘트

예제

양끝이 고정되어 있는 원형 단면축이 있다. 점 C에서 $T = 30$ kN·m를 받고 있다. 축의 지름이 0.1 m이고 재료의 전단 탄성 계수 $G = 80$ GPa이다. 고정단 A, B에서의 반력 토크를 구하라. 그리고 원형 단면에서 최대 전단응력을 구하라.

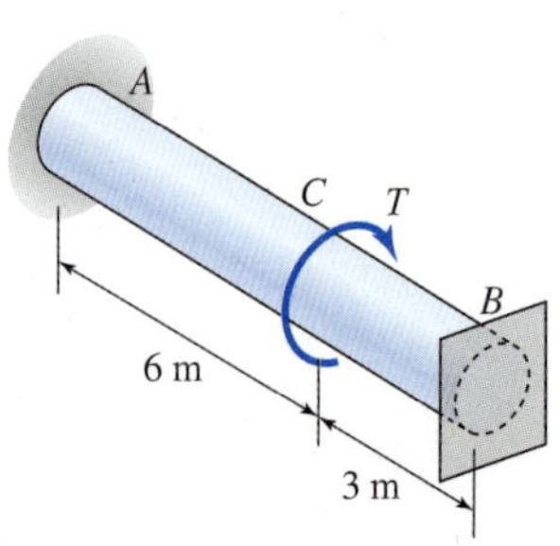

풀이

축의 자유 물체도는 다음과 같다.

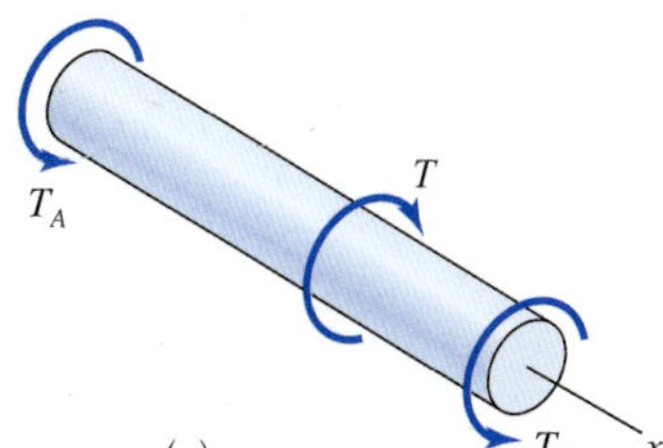

(a)

비틀림 모멘트의 평형 방정식은

$$\sum M_x = 0 : T_A + T_B = 30$$

AC부재 비틀림 모멘트 T_{AC}와 BC부재 비틀림 모멘트 T_{BC}를 알아야 각 부재의 비틀림 각도를 구할 수 있다. 아래 자유 물체도로부터

$$\sum M_x = 0 : T_A + T_{AB} = 0 \text{ 따라서 } T_{AB} =- T_A$$

$$\sum M_x = 0 : T_A - T_{BC} = 0 \text{ 따라서 } T_{AB} =- T_A$$

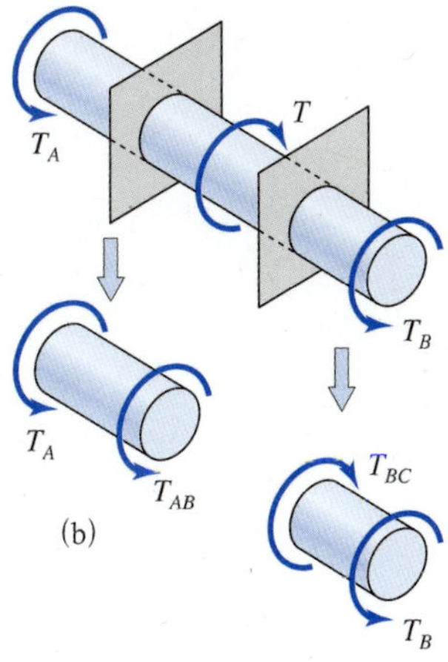

(b) (c)

• 적합 조건식

$$\phi = \phi_{AC} + \phi_{BC} = 0$$

$$\frac{-T_A(6)}{GJ} + \frac{T_B(3)}{GJ} = 0$$

따라서 $T_B = 2T_A$이다. 이 식의 결과를 $\sum M_x = 0 : T_A + T_B = 30$에 대입하면 $T_A = 10\ \text{kN}\cdot\text{m}$, $T_B = 20\ \text{kN}\cdot\text{m}$이 된다. 원형 단면에서의 최대 전단응력은 BC축 표면에서 발생한다.

$$\tau_{\max} = \frac{T_{\max}R}{J} = \frac{T_{\max}R}{\pi R^4/2} = \frac{2T_{\max}}{\pi R^3} = \frac{2(20{,}000)}{\pi(0.1)^3} = 12.74\ \text{MPa}$$ ■

예제

양단이 고정된 원형 봉이 $x = 0$에서부터 $x = L_A$까지 균일 분포 토크 c를 받고 있다. 고정단에 작용하는 토크(비틀림 모멘트)를 구하라.

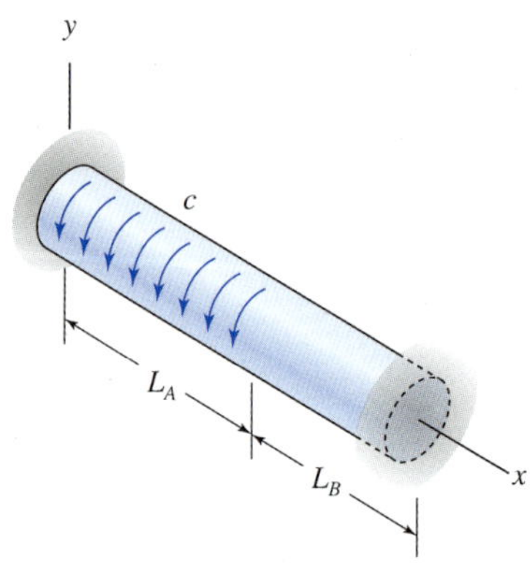

풀이

자유 물체도 (a)를 그린다.

비틀림 모멘트 평형 방정식

$$\sum M_x = 0 : -T_A + T_B + cL_A = 0$$

1개의 식만으로는 해를 구할 수 없으므로 부정정 문제이다. 그림 (b)와 같이 봉 부재의 단면을 임의의 위치에서 절단한다. 이때의 평형 조건은

$$\sum M_x = 0 : -T_A + T + cL_A = 0$$

봉부재의 내부 토크

$$T = T_A - cx$$

봉부재 A의 미소 길이 요소 dx를 고려하면 이 요소의 비틀림각은

$$d\phi_A = \frac{Tdx}{GJ} = \frac{(T_A - cx)dx}{GJ}$$

양변을 적분하면

$$\phi_A = \int_0^{L_A} \frac{Tdx}{GJ} = \int_0^{L_A} \frac{(T_A - cx)}{GJ} = \frac{T_A L_A}{GJ} - \frac{cL_A^2}{GJ}$$

봉부재 B에서 내부 토크는 $T = T_B$이다(그림 c). 부재 B 왼쪽 끝단에 대한 부재 B의 오른쪽 끝단의 비틀림각은

$$\phi_B = \frac{T_B L_B}{GJ}$$

적합 조건식은

$$\phi_A + \phi_B = \frac{T_A L_A}{GJ} - \frac{cL_A^2}{2GJ} + \frac{T_B L_B}{GJ} = 0$$

이 적합 방정식과 평형 방정식을 연립하여 풀면

$$T_A = \frac{1/2 + L_B/L_A}{1 + L_B/L_A} cL_A, \quad T_B = \frac{1/2}{1 + L_B/L_A} cL_A$$

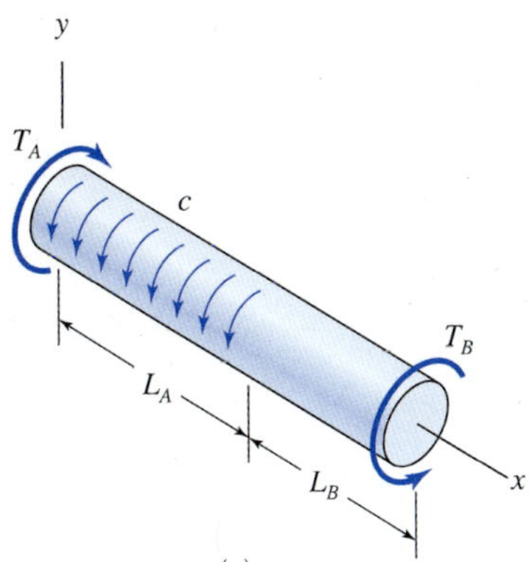

(a)

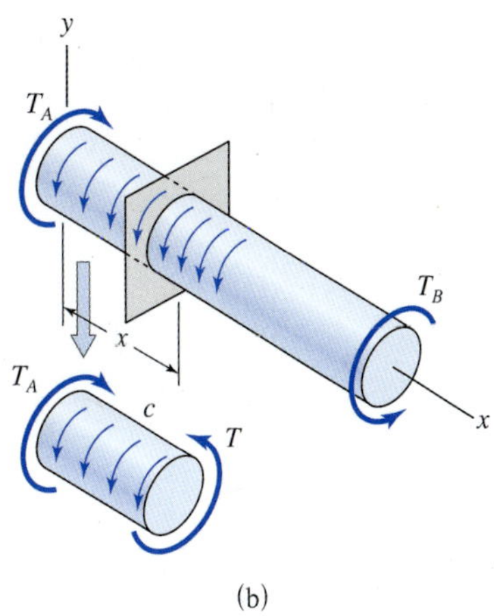

(b)

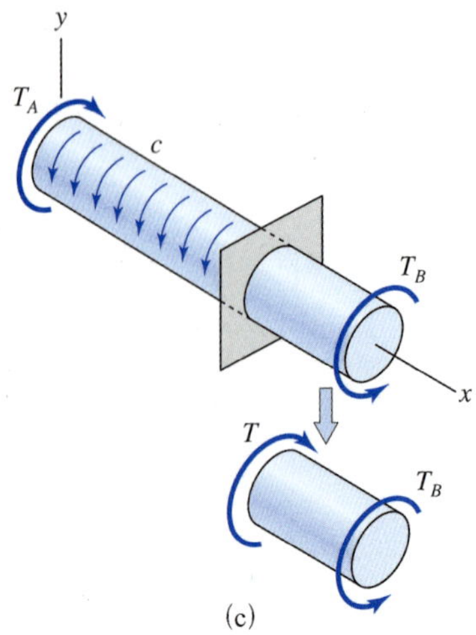

(c)

5장 요약

1. 순수 전단인 상태의 경우 응력과 변형률의 관계는

$$\tau = G\gamma = \frac{E}{2(1+\nu)}\gamma$$

2. 전단하중만을 받는 경우 경사면에서의 응력은 다음과 같다.

$$\sigma_\theta = 2\tau \sin\theta \cos\theta$$

$$\tau_\theta = \tau(\cos^2\theta - \sin^2\theta)$$

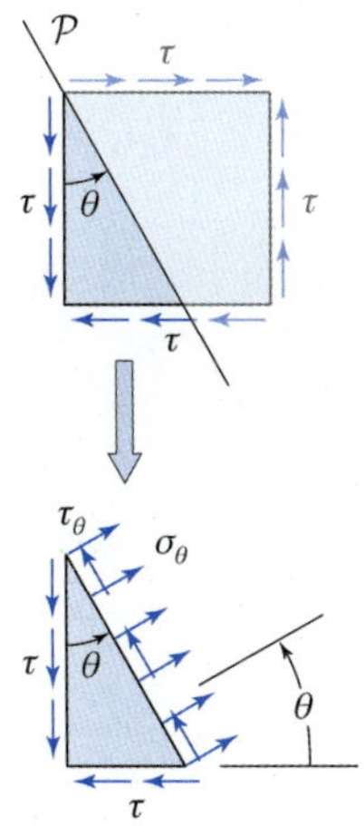

3. 균일 단면을 가지는 원형축의 비틀림

봉 끝단의 비틀림각은

$$\phi = \frac{TL}{GJ}$$

여기서 극관성 모멘트는

$$J = \frac{\pi}{2}R^4 = \frac{\pi}{32}d^4$$

봉의 축 중심으로부터 거리 r인 원형 단면에서의 전단응력은

$$\tau = \frac{Tr}{J}$$

중공 원형 단면을 가지는 경우 극관성 모멘트는

$$J = \frac{\pi}{2}(R_o^4 - R_i^4) = \frac{\pi}{32}(d_o^4 - d_i^4)$$

4. 부정정 문제

미지반력의 수가 평형 방정식의 수보다 많은 경우를 부정정 문제라 한다. 비틀림 하중을 받는 원형축의 부정정 문제는 다음 3가지 조건을 사용하여 해결한다.

(1) 기하학적 적합조건

(2) 토크와 비틀림각과의 관계

(3) 평형 조건

5. 축 설계

동력 P(kW), 토크 T(N·m), N은 분당 회전수(rpm)라고 하면

$$P = \frac{T \cdot N}{9549} \tag{5.23}$$

초당 회전수가 f(Hz)이면 동력 P(watt)와 비틀림 모멘트인 토크 T(N·m)와의 관계는

$$T = \frac{P}{2\pi f} \tag{5.24}$$

5장 연습문제

5.1 지름 $d = 50$ mm인 축이 9000 rpm으로 회전하고 있다. 재료의 허용전단응력 $\tau_{allow} = 40$ MPa이라고 하면 축에 가할 수 있는 최대 토크 T를 구하라. 그리고 축에 전달할 수 있는 최대 동력 P(kW)를 구하라.

5.2 회전축에 의해 전달되는 동력은 $P = Tw$이다. 자동차 엔진에 의해 발생하는 최대 토크는 4800 rpm에서 발생한다. 이때 엔진의 동력은 220 kW이다. 축 재료의 인장 항복 강도 $\sigma_y = 500$ MPa인 강 재료를 사용한다. 안전계수 $SF = 4$를 사용하여 구동축을 설계하라.

5.3 축 CD는 안지름이 44 mm인 중공축이다. 축의 재료는 $G = 70$ GPa인 강재이다. A점에서의 비틀림각을 구하라. D는 고정되어 있다.

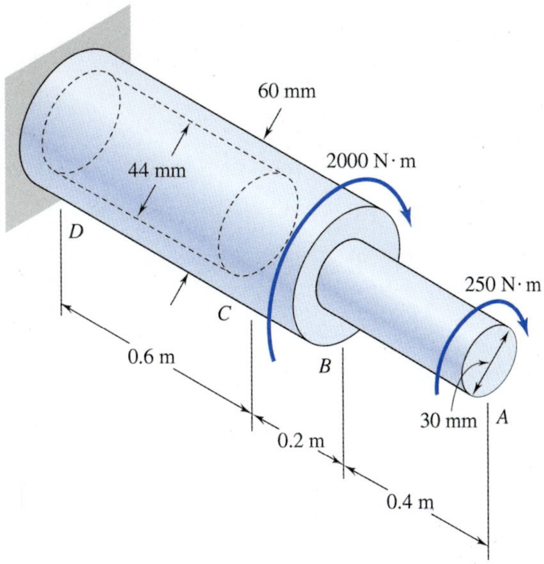

5.4 보트의 구동축은 525 rpm에서 95 kW의 동력을 전달한다. 축에 가해지는 토크를 계산하라.

5.5 소켓 랜치축이 있다. 직경 $d = 10$ mm 중간 지점에서의 최대 비틀림 전단응력을 구하라. 가해지는 토크는 10.0 N · m이다.

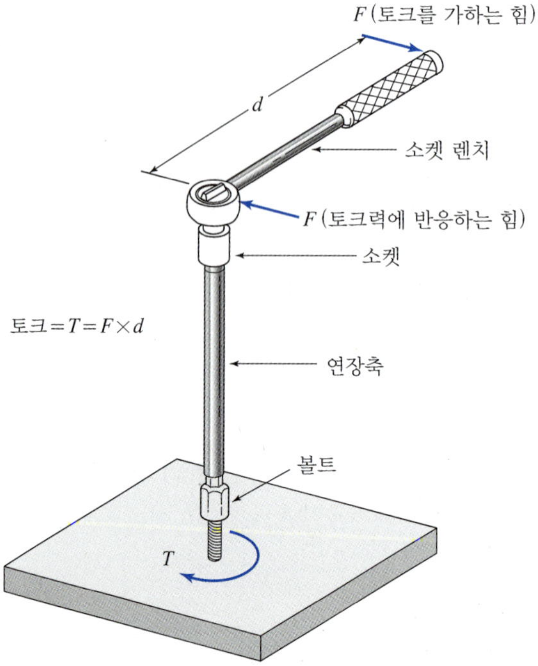

5.6 원형 축 AB는 250 mm 길이와 20 mm 직경을 가지고 있다. 끝단 B로부터 드릴링 한 형상이 길이는 120 mm이고 내부 직경이 16 mm인 경우일 때, 가운데 부분에 토크 120 N · m가 가해진다. 양 끝단은 완전 고정되어 있다. 양 끝단에 걸리는 토크를 각각 계산하라.

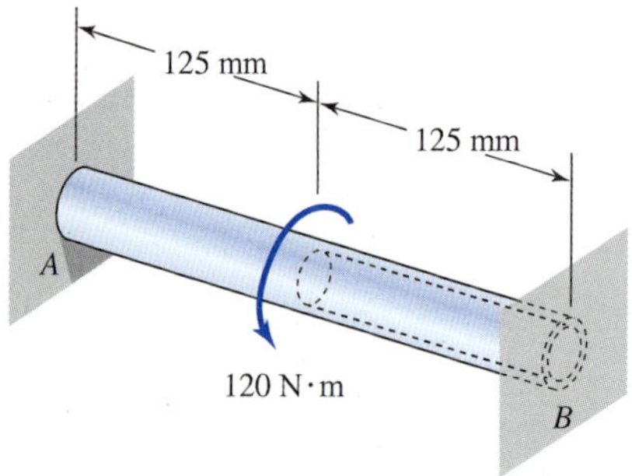

5.7 다음 기어축의 최대 토크 T_0를 결정하라. T_0는 축 AB의 끝단 A에 작용한다. 또한 해당 회전 각도를 계산하라. 축의 전단계수 $G = 80$ GPa, 허용 전단응력은 55 MPa이다.

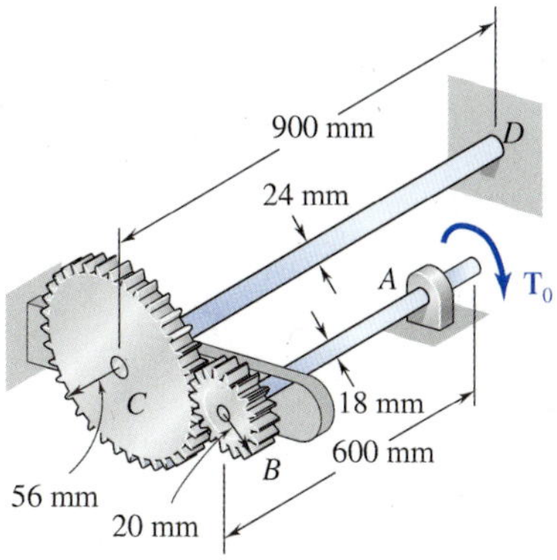

5.8 다음과 같은 직경 $d = 15$ mm인 원형 단면적의 봉이 토크 $T = 10$ N·m를 받고 있다.

(a) 봉에 작용하는 최대 전단응력을 구하라.

(b) 끝단에서의 비틀림 각도를 구하라. 재료의 전단 계수는 $G = 26$ GPa이다.

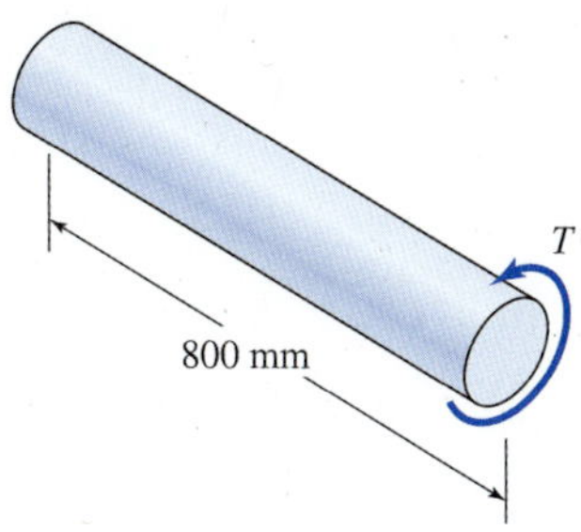

5.9 다음과 같이 순수전단 $\tau = 12$ MPa을 받는 경우 임의의 단면 P에 작용하는 수직응력과 전단응력을 구하라.

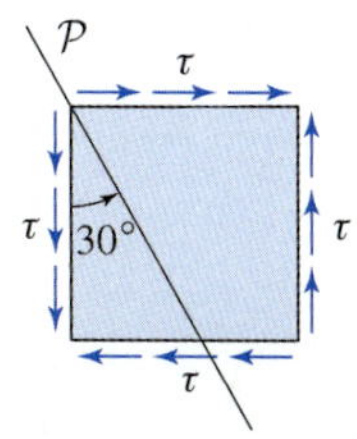

6장 굽힘 하중을 받는 보의 해석

목표

1. 순수 굽힘 하중을 이해해야 한다.
2. 보에 작용하는 축력, 전단력, 굽힘 모멘트를 이해하고 자유 물체도로부터 내력과 외력인 경우 반력을 구할 수 있어야 한다.
3. 하중과 전단력과 굽힘 모멘트와의 상호 관계식을 이해해야 한다.
4. 집중하중 및 분포하중 시 보의 전단력 선도와 굽힘 모멘트 선도를 그릴 수 있어야 한다.

6.1 서론

보(beam)는 가늘고 긴 건축 부재이다. 보는 빌딩을 지지하는 가장 일반적인 건축 구조 요소이고 자동차, 항공기에도 사용된다. 보는 횡 하중을 지탱하며 모멘트도 지탱한다. 보는 지지 점에 따라 단순보, 외팔보, 돌출보로 나눈다. 힌지 혹은 핀으로 보의 양쪽이 단순 지지된 보를 단순 지지보(simply supported beam)라 한다. 지지점 하나가 보의 중간 어느 점에 위치할 때의 보를 돌출보(beam with overhang)라 하며, 한쪽은 자유이고 다른 한쪽 끝단만 고정된 보를 외팔보(cantilever beam)라 한다(그림 6.1). 양단이 고정지지로 되어 있으면 양단 고정보라 한다. 힘의 평형 조건만으로 지지점 반력을 구할 수 있는 보를 정정보(determinate beam)라 하고, 힘의 평형 조건만으로는 반력을 구할 수 없는 보를 부정정보(statically indeterminate beam)라 한다.

보는 다양한 단면 형상을 가진다. I형 단면, T형 단면, 앵글단면, 채널단면 등이 있다. 단면 중 WF 형상이 있는데, 여기서 W는 웨브(web)이고, 웨브 아래위로 붙어 있는 단면을 플랜지(flange)라 한다. 보에 작용하는 하중을 분류하면 집중하중(concentrated load), 분포하중(distributed load), 집중 모멘트, 반력(reaction force)이 있다. 분포하중 w는 직선에 따라 분포하는 힘의 크기를 나타낼 때 사용하며 단위는 N/m이다. 압력 $p=$ 10 KPa(kN/m^2)이 길이 L, 두께 $t=0.1$ m의 단면적에 수직으로 작용하면 분포하중은 $p=\frac{P}{Lt}=\frac{P/L}{t}=\frac{w}{0.1\ \text{m}}=10\ \text{kN/m}^2$ 이다. 따라서 분포하중 $w=1$ kN/m가 된다.

반력을 구하는 것은 일반적으로 보를 해석하는 첫 단계이다. 반력을 구하면 전단력과 굽힘 모멘트를 구할 수 있다. 정정보의 경우 모든 반력은 자유 물체도와 힘과 모멘트의 평형 방정식으로부터 구한다.

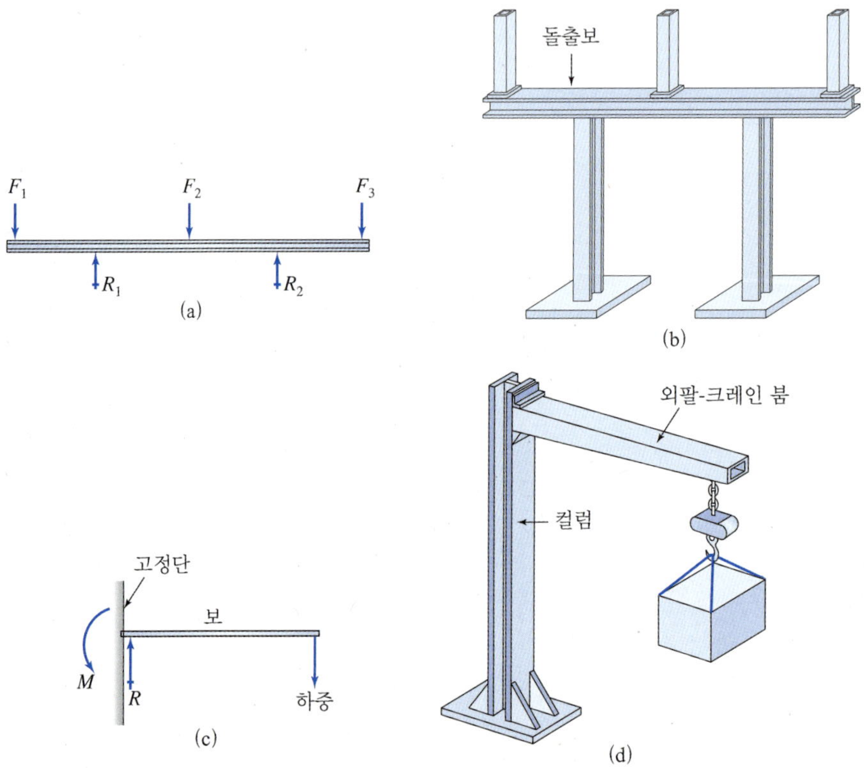

그림 6.1 돌출보(overhang beam)와 외팔보(cantilever beam)의 예

6.2 축력, 전단력, 굽힘 모멘트

정력학에서는 내부 단면에 작용하는 합력 힘은 전단력(shear force: V)과 굽힘 모멘트(bending moment: M)로 나타낼 수 있다. 전단력은 보의 축에 수직한 힘의 성분으로 V

라 나타내며, 전단력과 굽힘 모멘트는 단면에 걸쳐 분포된 응력×단면적의 합이라 할 수 있다. 이러한 양을 합응력(stress resultant)이라 한다. 합응력은 힘과 모멘트의 평형 방정식을 적용하여 구할 수 있다. 보의 특정 단면에서의 내력과 내부 모멘트를 결정하는 데는 다음 3단계를 거친다.

1단계: 보 전체의 자유 물체도를 그린다.

2단계: 내력과 내부 모멘트를 구하려는 위치에서 보를 절단하고 자유 물체도를 그린다.

3단계: 축력 전단력 V, 굽힘 모멘트 M를 구하기 위해 평형 방정식을 적용한다.

그림 6.2(a)의 외팔보를 생각해 보자. 단면 mn에 작용하는 힘, 즉 내력은 전단력과 모멘트이다. 자유 물체도[그림 6.2(b),(c)]로부터 힘의 평형 방정식을 적용한다. 따라서

$$\sum F_y = 0: \quad P - V = 0 \quad P = V$$

$$\sum M = 0: \quad M - Px = 0 \quad M = Px$$

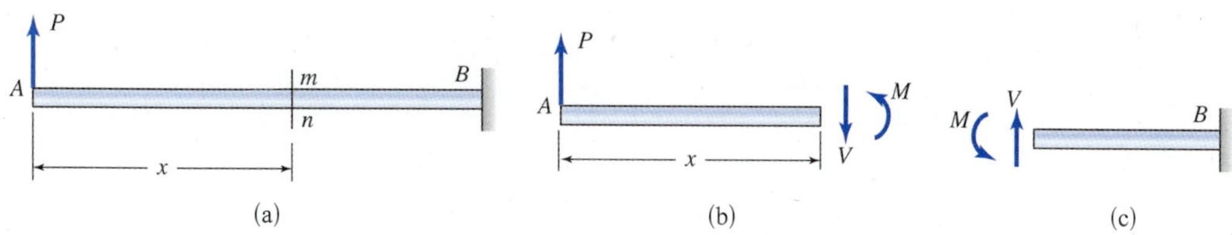

그림 6.2 보의 단면에서의 전단력 V와 굽힘 모멘트 M

여기서 주목할 점은 양의 부호이다. 그림 6.3은 전단력(V)과 굽힘 모멘트(M)의 부호이다. 그림 6.3에서는 굽힘 모멘트와 전단력의 양과 음의 방향 부호를 표시한다.

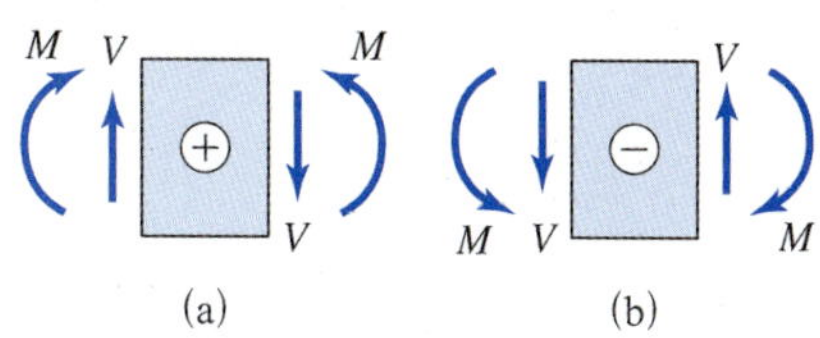

그림 6.3 전단력 V와 굽힘 모멘트 M의 부호

예제

다음 부재에 집중하중 P가 작용한다. 내부 부재 단면 mn과 $m'n'$ 단면에 생기는 내력을 계산하라.

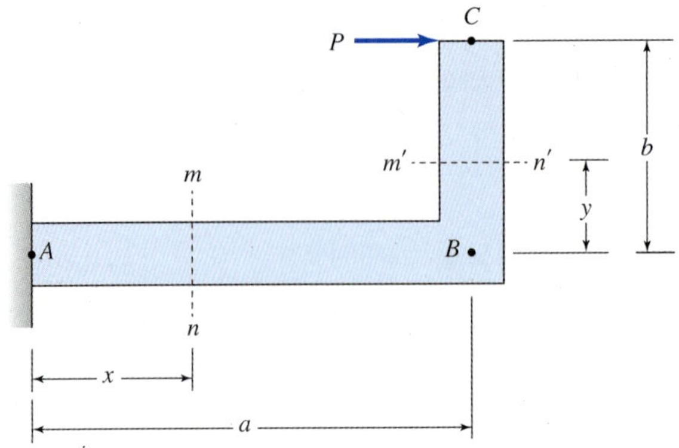

풀이

• 자유 물체도로부터 외력 계산:

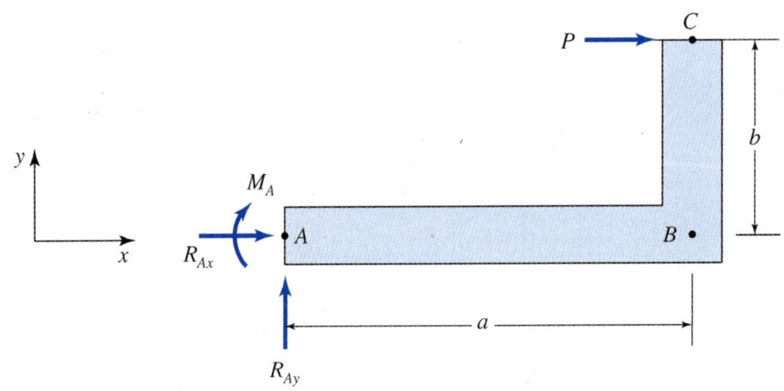

힘의 평형 방정식을 적용하면

$$\sum F_x = 0 : \ R_{Ax} + P = 0$$

$$\sum F_y = 0 : \ R_{Ay} = 0$$

$$\sum M_A = 0 : \ -M_A - Pb = 0$$

이 연립 방정식을 풀면

$$R_{Ax} = -P, \quad R_{Ay} = 0, \quad M_A = -Pb$$

계산된 미지반력이 음으로 표시된 것은 초기 가정한 힘의 방향과 반대 방향임을 의미한다. 다음은 내력 계산을 한다. *mn* 단면의 내력을 계산하기 위해 ①번 부재에서 평형 조건을 적용하고, *m′n′* 단면의 내력을 계산하기 위해 ③번 부재에서 평형 조건을 적용한다.

(1) ①번 부재에서 평형 조건(mn 단면의 내력)

$$\sum F_x = 0 : -P + F_x = 0 \ , \ \sum M_A = 0 : M_A - M_x = 0$$

$$Pb - M_x = 0$$

따라서 $F_x = P$, $M_x = Pb$이다.

(2) ③번 부재에서 평형 조건($m'n'$ 단면의 내력)

$$\sum F_x = 0 : P - V_y = 0 \quad \sum M_c = 0 : M_y - V_y(b-y) = 0$$

$$V_y = P, \ M_y = P(b-y)$$

이 하중들을 표시하면 다음 그림과 같다.

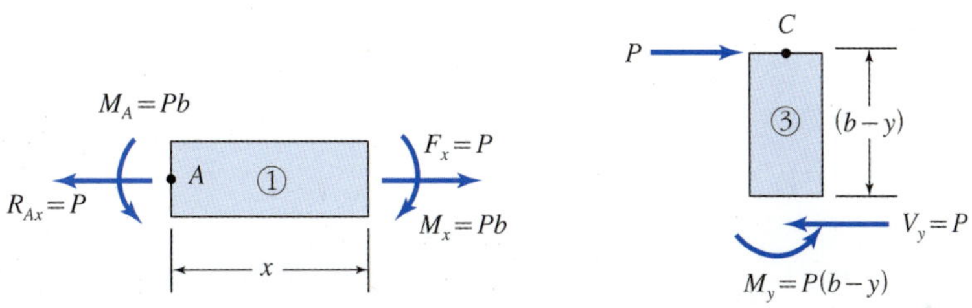

예제

단순 지지보가 다음과 같은 하중을 받고 있다. (a) 보의 중앙점의 왼쪽 위치에서 (b) 보의 중앙점 오른쪽 위치에서의 전단력 V와 굽힘 모멘트 M을 각각 구하라.

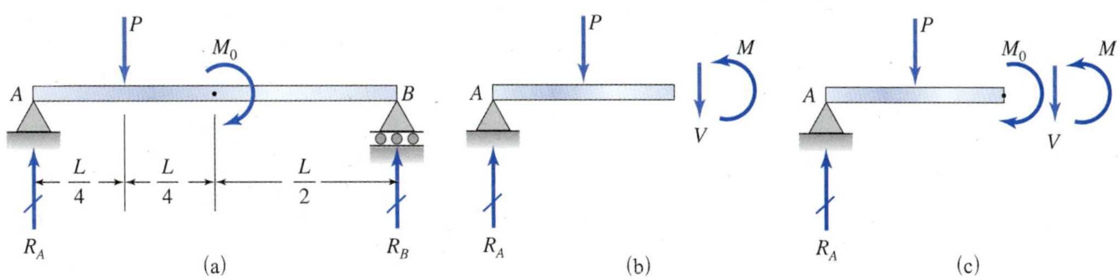

풀이

(1) 지지단에서의 반력을 구한다. 자유 물체도(그림 a)로부터

$$\sum F_y = 0 : \ R_A + R_B = P \ , \ \sum M_A = 0 : \ -P\left(\frac{L}{4}\right) - M_0 + R_B(L) = 0$$

$$R_B = \frac{P}{4} + \frac{M_0}{L}, \ R_A = \frac{3P}{4} - \frac{M_0}{L}$$

(a) 중앙점 왼쪽에서의 전단력과 굽힘 모멘트

그림 (b)에서 $\sum F_y = 0$: $R_A - P - V = 0$ 으로부터

(2) 전단력 $V = R_A - P = (\frac{3P}{4} - \frac{M_0}{L}) - P = -\frac{P}{4} - \frac{M_0}{L}$을 구한다. 이 경우 전단력은 음의 방향으로 작용한다(하중 P와 모멘트 M_0가 그림과 같은 경우).

(3) 그림 (b)로부터 점 A에서의 모멘트의 평형 방정식을 적용하면

$$\sum M_A = 0:\ -P(\frac{L}{4}) + M - V(\frac{L}{2}) = 0$$

따라서 단면에서의 모멘트 M은 $M = \frac{PL}{4} + V(\frac{L}{2}) = \frac{PL}{4} + (\frac{-P}{4} - \frac{M_0}{L})(\frac{L}{2}) = \frac{PL}{8} - \frac{M_0}{2}$ 임을 알 수 있다.

(b) 중앙점 오른쪽에서의 전단력과 굽힘 모멘트

그림 (c)에서 $\sum F_y = 0 : R_A - P - V = 0$ 으로부터

(4) 전단력 $V = R_A - P = (\frac{3P}{4} - \frac{M_0}{L}) - P = -\frac{P}{4} - \frac{M_0}{L}$을 구한다.

(5) 그림 (c)로부터 점 A에서의 모멘트의 평형 방정식을 적용하면

$$\sum M_A = 0:\ -P(\frac{L}{4}) + M - V(\frac{L}{2}) - M_0 = 0$$

따라서 중앙 우측에서의 모멘트는 $M = \frac{PL}{8} + \frac{M_0}{2}$ 임을 알 수 있다. ■

예제

다음과 같은 외팔보가 q가 선형적으로 변하는 분포 하중을 받고 있다. 보의 자유단 거리 x인 위치에서의 전단력 V와 굽힘 모멘트 M을 구하라.

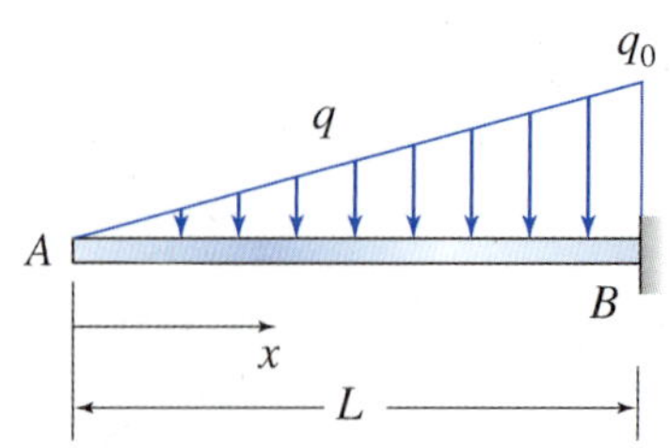

풀이

분포하중의 크기는 $q=\dfrac{q_0 x}{L}$이다. 자유물체 삼각형의 면적은 전체 작용하중이다. 따라서 전체 작용하중은 $\dfrac{1}{2}(\dfrac{q_0 x}{L})(x)=\dfrac{q_0 x^2}{2L}$이다.

(1) 자유 물체도로부터 내력인 전단력은 수직 방향의 평형 방정식 $\sum F_y=0$: $-\dfrac{1}{2}\dfrac{q_o x^2}{L}-V=0$으로부터 $V=-\dfrac{1}{2}\dfrac{q_0 x^2}{L}$이다. 또한 자유단 $x=0$인 점 A에서의 전단력은 0임을 알 수 있다. 고정단인 점 $B(x=L)$에서의 전단력 $V=-\dfrac{1}{2}\dfrac{q_0 x^2}{L}=-\dfrac{1}{2}\dfrac{q_0 L^2}{L}=-\dfrac{q_0 L}{2}$이며 최대 전단력 값이다. 자유 물체도로부터 굽힘 모멘트는 $\sum M_A=0$: $M+\dfrac{1}{2}(\dfrac{q_0 x}{L})(x)\times(\dfrac{x}{3})=0$으로부터 $M=-\dfrac{q_0 x^3}{6L}$이다. 즉, 보의 자유단 $x=0$에서는 굽힘 모멘트 $M=0$임을 알 수 있고 고정단 $x=L$에서는 최대 굽힘 모멘트 값 $M_{\max}=-\dfrac{q_0 L^3}{6L}=-\dfrac{q_0 L^2}{6}$임을 알 수 있다.

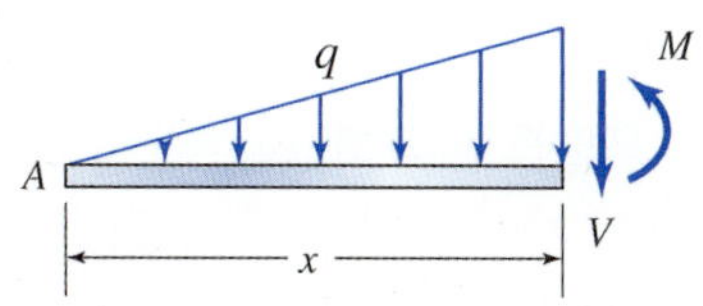

자유단으로부터 거리 x에서 단면의 자유 물체도 ■

예제

박스 단면적을 가지는 외팔보 AB가 있다. $x=b$인 단면 C에서의 축력, 전단력, 굽힘 모멘트를 구하라.

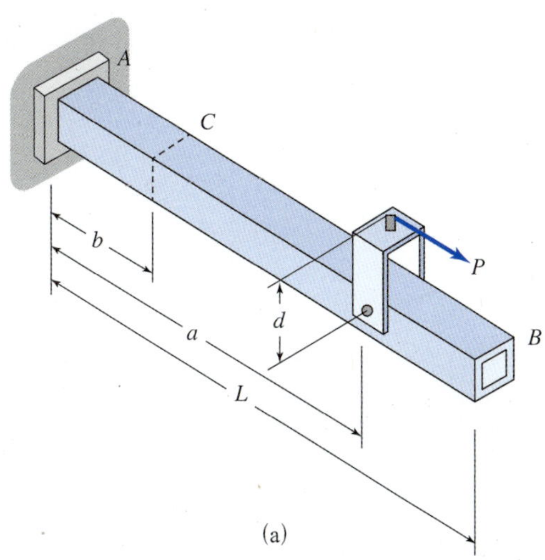

(a)

풀이

자유 물체도를 그린다. 고정단에서의 반응력을 계산한다.

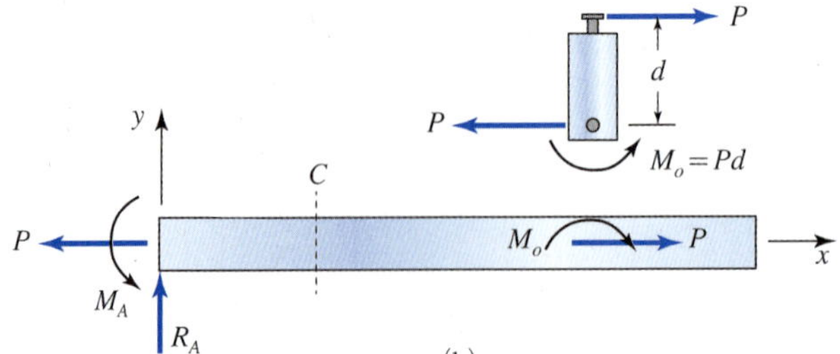

(b)

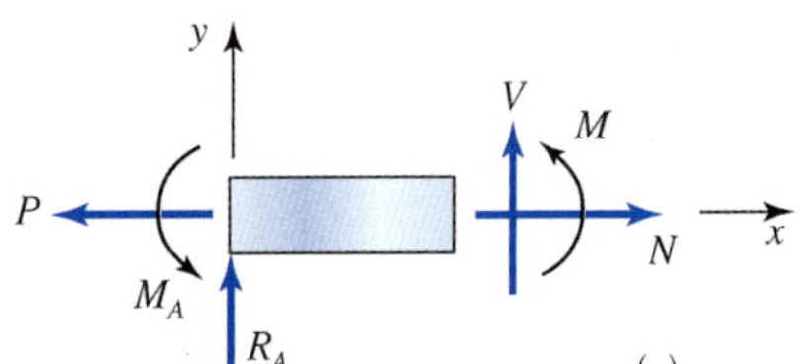

(c)

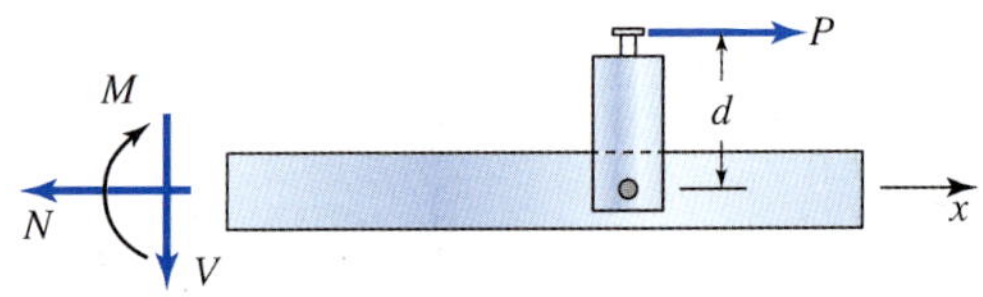

(d)

자유 물체도와 내력인 전단력과 모멘트는 그림 (b)로부터

$$\sum F_y = 0: \ R_A = 0$$

$$\sum M_A = 0: \ M_A - M_o = 0 \quad M_A = M_o = Pd$$

단면 C에서 내력인 축력, 전단력, 굽힘 모멘트를 구하기 위해 자유 물체도(그림 c)를 그리고 힘의 평형 방정식을 적용한다.

$$\sum F_x = 0: \ N - P = 0 \qquad N = P$$

$$\sum F_y = 0: \ R_A + V = 0 \qquad V = 0$$

$$\sum M_A = 0: \ M_A + M + Vb = 0 \qquad M = -M_A = -Pd$$

여기서 N은 축력(axial force)이다. ■

예제

다음과 같은 overhanging beam 구조물이 있다. 반력을 계산하라.

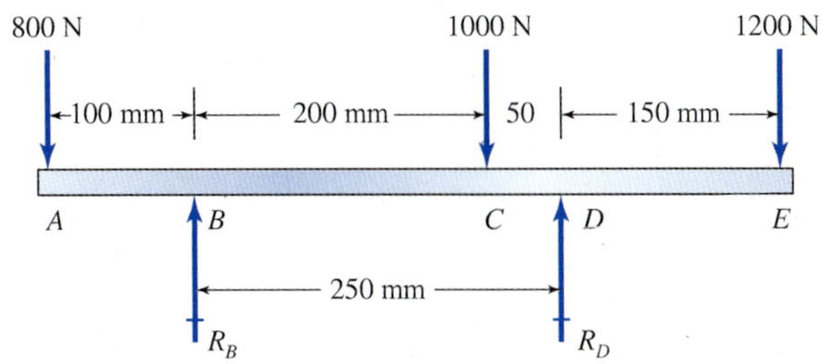

풀이

점 B에서 굽힘 모멘트 합은

$$\sum M_B = 0: 1000(200) - R_D(250) + 1200(400) - 800(100) = 0$$

$R_D = 2400$ N이다. 점 D에서 굽힘 모멘트 합은

$$\sum M_D = 0: 1000(50) - R_B(250) + 800(350) - 1200(150) = 0$$

$R_B = 600$ N이다. ■

6.3 하중과 전단력과 굽힘 모멘트의 관계

보에 작용하는 다음 3가지 경우 하중의 경우에 대해 관계식을 살펴보자. 양단면의 거리가 dx인 미소 단면을 고려하자(그림 6.4)

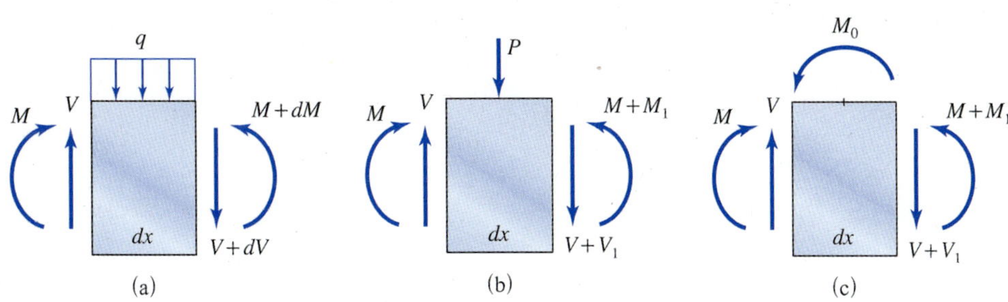

그림 6.4 하중, 전단력, 굽힘 모멘트 사이의 관계식 유도를 위한 보의 요소

6.3.1 분포 하중이 작용하는 경우 관계식[그림 6.4(a)]

세기가 q인 분포 하중이 작용하는 경우의 y 방향 평형 방정식을 고려하자.

전단력은 $\sum F_y = 0 : V - qdx - (V + dV) = 0$ 으로부터

$$\frac{dV}{dx} = -q \tag{6.1}$$

식 (6.1)의 실제적인 예를 들기 위해 다음과 같은 선형 변화 하중을 가지는 외팔보를 고려한다.

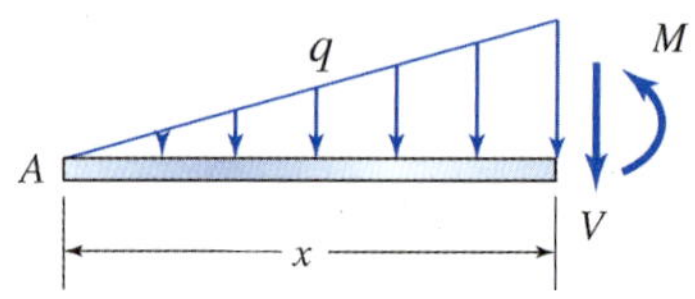

보의 하중은 $q = \frac{q_o x}{L}$이고 전단력은 $V = -\frac{1}{2}\frac{q_0 x^2}{L}$이다. x에 대해 이 전단력을 미분하면 $\frac{dV}{dx} = -\frac{q_o x^2}{L} = -q$이다. 이는 식 (6.1)과 같음을 알 수 있다. 식 (6.1)의 양변에 dx를 곱한 다음 두 점 A와 B 사이에 적분한다.

$$\int_A^B dV = -\int_A^B q dx, \quad V_B - V_A = -\int_A^B q dx \tag{6.2}$$

식 (6.2)는 두 점 A와 B 사이의 하중선도의 면적이다. 굽힘 모멘트는

$$\sum M = 0 : -M - qdx\left(\frac{dx}{2}\right) - (V + dV)dx + M + dM = 0$$

미분량의 곱을 무시하면

$$\frac{dM}{dx} = V \tag{6.3}$$

$dM = Vdx$ 양변을 두 점 A와 B 사이에 적분하면 $\int_A^B dM = \int_A^B Vdx$이다. 따라서

$$M_B - M_A = \int_A^B Vdx \tag{6.4}$$

식 (6.4)는 두 점 A와 B 사이의 굽힘 모멘트 차이이다.

6.3.2 집중하중이 작용하는 경우 관계식[그림 6.4(b)]

수직 방향의 힘의 평형식으로부터

$$\sum F = 0 \quad V - P - (V + V_1) = 0$$

따라서

$$V_1 = -P \tag{6.5}$$

요소의 왼쪽 면에 작용하는 모멘트 식으로부터

$$\sum M = 0 : -M - P(\frac{dx}{2}) - (V + V_1)dx + M + M_1 = 0$$

따라서

$$M_1 = P(\frac{dx}{2}) + Vdx + V_1 dx$$

요소 길이 dx는 매우 작아 무시할 수 있다. 이는 집중하중의 작용점을 지나갈 때 굽힘 모멘트는 변하지 않는다. 하지만 굽힘 모멘트 변화율 $\frac{dM}{dx}$은 갑자기 변화한다. 요소의 왼쪽 변에서는 $\frac{dM}{dx} = V$이다. 오른쪽 변에서는 변화율이 $\frac{dM}{dx} = V + V_1 = V - P$이다. 따라서 집중하중 P의 작용점에서는 굽힘 모멘트 변화율 $\frac{dM}{dx}$은 P와 같은 양만큼 감소한다.

6.3.3 모멘트가 작용하는 경우 관계식[그림 6.4(c)]

요소의 수직 방향 평형으로부터 $V_1 = 0$이다. 전단이 모멘트(우력)의 작용점에서 변하지 않는다. 요소의 왼쪽 변에 대한 모멘트 평형으로부터

$$\sum M = 0 : -M + M_o - (V + V_1)dx + M + M_1 = 0$$

dx 관련 항을 무시하면

$$M_1 = -M_o \tag{6.6}$$

6.4 전단력 선도(shear force diagram; SFD)와 굽힘 모멘트 선도(bending moment diagram; BMD)

전단력 선도와 굽힘 모멘트 선도는 보 속의 내력인 전단력과 굽힘 모멘트를 구하고, 이들의 크기를 보의 길이 방향인 x축에 대해 나타낸 선도이다.

선도를 그리는 순서는

(1) 보의 자유 물체도를 그리고 평형 방정식으로부터 지지점 반력을 구한다.

(2) 보의 임의 위치 절단면에서 내력의 크기와 방향을 결정한다. 임의의 x 위치에서 절단한 면에서의 내력 성분인 전단력 $V(x)$, 굽힘 모멘트 $M(x)$, 축력 $F(x)$의 식을 평형 방정식으로부터 구한다.

다음 보의 경우[그림 6.5(a)]를 고려하자. 이 보는 집중하중(P_1, P_2, P_3)과 분포하중(w_1, w_2)을 받고 있다. 전단력 선도와 굽힘 모멘트 선도를 그리기 위해서는 우선

(1) 지지대 A와 B에서의 반력을 구해야 한다.

(2) 자유 물체도(free body diagram)[그림 6.5(b)]와 평형 방정식 $\sum M_A = 0$과 $\sum M_B = 0$

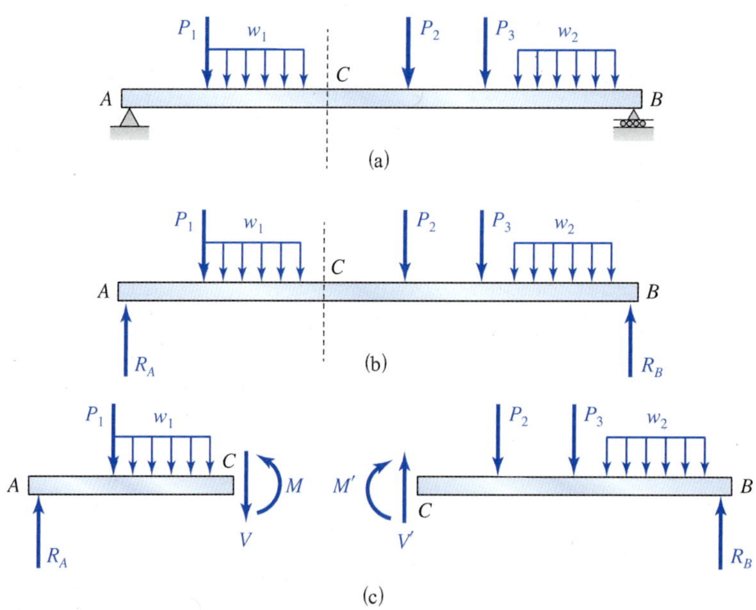

그림 6.5 집중하중과 분포하중을 받는 보(a), 자유 물체도(b), 단면 C에서의 내력인 전단력과 굽힘 모멘트(c)

로부터 반력 R_A와 R_B를 구할 수 있다.

점 C에서의 내력을 구하기 위해서는

(3) 점 C에서 보를 절단하여 AC와 CB에서의 내력을 표시하는 자유 물체도를 그린다[그림 6.5(c)].

집중하중의 단위는 N와 kN 등이고, 분포하중의 단위는 N/m와 kN/m 등이다. 보에서 전단력을 결정하기 위해서는 내력 V의 양의 방향은 그림 6.3(a)와 같이, 모멘트 M의 양의 방향은 그림 6.3(b)와 같이 가정한다.

다음의 예제를 통하여 주어진 점에서 전단력 V와 모멘트 M을 구하여 전단력 선도(shear force diagram; SFD)와 굽힘 모멘트 선도(bending moment diagram; BMD)를 그려보자.

(a) 집중하중의 경우

예제

길이가 L인 단순 지지보 AB가 중앙에 집중하중 P를 받고 있다. 전단력 선도와 굽힘 모멘트 선도를 그려라.

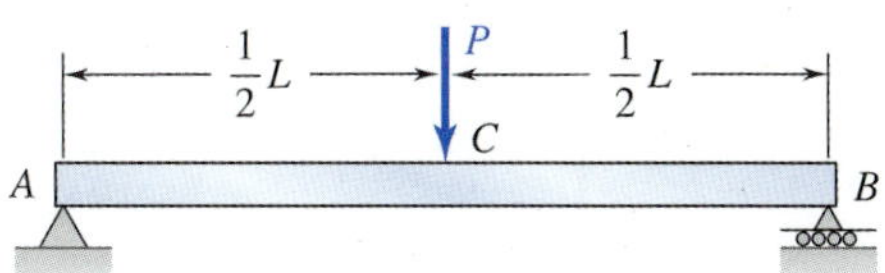

풀이

수직 방향 반응력 R_A와 R_B를 구한다. $R_A + R_B = P$이고 A에서 모멘트를 취하면

$$\sum M_A = 0; \ -\frac{1}{2}PL + R_B L = 0$$

따라서

$$R_A = R_B = \frac{1}{2}P \ \text{(그림 a)}$$

다음은 A와 C 사이의 점 D에서 절단한다. AD와 DB의 자유 물체도를 그린다. 그림 (b)와 같이 내부 전단력 V, V'와 내부 모멘트 M, M'를 표시한다. AD의 자유 물체도로부터 수직 방향의 힘의 합력은 0이다. $\sum F_y = 0$으로부터

$$\frac{1}{2}P - V = 0$$

따라서 전단력 $V = \frac{P}{2}$ 이다.

다음은 점 A에서 모멘트를 취하면

$$M - Vx = 0$$

따라서 $M = Vx = \frac{1}{2}Px$임을 알 수 있다. A와 C 사이의 전단력 V와 굽힘 모멘트 M을 그린다. 전단력 $V = \frac{P}{2}$로 일정하며 굽힘 모멘트 $M = \frac{1}{2}Px$로부터 $x = 0$일 때 $M = 0$이며, $x = \frac{1}{2}L$일 때 $M = \frac{1}{2}P(\frac{1}{2}L) = \frac{1}{4}PL$까지 선형적으로 증가한다.

다음은 점 C와 B 사이의 E점에서 보를 절단한다. 절단면 BE에서의 힘의 평형 방정식을 적용하면 $\sum F_y = 0$; $V' + R_B = 0$으로부터 $V' = -\frac{1}{2}P$가 된다. E점에서 모멘트 합을 취하면 $\sum M_E = 0$; $+R_B(L-x) - M' = 0$으로부터 $M' = \frac{P}{2}(L-x)$가 된다.

즉, 굽힘 모멘트는 $x = \frac{L}{2}$일 때, $M' = \frac{PL}{4}$로부터 $x = L$일 때 $M' = 0$으로 선형적으로 감소한다. 이들을 종합해 전단력 선도(SFD)를 그리면 그림 (d)와 같고 굽힘 모멘트 선도(BMD)를 그리면 그림 (e)와 같다.

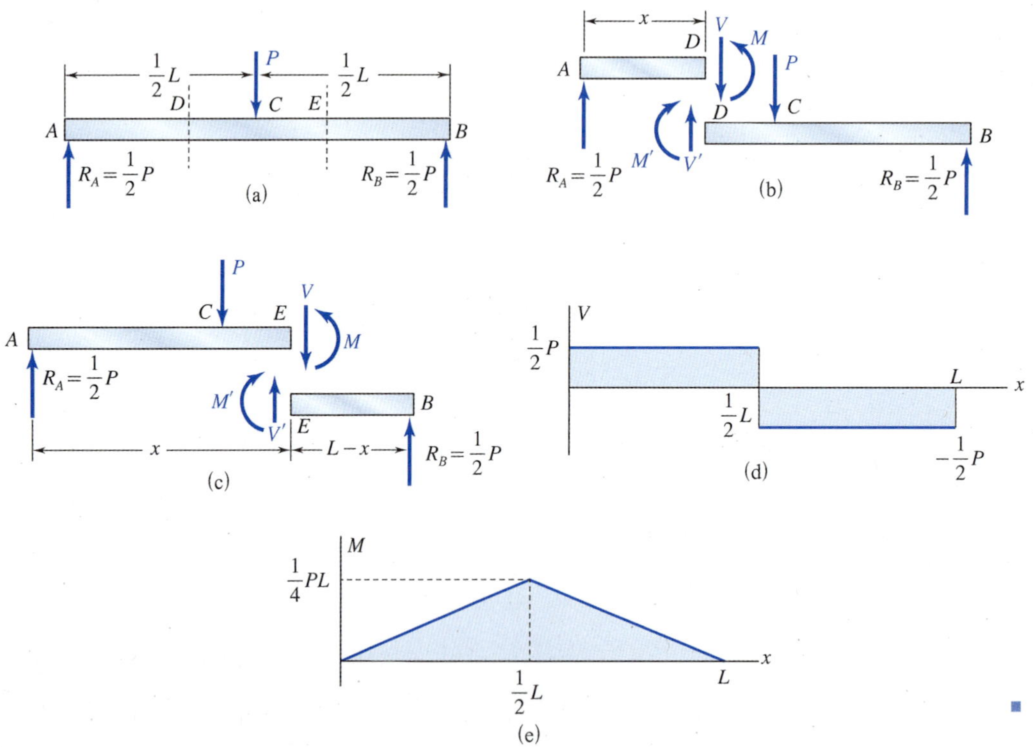

■

(b) 균일 분포하중의 경우

예제

그림과 같이 하중을 받고 있는 구조물이 있다.

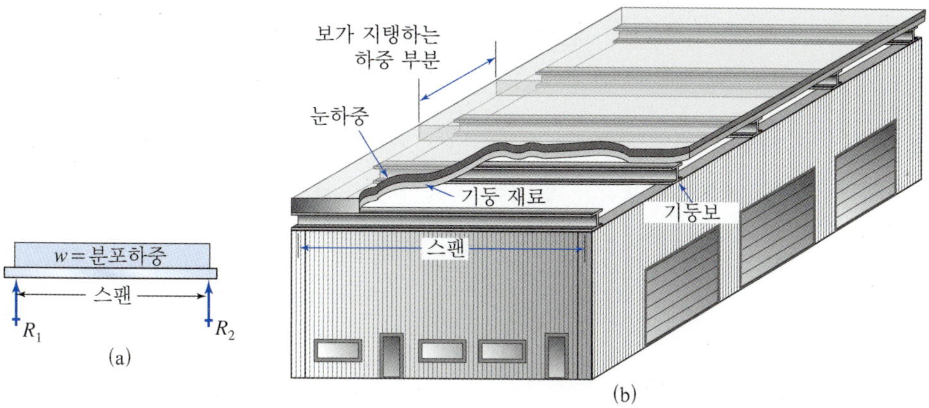

(a) (b)

다음과 같이 단순화하여 균일 분포하중을 받는 스팬(span) 길이 L인 보의 SFD와 BMD를 그려라.

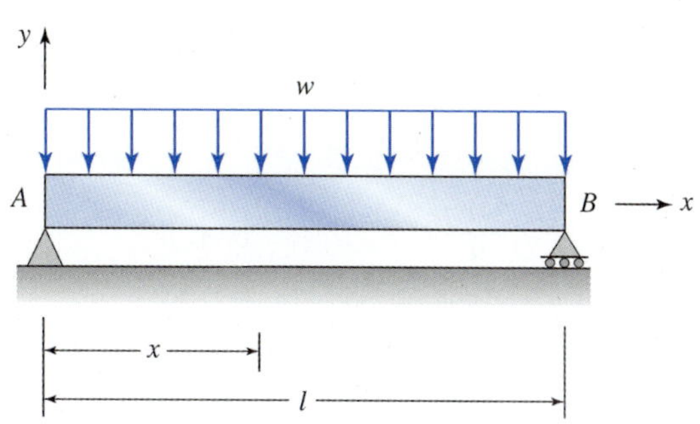

풀이

자유 물체도로부터 반응력 R_A와 R_B를 평형 조건식으로부터 구한다.

$$\sum F = 0 : R_A - wl + R_B = 0 \qquad \therefore R_A + R_B = wl$$

A지점에서 모멘트 평형 조건식을 적용하면

$$\sum M_A = 0 : \; -wl\left(\frac{l}{2}\right) + R_B\, l = 0$$

따라서 $R_B = \frac{wl}{2}$, $R_A = R_B = \frac{wl}{2}$

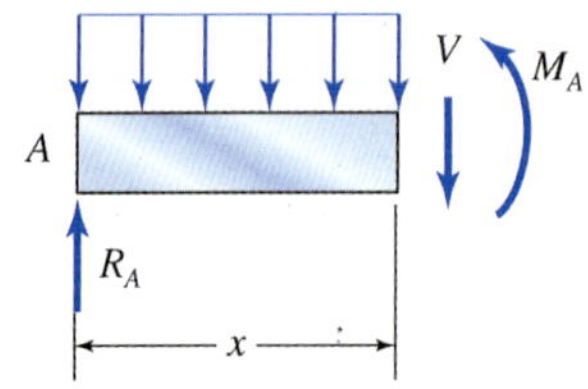

• 전단력 선도와 모멘트 선도

(a) 전단력(V): 지점 A로부터 x만큼 떨어진 곳에서의 전단력은 자유 물체도로부터

$$\sum F_y = 0 : R_A - wx - V(x) = 0$$

따라서 전단력 $V(x) = \frac{wl}{2} - wx$

(b) 굽힘 모멘트(M):

$$\sum M = 0 : -R_A x + wx\left(\frac{x}{2}\right) + M(x) = 0$$

따라서 굽힘 모멘트는 $M(x) = \frac{wl}{2} - \frac{wx^2}{2}$

이 식을 도시하면 전단력과 굽힘 모멘트 선도를 구할 수 있다. 이 선도로부터 최대 굽힘 모멘트의 크기는 $x = \frac{l}{2}$에서 $M_{\max} = \frac{wl^2}{8}$임을 알 수 있다.

굽힘 모멘트 선도(BMD):

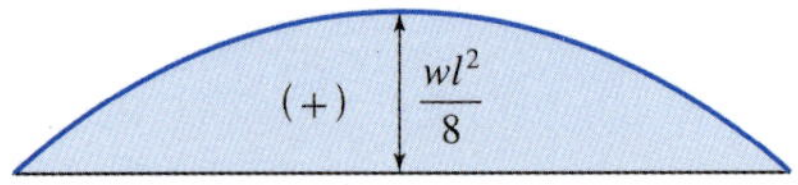

전단력 선도(SFD):

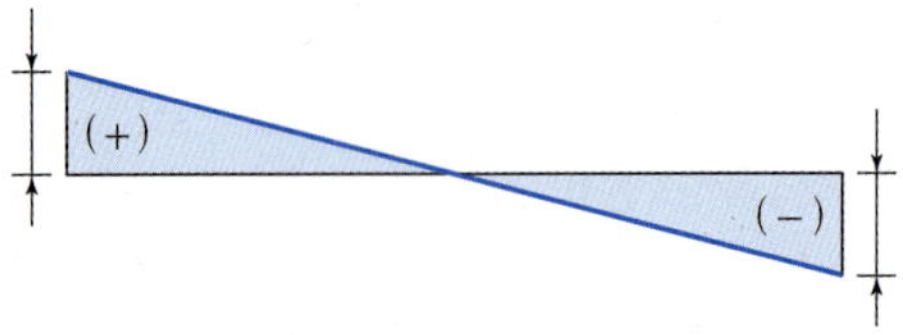

■

예제

점진적으로 변하는 분포하중의 SFD와 BMD를 그려라.

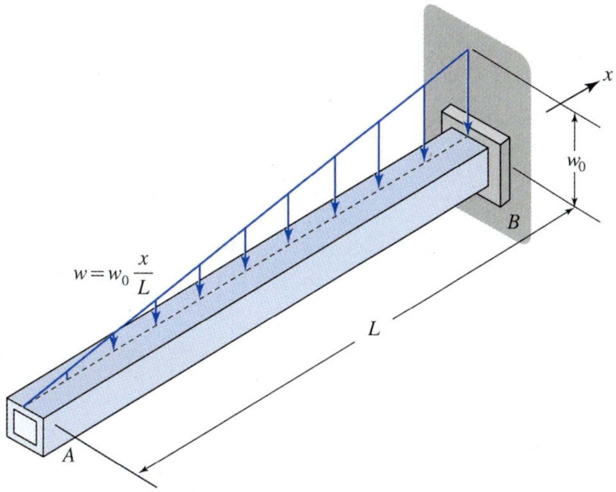

풀이

고정점 B에서 반력을 구하기 위해 우선 하중선도의 면적에 해당하는 하중을 구한다.

$$R = \frac{w_0 L}{2} \quad \text{도심 } \bar{x} = \frac{2L}{3}$$

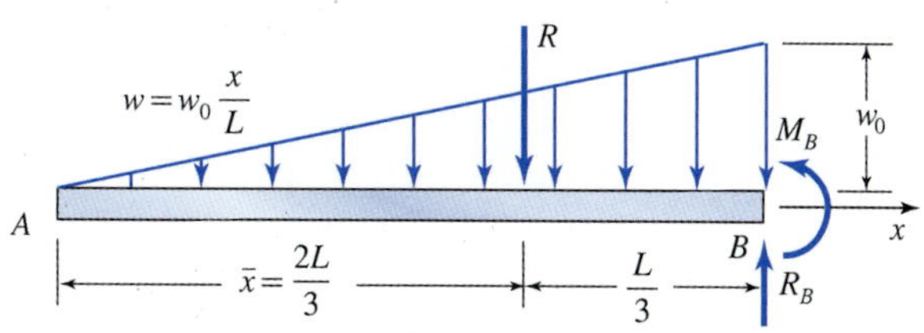

자유 물체도와 힘의 평형 조건식으로부터 반응력을 구한다.

$$\sum F_y = R_B - R = 0, \ R_B = \frac{w_0 L}{2}$$

$$\sum M_z = 0 : \ R(L - \bar{x}) + M_B = 0 \ , \ M_B = -\frac{w_0 L^2}{6}$$

x 위치에서의 절단면에 작용하는 내력인 전단력과 굽힘 모멘트의 자유 물체도와 평형 조건으로부터

$$\sum F_y = 0 : \quad V - R' = 0 \; , \; V = R' = \frac{1}{2}\left(\frac{w_0 x}{L}\right)(x) = \frac{w_0 x^2}{2L}$$

$$\sum M_z = 0 : \; R'\left(\frac{x}{3}\right) + M = 0 \; , \; M = -R'\left(\frac{x}{3}\right) = -\frac{w_0 x^3}{6L} , \; M_B = -\frac{w_0 L^2}{6}$$

따라서 전단력 선도와 굽힘 모멘트 선도는 다음과 같다.

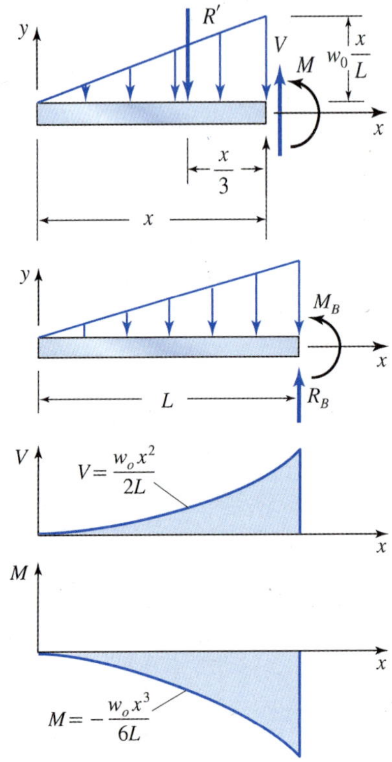

6장 요약

1. 보 구조물은 요소를 따라 다양한 지점에서 하중이 가해진다. 대부분의 경우 하중은 보의 축과 수직하게 작용하며 보 내에 전단력(shear force)과 굽힘하중(bending moment)을 발생시킨다. 하중에는 집중하중(concentrated load)과 분포하중(distributed load)이 있으며 그림 6.6(a), (b)에 각각 표시된다. 보의 지지방법은 다양한 방법이 있다. 지지대와 지지대 사이의 거리 L을 스팬(span)이라 부른다. 지지 방식에 따라 단순 지지보(simply supported), 외팔보(cantilever), 양 끝단이 고정된(fixed) 지지 조건 등이 있다. 보의 경우 어떤 주어진 점에서의 내력인 전단력과 굽힘 모멘트가 그림 6.7(a)와 같을 때 양(positive)의 방향이라 정의한다. 보다 자세히 세분하면 외력이 작용할 때 점 C에서의 양의 전단력(V) 방향은 그림 6.7(b)와 같고, 굽힘 모멘트의 경우 양의 굽힘 모멘트(M) 방향은 그림 6.7(c)와 같다.

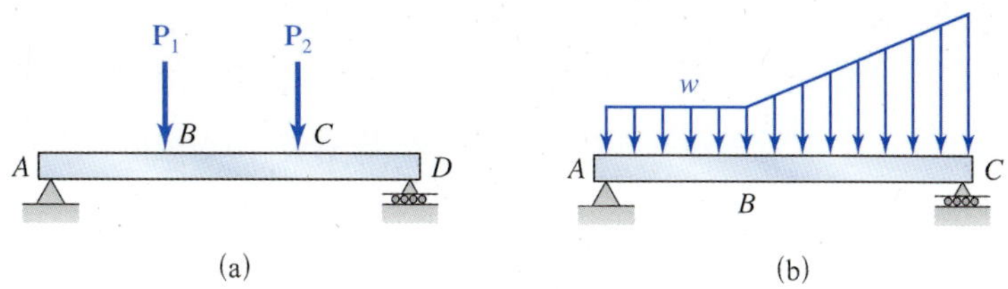

그림 6.6 집중하중(a)과 분포하중(b)

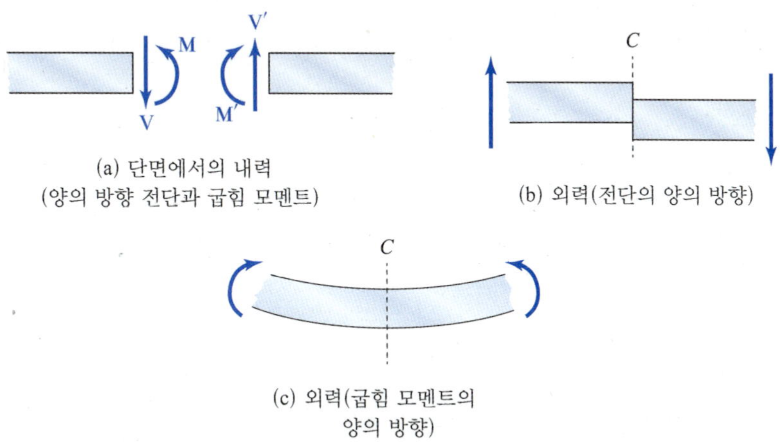

그림 6.7 보의 전단력과 굽힘 모멘트 부호

2. 보에 작용하는 하중에는 외부 하중과 반력이 있고 내력에는 축력 P와 전단력 V, 굽힘 모멘트 M으로 구성된다.

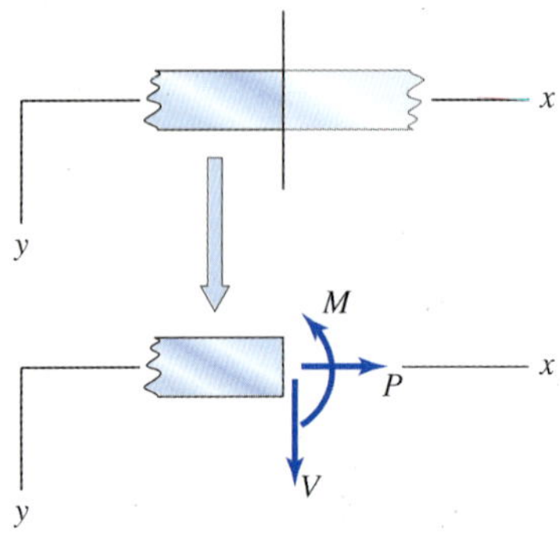

3. 전단력과 분포하중과의 관계는 $\frac{dV}{dx} = -w$

   굽힘 모멘트와 전단력과의 관계는 $\frac{dM}{dx} = V$

4. 전단력 선도와 굽힘 모멘트 선도를 그리는 순서는
   (1) 보의 자유 물체도를 그리고 평형 방정식으로부터 지지점 반력을 구한다.
   (2) 보의 임의 위치 절단면에서 내력의 크기와 방향을 결정한다. 임의의 x 위치에서 절단한 면에서의 내력 성분인 전단력 $V(x)$, 굽힘 모멘트 $M(x)$, 축력 $F(x)$의 식을 평형 방정식으로부터 구한다.

5. 집중하중은 전단력 선도에서 불연속을 가져오나 굽힘 모멘트 선도에서는 불연속의 결과를 가져오지 않는다. 모멘트는 굽힘 모멘트 선도에서 불연속의 결과를 가져오나 전단력 선도에서는 불연속의 결과를 가져오지 않는다.

6장 연습문제

6.1 다음 원형 보에서 점 B에서 수직하중 P를 받고 있다. 단면 C에서의 수직력, 전단력, 굽힘 모멘트를 구하라.

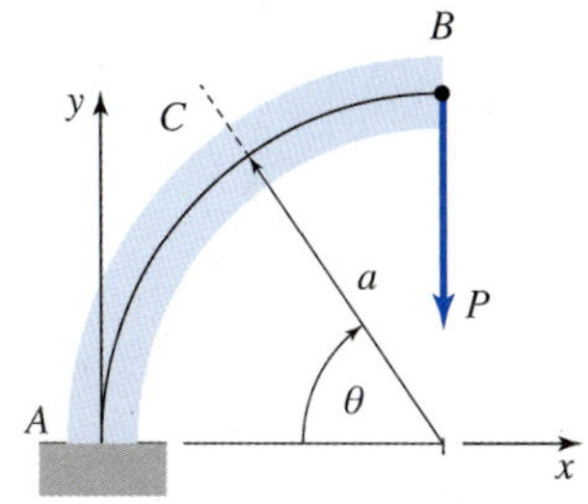

6.2 단순 지지보 AB가 2개의 집중하중을 그림과 같이 받고 있다. 단면 C_1, C_2에서 전단력과 굽힘 모멘트를 구하라. 보의 중량은 무시한다.

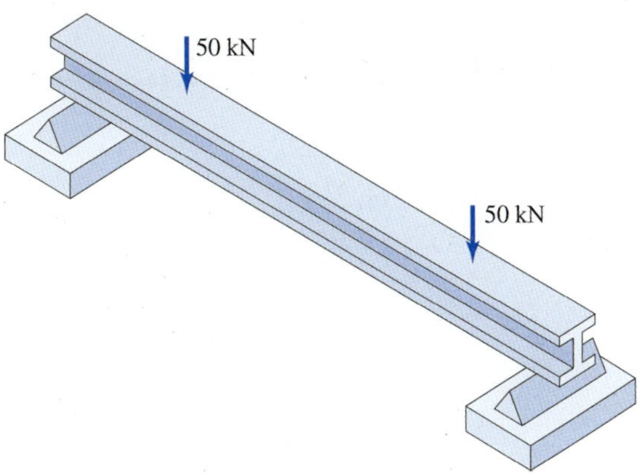

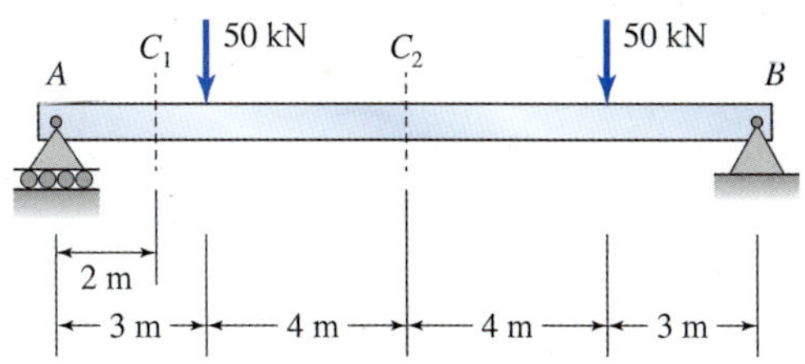

6.3 문제 6.2의 전단력 선도와 굽힘 모멘트 선도를 그려라.

6.4 다음과 같은 보의 전단력 선도와 굽힘 모멘트 선도를 그려라.

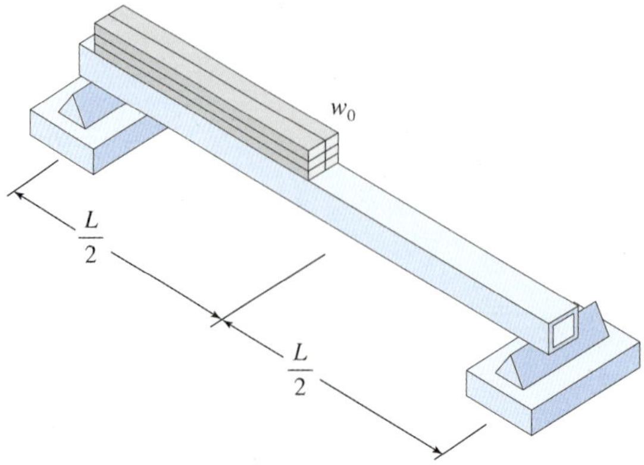

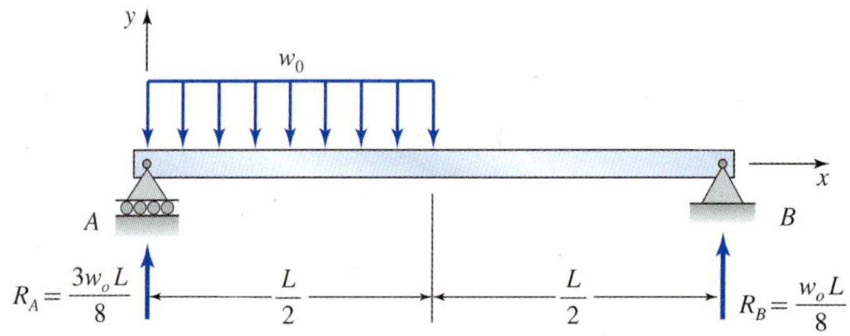

6.5 다음과 같은 파이프를 지탱하는 구조물의 단순화된 보의 형상과 하중지지 조건을 포함한 그림은 다음과 같다.

(a) 보의 지지대에서 반력을 구하고 (b) 전단력 선도(SFD)와 굽힘 모멘트 선도(BMD)를 그려라.

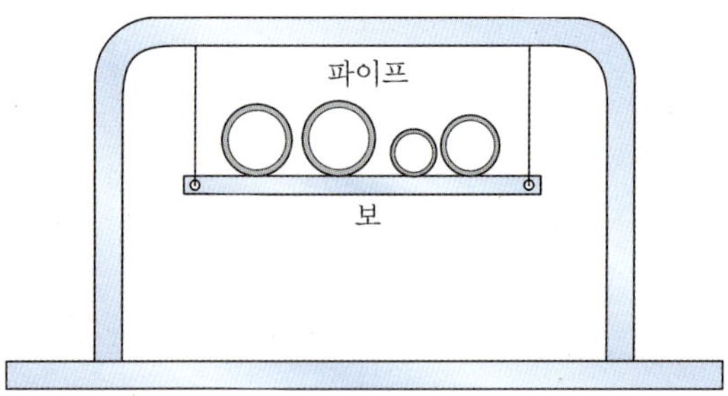

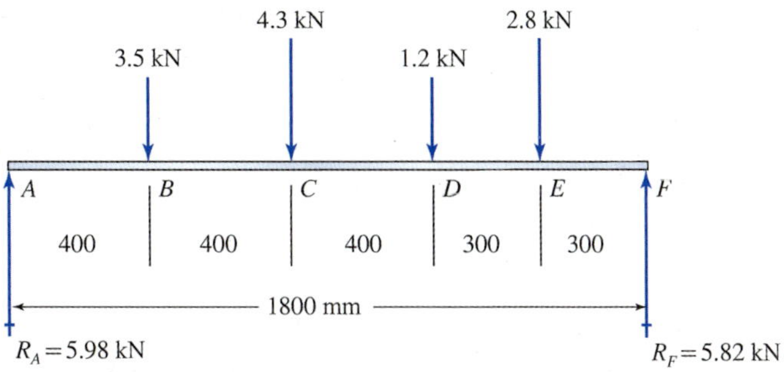

6.6 다음과 같은 보의 전단력 선도와 굽힘 모멘트 선도를 그려라.

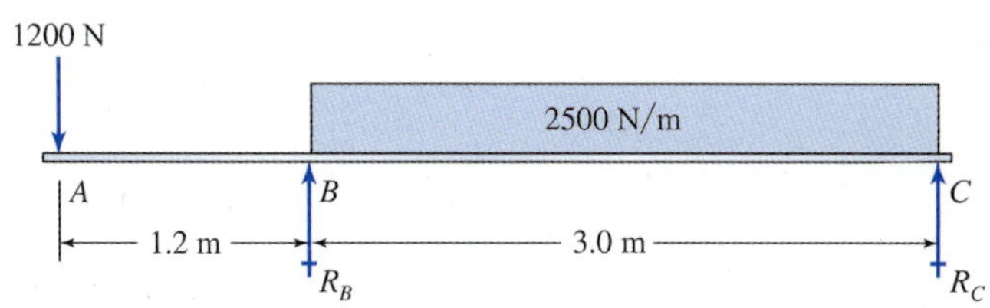

7장 보의 응력

목표

1. 중립축과 중립면의 물리적 의미를 알아야 한다.
2. 내력인 굽힘 모멘트와 굽힘응력과의 관계를 알아야 한다.
3. 순수 굽힘 모멘트를 받는 보에 작용하는 수직응력을 구할 수 있어야 한다.
4. 굽힘 모멘트가 변하는 경우 굽힘응력을 구할 수 있어야 한다.
5. 다양한 횡단면에 대한 1차 면적 모멘트 Q를 계산할 수 있어야 한다.
6. 전단응력을 구하는 전단공식을 이해해야 한다.
7. 합성보와 조립보의 경우, 관련 응력을 이해해야 한다.

7.1 서론

다양한 하중을 받는 보를 설계하기 위해서는 전단력과 굽힘 모멘트에 의해 횡단면에 존재하는 변형과 변형률 응력을 알아야 한다. 보의 변형을 논의하기 앞서 우선 평면에 있는 곡선에서의 곡률(curvature)과 곡률 반경(radius of curvature)을 알아야 한다. 평면곡선 $ACDB$ 위의 점에서 정의되는 곡률(κ; kappa)은 다음과 같이 정의된다.

$$\kappa = \frac{d\theta}{ds} = \lim\frac{\Delta\theta}{\Delta s} = \lim\frac{\Delta\theta}{\Delta\theta \times O'D} = \frac{1}{O'D} = \frac{1}{OC} \tag{7.1}$$

곡률 반경(rho)은 $\rho = \dfrac{1}{\kappa}$이다.

점 C와 점 D에서 곡선에 수직한 선분은 점 O'에서 만난다. 점 D가 점 C에 접근함에 따라 점 O'도 점 O로 접근한다. 따라서 거리 OC는 곡률 반경이 된다. 따라서 원의 중심은 O가 되며 반경 OC를 가지게 된다. 평면곡선이 반경 R인 원이라면 곡률 반경은

원 위의 모든 점에서 일정하며, $\rho = R$이고, 곡률 $\kappa = \dfrac{1}{R}$이 된다.

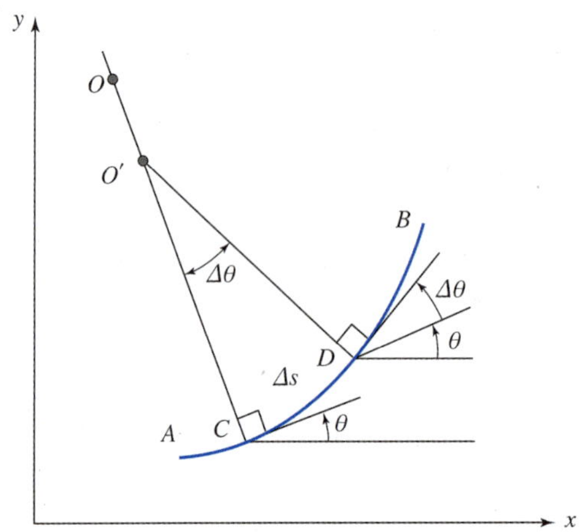

그림 7.1 점 C에서 평면곡선에서의 곡률 반경 생성

7.1.1 변형 시의 보의 형상

순수 굽힘 모멘트(pure bending)는 부재 전체에 걸쳐 동일한 굽힘 모멘트가 발생하는 경우이며 전단력은 없다(그림 7.2).

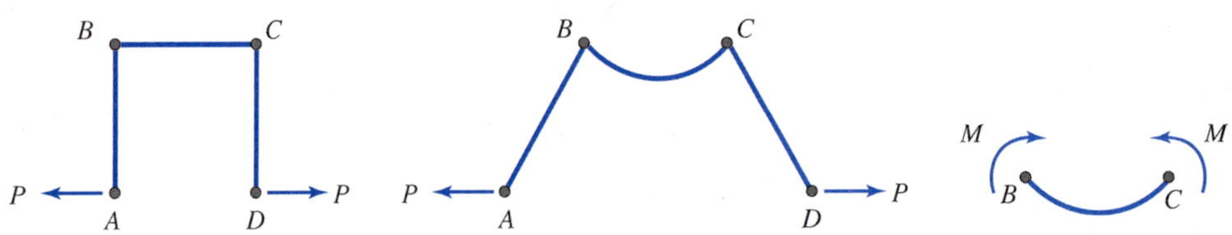

그림 7.2 순수 굽힘하중의 예

그림 7.3의 단면이 대칭인 순수 전단하에 있는 보를 고려하자.

보 요소 *ABED*와 요소 *BCFE*는 동일하며 순수 굽힘하중(pure bending)을 받을 때 요소의 대칭으로 인해 요소의 각 면은 평면으로 변형한다. 즉, 변형 전 보의 길이 방향 축에 수직한 *CF*와 같은 평면은 순수 굽힘하중 후에도 보의 길이 방향 축에 수직으로 남아 있는다. 따라서 변형 전 초기 *AD*, *BE*, *CF* 면은 변형 후에도 동일한 교차점 *O*를 갖는다[그림 7.3(b)]. 초기에 직선이고 서로 평행한 면인 *AD*, *BE*, *CF*의 선요소들은 순수 굽힘하

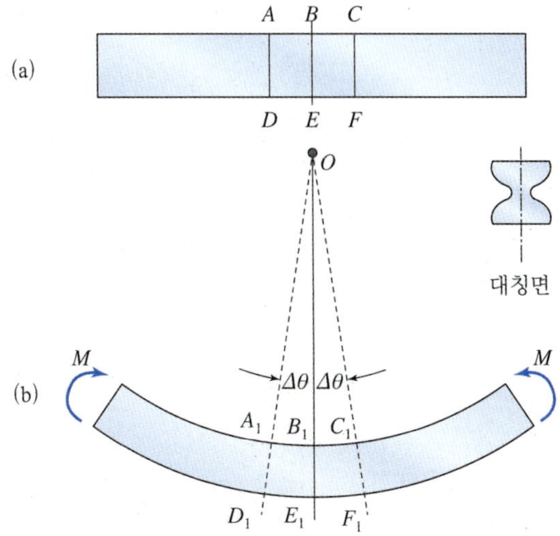

그림 7.3 대칭면에서 순수 굽힘하중을 받는 대칭인 보의 변형

중 시 점 O에 중심을 둔 원의 아치 모양(arc) 형태로 변형을 하게 된다. 특히 아치 모양 $A_1B_1C_1$과 아치 모양 $D_1E_1F_1$은 중심이 O인 동심원의 호(arc)이다. 길이 AD와 길이 A_1D_1은 동일하다.

7.1.2 굽힘하중 시 선요소의 수직 변형률 계산

그림 7.3은 대칭인 보의 순수 굽힘하중 시의 변형을 보여준다. 그림 7.3(a)는 변형 전 보의 상태이다. 먼저 그림 7.3(b)를 살펴보자. 순수 굽힘하중 시 보의 상단의 선요소(line element)는 줄어들지만 반면에 하단 선요소는 늘어나게 된다. 하지만 가운데 선요소는 길이의 변화가 없다. 이를 보의 중립축(neutral axis)이라 한다. x축이 중립축의 방향으로 혹은 중립축과 일치하도록 변형 전 보의 좌표계로 삼는다. 중립축을 통과하는 대칭면과 수직인 면을 중립면(neutral surface)이라 한다.

그림 7.4는 순수 굽힘 모멘트 하중을 받고 있는 보의 일부 요소와 중립축에 있는 선요소 RS 및 RS 위의 y만큼 떨어진 선요소 PQ를 보여준다.

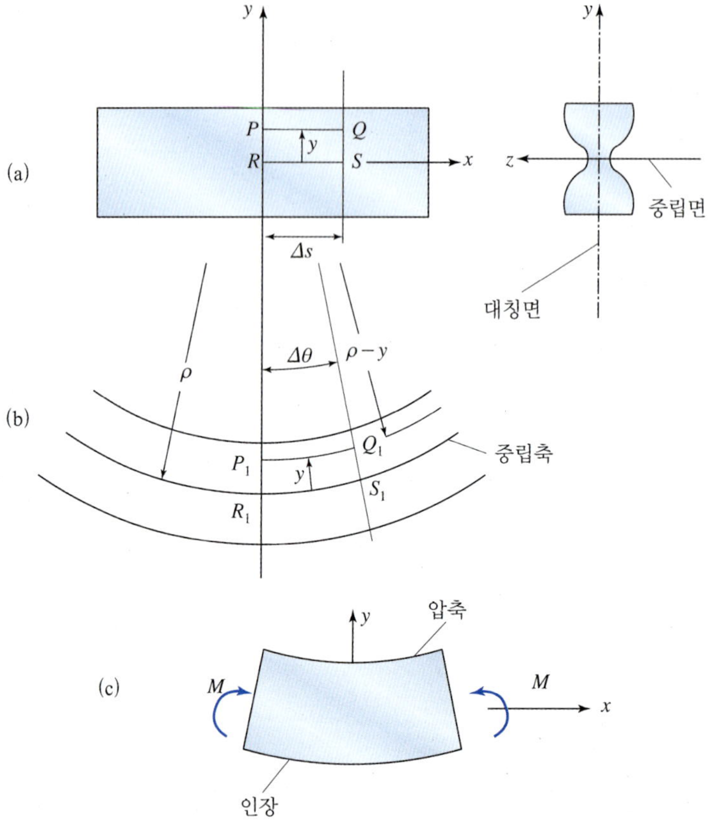

그림 7.4 순수 굽힘하중 변형 시의 형상

굽힘 모멘트 하중이 가해지면 그림 7.4(b)와 같이 변형된다. 중립축 상에 있는 선요소 R_1S_1은 길이 변화가 없다. 따라서

$$R_1S_1 = \rho\Delta\theta = RS = \Delta S \tag{7.2}$$

반면 또 다른 선요소 PQ는 변형 후 길이 변화가 생긴다.

$$P_1Q_1 = (\rho - y)\Delta\theta \tag{7.3}$$

선요소 PQ의 축 방향 수직 변형률 ε_x는 식 (7.2)와 식 (7.3)으로부터

$$\varepsilon_x = \frac{P_1Q_1 - PQ}{PQ} = \frac{(\rho - y)\Delta\theta - \Delta S}{\Delta S} = -y\frac{\Delta\theta}{\Delta S} \tag{7.4}$$

ΔS를 0으로 접근시키면

$$\varepsilon_x = -y\frac{d\theta}{ds} = -\frac{y}{\rho} = -\kappa y \tag{7.5}$$

여기서 $\rho = \dfrac{ds}{d\theta}$는 굽힘 모멘트 하중에 의해 변형된 보의 중립축에서의 곡률 반경이다. 그림 7.4(c)의 경우(양의 순수 굽힘을 받는 경우) 중립축 위의 선요소는 압축 변형률을 받으며, 중립축 아래의 선요소 경우는 인장 변형률을 가진다.

예제

사각형 단면을 가지는 강철 보가 굽힘 모멘트 하중 M을 받고 있다. 재료가 항복 전 버틸 수 있는 최대 수직 변형률은 1×10^{-3}이다. 변형된 바의 양 끝단 사이의 곡률 반경과 각도 변화량을 구하라.

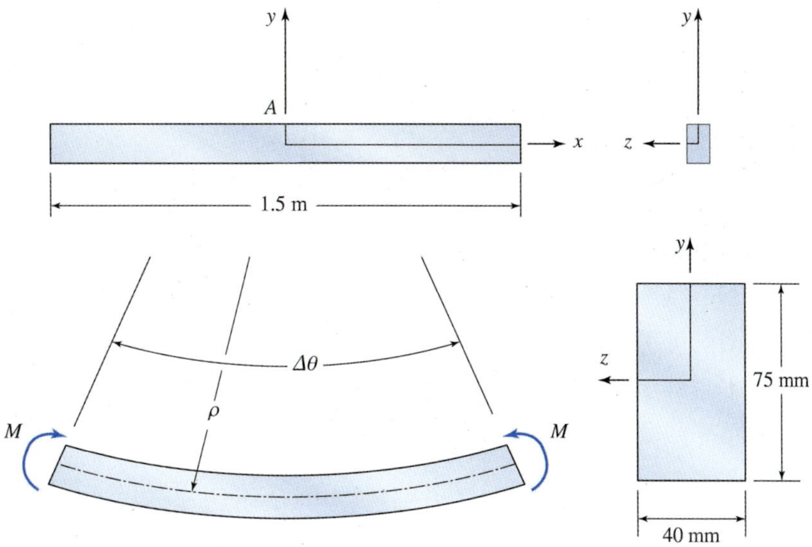

풀이

보의 최하단 $y = -37.5$ mm에서 최대 인장 변형률이 발생한다.

$$\varepsilon_{\max} = 2\times10^{-3} = -\frac{y_{\max}}{\rho} = -\frac{-37.5}{\rho}$$

따라서 $\rho = 37.5\times10^3\ \text{mm} = 18.75\ \text{m}$

각도 변화량 $\Delta\theta$는 식 (7.1)로부터

$$\frac{d\theta}{ds} = \frac{1}{\rho} = \text{constant}$$

따라서 $\frac{\Delta\theta}{\Delta s} = \frac{1}{\rho}$ 이다.

$$\Delta\theta = \frac{1}{\rho}\Delta S = (\frac{1}{18.75\ \text{m}})(1.5\ \text{m}) = 0.08\ \text{rad} = 4.58^\circ \quad \frac{360^\circ \times 0.04}{2\pi} = 2.29^\circ$$ ■

7.2 순수 굽힘 모멘트 하중에 의한 보의 수직응력

순수 굽힘 모멘트를 받는 경우 보의 굽힘 모멘트는 전체 길이에 대해 일정하다. 이때 보의 상 하단에 발생하는 수직응력 σ_x은 주된 응력으로 인장 혹은 압축응력이다. 보의 변형이 선형 탄성거동을 한다면 보의 단면의 한 지점에서의 응력은 1차원 훅스 법칙에 의해

$$\sigma_x = E\,\varepsilon_x = -E\,\frac{y}{\rho} \tag{7.6}$$

보의 사각 단면에서의 응력 분포는 그림 7.5와 같다. 중립축 위의 응력은 압축응력이고 중립축 아래에서의 응력은 인장응력이다. 대칭인 단면에 작용하는 순수 굽힘 모멘트 M으로 인한 결과이며 단면에 작용하는 수직응력 분포는 그림 7.5(a), (c)와 같다.

모멘트 M에 의한 평형 조건식은 다음과 같다.

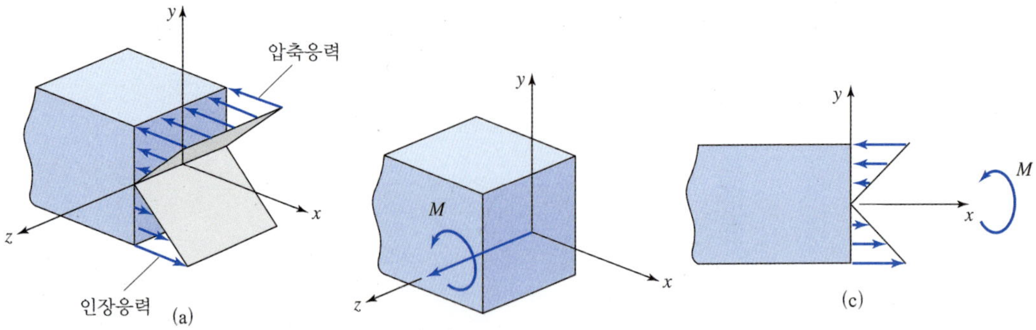

그림 7.5 (a) 단면에서의 수직응력 분포 (b) 단면에 작용하는 굽힘 모멘트
(c) 2차원에서 굽힘 모멘트와 응력 분포

$$\sum F_x = \int_A \sigma_x dA = 0$$

$$\sum M_y = \int_A z\,\sigma_x dA = 0 \tag{7.7}$$

$$\sum M_z = -\int_A \sigma_x dA = M$$

식 (7.7)의 첫 번째 식을 식 (7.6)에 대입하면

$$\sum F_x = \int_A \sigma_x dA = -\int_A \frac{Ey}{\rho} dA = -\frac{E}{\rho}\int_A y dA = 0 \tag{7.8}$$

z축에 대한 단면적 A의 1차 면적 모멘트 $\int_A y dA$는 0이 된다. 이유는 x축이 단면적의 도심을 통과하기 때문이다.

식 (7.7)의 두 번째 식에 식 (7.6)을 대입하면

$$\sum M_y = \int_A z\,\sigma_x dA = -\int_A z\frac{Ey}{\rho} dA = -\frac{E}{\rho}\int_A yz dA = 0 \tag{7.9}$$

단면은 xy평면에 대해 대칭임을 가정하므로 마지막 적분 항은 0이다.

식 (7.7)의 세 번째 식에 식 (7.6)을 대입하면

$$\sum M_z = -\int_A y\,\sigma_x dA = \int_A y\frac{Ey}{\rho} dA = \frac{E}{\rho}\int_A y^2 dA = M \tag{7.10}$$

$$\int_A y^2 dA = I_z \tag{7.11}$$

식 (7.11)은 중립축을 통과하는 z축에 대한 단면적의 관성 모멘트이다.

$$M = \frac{EI_z}{\rho} = EI_z\frac{d\theta}{ds} \tag{7.12}$$

$$\varepsilon_x = -\frac{y}{\rho} = -\frac{My}{EI_z} \tag{7.13}$$

$$\sigma_x = E\varepsilon_x = E\left(-\frac{My}{EI_z}\right) = -\frac{My}{I_z},\ \text{즉}\ \sigma_x = -\frac{My}{I_z} \tag{7.14}$$

식 (7.14)를 굽힘공식(flexure formula)이라 한다. 이 식으로부터 계산한 응력을 굽힘응력(bending stress)이라 한다.

7.2.1 단면계수(section modulus)

굽힘응력은 단면 계수 S를 사용하여 $\sigma = \frac{M}{S}$으로 표시할 수 있다. 이때 단면계수 $S = \frac{I}{c}$로 정의된다. 여기서 c는 단면적 도심축으로부터 보의 최외곽까지의 거리이다. 단면계수는 해석 설계 시 많이 사용된다.

예제

다음과 같은 단면을 가지는 보가 순수 굽힘 모멘트 $M = 20\ \text{N}\cdot\text{m}$를 받고 있다. 보는 알루미늄의 재료로 탄성계수가 70 GPa이다. 보의 중립축의 곡률 반경을 구하라. 그리고 최대 인장 응력과 압축응력의 크기와 위치를 구하라.

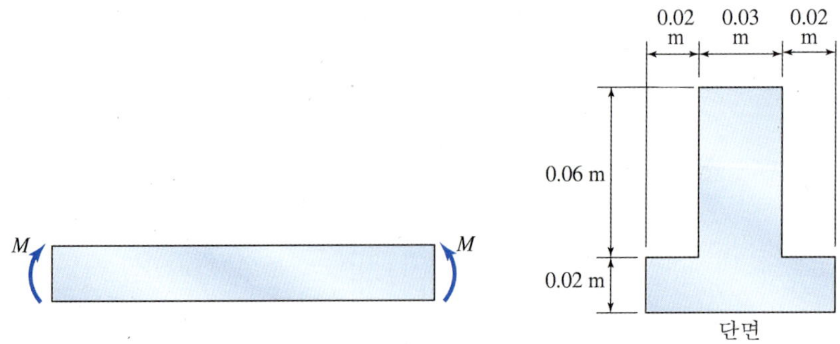

풀이

단면 도심의 위치를 구한다. 또한 관성 모멘트를 구하기 위해 평행축 정리를 사용한다.
단면의 도심을 결정하기 위해 그림 (a)와 같은 좌표계를 사용한다. 단면을 1, 2로 나눈다.
단면 도심의 y좌표는

$$\bar{y} = \frac{\bar{y}_1 A_1 + \bar{y}_2 A_2}{A_1 + A_2} = \frac{(0.03)(0.03)(0.06) + (0.07)(0.07)(0.02)}{(0.03)(0.06) + (0.07)(0.02)} = 0.0475$$

중립축을 좌표계의 원점으로 한다. z축에 대한 단면의 관성 모멘트를 결정하기 위해 평행축 정리를 사각형 1, 2에 적용한다.

$$I = I_1 + I_2 = (\frac{1}{12} b_1 h_1^3 + d_1^2 A_1) + (\frac{1}{12} b_2 h_2^3 + d_2^2 A_2)$$

$$= [\frac{1}{12}(0.03)(0.06)^3 + (0.0175)^2(0.03)(0.06)] + [\frac{1}{12}(0.07)(0.02)^3 + (0.0225)^2(0.07)(0.02)]$$

$$= 1.85 \times 10^{-6}\text{m}^4$$

$\dfrac{1}{\rho} = -\dfrac{M}{EI} = \dfrac{10000}{(70\times10^9)(1.85\times10^{-6})} = -0.0772$이다. 따라서 $\rho = -12.95$ m

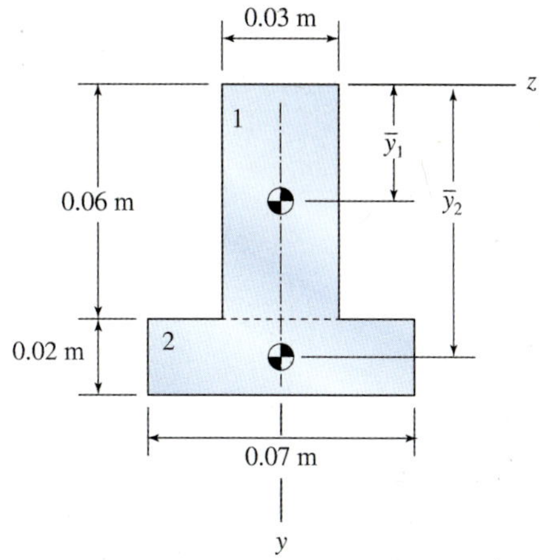

(a)

수직응력은 식 (7.14)로부터 $\sigma_x = \dfrac{My}{I} = \dfrac{10,000y}{1.85\times10^{-6}} = 5.4\times10^9 y$

보의 최하단에서 발생하며 $\sigma_x = (5.4\times10^9)(0.0325) = 175.5$ MPa

최대 압축응력은 최상부에서 발생한다.

$$\sigma_x = (5.4\times10^9)(-0.0475) = -256.5 \text{ MPa}$$

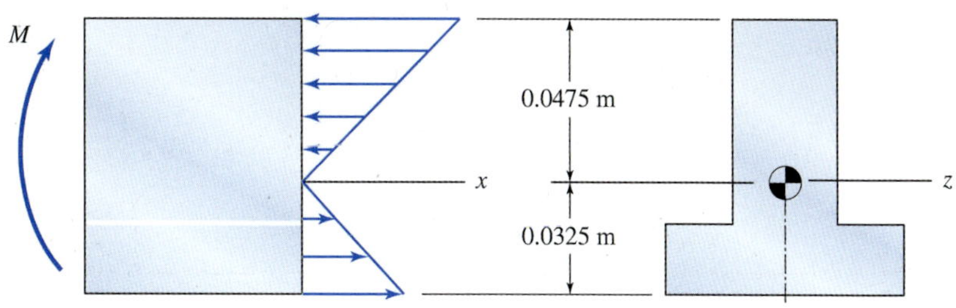

■

7.3 굽힘 모멘트가 변하는 대칭 탄성보의 수직응력

식 (7.14)는 대칭 단면 보가 보의 길이에 대해 순수 굽힘 탄성 모멘트 하중을 받을 때의 수직응력 계산식이다. 실제 많은 경우에는 보에 횡 하중이 가해지면 전단력이 발생하고, 굽힘 모멘트는 보의 길이에 대해 일정하지 않게 된다. 순수 굽힘하중에서만 식 (7.15)를 사용할 수 있지만 길고 가느다란 보의 경우 전단력이 존재하고, 굽힘 모멘트가 보의 길이에 따라 변할지라도 식 (7.15)는 대략적인 계산식으로 사용될 수 있다. 이 식을 공학적 보 응력 이론식이라 부른다. 다음 예제를 통해 굽힘 모멘트가 변하는 대칭 보의 굽힘 모멘트, 관성 모멘트, 최대 수직응력을 결정하는 과정을 설명한다.

예제

사각 단면을 가지는 길이 L의 나무로 만들어진 단순 지지보가 있다. 그림과 같이 중앙에 집중하중을 받을 때 최대 인장, 압축응력 식을 유도하라.

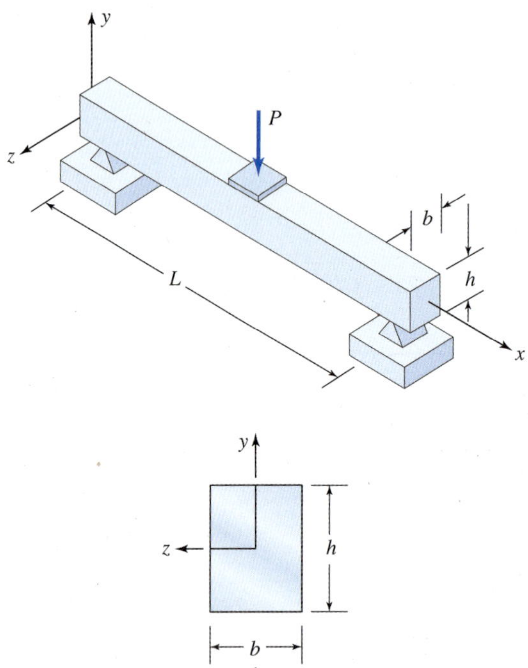

$I_z = \frac{1}{12}bh^3$

(a)

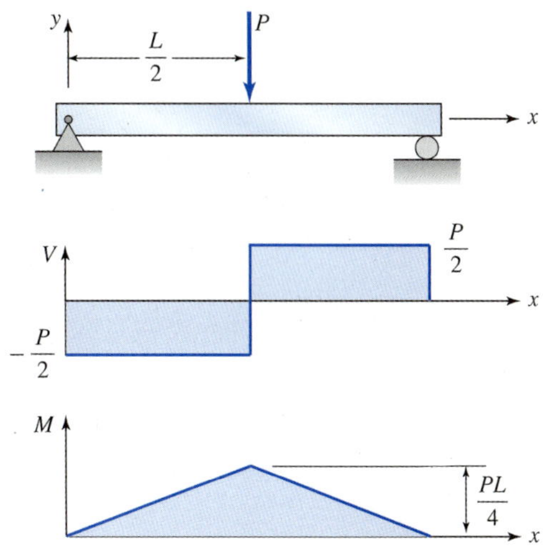

(b)

풀이

굽힘 모멘트 선도와 전단력 선도는 그림 (b)와 같다. 최대 굽힘 모멘트의 크기는 $M_{\max} = \dfrac{PL}{4}$ 이다. 따라서 최대 굽힘 모멘트가 작용하는 곳에서 단면에 작용하는 수직응력 분포는

$$\sigma_x = -\frac{My}{I_z} = -\frac{PL}{4}\frac{y}{I_z} = -\frac{3PLy}{bh^3}$$

여기서 사각 단면의 관성 모멘트는 $I_z = \dfrac{bh^3}{12}$ 이다. 최대 인장응력이 발생하는 위치는 보의 최하단인 $y = -\dfrac{h}{2}$ 에서 발생한다. 이 값을 대입하면 $\sigma_x = -\dfrac{3PL(-h/2)}{bh^3} = \dfrac{3}{2}\dfrac{PL}{bh^2}$ 이다. 반면 최대 압축응력은 보의 최상단 $y = \dfrac{h}{2}$ 에서 발생한다. 이 값을 대입하면 $\sigma_x = -\dfrac{3}{2}\dfrac{PL}{bh^2}$ 이 된다. 이를 그림으로 표시하면 다음과 같다.

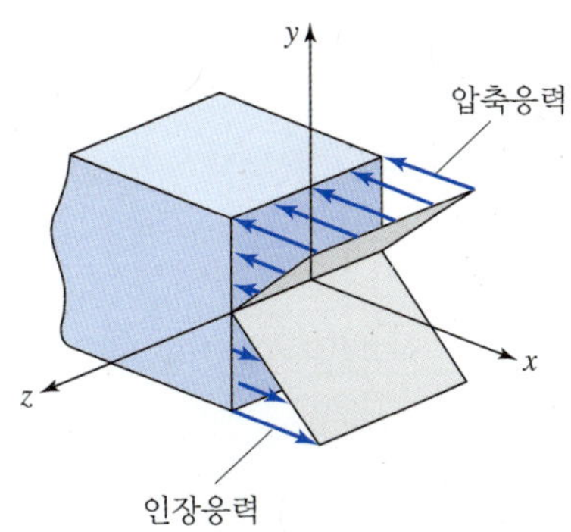

■

예제

4점 굽힘 시험을 알루미나 세라믹 시편에 행한다(그림 a). 알루미나 시편의 인장 파단 강도는 대략 $\sigma_f = 240\text{ MPa}$이다. 이때 파단 하중 P를 계산하라. 시편의 단면은 사각형이며 단면의 치수와 보의 굽힘 모멘트 선도는 그림과 같다.

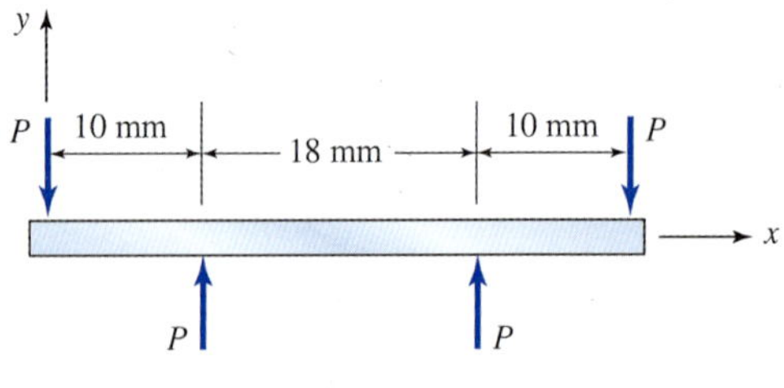

(a)

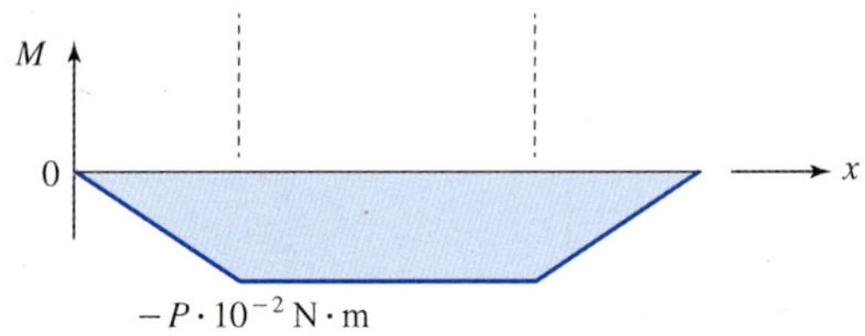

(b)

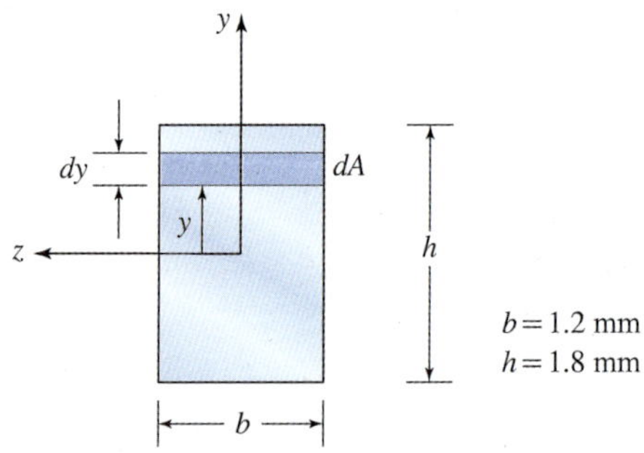

(c)

풀이

x축은 보의 중립축이며 단면의 도심을 통과한다.

$$\sigma_x = -\frac{My}{I_z}$$

$$I_z = \int_A y^2 dA = \int_{-h/2}^{h/2} y^2 b\,dy = \frac{1}{12}bh^3$$

여기서 굽힘 모멘트 보의 최대 굽힘 모멘트는 중앙에서 발생하며 크기는 $M = P \times 10^{-2}\text{ N}\cdot\text{m}$이다(그림 b). 시편의 최상단 표면에 가해지는 인장응력은

$$\sigma_x = -\frac{My}{I_z} = -\frac{(-P \times 10^{-2}\text{ N}\cdot\text{m})(0.9 \times 10^{-3}\text{ m})}{\frac{1}{12}(1.2 \times 10^{-3}\text{ m})(1.8 \times 10^{-3}\text{ m})^3} = 1.543 \times 10^7 P\text{ N/m}^2$$

파단 하중 P를 결정하기 위해 최대 인장응력을 파단응력($\sigma_f = 280\text{ MPa}$)과 같다고 하면

280×10^6 N/m^2 = $1.543 \times 10^7 P$ N/m^2 이다. 따라서 파단하중 $P = \dfrac{280 \times 10^6}{1.543 \times 10^7} = 18.15$ N이 된다. ■

7.4 탄성보의 전단응력

횡하중을 받는 보의 내력에는 축력 P, 전단력 V 그리고 굽힘 모멘트 M이 있다. 이전에서는 굽힘 모멘트와 관련된 수직응력 σ_x를 다루었다. 주어진 단면에서 전단력이 존재하는 경우, 즉 그림 7.6과 같은 경우 전단력 V로 인한 전단응력 τ가 단면에 발생한다. 단면에 발생하는 전단력은 전단면의 전단응력의 총합이라 할 수 있다.

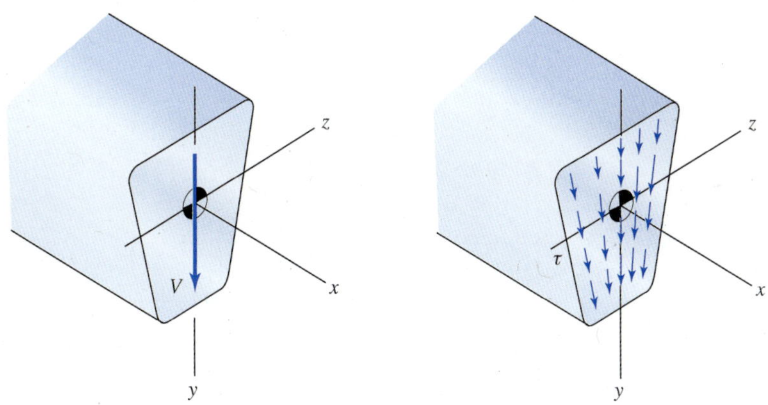

그림 7.6 전단력으로 인한 단면의 전단응력

전단응력을 계산하기 위해서는 우선 전단력과 굽힘 모멘트와의 관계식으로부터 시작한다. 전단력과 굽힘 모멘트와의 관계식은 $\dfrac{dM}{dx} = V$이다. 단면이 y축에 대칭인 단면을 생각해 보자. 길이가 dx인 보요소를 분리하자. 굽힘 모멘트가 x에 대해 변할 경우 양 단면에서의 응력 분포는 차이가 있다(그림 7.7). 다음은 중립축으로부터 y'만큼 떨어진 곳을 절단하여 평면 요소 아래 부분에서 자유 물체도를 그린다(그림 7.8). 양면에 발생하는 수직 응력의 크기가 차이가 있으므로 요소 상부 표면에 전단응력이 발생하여야만 힘의 평형 상태에 도달할 수 있다. 여기서 발생한 전단응력 평균값을 τ_{av}로 표기한다. 다음은 $y = y'dy$인 위치에서 수평면으로 이 요소를 절단한다(그림 7.8). 이로 인해 발생하는 전단응력은 요소의 수직면에서도 작용함을 알 수 있다. 다음은 $y = y' + dy$인 위치에 수평면으

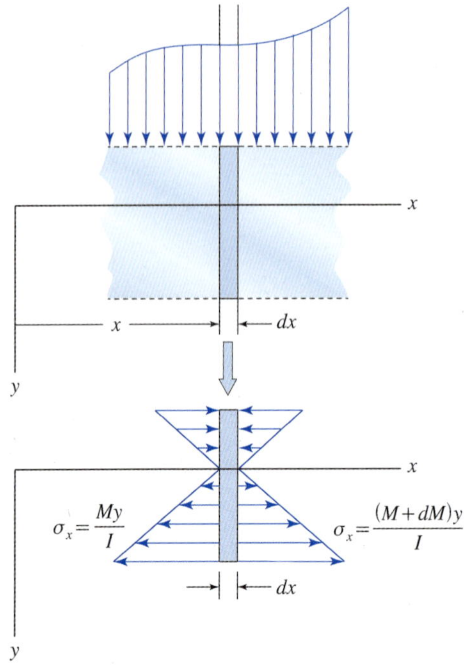

그림 7.7 미소 길이 dx에 작용하는 수직응력

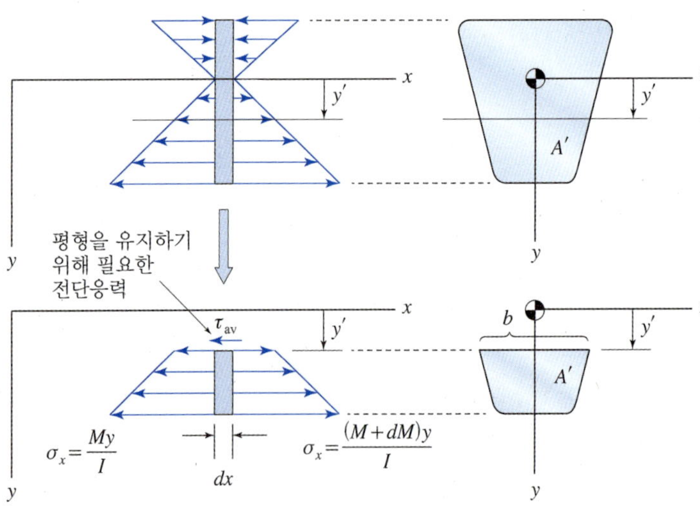

그림 7.8 위치 y'에서의 요소에 작용하는 자유 물체도

로 이 요소를 절단한다(그림 7.9). 평형 조건에 의해 수직면상에도 전단응력 τ_{av}가 작용한다. 보 단면의 수직면상에 작용하는 전단응력 분포가 우리가 찾고자 하는 전단응력

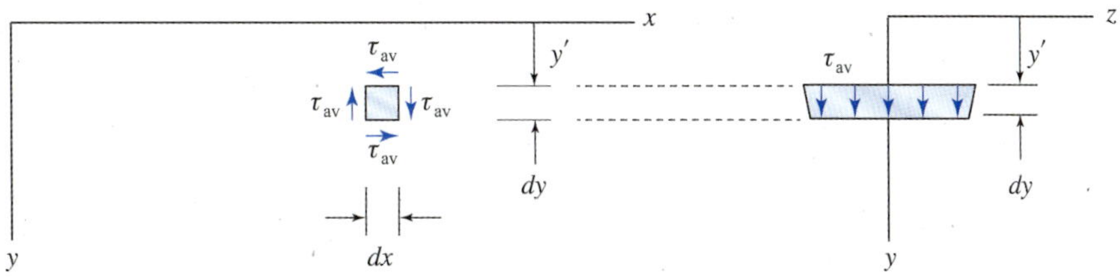

그림 7.9 y'에서 미소 높이 dy만큼 절단하여 얻은 요소의 전단응력 상태

이다.

요소의 폭을 b라고 하면 면적은 bdx이다. $y=y'$ 아래 보의 단면적을 A'라 한다(그림 7.8). 요소에 작용하는 힘의 합력은

$$-\tau_{av}bdx-\int_{A'}\frac{My}{I}dA+\int_{A'}\frac{(M+dM)y}{I}dA=0$$

τ_{av}에 대해 풀면

$$\tau_{av}=\frac{1}{bI}\frac{dM}{dx}\int_{A'}ydA$$

이 식에서 $\dfrac{dM}{dx}=V$이고 $Q=\int_{A'}ydA$라고 하면 보의 단면에 작용하는 전단응력 식은 전단력 V를 사용하여 식 (7.15)로 구할 수 있다.

$$\tau_{av}=\frac{VQ}{Ib} \tag{7.15}$$

식 (7.15)를 사용하여 중립축에서 떨어진 y축 임의의 위치 y'에서 보의 단면에 대한 전단응력 τ_{av}를 구할 수 있다. 이 식을 사용하기 위해서는 보 횡단면의 관성 모멘트 I, 전단력 V 그리고 b와 Q를 알아야 한다. Q값은 단면 형상과 중립축에서의 위치에 따라 값이 변화한다. 1차 면적 모멘트 Q를 계산하는 순서는

(1) 전체 횡단면의 도심을 구해 표시한다.

(2) 전단응력을 계산할 축을 그린다.

(3) 관심축에서 떨어진 부분 면적 A_p를 확신하고 그것을 색칠하여 표시한다. 만일 도심이 쉽게 계산될 수 있는 단순한 면적인 경우 4단계부터 7단계를 거쳐 계산한다.

(4) 부분 면적 A_p를 계산한다.

(5) 부분 면적 A_p의 도심을 표시한다.

(6) 전체 단면의 도심 축으로부터 부분 면적의 도심거리까지의 거리 $\bar{y}$를 계산한다.

(7) $Q = A_p \bar{y}$를 계산한다. 만일 부분 면적이 여러 개의 면적 요소로 이루어진 경우는 다음 단계를 거친다.

(8) A_p를 단순한 면적 $A_1, A_2, A_3, \cdots$으로 나누고 계산한다.

(9) 각 요소 면적의 도심을 결정한다.

(10) 전체 단면적의 도심으로부터 각 부분 면적의 도심까지의 거리 $y_1, y_2, y_3, \cdots$을 계산한다.

(11) $Q = A_p \bar{y} = A_1 y_1 + A_2 y_2 + A_3 y_3 + \cdots$을 계산한다.

예제

다음 사각형 단면에서 1차 면적 모멘트 Q를 단면 $a-a$에서 구하라.

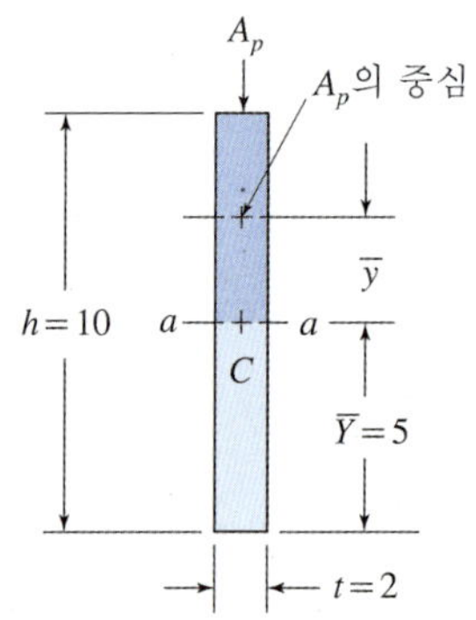

풀이

1단계: 단면의 중심은 맨 아래로부터 $\frac{h}{2}$에 위치해 있다. $\frac{h}{2} = \frac{10}{2} = 5$

2단계: $a-a$축은 중심축과 일치한다.

3단계: 부분 면적 A_p는 사각형의 절반 면적으로 어둡게 표시된 면적이다.

4단계: $A_p = t\left(\frac{h}{2}\right) = (2)(5) = 10$

5단계: 부분 면적의 중심은 $a-a$ 위 2.5에 위치한다.

6단계: $a-a$축은 중심축과 일치하므로 $\bar{y} = 2.5$이다.

7단계: $Q = A_p \bar{y} = (10)(2.5) = 25$ ■

예제

다음 I형 단면의 1차 면적 모멘트 Q를 단면 $a-a$에서 구하라.

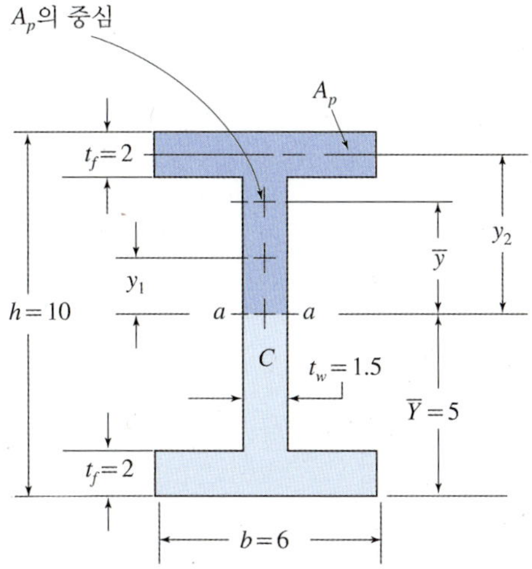

풀이

1단계: 도심은 높이의 절반에 위치한다.

2단계: 이 경우 $a-a$축은 도심과 일치한다.

3단계: 부분 면적 A_p는 I 형상의 상부 절반 면적으로 어둡게 칠해져 있다. T 형상이므로 1차 면적 모멘트 Q를 계산하기 위해 4~7단계가 사용된다.

4단계: T 형상을 2개의 부분으로 나눈다. 수직 웹의 상부 절반 면적이 A_1이고, 전체 상단 플랜지 면적이 A_2이다.

$$A_1 = (\frac{h}{2} - t_f)(t_w) = (5-2)(1.5) = 4.5,\ A_2 = bt_f = (6)(2) = 12$$

5단계: 각각의 요소는 사각형이고 도심은 사각형 중간에 위치한다.

6단계:

$$y_1 = \frac{1}{2}(\frac{h}{2} - t_f) = \frac{1}{2}(5-2) = 1.5$$

$$y_2 = (\frac{h}{2} - \frac{t_f}{2}) = (5-1) = 4$$

7단계:

$$Q = A_1 y_1 + A_2 y_2 = (4.5)(1.5) + (12)(4) = 54.75$$

■

보속의 전단응력을 계산하는 순서는

(1) 보의 내부 전단력이 최대인 단면 위치 추정

(2) 보의 횡단면에서 중립축의 위치 계산

(3) 중립축에 대한 단면 1차 모멘트 Q와 단면 2차 모멘트(관성 모멘트 계산)

(4) 식 (7.15)를 사용하여 전단응력 계산

(a) 직사각형 단면에서 전단응력 분포

중립축으로부터 거리가 y_1이 되는 위치에서의 전단응력 분포를 구한다(그림 7.10). 면적과 도심은

$$A^* = b\left(\frac{h}{2} - y_1\right),\quad \bar{y} = y_1 + \frac{1}{2}\left(\frac{h}{2} - y_1\right) = \frac{1}{2}\left(\frac{h}{2} + y_1\right)$$

따라서 $Q = A^*\bar{y} = \frac{b}{2}\left[\left(\frac{h}{2}\right)^2 - y_1^2\right]$

직사각형 면적의 z축에 관한 단면 2차 모멘트 $I = \frac{1}{12}bh^3$이다.

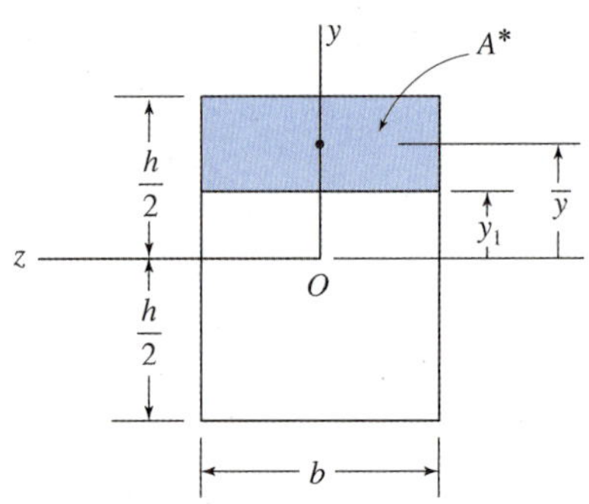

그림 7.10 직사각형 단면의 임의 면적 A^*

전단응력 계산식(식 7.15)에 대입하면

$$\tau_{xy} = \frac{VQ}{Ib} = \frac{V\frac{b}{2}\left[\left(\frac{h}{2}\right)^2 - y_1^2\right]}{\left(\frac{1}{12}bh^3\right)(b)} = \frac{6V}{bh^3}\left[\left(\frac{h}{2}\right)^2 - y_1^2\right] \tag{7.16}$$

최상단과 최하단에서의 전단응력은 식 (7.16)에 $y_1 = \pm \dfrac{h}{2}$를 대입하면 $\tau_{xy} = 0$이 되며 최대 전단응력은 중립축 $y_1 = 0$에서 발생한다. 이 값을 식 (7.16)에 대입하면 최대 전단응력은

$$\tau_{\max} = \frac{3}{2}\frac{V}{bh} = \frac{3}{2}\frac{V}{A} \tag{7.17}$$

사각 단면에 작용하는 전단응력 분포를 그림으로 표시하면 다음과 같다.

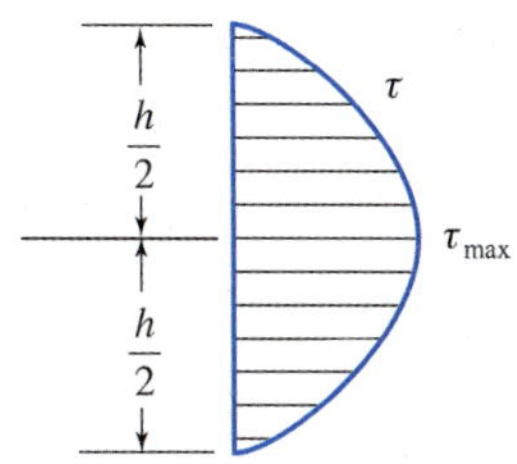

(b) 원형 단면에서 전단응력 분포

그림 7.11의 원형 단면을 고려한다.

$$b = D \text{ 원의 관성 모멘트 } I = \frac{\pi D^4}{64}$$

도심 위의 반원에 대한 1차 단면 모멘트

$$Q = A_p \bar{y} = \left(\frac{\pi D^2}{8}\right)\left(\frac{2D}{3\pi}\right) = \frac{D^3}{12}$$

-최대 전단응력

$$\tau_{\max} = \frac{VQ}{Ib} = \frac{V(D^3/12)}{(\pi D^4/64)(D)} = \frac{64V}{12\pi D^4} = \frac{16V}{12(\pi D^2/4)} = \frac{16V}{12A}$$

$$\tau_{\max} = \frac{4V}{3A} \tag{7.18}$$

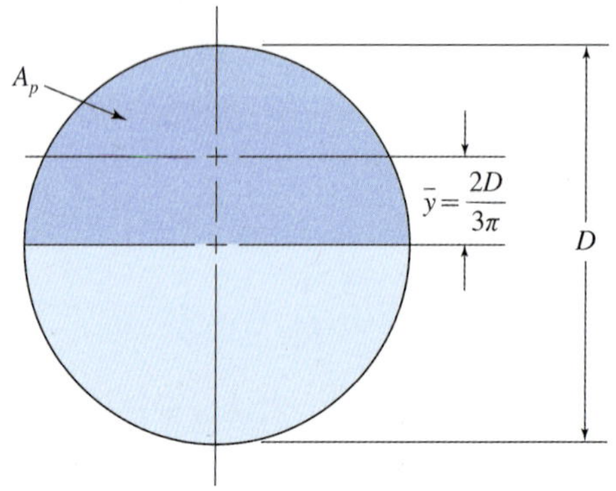

그림 7.11 원형 단면

예제

50 mm 직경을 가지는 원형 축에 전단력이 100 kN이 작용할 때 발생하는 최대 전단응력을 구하라.

풀이

$\tau_{max} = \frac{4V}{3A}$ 로부터 면적

$$A = \frac{\pi D^2}{4} = \frac{\pi (50 \text{ mm})^2}{4} = 1963 \text{ mm}^2$$

따라서 최대 전단응력은

$$\tau_{max} = \frac{4(100 \times 10^3 \text{ N})}{3(1963 \text{ mm}^2)} = 74.7 \text{ MPa}$$

■

(c) 얇은 웹 형상에서의 전단응력

그림 7.12와 같은 얇은 웹 형상을 가지는 웹(web) 전단공식은

$$\tau_{max} \approx \frac{V}{A_{web}} = \frac{V}{th} \tag{7.19}$$

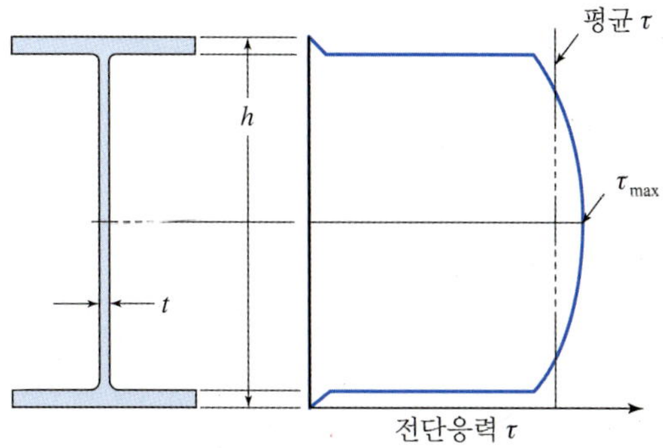

그림 7.12 얇은 웹 형상의 전단응력 분포

예제

I 125×75 형강(단면적 $A = 20.45\ \text{cm}^2$, $t = 5.5\ \text{mm}$, $h = 125\ \text{mm}$)에 전단력 25 kN이 작용한다. 최대 전단응력을 계산하라.

풀이

$$\tau_{max} \approx \frac{V}{A_{web}} = \frac{V}{th} = \frac{25{,}000\ \text{N}}{(5.5\ \text{mm})(125\ \text{mm})} = 36.4\ \text{N/mm}^2 = 36.4\ \text{MPa}$$ ■

예제

T형 단면보에서 집중하중 10 kN이 작용한다. 단면에 작용하는 최대 전단응력을 구하라. 보는 단순 지지보이다.

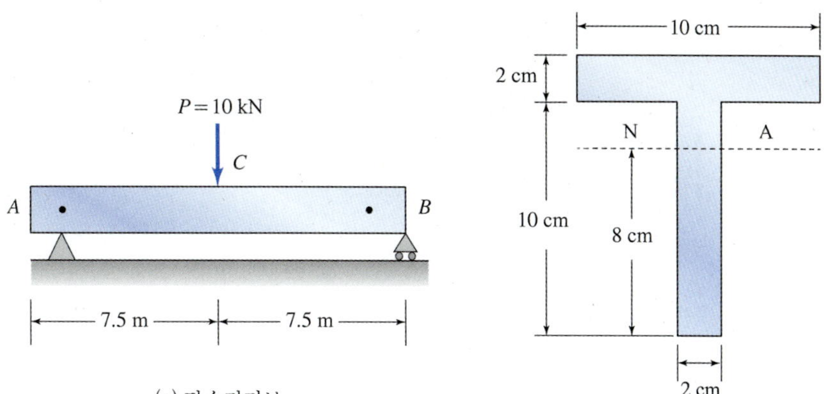

(a) 단순지지보 (b)

풀이

A, B점에서 반력을 구하면

$$R_A = R_B = 5\ \text{kN}$$

AC 구간에서 전단력은 자유 물체도로부터 $V_{AC} = 5$ kN이다. CB 구간에서 전단력은 $V_{CB} = -5$ kN이다. 보의 길이 방향으로 어떤 단면을 취해도 전단력은 동일하다. 횡단면의 중립축에 대한 2차 모멘트는 평행축 정리를 사용하면

$$I_{NA} = \frac{1}{12}(2)(10)^3 + 2(10)(3)^2 + \frac{1}{12}(10)(2)^3 + 10(2)(3)^2 = 533.3\ \text{cm}^4$$

중립축 아래 부분 면적의 중립축에 대한 1차 모멘트는

$$Q_{NA} = 4(2)(8) = 64\ \text{cm}^3$$

따라서 최대 전단응력 $\tau_{\max} = \dfrac{VQ}{Ib} = \dfrac{5000(64)}{(533.3)(2)} = 3 \times 10^6 = 3\ \text{MPa}$ ■

예제

$L = 5$ m이고 원형 단면을 가지는 단순 지지보에 균일 분포하중이 작용하고 있다. 최대 굽힘 응력 $\sigma_{\max} = 80$ kPa일 때 중립축에 발생하는 최대 전단응력을 구하라.

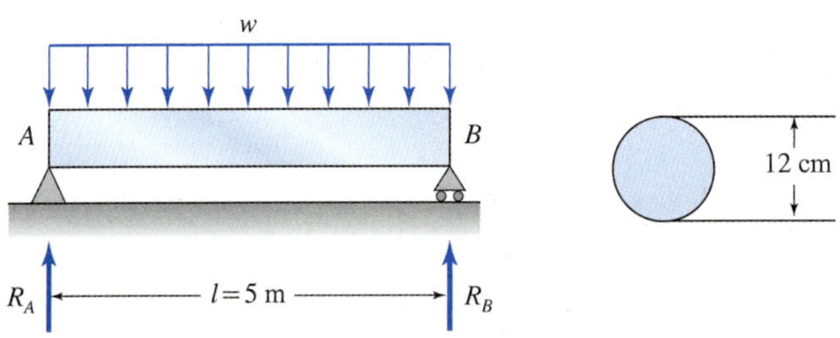

풀이

- 최대 굽힘 모멘트:

$$M_{\max} = \frac{wL^2}{8} = \frac{w \times 25}{8},\quad \sigma_{\max} = \frac{M_{\max} y}{I} = \frac{(25w/8)(d/2)}{(\pi d^4/64)} = \frac{32(25w/8)}{\pi d^3}$$

$80{,}000 = \dfrac{100w}{\pi(0.12)^3}$ 으로부터 $w = 4.34$ N/m

최대 전단력 $V_{max} = \dfrac{wL}{2} = \dfrac{(4.34)(5)}{2} = 10.85\ \text{N}$

• 최대 전단응력은 단면이 원인 경우:

$$\tau_{max} = \frac{4}{3}\frac{V}{A} = \frac{4}{3}\frac{10.85\ \text{N}}{\pi(0.12\ \text{cm})^2/4} = 1{,}279.8\ \text{Pa}$$

■

예제

단순 지지보가 균일 분포하중을 받고 있다. $x = 2$ m 되는 곳에서의 단면에 대해 (a) 중립축에서 (b) $y' = 0.1$ m에서의 평균 전단응력을 구하라.

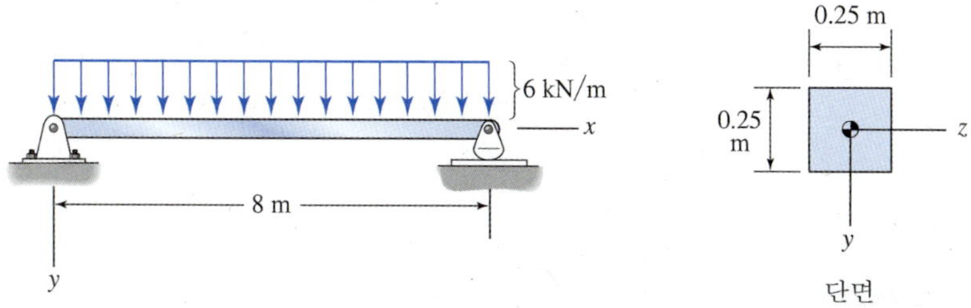

풀이

$x = 2$ m에서 전단력을 구한다. 단면의 자유 물체도로부터

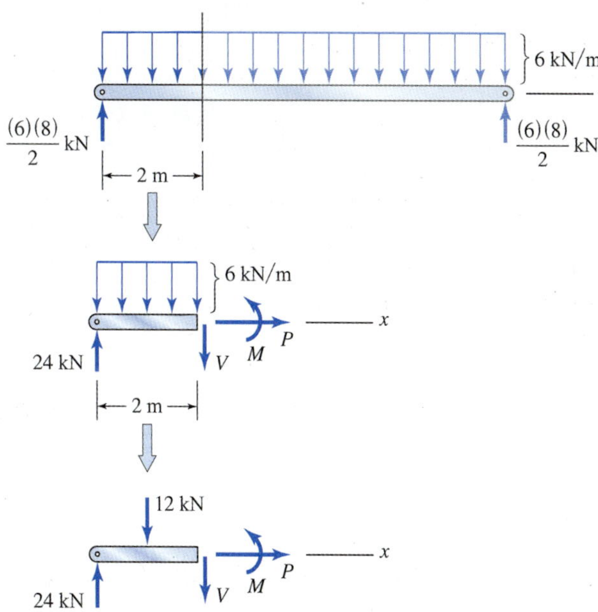

(a)

$\sum F_y = 0$: $24 \text{ kN} - 12 \text{ kN} - V = 0$, 전단력 $V = 12 \text{ kN}$을 구한다.

중립축에서의 전단응력은 사각 단면의 경우

$$\tau_{max})_{y'=0} = \frac{3}{2}\frac{V}{A} = \frac{3(12{,}000)}{2(0.25)(0.25)} = 288 \text{ kPa}$$

식 (7.16)으로부터 $y' = 0.1 \text{ m}$에서의 평균 전단응력을 구할 수 있다.

$$\tau_{xy} = \frac{VQ}{Ib} = \frac{V\frac{b}{2}[(\frac{h}{2})^2 - y_1^2]}{(\frac{1}{12}bh^3)(b)} = \frac{6V}{bh^3}[(\frac{h}{2})^2 - y_1^2]$$

$$= \frac{6(12{,}000)}{(0.25)^4}[(\frac{0.25}{2})^2 - (0.1)^2] = 104 \text{ kPa}$$

■

7.5 합성보와 조립보

두께가 얇은 단면보의 파손을 방지하기 위해 단면 안에 가벼운 충전 재료를 사용하여 보의 파손 좌굴을 방지한다. 이와 같이 두 가지 이상의 재료로 구성된 보를 합성보(composite beam)라 한다. 동일 재료로 된 2개 이상의 부분 부재를 접착제, 못, 리벳, 용접 등의 방법으로 조립하여 보의 역할을 수행토록 한 것을 조립보(built up beam)라 한다. 합성보에서는 중립축이 단면의 도심에 위치하지 않을 수 있다. 따라서 합성보에서 중립축의 위치를 찾고, 각 재료에 발생하는 굽힘응력을 알아내는 것은 매우 중요하다. 재료 A, B로 이루어진 균일 단면 합성보를 고려한다(그림 7.13).

두 재료가 하나로 접합되어 있고 변형 전과 변형 후의 단면은 중립축과 평면을 유지한다는 가정을 한다.

$$\varepsilon_x = -\frac{y}{\rho}$$

여기서 ρ는 중립축의 곡률 반경이다. 각 재료에 대해 훅스 법칙을 사용하면

$$\sigma_A = E_A \varepsilon_x = -\frac{E_A y}{\rho}, \quad \sigma_B = E_B \varepsilon_x = -\frac{E_B y}{\rho} \qquad (7.20)$$

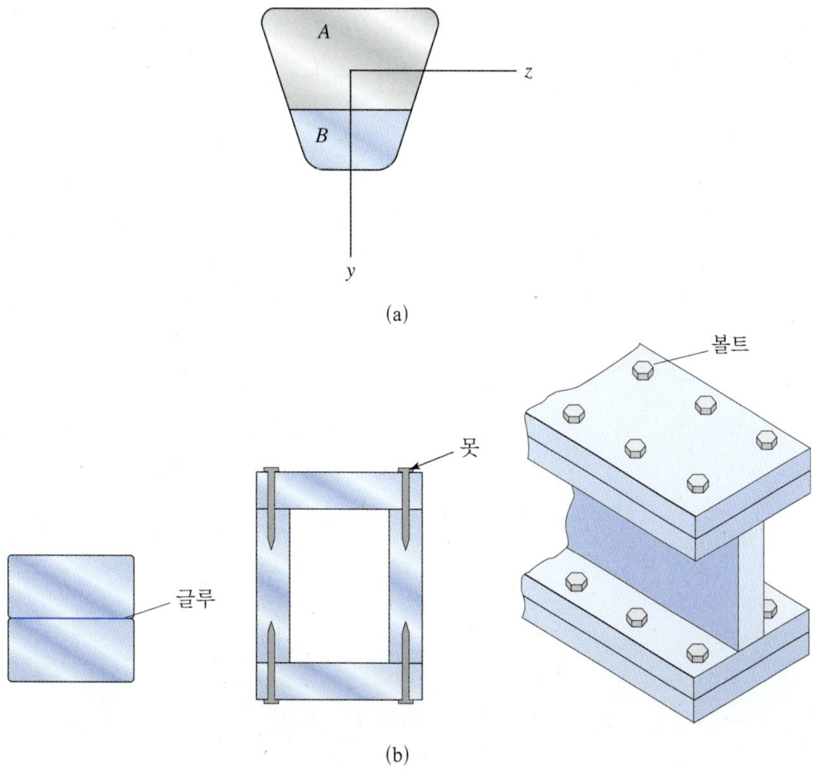

그림 7.13 두 재료로 이루어진 합성보(a)와 조립보의 예(b)

수직응력에 의한 힘의 합력은 0이다.

$$\int_a \sigma_x dA = \int_{A_A} \sigma_x dA + \int_{A_B} \sigma_B dA = 0 \tag{7.21}$$

여기서 A_A와 A_A는 재료의 단면적을 나타낸다. 식 (7.20)을 식 (7.21)에 대입하면

$$E_A \int_{A_A} y dA + E_B \int_{A_B} y dA = 0$$

이 식은 다음과 같이 표시할 수 있다.

$$E_A A_A \overline{y_A} + E_B A_B \overline{y_B} = 0 \tag{7.22}$$

다음은 수직응력에 의한 z축의 모멘트 합은 0이다라는 평형 조건식을 사용하면

$$M = \int_{A_A} y\sigma_A dA + \int_{A_B} y\sigma_B dA = 0$$

이 식에 식 (7.20)을 대입하면

$$M = -\frac{1}{\rho}\left(E_A \int_{A_A} y^2 dA + E_B \int_{A_B} y^2 dA\right)$$
$$= -\frac{1}{\rho}(E_A I_A + E_B I_B)$$

이 식을 곡률 반경 ρ에 대해 풀고 이를 식 (7.20)에 대입하면 각 재료에 대한 수직응력을 구할 수 있다.

$$\sigma_A = \frac{My}{I_A + (E_B/E_A)I_B}, \quad \sigma_B = \frac{My}{I_B + (E_A/E_B)I_A} \tag{7.23}$$

각 재료에 가해지는 굽힘 모멘트는

$$M_A = \int_{A_A} y\sigma_A dA = \frac{I_A}{I_A + (E_B/E_A)I_B} M$$
$$M_B = \int_{A_B} y\sigma_B dA = \frac{I_B}{I_B + (E_A/E_B)I_B} M \tag{7.24}$$

예제

강철과 알루미늄으로 이루어진 균일 단면을 가지는 합성보가 있다. 모멘트 $M = 10$ kN·m를 받을 때 강철과 알루미늄의 수직응력 분포를 구하라. 강철의 탄성계수는 $E_A = 200$ GPa, 알루미늄의 탄성계수는 $E_B = 70$ GPa이다.

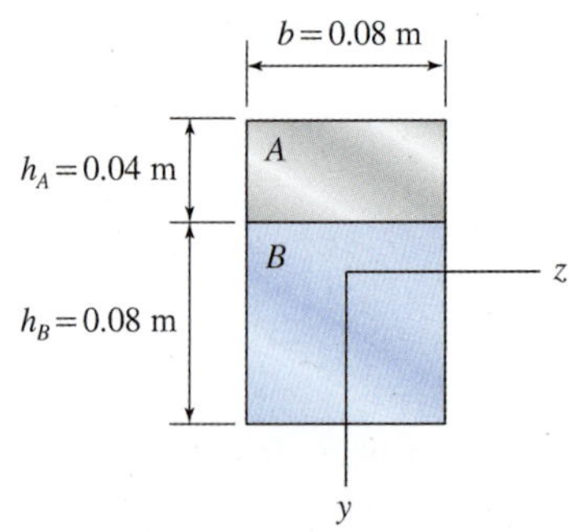

풀이

(a) 중립축 구하기:

도심의 위치를 먼저 구한다. 식 (7.22)로부터 $E_A A_A \overline{y_A} + E_B A_B \overline{y_B} = 0$

$$(200 \times 10^9)(0.04)(0.08)\overline{y_A} + (70 \times 10^9)(0.08)(0.08)\overline{y_B} = 0$$

$$640\overline{y_A} + 448\overline{y_B} = 0$$

그림 (a)로부터

$$\overline{y_B} - \overline{y_A} = 0.08 - 0.02 = 0.06 \text{ m}$$

이 두 식을 풀면

$$\overline{y_A} = -0.0247 \text{ m}, \ \overline{y_B} = 0.0353 \text{ m}$$

중립축은 면적 A의 도심에서 0.0247 m 아래(면적 B의 도심에서 0.0353 m 위)에 있다.

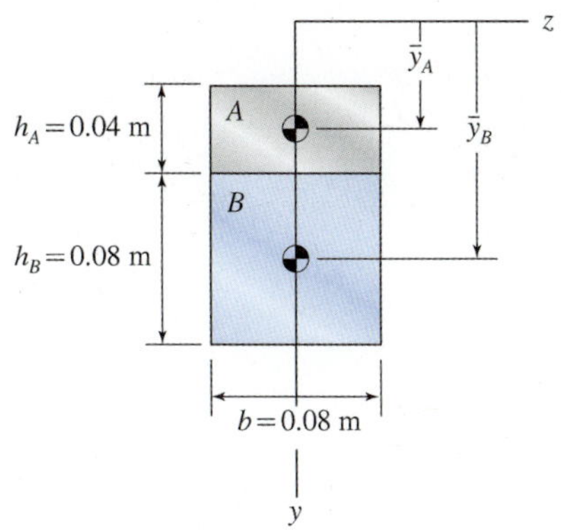

(a)

(b) z축에 대한 두 면적의 관성 모멘트:

• 평행축 정리를 사용

$$I_A = \frac{1}{12} b h_A^3 + A_A \overline{y_A^2} = \frac{1}{12}(0.08)(0.04)^3 + (-0.0247)^2(0.04)(0.08) = 2.38 \times 10^{-6} \text{ m}^4$$

$$I_B = \frac{1}{12} b h_B^3 + A_B \overline{y_B^2} = \frac{1}{12}(0.08)(0.08)^3 + (0.0353)^2(0.08)(0.08) = 11.38 \times 10^{-6} \text{ m}^4$$

• 수직응력 분포:

$$\sigma_A = \frac{My}{I_A + (E_B/E_A)I_B} = \frac{10{,}000y}{2.38 \times 10^{-6} + (70/200)(11.38 \times 10^{-6})} = 1.57y \text{ GPa}$$

$$\sigma_B = \frac{My}{I_B + (E_A/E_B)I_A} = \frac{10{,}000y}{11.38 \times 10^{-6} + (200/70)(2.38 \times 10^{-6})} = 0.55y \text{ GPa}$$ ■

예제

다음과 같은 목재로 만들어진 조립보에서 보의 중앙에 수직 하중 P가 작용하고 있다. 이 하중을 견디기 위한 조립보의 나사못 간격 e를 계산하라. 목재의 굽힘강도 $\sigma_w = 6.8$ MPa이다. 못의 전단 허용하중은 $F = 3000$ N이다.

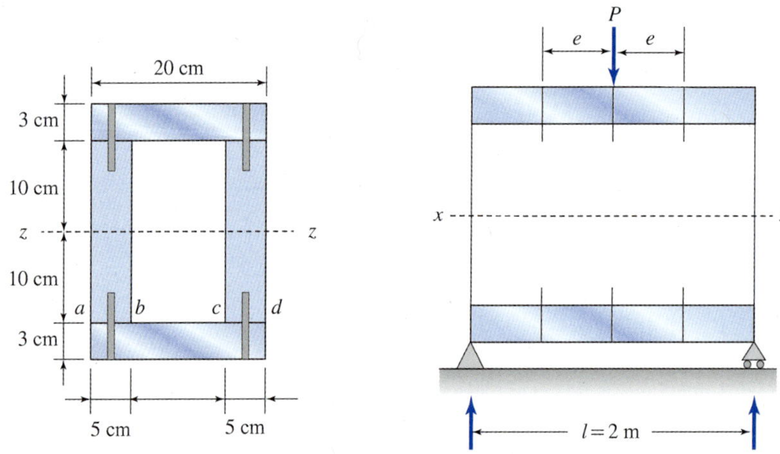

풀이

단면의 중립축 $z-z$에 관한 관성 모멘트는

$$I_z = \frac{20 \times (26)^3}{12} - \frac{10 \times (20)^3}{12} = 22{,}600 \text{ cm}^4 = 22{,}600 \times 10^{-8} \text{ m}^4$$

단면계수 $Z = \dfrac{I}{c} = \dfrac{22{,}600}{13} = 1740 \text{ cm}^3$ 이다.

최대 굽힘 모멘트의 크기는 $M_{\max} = PL/4$

$$\sigma_{\max} = \frac{M}{Z} = \frac{P(2)}{4(1740 \times 10^{-6})} = 6.8 \times 10^6 \text{ N/m}^2$$

따라서 $P = 23{,}664$ N 보의 각 단면의 전단력은 $P/2 = 11{,}832$ N

단면이 결합 위치 ab와 cd 이하 부분의 1차 면적 모멘트 $Q = 20(3)(11.5) = 690 \times 10^{-6}\text{m}^3$

$$\tau = \frac{VQ}{Ib} = \frac{(11{,}832\ \text{N})(690 \times 10^{-6}\text{m}^3)}{(22{,}600 \times 10^{-8})(2 \times 0.05)} = 361{,}240\ \text{Pa}$$

수평전단력과 나사못의 간격 e로부터

$$\tau = \frac{2V_1}{2(0.05)(e)}$$

$$V_1 = \frac{1}{2}(0.1e \times \tau)\ \text{따라서}\ e = \frac{3000}{0.05 \times 361{,}240} = 0.166\ \text{m}$$ ■

예제

50 mm×100 mm 크기의 3가지 나무부재가 접착된 단면을 가진 외팔보가 있다. 외팔보의 길이는 3.0 m이다. 끝단에서 집중하중 P가 가해진다. 각 요소 부재 사이의 접착강도가 $\tau = 200$ kPa이라면 최대 하중 P_{max}를 구하라.

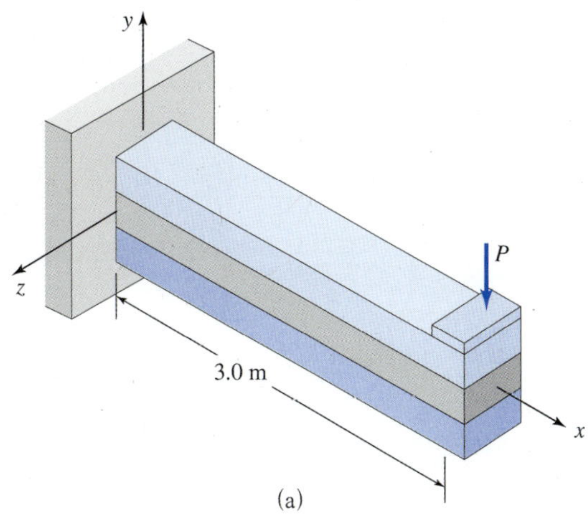

(a)

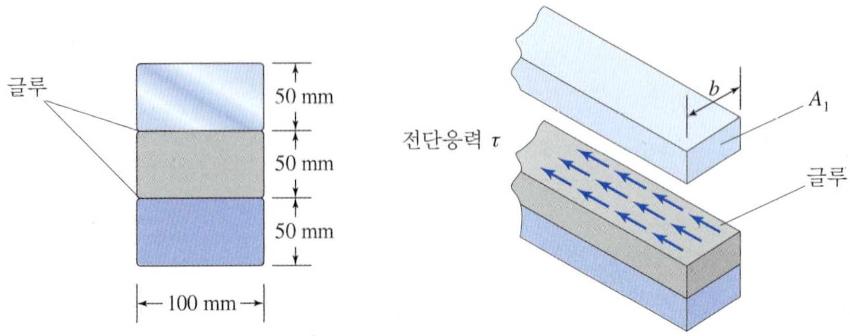

풀이

맨 위의 요소와 중간부의 요소 사이에서 전단응력이 발생한다.

$$\tau = \frac{VQ}{I_z b}$$

여기서 $V = -P$이다. 단면적 A_1의 1차 면적 모멘트는

$$Q = \overline{y_1} A_1 = 50(50 \times 100) = 2.5 \times 10^5 \text{ mm}^3 = 2.5 \times 10^{-4} \text{ m}^3$$

중립축에 대한 전체 단면적의 극관성 모멘트는

$$I = \frac{1}{12} bh^3 = \frac{1}{12}(100)(150)^3 = 2.812 \times 10^7 \text{ mm}^4 = 2.812 \times 10^{-5} \text{ m}^4$$

그리고 $b = 100$ mm $= 0.1$ m이다.

따라서 최대 하중은 $P_{\max} = \dfrac{\tau I_z b}{Q} = \dfrac{(200 \times 10^3)(2.815 \times 10^{-5})(0.1)}{2.5 \times 10^{-4}} = 2.25 \text{ kN}$

이 하중에서의 보의 최대 수직응력과 중립축에서의 최대 전단응력은

$$\sigma = \frac{My}{I_z} = \frac{(2.25)(3)(75 \times 10^{-3})}{2.812 \times 10^{-5}} = 18 \text{ MPa}$$

$$\tau = \frac{3V}{2A} = 1.5 \frac{1.125}{0.1 \times 0.15} = 112.5 \text{ kPa}$$

■

7장 요약

1. 균일한 단면을 가지는 보가 임의의 하중을 받을 때 축 방향 좌표를 x라 할 때 단면에서의 중립축의 곡률 반경은 다음 식과 같다.

$$\frac{1}{\rho}=-\frac{M}{EI},\quad \sigma_x = E\,\varepsilon_x = -E\,\frac{y}{\rho}=\frac{My}{EI}$$

수직응력 분포는

$$\sigma=\frac{My}{I}$$

2. 균일한 단면을 가지는 보의 경우 단면에 횡하중을 받을 시 길이 b에 수직한 평균 전단응력은

$$\tau_{av}=\frac{VQ}{Ib}$$

여기서 $Q=A'\bar{y}'$

1차 면적 모멘트이다. I는 z축에 대한 보 단면의 관성 모멘트이다.

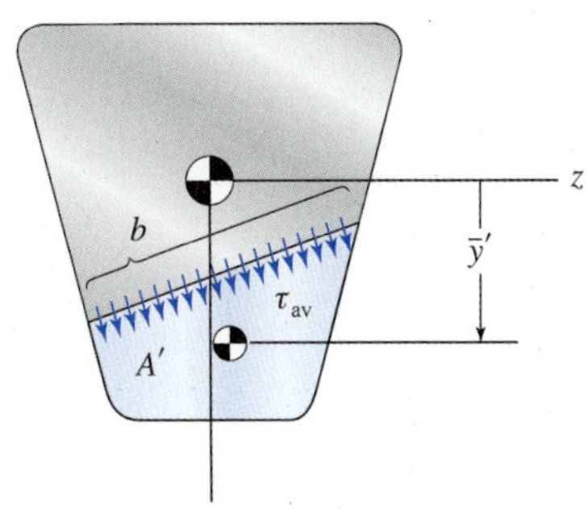

(a) 직사각형 단면 보의 경우

$$\tau_{av}=\frac{VQ}{Ib}=\frac{6V}{bh^3}[(\frac{h}{2})^2-(y')^2]$$

이 경우 $y'=0$이므로 $\frac{3}{2}\frac{V}{bh}=\frac{3}{2}\frac{V}{A}$이다.

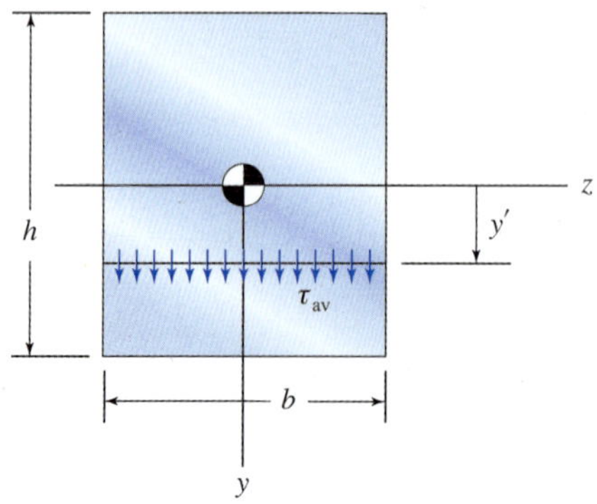

(b) 원형 단면의 경우

$$\tau_{max} = \frac{VQ}{Ib} = \frac{V(D^3/12)}{(\pi D^4/64)(D)} = \frac{64V}{12\pi D^4} = \frac{16V}{12(\pi D^2/4)} = \frac{16V}{12A}$$

$$\tau_{max} = \frac{4V}{3A} \tag{7.18}$$

3. 합성보의 경우 각 재료의 수직응력 분포

각 재료에 대한 수직응력을 구할 수 있다.

$$\sigma_A = \frac{My}{I_A + (E_B/E_A)I_B},\ \sigma_B = \frac{My}{I_B + (E_A/E_B)I_A} \tag{7.23}$$

▩ 7장 연습문제

7.1 강철로 만들어진 외팔보가 끝단에서 집중하중 $P=7$ kN을 받고 있다. 보의 단면은 대칭인 I 형상을 가진다. 보의 최대 전단응력을 결정하라. 보의 자체 무게는 무시하라.

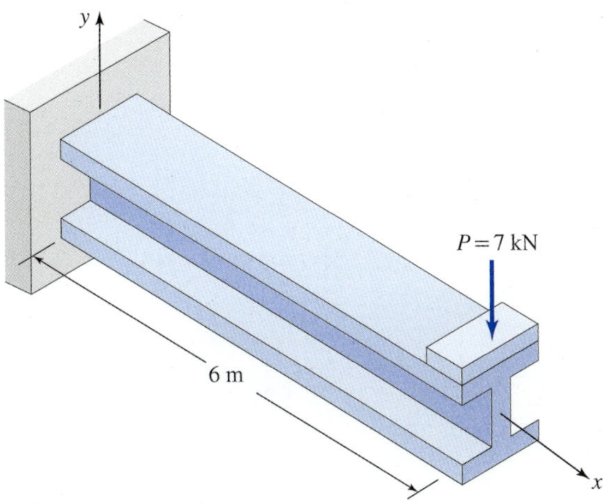

(a)

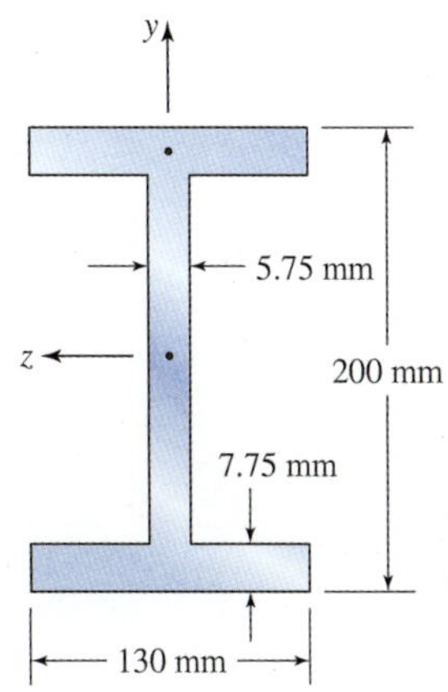

(b)

7.2 다음과 같은 분포하중을 받고 있는 단순 지지보의 최대 인장 압축 하중을 구하라. 두께 $t=50$ mm이다.

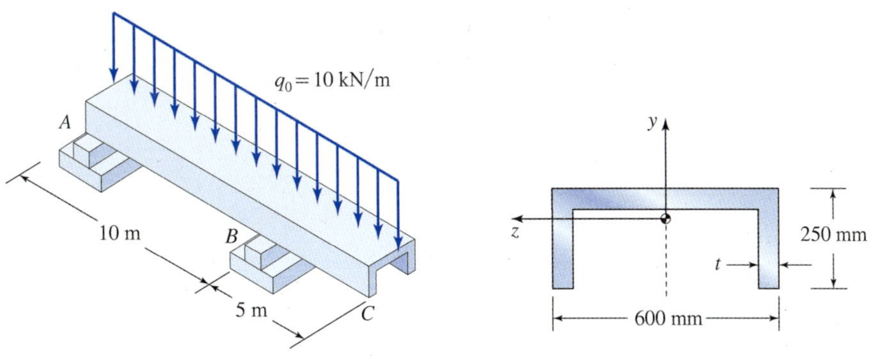

7.3 7.2번 문제에서 단면 두께 $t=70$ mm일 때 각 위치에서의 응력을 구하라.

7.4 황동과 강철로 이루어진 합성보가 순수 굽힘 모멘트 $M = 2\ \mathrm{kN \cdot m}$를 받고 있다. 단면의 형상은 그림과 같고 황동과 강철의 탄성계수는 각각 $E_s = 200$ GPa, $E_b = 100$ GPa이다. 각 재료의 단면에서의 최대 수직응력을 구하라.

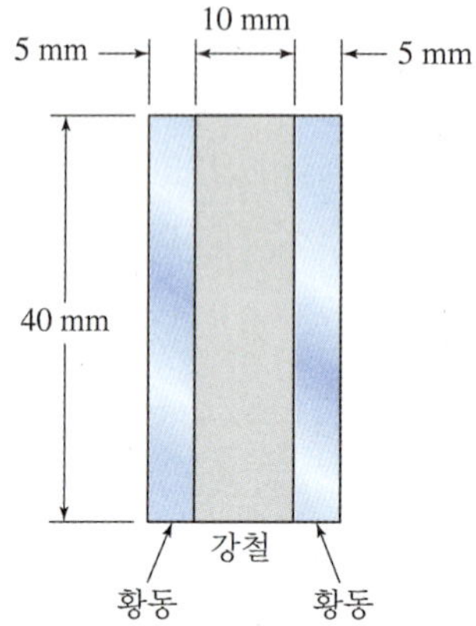

7.5 선형적으로 변하는 분포하중을 받고 있는 보의 점 Q에서의 수직응력을 구하라.

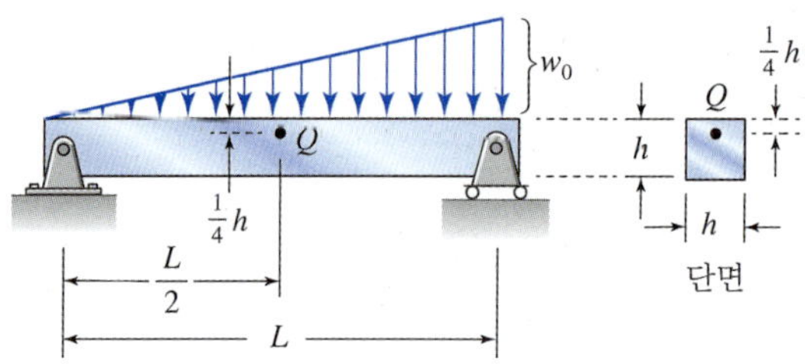

7.6 다음과 같은 굽힘하중을 받고 있는 보의 최대 응력의 크기와 위치를 구하라.

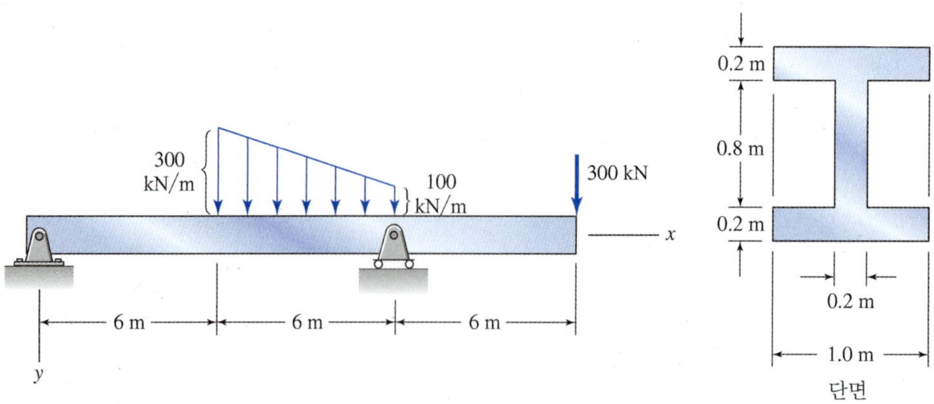

7.7 단순 지지보의 일부분에서 균일 분포하중 $w_o = 6$ kN/m를 받고 있다. 보의 중앙 단면에서의 최대 전단응력을 구하라. 또한 $y = 0.024$ m에서의 전단응력을 구하라.

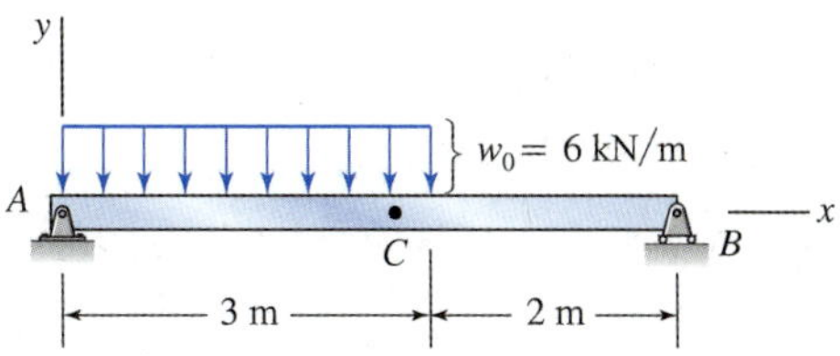

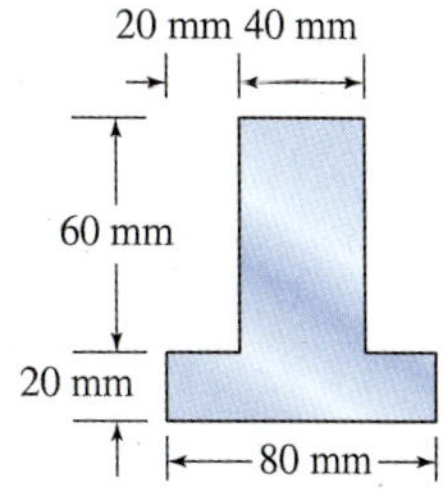

7.8 단면이 정사각형, 직사각형, 원형인 보일 경우 각각의 굽힘 강도를 비교하라.

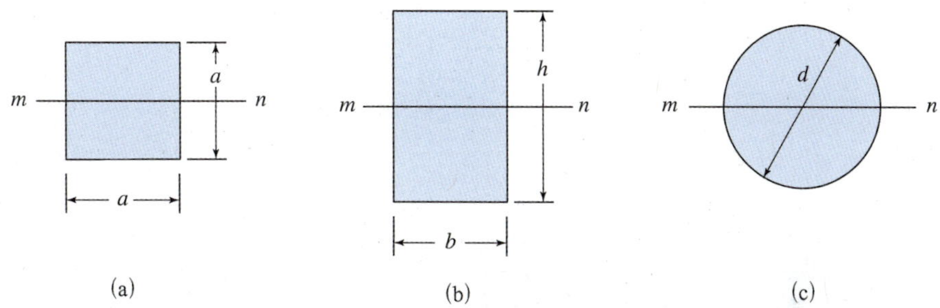

7.9 T형 단면의 웹의 최상단 $a-a$에서의 1차 면적 모멘트 Q를 계산하라.

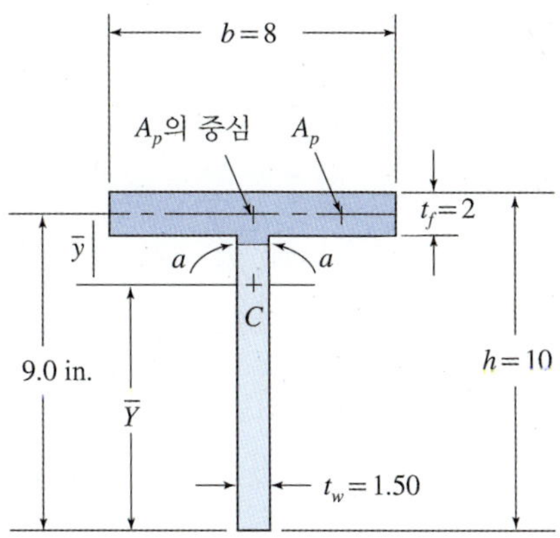

7.10 평판 목재에 4개의 못을 사용하여 단면보를 만든다. 못의 간격 $e = 60$ mm이다. 이 단면이 4 kN의 전단력을 받을 때 못 하나에 가해지는 전단력과 보의 상단에서 40 mm가 되는 단면에서의 전단력을 구하라.

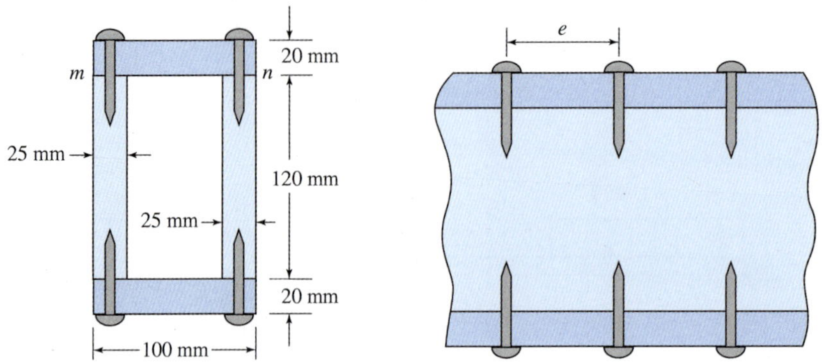

7.11 다음의 보는 3개의 널판지로 접착되어 만들어져 있다. 보의 단면 $n-n$에서 각 조인트의 평균 전단응력을 구하라. 도심의 위치는 스케치에 표시되어 있다. 도심에서의 관성 모멘트 $I = 8.63 \times 10^{-6}\text{m}^4$ 이다.

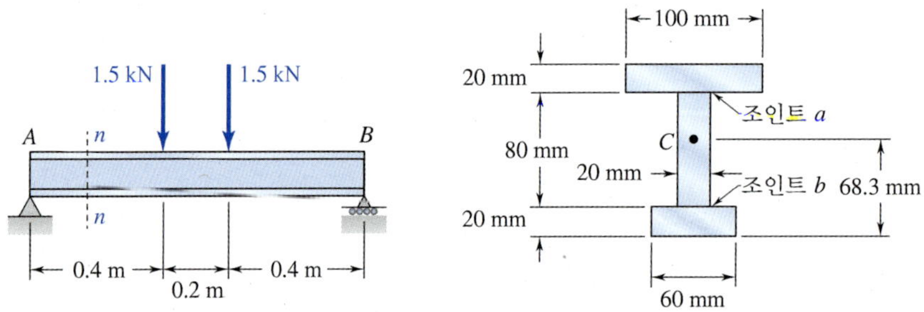

7.12 사각형 튜브 단면을 가지는 알루미늄으로 만든 보의 안전계수를 3으로 하여 굽힘 모멘트 M을 계산하라. 튜브의 곡률 반경을 결정하라. 재료의 탄성계수는 $E = 70$ GPa, 항복강도는 $\sigma_y = 150$ MPa, 극한강도는 $\sigma_u = 300$ MPa이다.

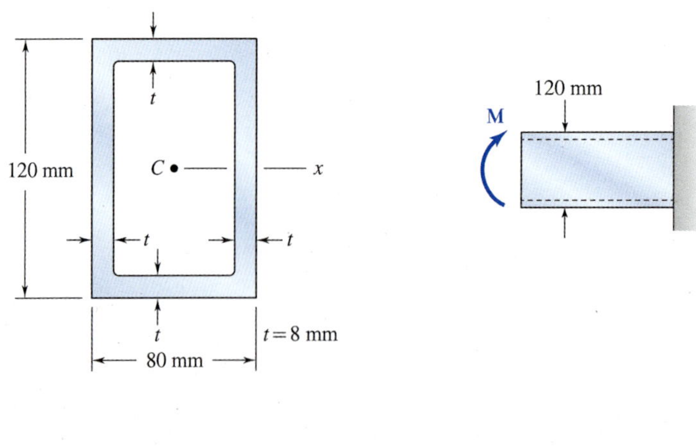

7.13 중공축 단면에서의 $\tau_{\max}$를 계산하라.

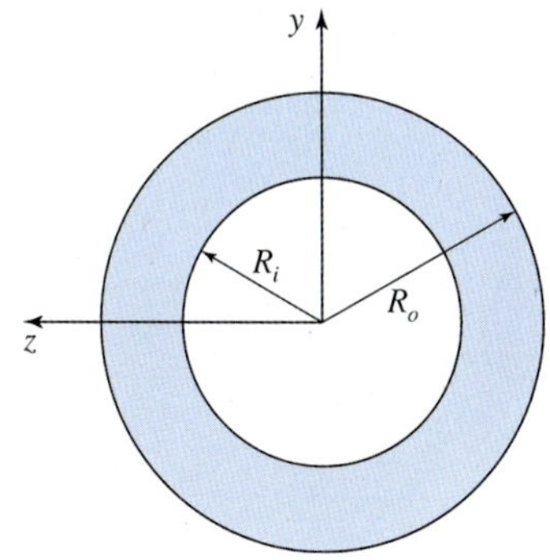

7.14 중실축과 중공축의 단면을 가지는 두 가지 보의 경우 동일하게 횡하중을 받고 있다. 이 두 가지 경우 최대 수직응력과 최대 전단응력의 비를 구하여 비교하라. d_s는 중공축의 직경이고, d_o와 d_i는 중공축의 외경과 내경이다. 그리고 $d_i = 0.8d_o$이다. 길이와 무게도 동일하다.

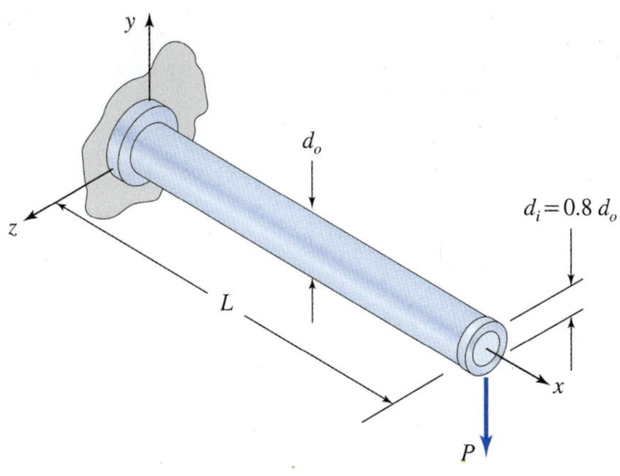

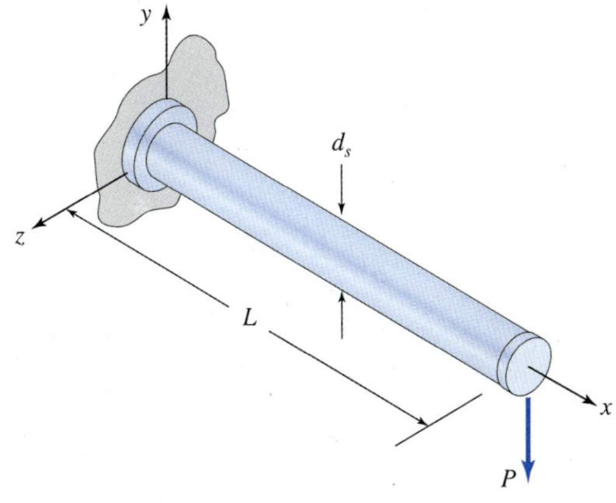

7.15 다음과 같은 단면을 가지는 외팔보의 끝단에 가할 수 있는 최대 하중 P_{max}를 계산하라. 접착재의 전단강도 $\tau = 100$ kPa이다.

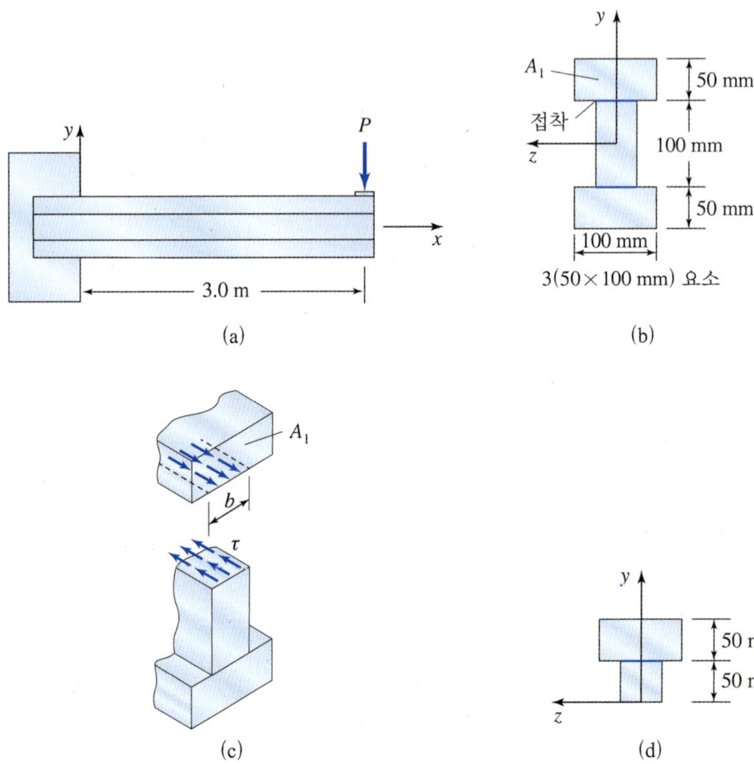

8 장 재료의 파손 및 파괴 기준

목표

1. 취성 재료의 파손 기준을 이해해야 한다.
2. 소성 재료의 파손 기준을 이해해야 한다.
3. 인장강도와 압축강도가 다른 경우 파손 기준을 이해해야 한다.
4. 피로파괴와 내구한도를 이해해야 한다.
5. Goodman 이론을 이해해야 한다.

8.1 서론

기계 및 구조물 설계자는 설계 시 요구 조건과 구속 조건을 만족토록 설계해야 하지만 파손을 피하는 설계는 매우 중요하다. 일반적으로 보와 같은 단순한 구조물에서 축하중, 비틀림 하중을 받거나 굽힘하중을 받는 경우 단순한 응력이 발생한다. 이 경우 간단한 파손이론을 적용하여 파손을 예측할 수 있다. 하지만 일반 기계 구조물은 다양한 재료와 복잡한 형상의 3차원의 구조를 가지므로 정확한 응력을 찾아내어 적절한 파손이론을 사용, 파손 여부를 예측하는 일은 쉽지 않다. 이 장에서는 먼저 과하중 혹은 단일 하중에 적용될 수 있는 판별 기준식을 논하고, 다음으로 반복 혹은 피로하중의 판별식을 다룬다.

8.2 파손(failure)

파손의 형태는 탄성 및 소성 그리고 시간 종속적인 크립에 의한 과변형으로 인한 파손과 정적인 하중에 의한 파단과 반복하중에 의한 파단으로 인한 파손이 있다. 이러한 파단 시 재료에 따라 크게 취성(brittle)파단과 연성(ductile)파단이 있는데, 재료에 따라 파단 방식은 다르다. 일반적으로 연성재료의 경우 파단은 항복의 시작과 함께 일어나는 것으로 정의하며, 취성재료의 경우 균열이 개시될 때, 즉 부서지거나 파괴될 때 발생한다고 간주한다. 다시 말하면 축하중을 받는 봉의 항복은 재료의 항복응력 σ_Y를 초과할 때 발생하며 극한강도 σ_u에 이르면 파괴가 일어난다. 다음은 2축 이상의 응력 상태에 있을 때 사용할 수 있는 기준을 설명한다.

8.2.1 최대 수직응력 기준(maximum normal stress criterion)

이 기준은 큰 소성변형을 가지지 않는 취성재료에 적합하며 다음의 조건에서 파손이 일어난다.

$$\mathrm{Max}(|\sigma_1|, |\sigma_2|, |\sigma_3|) = \sigma_u \tag{8.1}$$

여기서 σ_1, σ_2, σ_3는 주응력이며 σ_u는 극한강도이다. 절댓값의 의미는 재료가 인장과 압축에서 같은 강도를 가짐을 의미한다. 평면응력하에서 이 기준을 도식적으로 표시하면 그림 8.1과 같다.

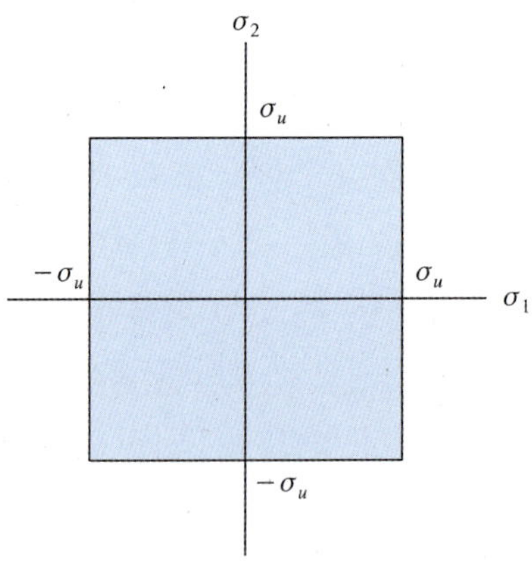

그림 8.1 평면응력하에서의 최대 주응력 판별식의 도식적 표현

만일 안전계수를 사용할 시에는 우변의 σ_u 대신에 설계허용 응력인 $\sigma_{allow} = \dfrac{\sigma_u}{SF}$를 사용해야 한다.

예제

다음 그림의 초고강도강(ultra high strength steel)의 봉이 축 방향 인장응력 σ와 횡 압축하중 p를 받고 있다. 이 재료는 인장과 압축하에서의 극한강도가 300 ksi인 취성재료이다. 만약 압력과 축응력이 $\sigma = 2p$의 비율로 작용한다면 봉이 파손을 일으키게 되는 압력 p를 결정하라.

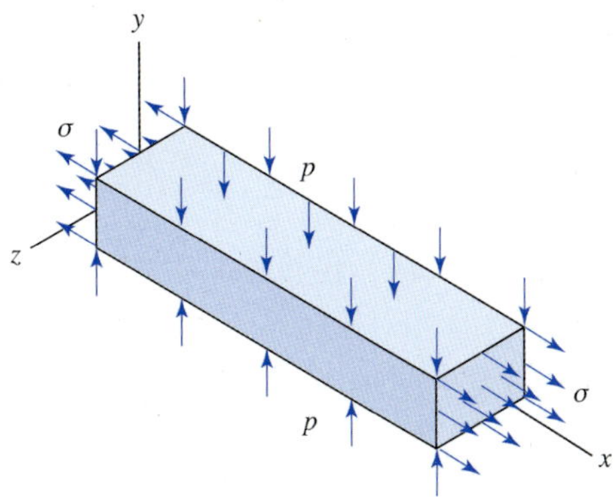

풀이

여기서 $\sigma_x = \sigma$이고 $\sigma_y = -p$이다. 주응력 $\sigma_1 = \sigma$, $\sigma_2 = -p$이고 $\sigma_3 = 0$이다. 축 응력과 압력의 관계는 $\sigma = 2p$로 주어졌으므로 판별식은 다음과 같다.

$$\text{Max}(|\sigma_1|, |\sigma_2|, |\sigma_3|) = \sigma_u, \ \text{Max}(|2p|, |-p|, |0|) = 300 \text{ ksi}$$

$2p = 300$ ksi로부터 파손 압력 p는 150 ksi임을 알 수 있다. 하중이 작용할 때 $\sigma_2 = -p$, $\sigma_1 = 2p$이므로 $\sigma_2 = -0.5\,\sigma_1$의 직선을 따른다. 하중 경로가 다음의 경계선에 이르면 파손에 이르고, 이때 $\sigma_1 = 2p = 300$ ksi이다. ■

8.2.2 Mohr의 파손 기준

평면응력을 받는 취성 재료의 인장과 압축에서의 파단강도가 다른 경우는 Mohr의 파손이론을 사용한다. 특히 콘크리트나 유리 같은 재료의 경우 압축응력이 인장응력보다 큰 경우에 사용한다. 이전의 최대 주응력 판별식과는 2상한과 4상한에서 다르다. 이유는 극한 인장응력(σ_u^c)과 극한 압축응력(σ_u^c)과는 다르기 때문이다. 다음 그림 8.2를 가지고 설명하면 이해가 빠를 것이다. 그림 8.2(b)에서 오른쪽 원은 $\sigma_1 = \sigma_u^t$, $\sigma_2 = 0$일 때의 응력 상태를 그린 모아원이고, 왼쪽 원은 $\sigma_1 = 0$이고 $\sigma_2 = -\sigma_u^c$일 때의 모아원이다. Mohr는

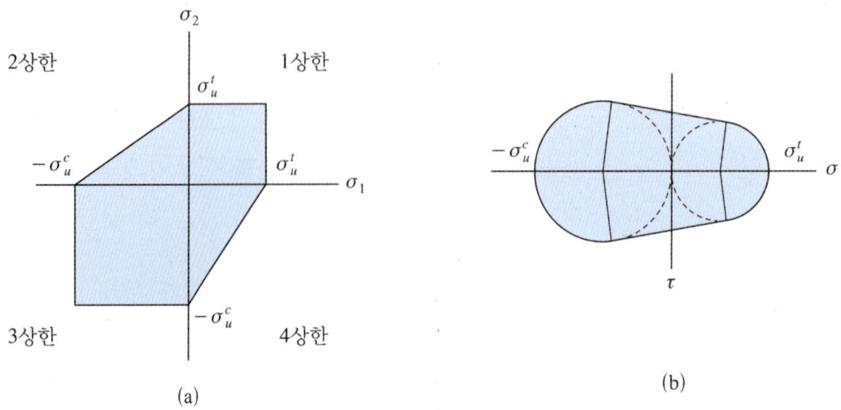

그림 8.2 평면응력에서의 (a) Mohr 파손 기준의 도식적 표현 (b) 2, 4상한에서의 파손 경계

$\sigma-\tau$상의 파손경계를 이들 두 개의 원과 이들 원의 각각의 접점을 연결하는 직선으로 정의하였다.

1상한(first quadrant)에서의 파손은 다음 조건에서 일어난다.

$$\sigma_1 = \sigma_u^t \text{ 혹은 } \sigma_2 = \sigma_u^t \tag{8.2}$$

에서 발생한다. 3상한에서는

$$\sigma_1 = -\sigma_u^c \text{ 혹은 } \sigma_2 = -\sigma_u^c \tag{8.3}$$

2상한에서의 파손은 σ_1과 σ_2가 다음 직선상에 놓여 있을 때 발생한다.

$$\sigma_2 = \sigma_u^t + \frac{\sigma_u^t}{\sigma_u^c}\sigma_1 \tag{8.4}$$

4상한에서의 파손은 σ_1과 σ_2가 다음 직선상에 놓여 있을 때 발생한다.

$$\sigma_2 = -\sigma_u^c + \frac{\sigma_u^c}{\sigma_u^t}\sigma_1 \tag{8.5}$$

예제

예비 설계 시 기계 구조물의 표면 한 점에서의 응력이 다음과 같았다.
$\sigma_x = \sigma_y = -75$ ksi이고, $\tau_{xy} = 175$ ksi인 평면응력 상태임을 알게 되었다. 사용되는 재료의

극한 인장강도와 극한 압축강도는 각각 $\sigma_u^t = 150$ ksi, $\sigma_u^c = 300$ ksi이다. Mohr의 파손 기준을 사용할 때 위의 예비 설계 시 응력 상태는 안전한가?

풀이

$$\sigma_{1,2} = \frac{\sigma_x + \sigma_y}{2} \pm \sqrt{(\frac{\sigma_x - \sigma_y}{2})^2 + \tau_{xy}^2}$$
$$= \frac{-75-75}{2} \pm \sqrt{(\frac{-75+75}{2})^2 + (175)^2} = 100 \text{ ksi}, -250 \text{ ksi}$$

응력 상태는 4상한에 있다. 4상한에서의 파손 식(식 8.5)을 대입하면

$$\sigma_2 |_{\text{경계}} = -\sigma_u^c + \frac{\sigma_u^c}{\sigma_u^t}\sigma_1 = -300 + (\frac{300}{150})100 = -100 \text{ ksi}$$

설계값 $\sigma_2 = -250$ ksi는 위의 값 이하에 있으므로, 즉 파손 경계 밖에 놓여 설계대로 이루어지면 재료는 파손된다. ■

8.2.3 최대 전단응력(maximum shear stress; Tresca) 기준

이 판별식은 Tresca 기준식이라고도 한다. 이 판별식은 극한강도에 도달하기 전에 항복이 발생하는 연성재료에 대해 유효한 판별식이다. 재료가 항복강도에 도달해도 파단되지는 않지만 영구변형이 발생하여 고유한 구조물의 성능을 잃어버릴 수도 있다. 항복강도에 도달했을 때 소성변형은 슬립 혹은 전단변형의 과정을 통해 일어난다. 연성구조재료에서의 항복을 결정하기 위해서는 얇은 튜브에 비틀림 하중을 가하는 실험으로부터 결정할 수 있다. 중심 반경 R에 토크 T가 작용할 때 이때의 전단응력은 식 (8.6)과 같이 계산될 수 있다.

$$\tau = \frac{T}{2\pi R^2 t} \tag{8.6}$$

이러한 방법으로 순수 전단 실험을 통해 항복응력 τ_y을 결정할 수 있다. 이 방법은 다양한 재료의 실험상의 어려움으로 인해 다른 방법을 사용하게 되었다. 봉에다 축하중을 가하는 손쉬운 실험을 통하여 최대 전단강도를 결정할 수 있다. 봉이 축하중에 의해 수직응력을 받고 있다면 최대 전단응력 $\tau = \frac{\sigma}{2}$이 된다. 따라서 재료의 항복강도를 알면 식 (8.7)에 의해 전단강도를 결정할 수 있다.

$$\tau_y = \frac{\sigma_y}{2} \tag{8.7}$$

이 기준에 의하면 항복은 최대 전단응력의 절댓값이 재료의 전단 항복강도 값 τ_y와 같을 때 발생된다고 가정한다.

$$\mathrm{Max}\left(\left|\frac{\sigma_1-\sigma_2}{2}\right|, \left|\frac{\sigma_2-\sigma_3}{2}\right|, \left|\frac{\sigma_1-\sigma_3}{2}\right|\right) = \tau_y = \frac{\sigma_y}{2} \tag{8.8}$$

식 (8.7)과 식 (8.8)을 사용하면 식 (8.9)가 된다.

$$\mathrm{Max}(|\sigma_1-\sigma_2|, |\sigma_2-\sigma_3|, |\sigma_1-\sigma_3|) = \sigma_y \tag{8.9}$$

평면응력의 경우 $\sigma_3 = 0$이므로 식 (8.9)는 식 (8.10)과 같이 간략화된다.

$$\mathrm{Max}(|\sigma_1-\sigma_2|, |\sigma_2-0|, |\sigma_1-0|) = \mathrm{Max}(|\sigma_1-\sigma_2|, |\sigma_2|, |\sigma_3|) = \sigma_y \tag{8.10}$$

3차원에서의 Tresca 등가응력은 다음과 같다.

$$\sigma_T = \mathrm{Max}(|\sigma_1-\sigma_2|, |\sigma_2-\sigma_3|, |\sigma_1-\sigma_3|) \tag{8.11}$$

Tresca 안전계수는 식 (8.12)로 정의한다.

$$S_T = \frac{\sigma_y}{\sigma_T} \tag{8.12}$$

2차원에서 $|\sigma_1-\sigma_2| = \sigma_y$에서 $\frac{\sigma_1}{\sigma_y} - \frac{\sigma_2}{\sigma_y} = \pm 1$

8.2.4 von Mises 응력 기준(distortion energy criterion)

최대 변형에너지(maximum distortion energy)로 알려진 이론은 von Mises 이론으로도 알려져 있다. 이 관계식은 변형에너지를 사용하여 유도할 수 있으므로 비틀림 에너지 기준으로도 알려져 있다. 연성재료의 경우 다음 식이 만족될 때 항복이 일어난다고 가정한다. 즉, 항복에 의한 파손은 물체 내의 한 점에서 단위 체적당 변형에너지, 즉 에너지 밀도가 단순 인장 시의 항복응력과 관련된 변형에너지 밀도와 같을 때 발생한다.

$$\frac{1}{2}[(\sigma_1 - \sigma_2)^2 + (\sigma_2 - \sigma_3)^2 + (\sigma_1 - \sigma_3)^2] = \sigma_y^2 \tag{8.13}$$

평면응력하에서의 항복 기준은 $\sigma_3 = 0$이므로 식 (8.13)에 대입하면 다음과 같이 간단한 타원식(식 8.14)을 갖는다.

$$\sigma_1^2 - \sigma_1\sigma_2 + \sigma_2^2 = \sigma_y^2 \tag{8.14}$$

von Mises 등가응력은 다음과 같다.

$$\sigma_e = \frac{1}{\sqrt{2}}\sqrt{(\sigma_1 - \sigma_2)^2 + (\sigma_2 - \sigma_3)^2 + (\sigma_1 - \sigma_3)^2} \tag{8.15}$$

이를 일반응력으로 나타내면 식 (8.16)과 같다.

$$\sigma_e = \frac{1}{\sqrt{2}}\sqrt{(\sigma_x - \sigma_y)^2 + (\sigma_y - \sigma_z)^2 + (\sigma_x - \sigma_z)^2 + 6(\tau_{xy}^2 + \tau_{xz}^2 + \tau_{yz}^2)} \tag{8.16}$$

von Mises 안전계수는

$$S_M = \frac{\sigma_y}{\sigma_e} \tag{8.17}$$

로 정의한다.

평면응력하에서 Tresca 파손 조건과 von Mises 파손응력을 도식적으로 표현하면 다음 그림 8.3과 같다.

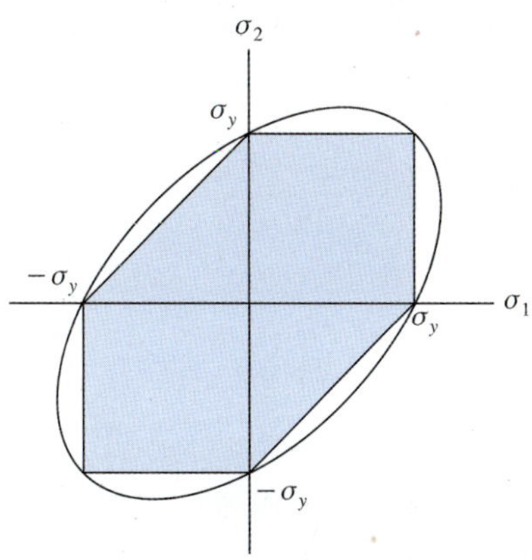

그림 8.3 Tresca 및 von Mises 판별식의 도식적 표현

예제

반구 끝단의 반지름 $R=2$ m이고, 벽두께 $t=10$ mm인 원통형 압력용기가 항복응력 $\sigma_y = 1800$ MPa인 강으로 만들어져 있다. 내부압력 $p=2$ MPa일 때 Tresca 안전계수와 von Mises 안전계수를 비교하라.

풀이

용기의 주응력은 원주응력과 축응력으로 $\sigma_1 = \dfrac{pR}{t}$, $\sigma_2 = \dfrac{pR}{2t}$, $\sigma_3 = 0$이다.

Tresca 등가응력은

$$\sigma_T = \text{Max}(|\sigma_1 - \sigma_2|, |\sigma_2 - \sigma_3|, |\sigma_1 - \sigma_3|) = \frac{pR}{t} = \frac{(2\times 10^6)(2)}{0.01} = 400 \text{ MPa}$$

따라서 Tresca 안전계수는 $S_T = \dfrac{\sigma_y}{\sigma_T} = \dfrac{1800}{400} = 4.5$

von Mises 등가응력은

$$\begin{aligned}\sigma_e &= \frac{1}{\sqrt{2}}\sqrt{(\sigma_1-\sigma_2)^2+(\sigma_2-\sigma_3)^2+(\sigma_1-\sigma_3)^2}\\ &= \frac{\sqrt{3}\,pR}{2t}\\ &= \frac{\sqrt{3}\,(2\times 10^6)(2)}{2(0.01)}\\ &= 346 \text{ MPa}\end{aligned}$$

따라서 von Mises 안전계수는 $S_M = \dfrac{\sigma_y}{\sigma_e} = \dfrac{1800}{346} = 5.2$이다. ■

8.3 피로파괴

하중이 수천 번 혹은 수만 번 반복 시에는 파단은 정적 파단강도보다 훨씬 낮은 강도 값에서 발생한다. 이러한 현상을 피로(fatigue)라 한다. 피로는 반복하중 혹은 변동하중을 받고 있는 구조물이나 기계부품 설계 시에는 고려해야 한다. 피로파손은 재료가 연성인 재료일지라도 파손 시에는 취성파손의 성질을 가지기도 한다. 하중의 수명 사이클,

즉 반복하중 횟수는 부품이 사용되는 유효 기간 동안 예측될 수 있다. 이러한 수명은 가해지는 반복하중의 크기 등과 같은 주변 환경에 따라 변한다. 예를 들면, 산업용 크레인의 지지보는 25년 내에 2백만 번에 걸쳐 반복하중을 받고 있다(작업 하루당 300번 하중작업 시로 가정). 또 다른 예는 자동차의 크랭크 샤프트로 200,000마일 주행 시 5억 번의 반복하중을 받는다. 또 반복하중이 완전 역전하중 시에는 더욱 더 심각한 파손이 쉽게 생긴다.

반복하중 시 파손까지의 반복 횟수는 시편을 사용한 실험을 통해 얻어진다. 일련의 시편을 가지고 각각 다른 응력 레벨에서 실험을 수행하면 S−N 선도를 구할 수 있다. 금속의 전형적인 S−N 선도는 그림 8.4에 있다. 가해지는 응력레벨이 클수록 짧은 사이클 회수에서 파손이 발생함을 알 수 있다. 내구한도(endurance limit) 혹은 피로한도(fatigue limit)는 파손이 발생하지 않는 임계응력의 크기로 내구한도 이하의 응력에서는 무한대의 반복 횟수에서도 파손이 발생하지 않는다. 즉, 무한수명을 갖는다. 저탄소강의 경우는 내구한도(x축의 10^6사이클에 해당하는 y축의 응력)는 보통 극한강도 σ_u의 50%에 해당한다.

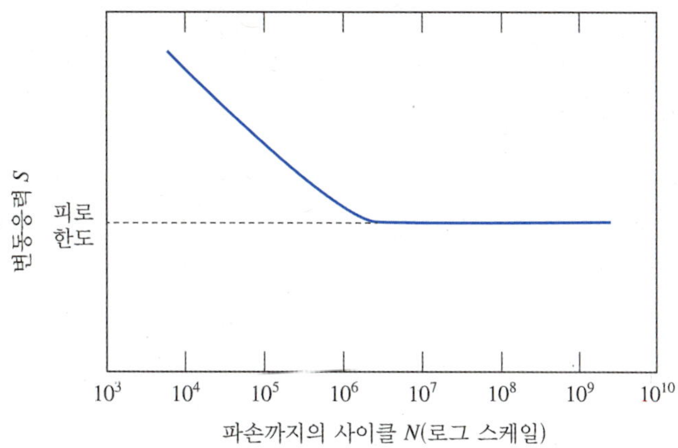

그림 8.4 전형적인 S–N 선도와 피로한도

완전 역전하중의 경우 평균응력 $\sigma_m = \dfrac{\sigma_{\max} + \sigma_{\min}}{2} = 0$이다. 하지만 평균응력이 0이 아닌 경우 이를 고려한 수명 예측식이 필요하다. 잘 알려진 식은 Goodman 식이다. 이 식을 사용하면 평균응력의 영향을 고려한 수명 예측을 할 수 있다. 피로 해석 시 사용되는 응력기호는 그림 8.5에 있다.

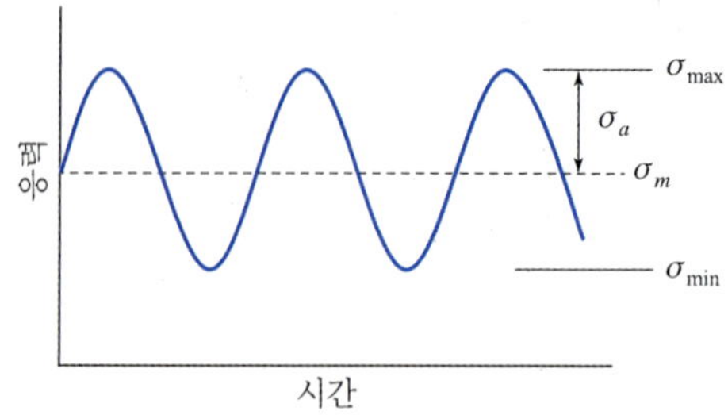

그림 8.5 변동응력 시의 용어

$\Delta\sigma = \sigma_{max} - \sigma_{min}$ = 응력 범위(stress range)

$\sigma_a = \dfrac{\sigma_{max} - \sigma_{min}}{2}$ = 변동응력 혹은 응력진폭(stress amplitude or alternating stress)

$\sigma_m = \dfrac{\sigma_{max} + \sigma_{min}}{2}$ = 평균응력(mean stress)

$R = \dfrac{\sigma_{min}}{\sigma_{max}}$ = 응력비(stress ratio)

$A = \dfrac{\sigma_a}{\sigma_m} = \dfrac{1-R}{1+R}$ = 진폭비(amplitude ratio)

몇 가지 일반적인 하중의 경우 해당되는 R과 A값은

완전 역전 시: $R = -1 \quad A = \infty$

Goodman 선도 식은 다음과 같다.

$$\frac{\sigma_a}{S_e} + \frac{\sigma_m}{\sigma_u} = 1$$

여기서 σ_u는 극한강도이고 σ_a는 변동응력, σ_m은 평균응력이다. S_e는 평균응력과 변동응력 및 재료의 극한 강도에 따라 결정되는 내구한도이다. 따라서 값 S_e를 구하고 해당 재료의 S−N 선도 y축에 S_e에 해당하는 변동응력 값을 택한 후, 이 응력값에 해당하는 수명 사이클 N을 x축에서 결정할 수 있다.

8장 요약

1. 최대 주응력 판별식: 이 식은 취성 재료에 사용하며 다음 식과 같다.

$$\text{Max}(|\sigma_1|, |\sigma_2|, |\sigma_3|) = \sigma_{\text{u}} \tag{8.1}$$

최대 주응력 안전계수

$$S_P = \frac{\sigma_y}{\sigma_1}$$

여기서 σ_1, σ_2, σ_3는 주응력이며 σ_u는 극한강도이다.

2. 최대 전단응력 판별식: Tresca 판별식이라고도 한다. 소성재료 항복 판별식에 주로 사용된다.

$$\text{Max}\left(\left|\frac{\sigma_1-\sigma_2}{2}\right|, \left|\frac{\sigma_2-\sigma_3}{2}\right|, \left|\frac{\sigma_1-\sigma_3}{2}\right|\right) = \tau_y = \frac{\sigma_y}{2} \tag{8.8}$$

$$\text{Max}(|\sigma_1-\sigma_2|, |\sigma_2-\sigma_3|, |\sigma_1-\sigma_3|) = \sigma_y \tag{8.9}$$

평면응력의 경우 $\sigma_3 = 0$이므로 식 (8.9)는 식 (8.10)과 같이 간략화된다.

$$\text{Max}(|\sigma_1-\sigma_2|, |\sigma_2-0|, |\sigma_1-0|) = \text{Max}(|\sigma_1-\sigma_2|, |\sigma_2|, |\sigma_3|) = \sigma_y$$

Tresca 안전계수 $S_T = \dfrac{\sigma_y}{\sigma_T}$

3. von Mises 판별 기준식: 비틀림 에너지 기준식으로도 부른다.

$$\sigma_e = \frac{1}{\sqrt{2}}\sqrt{(\sigma_x-\sigma_y)^2+(\sigma_y-\sigma_z)^2+(\sigma_x-\sigma_z)^2+6(\tau_{xy}^2+\tau_{xz}^2+\tau_{yz}^2)} \tag{8.16}$$

von Mises 안전계수는

$$S_M = \frac{\sigma_y}{\sigma_e} \tag{8.17}$$

4. 피로파괴: 피로는 저사이클 피로(low cycle fatigue), 고사이클 피로(high cycle fatigue), 피로균열성장으로 분류된다.

저사이클 피로는 파손까지의 반복횟수가 $N_f < 10^3$인 경우로 가해지는 응력의 크기가 항복 강도를 넘는다. 고사이클 피로는 가해지는 응력의 크기가 항복 강도 이하일 때 발생하며 파손까지의 반복횟수가 $10^3 < N_f < 10^6$인 경우이다. S−N 선도는 평균응력이 0일 때 파손에 이르는 반복횟수 N과 변동응력(σ_a, 응력진폭)의 그래프이다.

$$\sigma_a = \frac{\sigma_{\max} - \sigma_{\min}}{2} = \text{변동응력 혹은 응력진폭(stress amplitude or alternating stress)}$$

$$\sigma_m = \frac{\sigma_{\max} + \sigma_{\min}}{2} = \text{평균응력(mean stress)}$$

8장 연습문제

8.1 재료의 인장강도($\sigma_{ut} = 1000$ MPa)와 압축극한강도($\sigma_{uc} = 2000$ MPa)가 다른 재료를 사용한 기계부재의 응력 상태가 $\sigma_x = \sigma_y = -520$ MPa, $\tau_{xy} = 1200$ MPa이다. Mohr 판별식을 사용하여 이때의 응력 상태하에서 안전 여부를 평가하라.

8.2 취성재료(극한강도 $\sigma_u = 200$ MPa)를 사용한 기계부재의 응력 상태가 $\sigma_x = \sigma_y = 100$ MPa, $\tau_{xy} = 60$ MPa일 때 최대 주응력 기준식을 사용하여 안전 여부를 판정하라.

8.3 연성재료인 강철재료(항복강도 $\sigma_y = 30$ MPa)의 평면 응력상태 $\sigma_x = 80$ MPa, $\sigma_y = -40$ MPa, $\tau_{xy} = 25$ MPa일 때 항복에 대한 안전계수를 최대 전단응력 기준과 von Mises 기준에 대해 각각 평가하라.

8.4 실린더형 원통 압력용기가 있다. 압력용기 재료의 항복응력 $\sigma_y = 1600$ MPa이다. 압력용기 끝단의 반지름은 $r = 2$ m이고, 벽두께 $t = 10$ mm이다. 안전계수를 3으로 하였을 때 최대 허용압력 p를 계산하라.

8.5 항복강도가 $\sigma_y = 700$ MPa을 가지는 재료를 사용하여 압력용기를 설계 제작하려고 한다. 안전계수를 4로 하고 내압이 1 MPa로 할 때 최대 전단응력 판별식을 사용하여 두께 t를 결정하라.

8.6 기계요소의 한 점이 다음과 같은 평면응력을 받고 있다. 재료의 항복 인장강도 $\sigma_y = 250$ MPa이다. 항복에 대한 안전계수를 (a) 최대 주응력 판별식 사용 시 (b) von Mises(최대 변형에너지) 판별식 사용 시에 대해 각각 결정하라.

$$\sigma_x = 80 \text{ MPa}, \; \sigma_y = -40 \text{ MPa}, \; \tau_{xy} = 25 \text{ MPa}$$

8.7 기계부품이 최대 응력 110 ksi, 최소 응력 10 ksi인 반복응력을 받고 있다. 부품은 강재료로 만들어져 있다. 강의 극한강도 $S_u = 150$ ksi이고 내구한도 $S_e = 60$ ksi이다. 1000사이클 시 완전 역전응력 $S_{1000} = 110$ ksi이다. Goodman 관계를 이용하여 부품의 수명을 결정하라.

9장 보의 처짐(deflection of beam)

목표

1. 횡하중 시 정정보의 처짐량을 계산할 수 있어야 한다.
2. 이중 적분법에 의한 처짐량을 계산할 수 있어야 한다.
3. 보의 적분 시 미지수 결정을 위해 각종 지지 형태에서의 경계 조건을 이해해야 한다.
4. 정정보와 부정정보의 처짐 해석을 할 수 있어야 한다.
5. 중첩법에 의한 처짐량을 계산할 수 있어야 한다.
6. 4차 미분 방정식을 사용하여 처짐량과 경사각 등을 계산할 수 있어야 한다.

9.1 서론

적층된 겹판 스프링 보의 처짐은 보의 지반으로부터 발생하는 불규칙적인 영향으로부터 차체를 보호해주는 기능이 있다. 보에 횡하중이 작용하면 보는 굽힘 변형을 받거나 처짐이 발생한다. 이 장에서는 보의 횡하중에 의한 처짐을 계산하는 법을 배운다. 기계요소 설계 시 이동 물체 사이의 간섭을 피하기 위해 처짐에 대한 변형을 고려해야 한다. 구조물 설계 시에는 보의 최대 처짐량이 설계 기준이 되기도 한다. 과도한 처짐으로 인해 시멘트 구조물에 균열이 일어나고, 균열 성장이 발생하여 결국에는 파손에까지 이르기도 한다. 처짐 해석을 하는 방법에는 크게 2가지가 있는데, 하나는 미분 방정식의 이중 적분에 의한 해석적 방법이고 다른 하나는 도식적 방법에 해당하는 굽힘 모멘트 선도를 이용한 모멘트-면적법이다. 그 외에도 중첩법과 변형에너지법 및 불연속함수 이용법이 있다.

9.2 보의 처짐 계산을 위한 미분 방정식

그림 9.1에서 m_1점과 m_2점에서 처짐 곡선의 접선에 대한 수선을 그리면 교점 O가 생긴다. 이 점은 곡률 중심점이 되며 O점에서 곡선까지의 거리를 곡률 반경[radius of curvature; ρ(rho)]이라 한다. 그림 9.1에서 $\rho d\theta = ds$임을 알 수 있다. 곡률(curvature) κ (kappa)는 이전에 설명한 대로

$$\kappa = \frac{1}{\rho} = \frac{d\theta}{ds} \tag{9.1}$$

로 나타낸다. 그림 9.1에서

$$\tan\theta = \frac{dv}{dx} \tag{9.2}$$

임을 알 수 있다. 또한 $ds\cos\theta = dx$임도 알 수 있다. θ가 매우 작다고 가정하면 $\cos\theta \approx 1$이 되므로 $ds \approx dx$가 된다. 따라서

$$\text{곡률식}\ \ \kappa = \frac{1}{\rho} = \frac{d\theta}{ds} = \frac{d\theta}{dx} \tag{9.3}$$

이 된다. θ가 매우 작다고 하면 $\tan\theta \approx \theta$이므로 식 (9.2)는 $\tan\theta = \theta = \frac{dv}{dx}$가 된다. θ를 x에 대해 미분하면 $\frac{d\theta}{dx} = \frac{d^2v}{dx^2}$이 된다. 식 (9.3)으로부터

$$\kappa = \frac{1}{\rho} = \frac{d\theta}{dx} = \frac{d^2v}{dx^2} \tag{9.4}$$

가 된다. 순수 굽힘을 받는 균일 단면의 보는 원호 모양으로 휘어지며 탄성 범위 내에서 중립면의 곡률은 다음과 같다.

$$\frac{1}{\rho} = \frac{M}{EI_z} \tag{9.5}$$

식 (9.4)와 식 (9.5)를 조합하면

$$\frac{d^2v}{dx^2} = \frac{M(x)}{EI_z} \tag{9.6}$$

식 (9.6)을 탄성 처짐 곡선의 미분 방정식이라 한다.

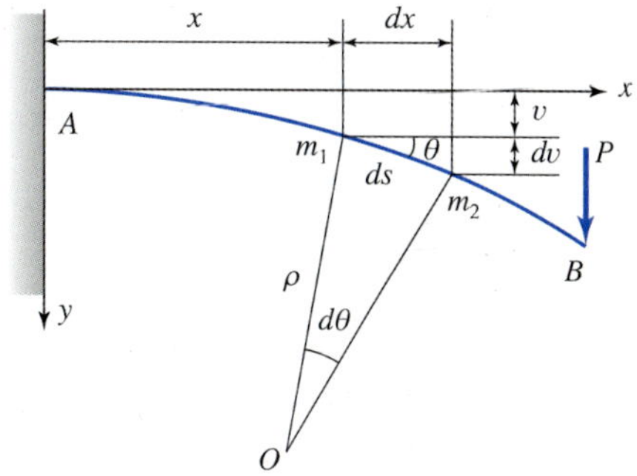

그림 9.1 처짐 곡선의 형상

9.3 이중 적분법에 의한 보의 처짐량 계산

정정보 문제에서는 작용하중을 알면 굽힘 모멘트 하중을 결정할 수 있다. 식 (9.6)을 직접 적분하면 1차적으로 경사도 $\frac{dv}{dx}$ 혹은 경사각 θ를 구할 수 있으며, 다음에 적분을 한 번 더하면 처짐 변위 $v(x)$를 구할 수 있다. 다음의 예제를 통해 이중 적분 방법을 이해하자. 정정보에 사용되는 다양한 경계 조건들은 그림 9.2에 있다. 이러한 경계 조건들

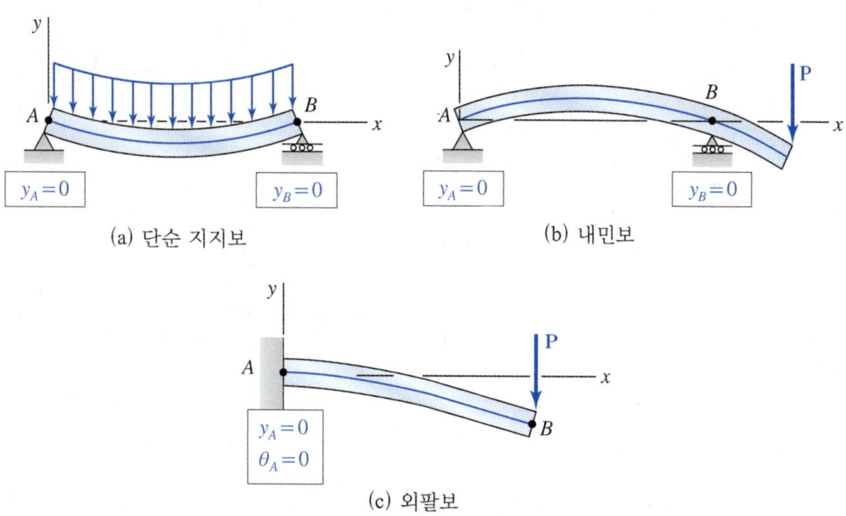

그림 9.2 정정보의 경계 조건

은 이중 적분 시 발생하는 상수들을 결정하는데 사용된다. 핀(pin)이나 롤러 지지대(roller support)에서는 횡방향 변위 v와 모멘트 M은 0이다[그림 9.2(a)]. 고정단(fixed support)에서는 변위 v와 변위각 v'는 0이다[그림 9.2(c)].

예제

다음 외팔보의 경우 자유단 끝 B에서 처짐과 처짐각을 구하라. 굽힘 강성계수는 EI이다.

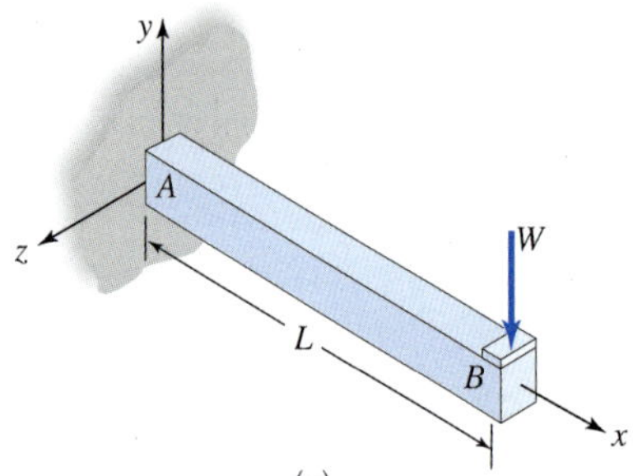

(a)

풀이

자유 물체도를 그린다(그림 b).

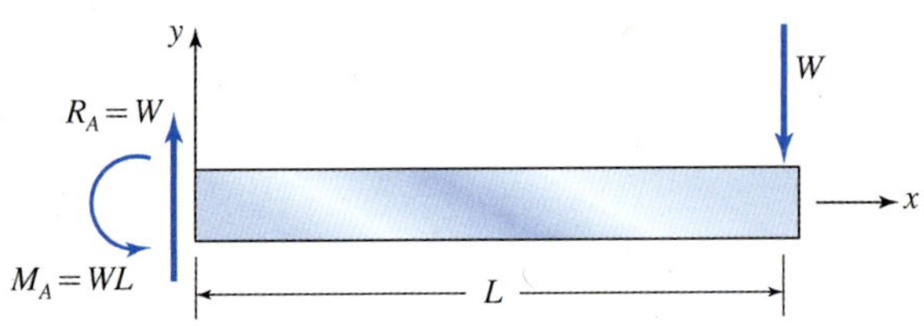

(b)

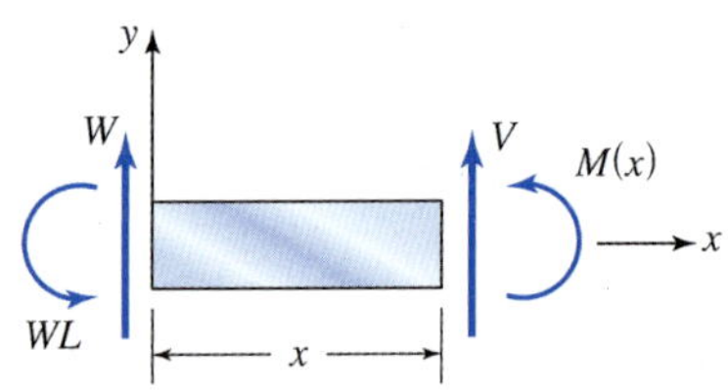

(c)

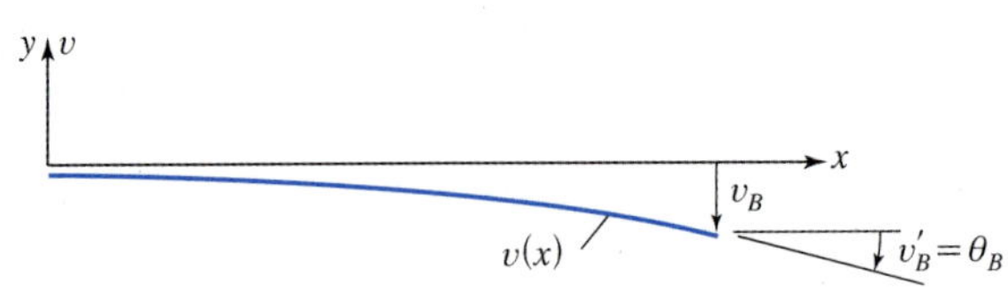

(d)

고정단 A에서 반력 R_A는 $R_A = W$이며 고정단에서의 모멘트는 모멘트 평형 조건식으로부터 $M_A = WL$이다(그림 b).

임의의 거리 x로부터 떨어진 단면에서의 힘과 모멘트의 평형 조건식으로부터(그림 c)

$$\sum F_y = 0: \; W + V = 0 \qquad \therefore V = -W$$

$$\sum M = 0: M(x) + WL - Wx = 0 \qquad \therefore M(x) = Wx - WL$$

경계조건: $x = L$에서 모멘트 $M(L) = 0$이다.

$$EI\frac{d^2v}{dx^2} = M(x), \quad 즉 \; EIv'' = M(x) = Wx - WL$$

이를 적분하면 $EIv' = W\dfrac{x^2}{2} - WLx + c_1$ (a)
이를 한 번 더 적분하면 $EIv = W\dfrac{x^3}{6} - WL\dfrac{x^2}{2} + c_1x + c_2$ (b)
처짐 형상의 스케치는 그림 (d)와 같다.

경계조건으로부터 $x = 0$에서는, 즉 고정단에서는 처짐각, 즉 경사도 $v' = 0$이고 처짐 변위 $v = 0$이다. 이를 식 (a), (b)에 대입하면 상수 $c_1 = c_2 = 0$이 된다. 따라서 처짐량 $v(x) = -\dfrac{Wx^2}{6EI}(3L - x)$ (c)가 된다.

최대 처짐 변위량은 $x = L$일 때 발생하며 이를 식(c)에 대입하면

$$v(L) = v_B = -\frac{WL^3}{3EI}$$

최대 처짐 각도는 $x = L$일 때 발생하며 $v'(L) = v'_B = -\dfrac{WL^2}{2EI}$이 된다. ■

예제

단순 지지된 보가 균일 분포하중을 받고 있다. 보에 걸쳐 발생하는 처짐량 식과 최대 처짐량의 크기를 결정하라.

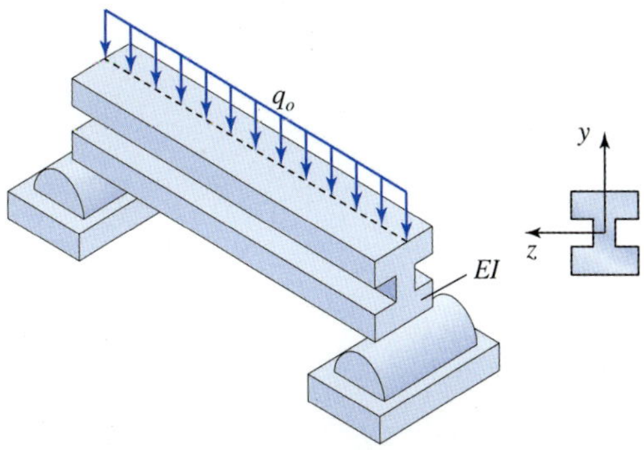

(a)

풀이

자유 물체도를 그린다(그림 b).

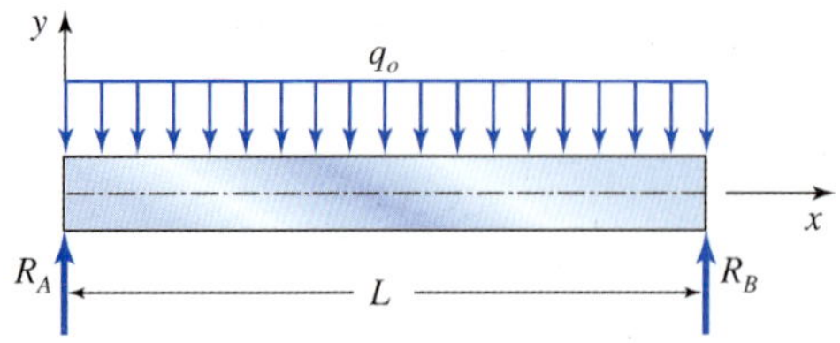

(b)

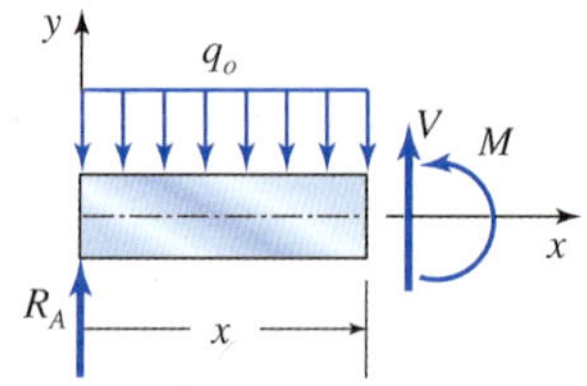

(c)

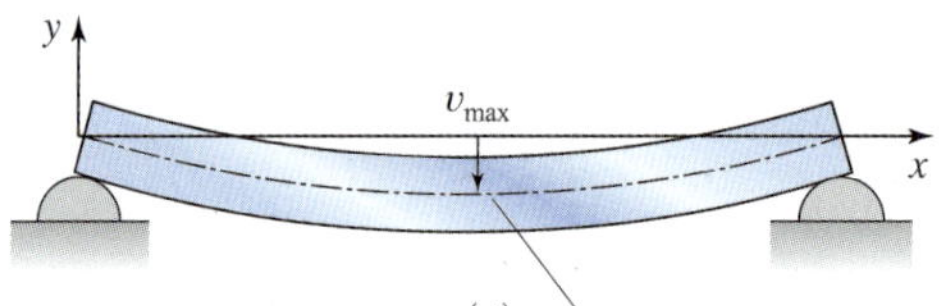

(d)

자유 물체도로부터 반력을 구한다. 보의 끝단에서의 반력은 $R_A = R_B = \dfrac{q_o L}{2}$이다. 거리가 x만큼 떨어진 단면에서의 자유 물체도(그림 c)로부터 모멘트 $M(x)$를 구한다.

$$\sum M = 0: \ M - R_A x + (q_o x)\frac{x}{2} = 0 \text{ 으로부터 } M(x) = \frac{q_o L}{2}x - q_o \frac{x^2}{2}$$

식 $EIv'' = M(x) = \dfrac{q_o L}{2}x - q_o \dfrac{x^2}{2}$을 한 번 적분하면 경사각 $v' = \dfrac{dv}{dx}$를 구할 수 있다.

$$EIv' = \frac{q_o L}{4}x^2 - q_o \frac{x^3}{6} + c_1$$

이 식을 한 번 더 적분하면 변위 처짐식을 구할 수 있다.

$$EIv = \frac{q_o L}{12}x^3 - q_o \frac{x^4}{24} + c_1 x + c_2$$

• 경계조건 사용:

$x = 0$에서 $v(x) = 0$, $x = L$에서 $v(x) = 0$, $v(0) = 0, v(L) = 0$이다. 이로부터

$$c_2 = 0, \ 0 = \frac{q_o L^4}{12} - \frac{q_o L^4}{24} + c_1 L$$

따라서 $c_1 = -\dfrac{q_o L^3}{24}$, 처짐식은 $v(x) = -\dfrac{q_o L^4}{24EI}[(\dfrac{x}{L})^4 - 2(\dfrac{x}{L})^3 + \dfrac{x}{L}]$이 된다.

최대 처짐량은 $x=\frac{L}{2}$에서 발생한다(그림 d).

$$v_{\max}=v(\frac{L}{2})=-\frac{5}{384}\frac{q_o L^4}{EI}$$ ■

9.4 4차 미분 방정식에 의한 보의 처짐량 계산

보의 처짐을 구하기 위해 굽힘 모멘트 식을 이용하는 대신 분포 하중식과 전단력 식을 사용, 이 식들을 여러 번 적분하는 다중 적분법을 이용하여 처짐량을 구할 수 있다. 식 $EI\frac{d^2v}{dx^2}=M(x)$를 양변에서 x에 대해 미분하고 전단력과 굽힘 모멘트의 관계식 $V=\frac{dM}{dx}$을 사용하면 식 (9.7)을 얻을 수 있다.

$$\frac{d}{dx}(EI\frac{d^2v}{dx^2})=\frac{dM}{dx}=V \tag{9.7}$$

식 (9.7)을 양변에 대해 다시 미분하고 분포하중과 전단력과의 관계식인 식 (6.1)을 사용하면 식 (9.8)이 된다.

$$\frac{d^2}{dx^2}(EI\frac{d^2v}{dx^2})=\frac{d^2M}{dx^2}=\frac{dV}{dx}=w(x) \tag{9.8}$$

y축의 기준 방향에 따라 $w(x)$는 +, −가 될 수 있다. 식 (9.7), (9.8)을 다시 정리하면 식 (9.9), (9.10), (9.11)을 구할 수 있다.

$$EI\frac{d^2v}{dx^2}=EIv''=M(x) \tag{9.9}$$

$$EI\frac{d^3v}{dx^3}=EIv'''=V(x) \tag{9.10}$$

$$EI\frac{d^4v}{dx^4}=EIv''''=w(x) \tag{9.11}$$

예제

선형 분포하중을 받고 있는 외팔보(그림 a)의 처짐 곡선 방정식을 구하라. 또한 A점에서의 최대 처짐량과 처짐각(기울기)을 구하라.

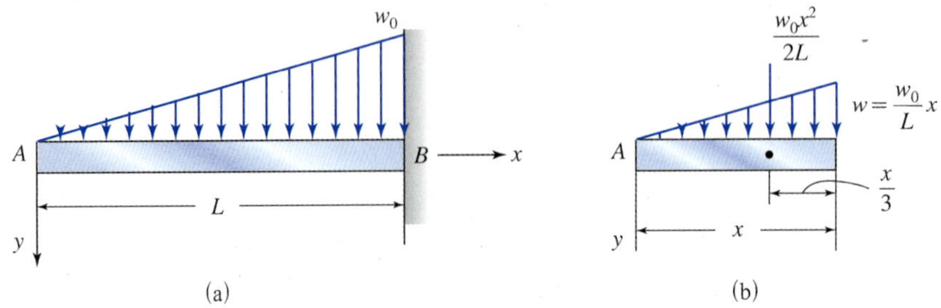

풀이

임의의 단면에서의 자유 물체도를 그린다. 그림 (b)로부터

$$w(x) = \frac{w_o x}{L}$$

식 (9.11)로부터

$$EIv'''' = w(x) = \frac{w_o}{L}x$$

한 번 적분하면

$$EIv''' = \frac{w_o}{2L}x^2 + c_1 = V(x)$$

경계조건 $x = 0$에서 전단력 $V = 0$이므로 $c_1 = 0$이다. 식 $EIv''' = \frac{w_o}{2L}x^2$을 한 번 더 적분하면

$$EIv'' = \frac{w_o}{6L}x^3 + c_2$$

경계조건 $x = 0$에서 $M = 0$이므로 $c_2 = 0$이다. 식 $EIv'' = \frac{w_o}{6L}x^3$을 적분하면

$$EIv' = \frac{w_o}{24L}x^4 + c_3$$

이 식을 한 번 더 적분하면

$$EIv = -\frac{w_o}{120L}x^5 + c_3 x + c_4$$

경계조건 $v(L) = 0,\ v'(L) = 0$을 이용하면 적분 상수

$$c_3 = \frac{w_o L^3}{24},\ c_4 = -\frac{w_o L^3}{30}$$

$$EIv' = -\frac{w_o}{24L}x^4 + \frac{w_o L^3}{24} = \frac{w_o}{24L}(-x^4 + L^4)$$

따라서

$$v' = \frac{w_o}{24LEI}(-x^4 + L^4)$$

처짐 곡선식은

$$EIv = -\frac{w_o}{120L}x^5 + \frac{w_o L^3}{24}x - \frac{w_o L^3}{30}$$

따라서 처짐 변위 $v = \frac{w_o}{120LEI}(x^5 - 5L^4 x + 4L^5)$ 이다. 최대 처짐 변위는 $x = 0$에서 발생하므로 최대 처짐 변위 $v = \frac{w_o(4L^5)}{120LEI} = \frac{w_o L^4}{30EI}$이 된다. ■

예제

탄성계수 $E = 70$ GPa인 보의 관성 모멘트 $I = 1.6 \times 10^{-7}$ m^4, 길이 $L = 5$ m인 보가 있다. $w_o = 100$ N/m 인 경우 보의 오른쪽 끝에서의 처짐 변위를 구하라.

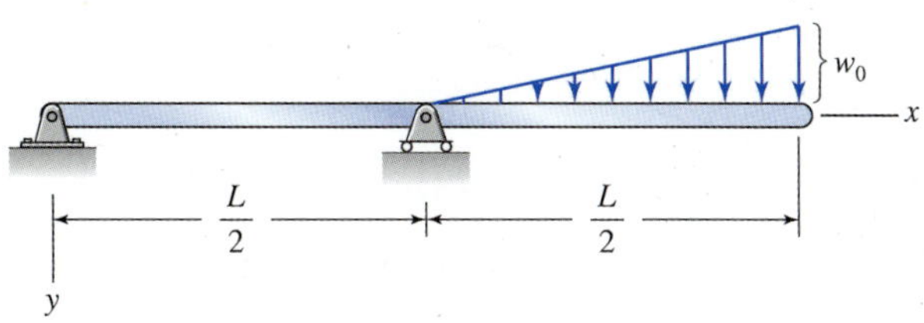

풀이

(1) 보의 좌우측에서의 굽힘 모멘트를 구한다.

좌측의 굽힘 모멘트 $M_1 = -\frac{w_o Lx}{6}$

우측의 굽힘 모멘트 $M_2 = -\frac{w_o}{6L}(L^3 - 3Lx^2 + 2x^3)$

(2) 각 구간에 대해 적분한다.

$0 \le x \le \frac{L}{2}$에서는 $v_1'' = -\frac{M_1}{EI} = \frac{w_o Lx}{6EI},\ v_1' = \frac{w_o Lx^2}{12EI} + c_1,\ v_1 = \frac{w_o Lx^3}{36EI} + c_1 x + c_2$

$\frac{L}{2} \le x \le L$에서는 $v_2'' = -\frac{M_2}{EI} = \frac{w_o}{6LEI}(L^3 - 3Lx^2 + 2x^3)$, $v_2' = \frac{w_o}{6LEI}(L^3 x - Lx^3 + \frac{x^4}{2}) + c_3$,

$v_2 = \frac{w_o}{6LEI}(\frac{L^3 x^2}{2} - \frac{Lx^4}{4} + \frac{x^5}{10}) + c_3 x + c_4$

(3) 경계조건을 사용하여 적분 상수를 사용한다.

$x = 0$에서 횡방향 변위 $v_1 = 0$이다. 따라서 $c_2 = 0$

$x = \frac{L}{2}$에서 횡방향 변위 $v_1 = v_2 = 0$이다. 따라서 $v_1 = \frac{w_o L^4}{288EI} + c_1 \frac{L}{2} = 0$,

$v_2 = \frac{3w_o L^4}{160EI} + c_3 \frac{L}{2} + c_4 = 0$ $x = \frac{L}{2}$에서 변위각 $v_1' = v_2'$이다.

$$\frac{w_o L^3}{48EI} + c_1 = \frac{13 w_o L^3}{192EI} + c_3$$

위 식들을 풀면 미지수는 $c_1 = -0.00386$, $c_2 = 0$, $c_3 = -0.029$, $c_4 = 0.0181$

(4) 보의 우측 단에서의 처짐 식

$$v_2 = \frac{w_o}{6\,LEI}(\frac{L^3 x^2}{2} - \frac{Lx^4}{4} + \frac{x^5}{10}) - 0.0299x + 0.0181$$

$x = 5$ m와 $E = 70$ GPa, $I = 1.6 \times 10^{-7}$ m^{4}를 위 식에 대입하여 구한다. ■

9.5 중첩법(method of superposition)

중첩법은 중첩의 원리에 기초한다. 분포력과 전단력, 굽힘 모멘트는 처짐 변위 $v(x)$와 선형적인 관계를 가진다고 가정하며 중첩원리 사용 시에는 작용 하중에 의해 보의 기하학적 형상이 크게 변화되지 않는 보 구조물에 적용해야 한다.

모멘트와 변위와의 관계식 $\frac{d^2 v}{dx^2} = \frac{M(x)}{EI_z}$ 혹은 하중과 변위와의 관계식 $EIv'''' = w(x)$로부터 각각의 하중 $w_1(x), w_2(x), \cdots\ w_n(x)$에 해당하는 각각의 변위 $v_1(x), v_2(x), \cdots, v_n(x)$를 더하여 구한다. 즉, $v(x) = v_1(x) + v_2(x) + \cdots + v_n(x)$이다. 하중 역시 $w(x) = w_1(x) + w_2(x) + \cdots + w_n(x)$이다.

중첩법을 다음의 예를 들어 설명한다. 그림 9.3과 같은 2개의 집중 하중이 작용하는 보 구조물이 있다. 하중 하나는 중간 지점에, 다른 하나는 끝단에 작용한다. 끝단에서의 경사각과 처짐 변위량을 구하고자 한다. 이 경우 각각의 하중의 경우에 대해 처짐각과 처짐 변위를 각각 구한 후 이를 더하면 된다. 끝단에서의 외팔보의 경우 경사각과 처짐 변위는 다음과 같이 중첩 원리를 사용하여 구할 수 있다. 그림 9.3(a)의 전체 처짐 변위는 그림 9.3(b)의 처짐 변위와 그림 9.3(c)의 처짐 변위의 합이다. 부록으로부터 그림 9.3(b)의 외팔보에서의 끝단에 집중하중 P가 작용하는 경우 처짐 변위와 처짐각은

$$v_1(L) = -\frac{PL^3}{3EI},\quad \theta_1 = v_1'(L) = -\frac{PL^2}{2EI}$$

그림 9.3(c)의 외팔보에서의 중간 지점에서 집중하중 P가 작용하는 경우 처짐 변위는 처짐각은

$$v_2(L) = -\frac{5PL^3}{48EI},\quad \theta_2 = v_2'(L) = -\frac{PL^2}{8EI}$$

중첩의 원리에 의해 전체 처짐 변위량과 처짐 각도는 각각의 처짐 변위량과 처짐 각도를 더하면 된다. 따라서

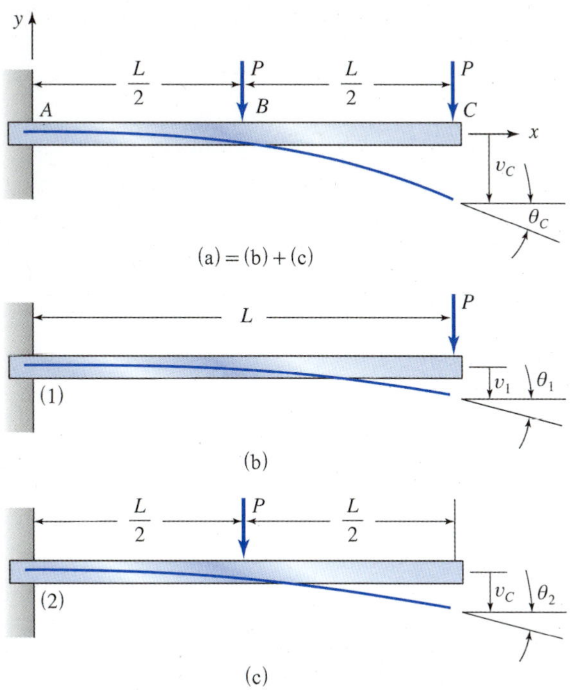

그림 9.3 중첩 원리의 예제

$$v_c = v_1(L) + v_2(L) = -\frac{PL^3}{EI}(\frac{1}{3} + \frac{5}{48}) = -\frac{7PL^3}{16EI}$$

$$\theta_c = v'_1(L) + v'_2(L) = -\frac{PL^2}{EI}(\frac{1}{2} + \frac{1}{8}) = -\frac{5PL^2}{8EI}$$

예제

다음과 같은 외팔보에 분포하중과 집중하중이 작용한다. 끝단 점 B에서의 처짐각도와 처짐 변형량을 구하라.

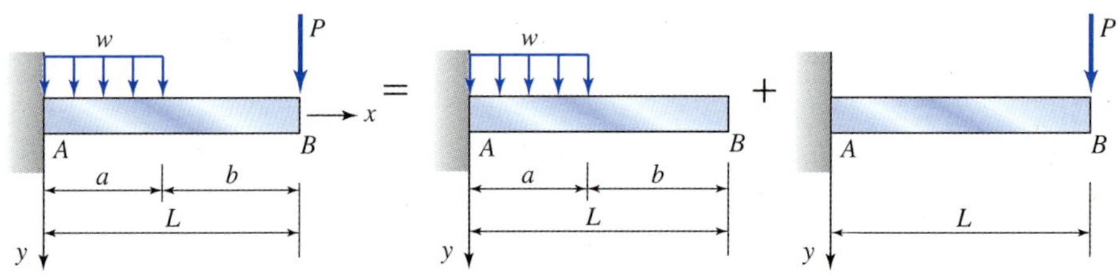

(a) (b) (c)

풀이

분포하중에 의한 처짐량과 처짐각은 부록으로부터

$0 \le x \le a$에서는

$$v = \frac{wx^2}{24EI}(6a^2 - 4ax + x^2),\ v' = \frac{wx^2}{6EI}(3a^2 - 3ax + x^2)$$

$a \le x \le L$에서는

$$v = \frac{wa^3}{24EI}(4x - a),\ v' = \frac{qa^3}{6EI}$$

집중하중에 의한 처짐량과 처짐각은

$$v = \frac{PL^3}{6EI}(3L - x),\ v' = \frac{Px^3}{2EI}(2L - x)$$

따라서 끝단($x = L$)에서 처짐량과 처짐각은

$$v = \frac{PL^3}{3EI},\quad v' = \frac{PL^2}{2EI}$$

조합하중에 의한 처짐량과 처짐각도는 중첩법에 의해 결정할 수 있다. 분포하중에 의한 처짐

량과 집중하중에 의한 처짐량을 더하면 최종 끝단에서의 처짐량은

$$v_f = \frac{wa^3}{24EI}(4L-a) + \frac{PL^3}{3EI}$$

최종 끝단에서의 처짐각도는

$$v_f{}' = \frac{qa^3}{6EI} + \frac{PL^2}{2EI}$$

■

9.6 부정정보(statically indeterminate beam)

A 지점은 완전 고정되고 *B*점은 롤러지지를 받고 있는 보 *AB*의 경우를 고려해 보자[그림 9.4(a)]. 자유 물체도를 그린다[그림 9.4(b)]. 미지수가 4개(A_x, A_y, B, M_A)임을 알 수 있다. 다음에 3개의 평형 방정식 $\sum F_x = 0$, $\sum F_y = 0$, $\sum M_A = 0$을 사용하면 3개의 방정식을 구할 수 있다. 방정식 수보다 미지수가 1개 더 많으므로 이를 1차 부정정보 문제라 하며 미지수를 구할 수 없다. 만약 구할 수 있는 방정식 수보다 미지수가 2개 더 많으면 이때는 2차 부정정보 문제라 한다(그림 9.5).

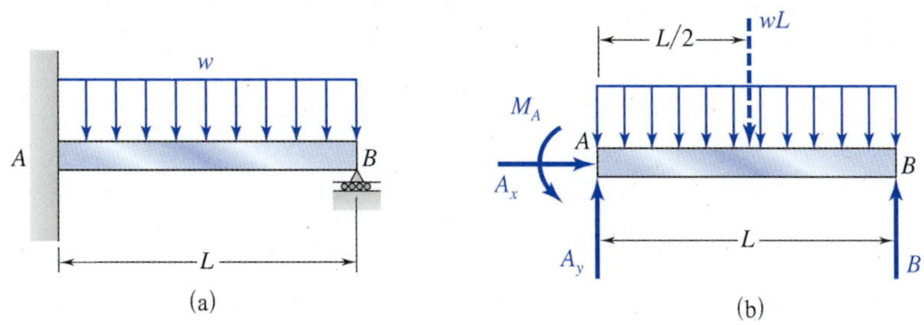

그림 9.4 1차 부정정보

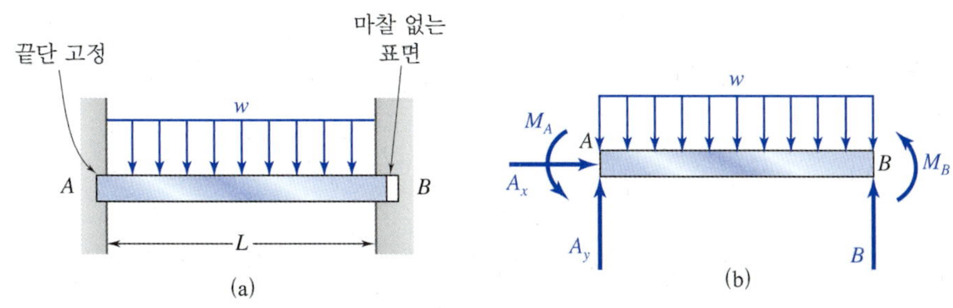

그림 9.5 2차 부정정보

자유 물체도인 그림 9.4(b)로부터 평형 방정식을 구한다.

$$\sum F_x = A_x = 0,\ \sum F_y = A_y + B - wL = 0,\ \sum M_A = M_A + BL - \frac{1}{2}wL^2 = 0 \qquad (9.12)$$

보 AC에서의 자유 물체도(그림 9.6)를 그린다.

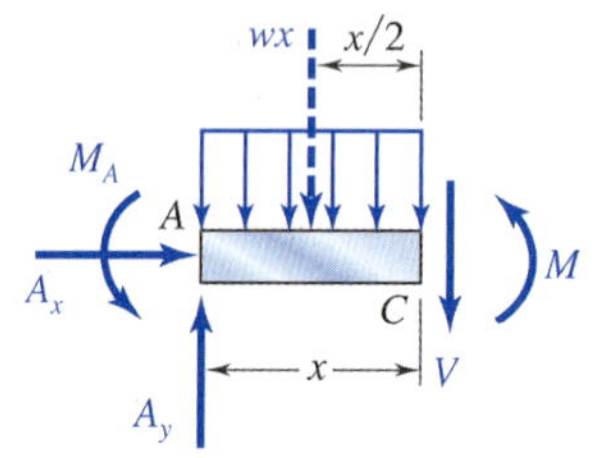

그림 9.6 보 AC에서의 자유 물체도

그림 9.6의 자유 물체도로부터 평형 방정식을 사용한다.

$$\sum M_c = M + \frac{1}{2}wx^2 + M_A - A_y x = 0$$

$$M = EIv'' = -\frac{1}{2}wx^2 + A_y x - M_A$$

적분하면

$$EIv' = -\frac{1}{6}wx^3 + \frac{1}{2}A_y x^2 - M_A x + C_1$$

한 번 더 적분하면

$$EIv = -\frac{1}{24}wx^4 + \frac{1}{6}A_y x^3 - \frac{1}{2}M_A x^2 + C_1 x + C_2$$

다음에는 경계조건을 사용한다. $x=0$에서 횡방향 변위와 변위각 $v=0,\ v'=0$이다. 이를 적용하면 $C_1 = C_2 = 0$이다. 따라서 $EIv = -\frac{1}{24}wx^4 + \frac{1}{6}A_y x^3 - \frac{1}{2}M_A x^2$이 된다. 두 번째 경계조건 $x=L$에서 $v=0$이고 모멘트 $M=0$을 적용하면

$$EIv = 0 = -\frac{1}{24}wL^4 + \frac{1}{6}A_y L^3 - \frac{1}{2}M_A L^2 \ \text{혹은}\ 3M_A - A_y L + \frac{1}{4}wL^2 = 0$$

9장 요약

1. x축에 대한 중립축에서의 처짐 변위를 v라 하고 θ를 중립축과 x축 사이의 각이라 하면 처짐이 작을 경우 $\dfrac{dv}{dx}=\theta$이다.
   처짐량과 굽힘 모멘트와의 관계식은 다음과 같다.

$$v''=\frac{d^2v}{dx^2}=-\frac{M}{EI}$$

2. 보의 처짐량은 다음 미분 방정식의 적분을 사용하여 구할 수 있다.

$$v''''=\frac{d^4v}{dx^4}=\frac{w}{EI},\quad M=-EIv'',\quad V=-EIv'''$$

3. 적분 시 나오는 적분 상수는 경계조건을 사용하여 결정할 수 있다.
   다음은 4차 미분 방정식에 적용되는 경계조건들이다.

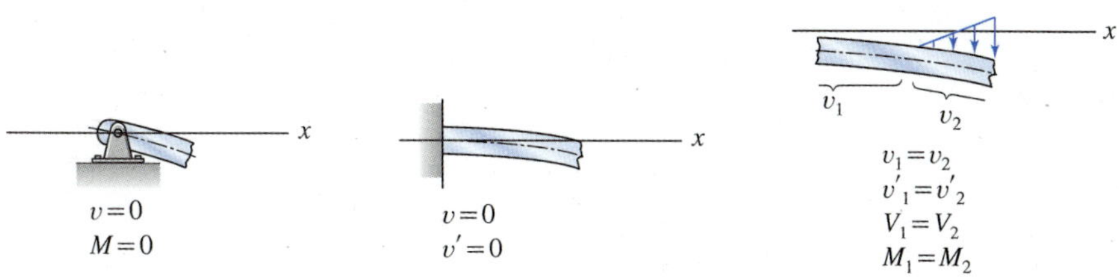

4. 중첩법은 중첩의 원리에 기초한다. 분포력과 전단력, 굽힘 모멘트는 처짐 변위 $v(x)$와 선형적인 관계를 가진다고 가정하며, 중첩원리 사용 시에는 작용 하중에 의해 보의 기하학적 형상이 크게 변화되지 않는 보 구조물에 적용해야 한다.
   모멘트와 변위와의 관계식 $\dfrac{d^2v}{dx^2}=\dfrac{M(x)}{EI_z}$ 혹은 하중과 변위와의 관계식 $EIv''''=w(x)$로부터 각각의 하중 $w_1(x)$, $w_2(x)$, $\cdots$, $w_n(x)$에 해당하는 각각의 변위 $v_1(x)$, $v_2(x)$, $\cdots$, $v_n(x)$를 더하여 구한다. 즉, $v(x)=v_1(x)+v_2(x)+\cdots+v_n(x)$ 이다.
   하중 역시 $w(x)=w_1(x)+w_2(x)+\cdots+w_n(x)$ 이다.

9장 연습문제

9.1 다음과 같이 균일 분포하중을 받고 있는 외팔보의 처짐각과 처짐 변위식을 구하라.

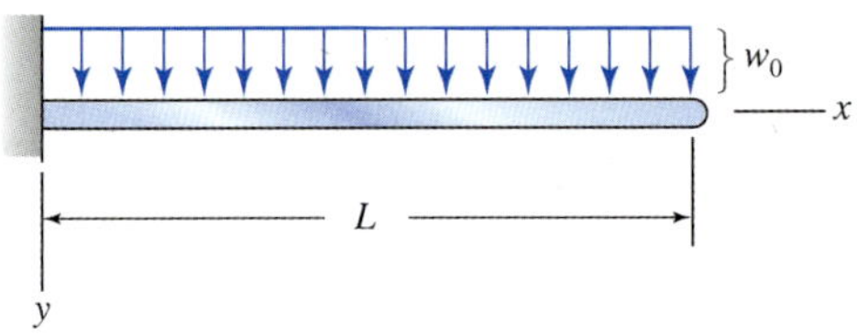

9.2 다음 보의 처짐 변위식을 구하라.

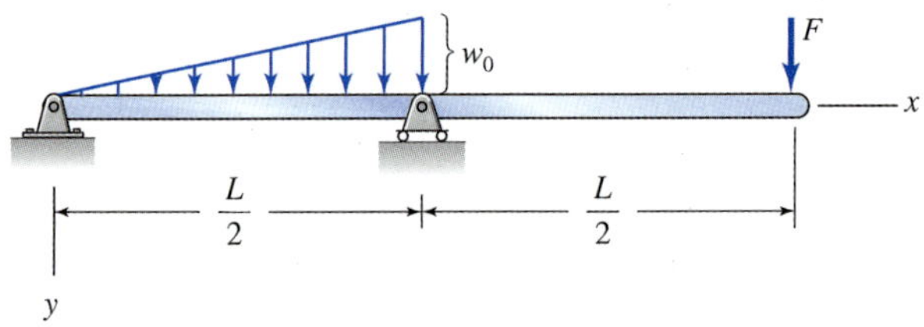

9.3 집중 하중 P가 단순 지지보에 그림과 같이 가해진다. 보의 변형곡선을 구하라.

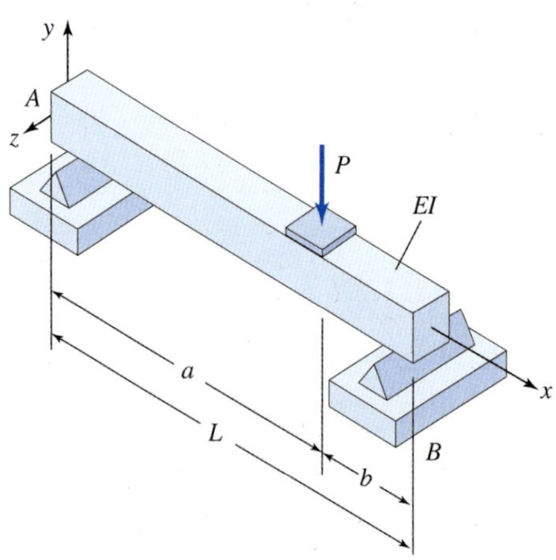

9.4 중첩법에 의해 C에서의 처짐 변위와 처짐 각을 계산하라.

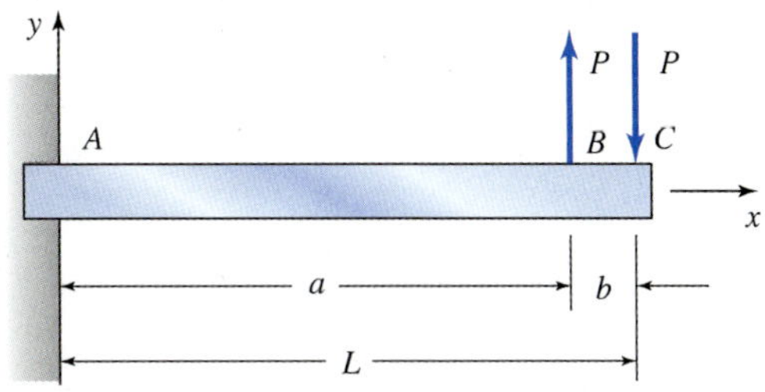

9.5 중첩법에 의해 다음 보의 처짐 변위식을 구하라.

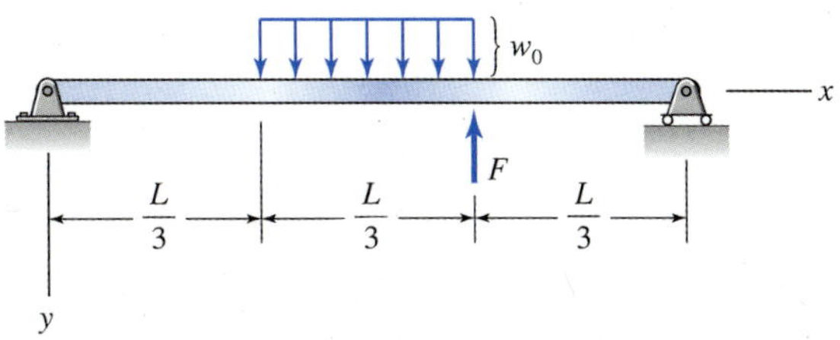

9.6 다음 보의 문제에서 (a) 탄성 곡선 처짐 식을 구하라. (b) 최대 처짐량 식을 구하라. (c) 다음 데이터를 사용하여 최대 처짐량을 구하라.

$W360 \times 101$, $I = 301 \times 10^6\ \text{mm}^4$, $E = 200$ GPa, $P = 250$ kN, $L = 5$ m, $a = 1.2$ m

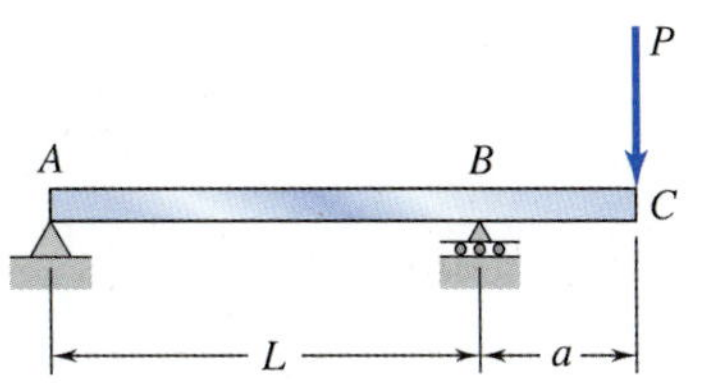

9.7 다음 보의 전 구간에 걸친 (a) 탄성 처짐식을 구하라. (b) 끝단 A에서의 처짐각을 구하라. (c) 최대 처짐량 식을 구하라.

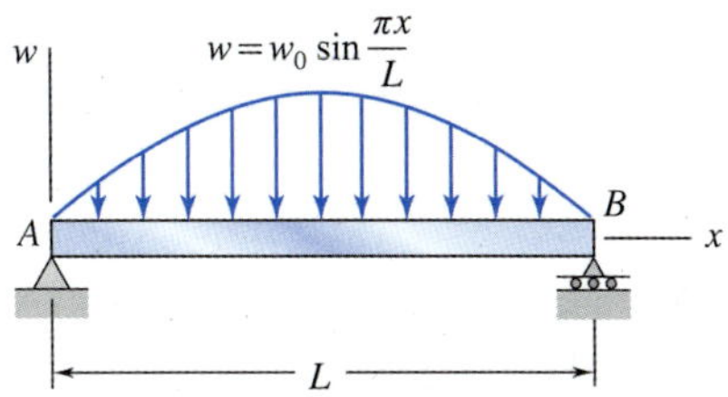

9.8 보 AB에서 (a) A에서 반력을 구하라. 전 구간에 걸친 (b) 탄성 처짐식을 구하라. (c) 끝단 A에서의 처짐각을 구하라.

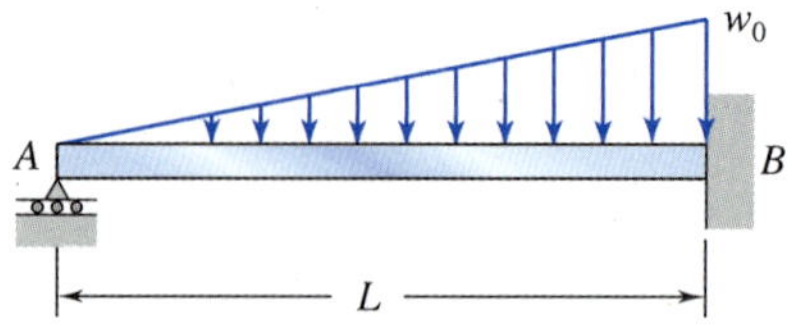

10 장 좌굴(buckling)

목표

1. 기둥(column)이 무엇인지 알아야 한다.
2. 좌굴현상, 또 다른 말로 탄성 불안정성이라 불리우는 현상에 대해 알아야 한다.
3. 회전 반경(radius of gyration)에 대해 알아야 한다.
4. 끝단 고정 인자(end fixity factor) K에 대해 알아야 한다.
5. 유효길이 L_e의 정의와 세장비(slenderness ratio; SR)에 대해 알아야 한다.
6. 긴 기둥(column)의 경우 위험좌굴 하중 계산을 위해 어느 경우에 오일러 공식(Euler formula)을 사용해야 하는지 또는 어느 경우에 존슨(Johnson) 공식을 사용해야 하는지 알 수 있어야 한다.

10.1 서론

기둥(column)이라 함은 축 방향으로 압축하중을 받는 임의 형상의 부재이다. 가늘고 긴 보(column, 기둥)의 경우 압축 하중을 받을 때 지금까지 사용해 왔던 파손 방시 기준은 잘 적용되지 않는다. 예를 들면, 보가 압축하중을 받고 있다. 보의 재료의 항복 강도가 $\sigma_y = 520$ MPa인 강이라고 할 때 가할 수 있는 최대 압축하중 $P = \sigma_y A = (520 \times 10^6)(0.012)(0.0005) = 3120$ N이 된다. 가늘고 긴 형상을 가지는 보의 경우 압축하중을 가할 시 가느다란 보는 항복하중 이하의 낮은 하중에서도 기하학적 불안정 혹은 좌굴(buckling)에 의해 파손된다. 좌굴은 얇은 보 혹은 얇은 판재가 압축될 때 발생되는 현상이다. 이를 그림으로 표시하면 그림 10.1과 같다. 좌굴 한계 값에 도달한 하중을 임계좌굴하중이라 한다.

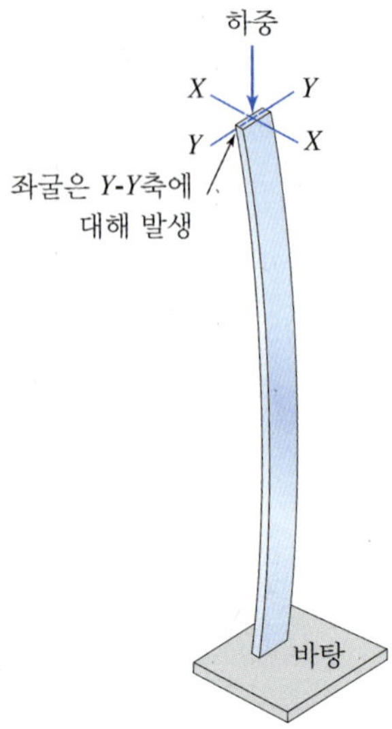

그림 10.1 미터자의 좌굴 현상

10.2 세장비(slenderness ratio)

세장비는 식 (10.1)로 정의된다.

$$SR = \frac{KL}{r} = \frac{L_e}{r} \tag{10.1}$$

여기서

L: 지지점 사이의 기둥(column) 길이, K: 끝단 고정 인자(end fixity factor)

L_e: 유효길이, r: 기둥(column) 단면의 최소 회전 반경(radius of gyration)

(a) 실제 길이 L

한쪽 끝에 하중이 가해지는 단순한 기둥의 경우 실제 길이는 양 끝단 사이의 길이이다. 하지만 실제 압축 하중을 받는 구조용 부재의 경우는 실제 길이가 구속점들 사이의 거리라 할 수 있다.

(b) 끝단 고정인자 K

양 끝단이 핀과 핀으로 연결된(pinned－pinned) 경우(a), 한쪽 끝단은 고정되고 다른 끝단은 핀으로 연결된(fixed-pinned) 경우(b), 양 끝단이 고정된(fixed-fixed) 경우(c), 한쪽 끝단이 고정되고 다른 끝단은 자유로운(fixed-free) 경우(d)에 대한 끝단 고정 인자 K 값을 그림 10.2에 표시하였다. 이론적인 값과 실제 적용 값이 표시되어 있다.

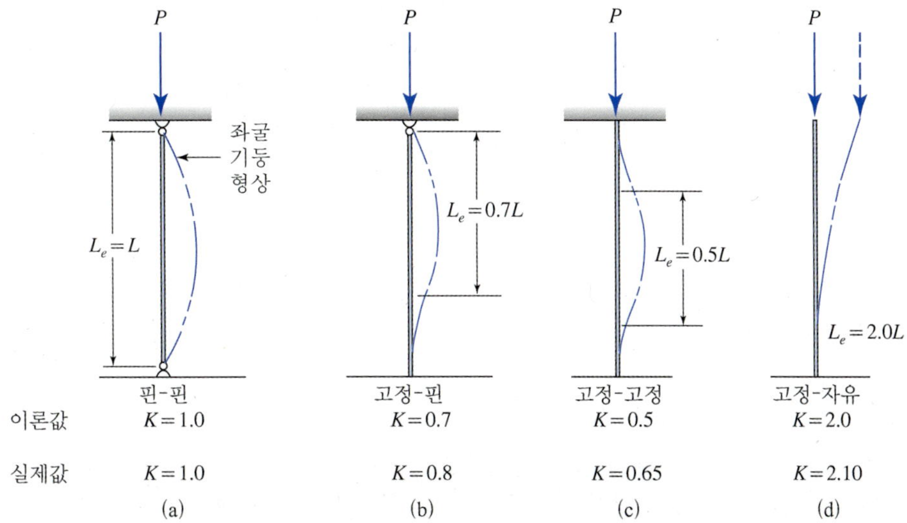

그림 10.2 4개의 끝단 조건에 대한 K 값

(c) 유효길이

유효길이는 실제 길이와 끝단 고정 인자 K와 결합한(곱한) 길이이다. 다음은 끝단 조건에 따른 고정 끝단 인자값(K)들이다.

(1) 양 끝단이 핀과 핀으로 연결된(pinned-pinned) 경우:

$$L_e = KL = 1.0(L) = L$$

(2) 한쪽 끝단은 고정되고 다른 끝단은 핀으로 연결된(fixed-pinned) 경우:

$$L_e = KL = 0.8(L)$$

(3) 양쪽 끝단 모두 고정 연결된(fixed-fixed) 경우:

$$L_e = KL = 0.65(L)$$

(4) 한쪽 끝단이 고정되고 다른 끝단은 자유로운(fixed-free) 경우:

$$L_e = KL = 2.1(L) = 2.1(L)$$

(d) 회전 반경(radius of gyration)

기둥(column) 단면의 가느다란 정도는 회전 반경으로 나타낼 수 있으며 식 (10.2)로 정의된다.

$$r = \sqrt{\frac{I}{A}} \tag{10.2}$$

여기서 r은 회전 반경이며, I는 기둥 단면의 주축에 대한 관성 모멘트 A는 기둥의 단면적이다. 회전 반경은 가장 작은 값을 가지도록 축을 결정해야 한다. 두 단면을 비교하자(그림 10.3). 그림 10.3(a)의 경우 $Y-Y$축에 관한 사각형의 관성 모멘트는 $I_Y = \dfrac{ht^3}{12}$, 면적 $A = t \times h$, 회전 반경은 식 (10.2)에 의해

$$r_Y = \sqrt{\frac{I}{A}} = \sqrt{\frac{ht^3/12}{th}} = \sqrt{\frac{t^2}{12}} = \frac{t}{\sqrt{12}} = 0.289t$$

그림 10.3(b)의 경우 $X-X$축에 관한 사각형의 관성 모멘트는 $I_X = \dfrac{th^3}{12}$, 면적 $A = t \times h$, 회전 반경은 식 (10.2)에 의해 $r_X = \sqrt{\dfrac{I}{A}} = \sqrt{\dfrac{th^3/12}{th}} = \sqrt{\dfrac{h^2}{12}} = \dfrac{h}{\sqrt{12}} = 0.289h$이

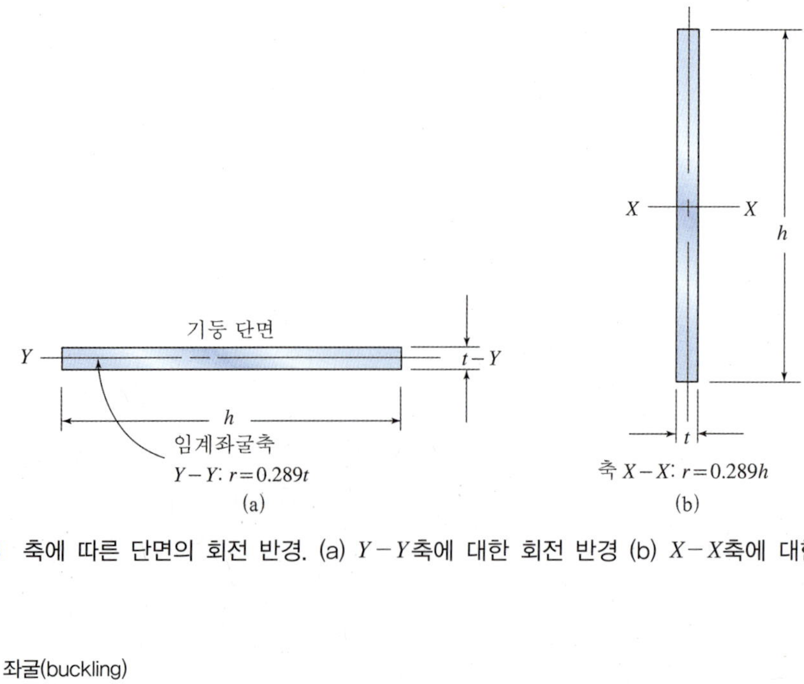

그림 10.3 축에 따른 단면의 회전 반경. (a) $Y-Y$축에 대한 회전 반경 (b) $X-X$축에 대한 회전 반경

다. 그림 10.3(b)에서 알 수 있듯이 h는 t보다 훨씬 크기 때문에 회전 반경 r_X는 r_Y보다 훨씬 크다. 따라서 r_Y가 주어진 단면에 대해 가장 작은 회전 반경이다.

(e) 세장비(slenderness ratio; SR) 계산 요약

기둥의 실제 길이 L을 결정한다.

끝단 고정 인자 K를 결정한다.

유효길이 $L_e = KL$을 계산한다.

기둥 단면의 최소 회전 반경을 결정한다.

세장비를 계산한다. $SR = \dfrac{L_e}{r_{\min}}$

기둥이 길다고(장주) 생각되는가? 이 질문에 대답하기 위해서는 변동 세장비 혹은 기둥 상수 C_c를 결정해야 한다. 기둥 상수는 식 (10.3)에 의해 결정된다.

$$C_c = \sqrt{\frac{2\pi^2 E}{\sigma_y}} \tag{10.3}$$

법칙1: 실제 유효 세장비 $SR = \dfrac{L_e}{r_{\min}}$가 C_c보다 크면 기둥은 길다(장주)고 간주하여 오일러(Euler) 공식을 사용하여 해석해야 한다.

법칙2: 실제 유효 세장비 $SR = \dfrac{L_e}{r_{\min}}$가 C_c보다 작으면 기둥은 짧다고 간주하여 존슨(Johnson) 공식 혹은 특수 코드 공식을 사용하여 해석해야 한다.

10.3 오일러 공식(Euler formula)과 존슨 공식(Johnson formula)

10.3.1 오일러 공식(Euler formula)

유효 세장비 $SR = \dfrac{L_e}{r_{\min}}$가 C_c보다 큰 기둥의 경우 좌굴되는 임계하중을 결정하기 위해서는 다음과 같은 오일러 공식을 사용한다.

$$P_{cr} = \frac{\pi^2 EA}{(L_e/r)^2} \tag{10.4}$$

여기서 A는 기둥의 단면적이고 L_e는 유효길이, E는 탄성계수, r은 최소 회전 반경으로 $r^2 = \frac{I}{A}$이다. 이를 이용하여 식 (10.4)를 식 (10.5)로 변환하여 사용하기도 한다.

$$P_{cr} = \frac{\pi^2 EI}{L_e^2} \tag{10.5}$$

여기서 I는 극관성 모멘트이다. 만일 양쪽이 자유단인 길이 L인 기둥이 2차 모드로 좌굴하면 유효길이는 $L_e = \frac{L}{2}$이므로, 좌굴하중은 $P_{cr} = \frac{\pi^2 EI}{L_e^2} = \frac{4\pi^2 EI}{4}$이다. 좌굴된 기둥의 유효 길이는 관측에 의해 결정하거나 근사적으로 구해 식 (10.5)를 사용하여 좌굴하중을 결정 할 수 있다.

10.3.2 존슨 공식(Johnson formula)

존슨 공식은 유효세장비 $SR = \frac{L_e}{r_{\min}}$가 C_c보다 작은 기둥의 경우 좌굴되는 임계하중을 결정하기 위해서는 오일러 공식 대신에 존슨 공식(식 10.6)을 사용한다. 기계류의 설계 시 많이 사용되며 좋은 결과를 갖는다.

$$P_{cr} = A\sigma_y [1 - \frac{\sigma_y (L_e/r)^2}{4\pi^2 E}] \tag{10.6}$$

변환 세장비 C_c에서의 임계하중을 계산할 때 오일러 공식의 결과와 존슨 공식의 결과는 동일하다.

10.3.3 허용하중

오일러 공식 혹은 존슨 공식을 사용하여 임계좌굴하중 계산 시 허용하중은 식 (10.7)에 의해 구한다.

$$P_a = \frac{P_{cr}}{SF} \tag{10.7}$$

여기서 P_a는 허용하중, P_{cr}은 임계좌굴하중, SF는 설계안전계수이다. 건축물에서는 AISC (American Institute of Steel Construction) 규격 권고에 따라 $SF = 1.92$를 사용한다. 반면 기계류의 설계 시에는 보통 $SF = 3.0$을 사용한다.

예제

양단 끝이 핀으로 고정된 압축하중을 받는 원통형 기둥을 설계한다. 냉간 인발된 탄소강을 사용한다($\sigma_y = 450$ MPa, $E = 210$ GPa). 직경 $d = 25$ mm, 길이 $L = 950$ mm이다. 좌굴 발생 직전의 최대 하중을 계산하고 안전계수 $SF = 3$을 사용할 때 허용하중을 계산하라.

풀이

(1) 핀으로 고정된(pinned end fixity factor) 고정인자 $K = 1.0$

(2) 유효길이 $L_e = KL = 1.0(L) = 950$ mm

(3) 최소 회전 반경을 계산한다. 원통 단면의 어떤 축에서도 최소 회전 반경

$$r = \frac{D}{4} = \frac{25 \text{ mm}}{4} = 6.25 \text{ mm}$$

(4) 세장비를 계산한다. $SR = \dfrac{L_e}{r} = \dfrac{950 \text{ mm}}{6.25 \text{ mm}} = 152$

(5) 기둥 상수 C_c를 계산한다. $C_c = \sqrt{\dfrac{2\pi^2 E}{\sigma_y}} = 95.9$

(6) SR과 C_c를 비교한다. SR이 C_c보다 크므로 오일러 공식을 사용한다.

(7) $P_{cr} = \dfrac{\pi^2 EA}{(L_e/r)^2}$, $A = \dfrac{\pi d^2}{4} = \dfrac{\pi (25 \text{ mm})^2}{4} = 491 \text{ mm}^2$, $E = 210 \times 10^9 \text{ N/m}^2$를 대입하면 임계좌굴하중 $P_{cr} = 44$ kN이 된다. $SF = 3$을 사용하여 허용하중을 구하면 $P_a = \dfrac{P_{cr}}{SF} = \dfrac{44 \text{ kN}}{3} = 14.6$ kN이 된다. ■

예제

다음과 같은 단면을 가지는 길이 2 m인 기둥이 오일러 좌굴하중을 구하라. 재료의 탄성 계수 $E = 75$ GPa이다.

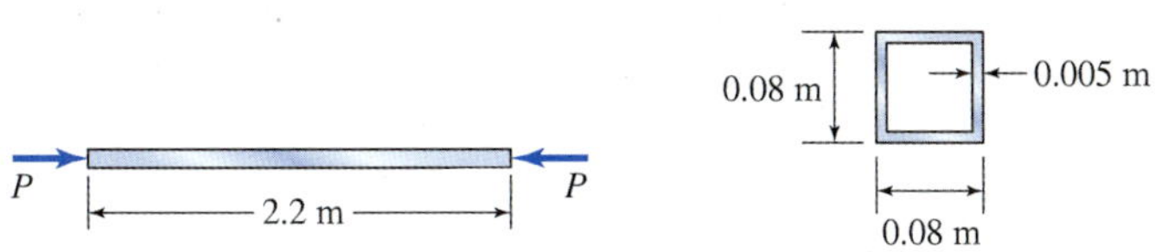

풀이

오일러 공식으로부터

$$P_{cr} = \frac{\pi^2 EI}{L_e^2}$$

여기서 도심축에 대한 단면의 극관성 모멘트는

$$I = \frac{1}{12}(0.08)(0.08)^3 - \frac{1}{12}(0.08-0.01)(0.08-0.01)^3 = 1.41 \times 10^{-6}\ \text{m}^4$$

$$P_{cr} = \frac{\pi^2 EI}{L_e^2} = \frac{\pi^2(75\times10^9\ \text{N/m}^2)(1.41\times10^{-6}\ \text{m}^4)}{(2\ \text{m})^2} = 260{,}663\ \text{N}$$ ■

10.3.4 측면 버팀목이 있는 기둥의 경우

중간 지점에 미터자 같은 가늘고 긴 막대기가 측면 지지를 위해 중간 지점에 붙어 있을 때 막대기는 좌굴 시 측면 지지가 없는 경우 보다 높은 하중에서 좌굴 없이 기둥을 유지하게 한다. 따라서 임계좌굴하중은 급격히 높아지게 된다.

예제

이전 예제에서 임계좌굴하중은 $P_{cr} = 44$ kN이었다. 재설계 시 측면 보강용 막대기를 중간 지점에 부착한다. 재설계된 기둥에서의 최대 임계좌굴하중을 구하라.

풀이

$d = 25$ mm, $L = 950$ mm 끝단이 핀으로 연결되어 있다. 항복강도와 탄성계수는 $\sigma_y = 450$ MPa, $E = 210$ GPa이다. 기둥은 양 끝단에서 450 mm 거리에서 버팀목이 있다.

(1) 핀으로 고정된(pinned end fixity factor) 고정인자 $K = 1$이다.

(2) 유효길이 $L_e = KL = 1.0(L) = 450$ mm

(3) 최소 회전 반경을 계산한다. 원통 단면의 어떤 축에서도 최소 회전 반경

$$r = \frac{D}{4} = \frac{25\ \text{mm}}{4} = 6.25\ \text{mm}$$

(4) 세장비를 계산한다. $SR = \frac{L_e}{r} = \frac{450\ \text{mm}}{6.25\ \text{mm}} = 72$

(5) 기둥 상수 C_c를 계산한다. $C_c = \sqrt{\frac{2\pi^2 E}{\sigma_y}} = 95.9$

(6) SR과 C_c를 비교한다. C_c가 SR보다 크므로($C_c > SR$) 존슨 공식을 사용한다.

(7) $P_{cr} = A\sigma_y[1 - \dfrac{\sigma_y(L_e/r)^2}{4\pi^2 E}]$, $A = \dfrac{\pi d^2}{4} = \dfrac{\pi(25\ \text{mm})^2}{4} = 491\ \text{mm}^2$, $E = 210 \times 10^9 \text{N/m}^2$를 대입하면 임계좌굴하중 $P_{cr} = 158\ \text{kN}$이 된다. ■

10.3.5 AISC 규격

변동 세장비$= SR_t = 4.71\sqrt{\dfrac{E}{\sigma_y}}$ (SR_t는 실제 세장비보다 대략 6% 더 크다)

탄성임계 좌굴응력$= \sigma_e = \dfrac{\pi^2 E}{(SR)^2}$이며, 이 응력은 종종 오일러 응력이라 부른다.

휨 좌굴응력$= \sigma_{cr}$이다. 이 값은 실제 세장비에 따라 변하는 값이다. 만약 $SR \le SR_t$인 경우 기둥을 짧다고 보고 휨 좌굴응력$= \sigma_{cr} = [0.658^d]\sigma_y$, 여기서 $d = \dfrac{\sigma_y}{\sigma_e}$이다.

만약 $SR \ge SR_t$인 경우 기둥을 길다고 보고 휨 좌굴응력 $\sigma_{cr} = 0.877\sigma_e$

따라서 평균 좌굴강도 $P_n = \sigma_{cr} A_g$ 여기서 A_g는 기둥의 전체 면적이다.

최종적으로 허용압축강도 $P_a = \dfrac{P_n}{1.67}$이다.

예제

사각 단면을 가지는 구조용 튜브($50 \times 100 \times 4$)로 만들어지는 기둥의 압축 허용강도를 계산하라. 재료는 구조용강으로 항복강도 $\sigma_y = 290\ \text{MPa}$, 탄성계수 $E = 200\ \text{GPa}$이다. 기둥 길이는 3050 mm이고, 양끝은 핀으로 고정되어 있다.

풀이

튜브는 $Y-Y$축에 대해 좌굴이 발생한다. 따라서 최소 회전 반경 $r_{\min} = r_y = 20.4\ \text{mm}$이고 면적은 $1136\ \text{mm}^2$이다.

$$\text{실제 세장비: } SR = \frac{K(L)}{r} = \frac{1.0(3050)}{20.4} = 150$$

$$\text{변경 세장비: } SR_t = 4.71\sqrt{\frac{E}{\sigma_y}} = 123.7$$

$$\text{탄성임계 좌굴응력} = \sigma_e = \frac{\pi^2 E}{(SR)^2} = \frac{\pi^2(200\ \text{GPa})}{(150)^2} = 87.73\ \text{MPa}$$

$SR \geq SR_t$이므로 긴 기둥으로 간주하고 휨 좌굴응력 $\sigma_{cr} = 0.877\sigma_e = 0.877(87.73 \text{ MPa}) = 76.9$ MPa을 구한다. 평균 좌굴강도는 $P_n = \sigma_{cr} A_g = (76.9 \text{ N/mm}^2)(1136 \text{ mm}^2) = 87.40 \text{ kN}$ 이다. ■

10.4 편심하중을 받는 기둥의 좌굴

편심하중은 기둥 단면의 도심으로부터 벗어난 곳에 작용하는 하중이다. 이러한 편심하중은 처짐 형상뿐만 아니라 굽힘도 발생시킨다. 처짐 형상의 기둥에서 최대 응력은 최대 처짐 y_{max}가 발생하는 중간 지점 가장 외곽에서 발생하며 이를 $\sigma_{L/2}$이라 하고, 다음과 같이 계산한다.

$$\sigma_{max} = \sigma_{L/2} = \frac{P}{A}[1 + \frac{ec}{r^2}\sec\{\frac{KL}{2r}\sqrt{\frac{P}{AE}}\}] \tag{10.8}$$

여기서 $\sec = \dfrac{1}{\cos}$이다. 또한 회전 반경 $r = \sqrt{\dfrac{I}{A}}$이다. 편심도 e는 중립축으로부터 축하중 P가 작용하는 사이의 거리이고, c는 보의 중립축과 단면상의 최대 압축응력이 발생하는 지점까지의 거리이다[그림 10.4(a), (b)].

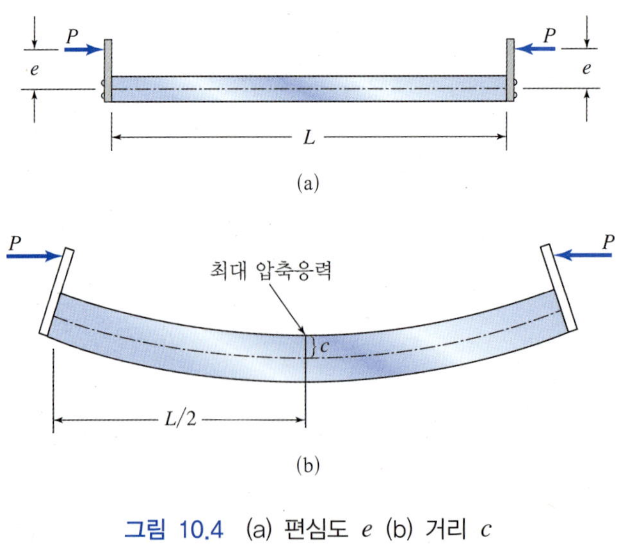

그림 10.4 (a) 편심도 e (b) 거리 c

식 (10.8)은 최대 응력의 크기를 P/A, E 그리고 무차원 파라메타인 편심비

(eccentricity ratio) $\frac{ec}{r^2}$와 세장비 $\frac{L}{r}$의 함수로 나타내고 있다. 기둥의 치수, 탄성계수, 편심량을 알고 최대 허용압축응력이 규정된 경우 식 (10.8)을 수치적으로 풀어 최대 허용압축하중을 구할 수 있다.

설계 시 최대 응력이 항복응력과 같다고 놓고 기둥에 편심하중이 가해질 때의 하중을 계산한다.

$$\sigma_y = \frac{P_y}{A}[1 + \frac{ec}{r^2}\sec(\frac{KL}{2r}\sqrt{\frac{P_y}{AE}})] \tag{10.9}$$

식 (10.9)를 secant 공식이라고도 한다. 허용하중 $P_a = \frac{P_y}{SF}$를 사용하면, 요구되는 항복 응력식은 식 (10.10)과 같다.

$$\sigma_y = \frac{(SF)P_y}{A}[1 + \frac{ec}{r^2}\sec(\frac{KL}{2r}\sqrt{\frac{(SF)P_y}{AE}})] \tag{10.10}$$

편심하중 시 기둥 축의 처짐량을 계산하는 공식은 식 (10.11)과 같다.

$$y_{\max} = e[\sec(\frac{KL}{2R}\sqrt{\frac{P}{AE}}) - 1] \text{ 혹은 } y_{\max} = e(\sec\frac{\lambda L}{2} - 1) \tag{10.11}$$

여기서 $\lambda^2 = \frac{P}{EI}$이다.

예제

양 끝단이 핀으로 고정된 기둥이 있다. 길이는 $L = 32$ cm이고 원형 단면을 가지며 단면의 직경은 $d = 0.75$ cm, 초기 휘어진 정도(crookedness)는 0이다. 재료는 열간 압연 구조용 탄소강으로 $\sigma_y = 60{,}000$ Pa, 탄성계수 $E = 30{,}000{,}000$ Pa, 편심도 $e = 0.75$ cm, 압축하중은

$$P = 1075 \text{ N},\ A = \frac{\pi d^2}{4} = \frac{\pi(0.75)^2}{4} = 0.442 \text{ cm}^2$$

풀이

- 양단이 핀으로 고정 유효길이:

$$KL = (1)(32) = 32,\ r = \frac{D}{4} = \frac{0.75}{4} = 0.188 \text{ cm},\ c = \frac{D}{2} = \frac{0.75}{2} = 0.375$$

식 (10.8)을 사용하여 최대 응력을 계산한다. 식 (10.10)을 사용하여 최대 처짐량을 계산한다.

- 최대 응력:

$$\sigma_{L/2} = \frac{P}{A}[1 + \frac{ec}{r^2}\sec(\frac{KL}{2r}\sqrt{\frac{P}{AE}})]$$

$$= \frac{1075}{0.422}[1 + \frac{(0.75)(0.375)}{(0.188)^2}\sec(\frac{32}{2(0.188)}\sqrt{\frac{1075}{(0.422)(30\times 10^6)}})]$$

$$= 29{,}300 \text{ Pa}$$

- 최대 처짐량:

$$y_{\max} = e[\sec(\frac{KL}{2R}\sqrt{\frac{P}{AE}}) - 1]$$

$$= 0.75[\sec(\frac{32}{2(0.188)}\sqrt{\frac{1075}{(0.442)(30\times 10^6)}}) - 1] = 0.293 \text{ cm}$$

■

10장 요약

1. 길이 L인 균일 단면 기둥이 양단이 자유이고 양단 끝단에서 압축 하중이 작용할 때를 오일러 좌굴하중이라 한다. 이때의 좌굴하중 식은 다음과 같다.

$$P = \frac{\pi^2 EI}{L^2}$$

유효길이는

$$P_{cr} = \frac{\pi^2 EI}{L_e^2} \tag{10.5}$$

여기서 I는 극관성 모멘트이다. 만일 양쪽이 자유단인 길이 L인 기둥이 2차 모드로 좌굴하면 유효길이는 $L_e = \frac{L}{2}$이므로 좌굴하중은 $P_{cr} = \frac{\pi^2 EI}{L_e^2} = \frac{4\pi^2 EI}{4}$이다. 좌굴된 기둥의 유효길이는 관측에 의해 결정하거나 근사적으로 구해 식 (10.5)를 사용하여 좌굴하중을 결정할 수 있다.

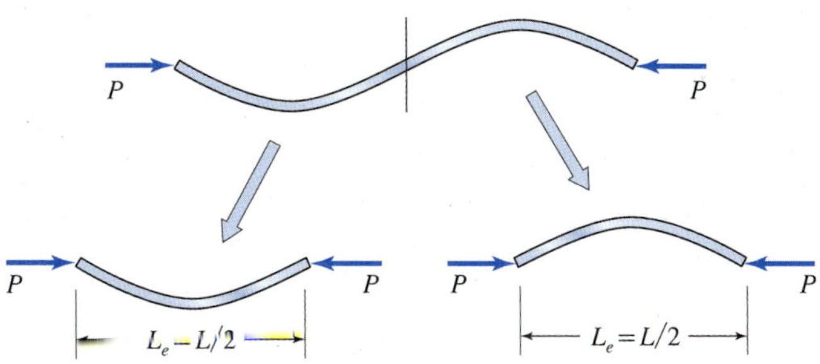

• 편심하중과 시컨트 공식:

양단이 자유롭게 회전하는 균일 단면을 가지는 기둥이 편심하중을 받을 때 최대 처짐곡선 식은

$$v_{\max} = v_{x=L/2} = e(\sec\frac{\lambda L}{2} - 1)$$

그림에서 최대 압축하중응력 식은

$$\sigma_{\max} = \sigma_{L/2} = \frac{P}{A}[1 + \frac{ec}{r^2}\sec\ \{\frac{KL}{2r}\sqrt{\frac{P}{AE}}\}] \tag{10.8}$$

여기서 $\sec = \frac{1}{\cos}$이다. 또한 회전 반경 $r = \sqrt{\frac{I}{A}}$ 이다. 편심도 e는 중립축으로부터 축하중 P가 작용하는 사이의 거리이고, c는 보의 중립축과 단면상의 최대 압축응력이 발생하는 지점까지의 거리이다[그림 10.4(a), (b)].

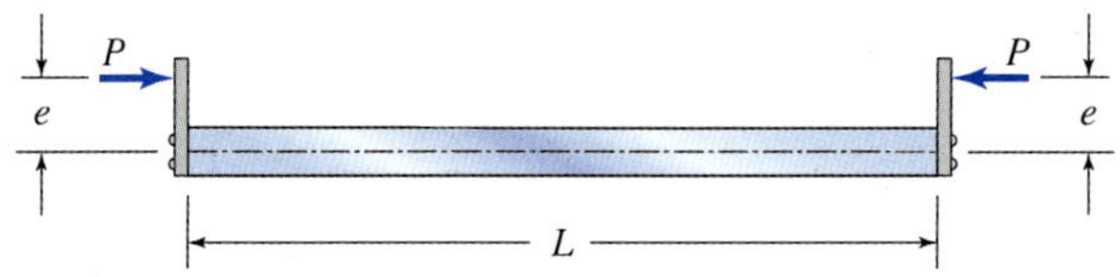

(a)

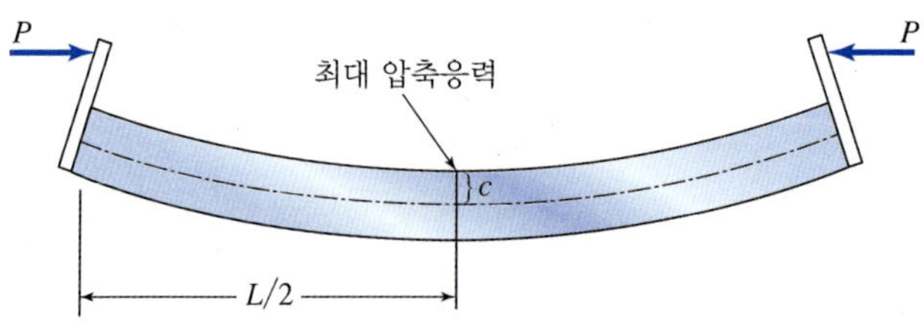

(b)

10장 연습문제

10.1 강으로 된 기둥의 임계하중과 허용하중을 구하라. 기둥의 길이는 $L = 300$ mm 이고 단면은 정사각형 단면으로 12 mm× 12 mm 이다. 재료의 항복강도는 $\sigma_y = 414$ MPa 이며, 탄성계수 $E = 207$ GPa 인 1040 탄소강이다. 한쪽은 핀으로 다른 한쪽은 완전 고정되어 있다. 설계 안전계수 인자는 $SF = 3$을 사용한다.

10.2 사각 단면을 가지는 구조용 튜브(50×100×4)로 만들어지는 기둥의 압축 허용강도를 계산하라. 재료는 구조용 강으로 항복강도 $\sigma_y = 290$ MPa, 탄성계수 $E =$ 200 GPa 이다. 기둥 길이는 3050 mm이고, 양 끝단은 완전 고정되어 있다.

10.3 다음과 같은 단면을 가지는 기둥이 편심 압축하중을 받고 있다. 편심 정도는 $e = 0.0046$ 이다. 재료의 탄성계수는 $E = 200$ GPa 이며, 압축 항복응력이 250 MPa 일 때 P의 최대 허용값을 계산하고, 압축하중이 작용할 때 보의 최대 처짐량을 구하라.

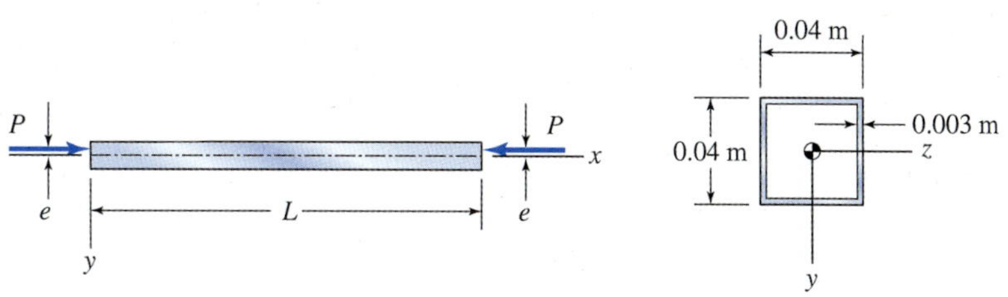

10.4 원형 단면의 지름이 20 cm이고 길이가 6 m인 기둥의 세장비를 구하라.

10.5 4 cm×8 cm의 직사각형 단면을 가지며 기둥의 길이가 $L = 3$ m인 부재가 압축하중을 받고 있다. 끝난의 경계조건은 일단 고정, 타단 회전지지이다. 재료의 탄성계수는 $E = 210$ GPa 이고, 항복강도는 $\sigma_y = 250$ MPa, 안전계수는 2이다.

(a) 좌굴하중을 구하라.

(b) 허용 좌굴하중을 구하라.

10.6 오일러 식에 의하여 10 kN의 압축하중을 받는 길이 $L = 7$ m의 기둥 목재의 정사각형 단면 치수를 결정하라. 안전계수 $SF = 5$이고 목재의 탄성계수는 $E = 10$ GPa 이다.

10.7 단면 $A = 1460\ \text{mm}^2$, $r_x = 41.6\ \text{mm}$, $r_x = 14.8\ \text{mm}$ 인 부재를 사용하여 기둥을 설계하려고 한다. 기둥 재료의 탄성계수는 $E = 200\ \text{GPa}$ 이고 항복응력은 $\sigma_y = 250\ \text{MPa}$ 이다. 중심 축하중을 안전하게 지지하기 위한 길이 L을 구하라. 시방서에 안전계수 $SF = 1.67$ 이다.

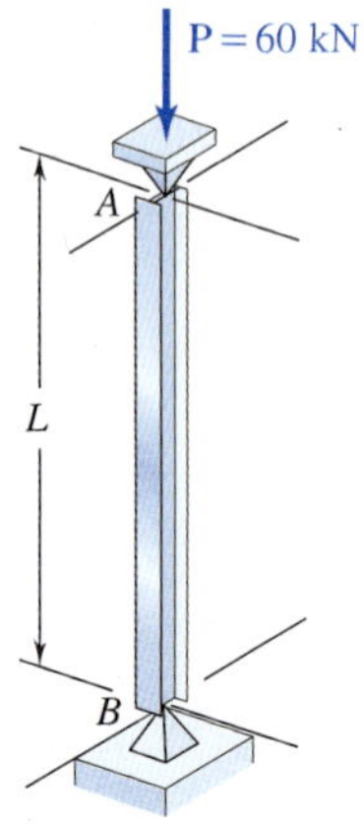

10.8 다음 구조물이 편심 압축하중을 받고 있다. 단면은 강관으로 되어 있다.

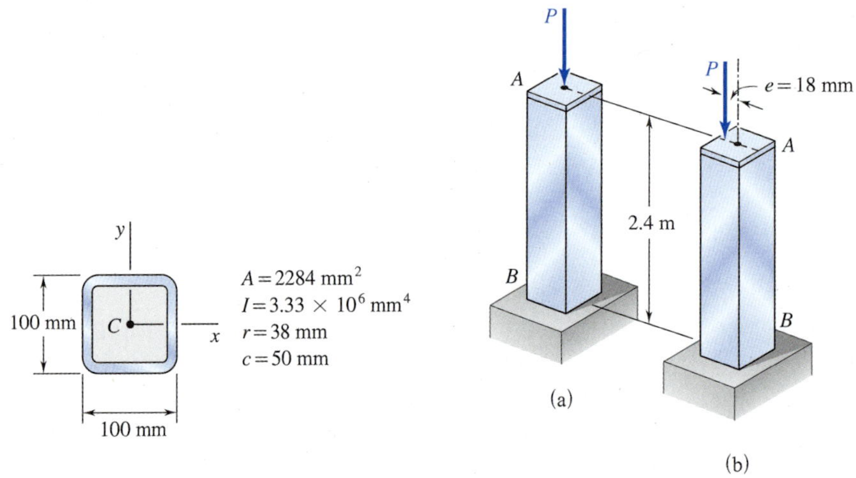

(a) 안전계수 2, 오일러 공식을 사용하여 기둥의 허용 중심 축하중과 이에 대응하는 수직응력을 구하라.

(b) (a)에서 구한 허용하중이 기둥의 중심으로부터 18 mm인 위치에 작용할 경우 기둥 상단의 수평처짐과 기둥의 최대 수직응력을 구하라.

11장 에너지 방법

목표

1. 일과 에너지의 정의를 이해해야 한다.
2. 탄성 스트레인 에너지 밀도 식을 이해해야 한다.
3. 각종 하중을 받는 구조물 부재의 스트레인 에너지와 일을 계산할 수 있어야 한다.
4. Castigliano 제1정리, 제2정리를 이해해야 한다.

11.1 일과 에너지

물체에 힘 벡터 $\vec{F}$가 가해져 변위 벡터 $\overrightarrow{dr}$이 발생하면 힘에 의해 물체에 발생하는 일의 양은 다음과 같다. $dW = \vec{F}\cdot d\vec{r}$, 일의 단위는 N−m 혹은 joule(J)로 표시된다. 일의 차원은 (힘)×(거리)이다.

하중과 변위와 좌표계를 사용[그림 11.1(a), (b), (c)]하고, 힘과 변위를 단위 벡터를 사용하여 일로 나타내면 $dW = (F_x\vec{i} + F_y\vec{j} + F_z\vec{k})\cdot(dx\vec{i}) = F_x dx$가 된다.

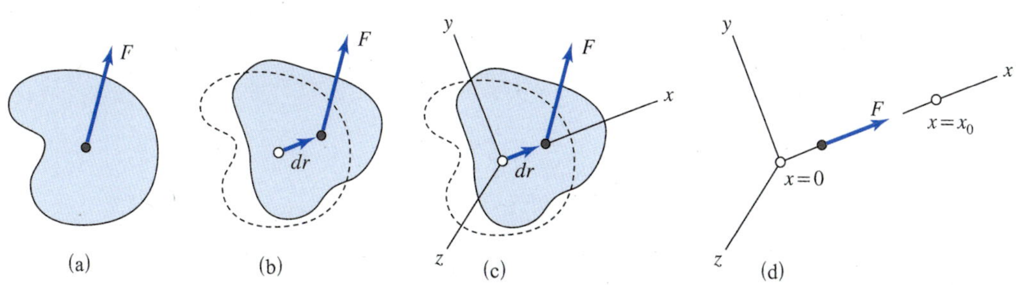

그림 11.1 (a) 힘의 작용점 (b) 작용점과 변위 (c) 좌표계에서의 힘과 변위 (d) 작용점과 변위 경로

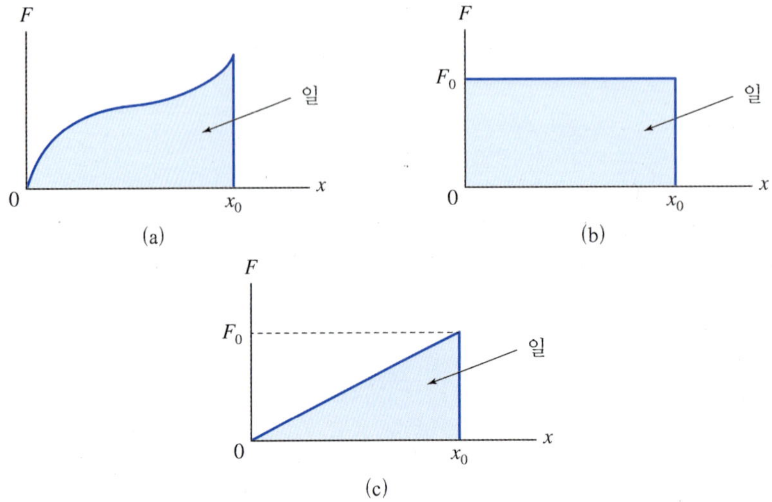

그림 11.2 (a) 임의의 변위함수에 따른 일 (b) 일정한 하중에 의해 행한 일
(c) 선형적인 힘에 의해 행한 일

그림 11.1(d)와 같이 $x=0$에서 $x=x_0$로 유한 거리만큼 이동될 때 행해진 일은 $W=\int_0^{x_0} Fdx$가 된다[그림 11.2(a)]. 이 중 특별한 경우 2가지는

1. 일정한 힘 $F=F_0$가 작용할 때는 $W=F_0x_0$이다.
2. 선형적으로 증가하는 힘의 경우는 $W=\frac{1}{2}F_0x_0$가 된다.

이를 표시하면 일은 그림 11.2(b), (c)에 각각 해당하는 면적이다.

- 우력에 의한 일: 우력에 의한 반시계 방향 모멘트[그림 11.3(a)]는 $M=Fh$가 된다. 우력에 의해 물체가 반시계 방향으로 $d\theta$만큼 회전되면[그림 11.3(b)] 행한 일은

$$dW=F(\frac{1}{2}hd\theta)+F(\frac{1}{2}hd\theta)=Fhd\theta=Md\theta$$

우력은 만약 각도가 $\theta=0$에서 $\theta=\theta_0$까지 회전하면[그림 11.3(c)] 행한 일은

$$W=\int_0^{\theta_0} Md\theta$$

1. 일정한 우력일 경우 $M=M_0$일 때는 $W=M_0\theta_0$가 된다.

2. 선형적으로 우력 M이 θ에 비례하는 경우 $W=\frac{1}{2}M_0\theta_0$가 된다.

모멘트 M이 회전각도 θ에 비례하고 $\theta=\theta_0$일 때의 모멘트를 M_0라 하면 $M=(\frac{M_0}{\theta_0})\theta$이다. 따라서 $W=\int_0^{\theta_0}Md\theta=\int_0^{\theta_0}(\frac{M_0}{\theta_0})\theta d\theta=\frac{1}{2}M_0\theta_0$이다.

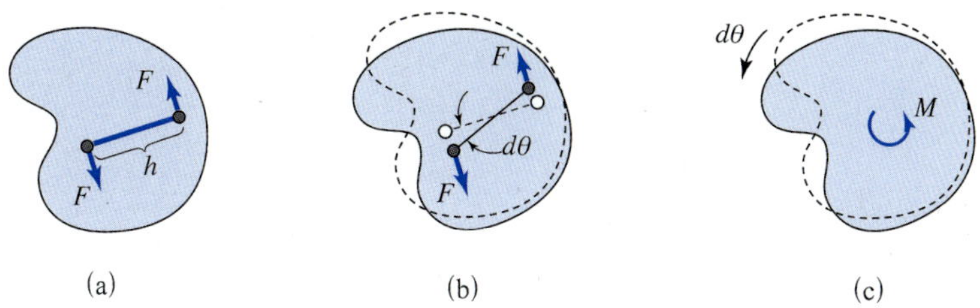

그림 11.3 (a) 물체에 작용하는 우력 (b) 우력에 의한 미소각도 회전
(c) 회전 모멘트에 의한 $d\theta$만큼 회전

11.2 스트레인 에너지

물체에 외력이 가해지면 변형을 일으킨다. 물체에 가해진 일은 스트레인 에너지의 형태로 물체 내에 저장된다. 선형 탄성거동 재료에서는 단위 체적(V)당 스트레인 에너지(U)를 스트레인 에너지 밀도(strain energy density)라 한다. 스트레인 에너지 밀도를 U_o라 표시하며 식 (11.1)에 의해 정의된다.

$$\frac{U}{V}=U_o=\int_0^{\varepsilon_x}\sigma_x d\varepsilon_x=\int_0^{\varepsilon_x}E\varepsilon_x d\varepsilon_x \tag{11.1}$$

적분한 후의 결과는 식 (11.2)와 같다.

$$U_0=\frac{1}{2}E\,\varepsilon_x^2=\frac{1}{2}\sigma_x\varepsilon_x=\frac{1}{2E}\sigma_x^2 \tag{11.2}$$

재료가 비례한도 혹은 항복응력까지 응력을 가할 때 스트레인 에너지 밀도 $U_o=\frac{\sigma_x^2}{2E}$를 "탄력계수(modulus of resilience)"라고 한다(그림 11.4)

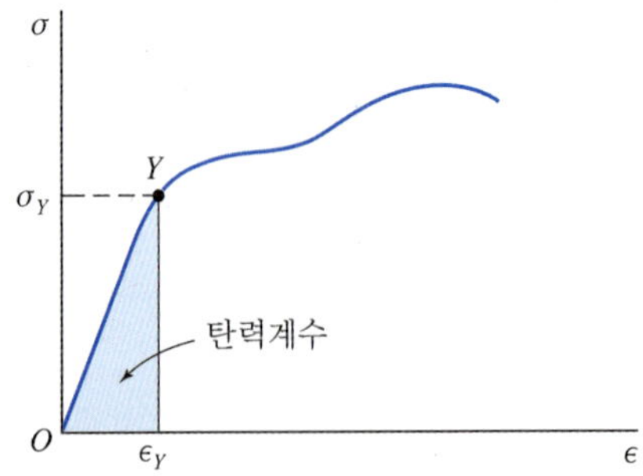

그림 11.4 탄력계수

S−S 선도에서 재료가 파단 시까지 흡수할 수 있는 에너지 능력을 "인성계수 (modulus of toughness)"라고 한다(그림 11.5).

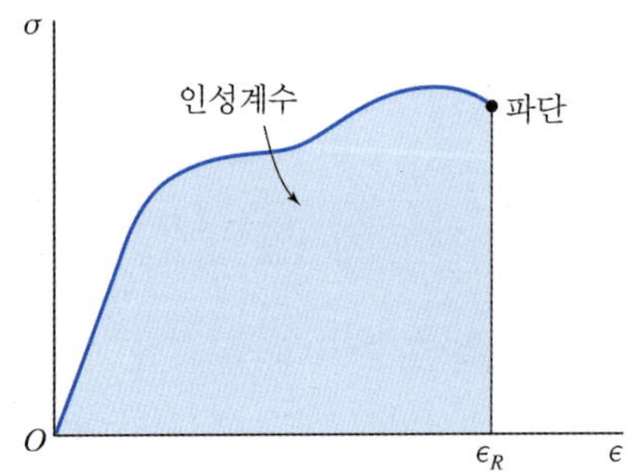

그림 11.5 인성계수

3차원에서 수직응력(σ_x, σ_y, σ_z)만이 동시에 작용할 때 수직응력에 의해 행해진 탄성 변형률 에너지 밀도는

$$U_0 = \frac{1}{2}(\sigma_x\varepsilon_x + \sigma_y\varepsilon_y + \sigma_z\varepsilon_z) \tag{11.3}$$

전단 변형응력 τ_{xy}만이 존재할 때의 탄성 변형률 에너지 밀도(strain energy density)는

$$U_0 = \frac{1}{2}\tau_{xy}\gamma_{xy} = \frac{1}{2G}\tau_{xy}^2 = \frac{1}{2}G\gamma_{xy}^2 \tag{11.4}$$

3차원에서 전단 변형만 존재할 때의 전체 스트레인 에너지 밀도는

$$U_0 = \frac{1}{2}(\tau_{xy}\gamma_{xy} + \tau_{yz}\gamma_{yz} + \tau_{xz}\gamma_{xz}) \tag{11.5}$$

일반적인 3차원 응력 상태에서의 스트레인 에너지 밀도 식은 식 (11.3)과 식 (11.5)에 의해

$$U_0 = \frac{1}{2}(\sigma_x\varepsilon_x + \sigma_y\varepsilon_y + \sigma_z\varepsilon_z + \tau_{xy}\gamma_{xy} + \tau_{yz}\gamma_{yz} + \tau_{xz}\gamma_{xz}) \tag{11.6}$$

가 된다.

훅스 법칙(Hook's law)을 도입하면 응력과 탄성계수의 항만으로 일반적인 3차원에서의 탄성 스트레인 에너지 밀도 식을 표시할 수 있다.

$$U_0 = \frac{1}{2E}(\sigma_x^2 + \sigma_y^2 + \sigma_z^2) - \frac{\nu}{E}(\sigma_x\sigma_y + \sigma_y\sigma_z + \sigma_x\sigma_z) + \frac{1}{2G}(\tau_{xy}^2 + \tau_{yz}^2 + \tau_{xz}^2) \tag{11.7}$$

주응력만을 사용하여 어떤 점에서의 스트레인 에너지 밀도를 표현할 수 있다.

$$U_0 = \frac{1}{2E}[(\sigma_1^2 + \sigma_2^2 + \sigma_3^2) - 2\nu(\sigma_1\sigma_2 + \sigma_1\sigma_3 + \sigma_2\sigma_3)] \tag{11.8}$$

변형률만을 사용한 식으로 일반적인 상태의 스트레인 에너지 밀도를 표시할 수 있다.

$$U_o = \frac{1}{2}[\lambda e^2 + 2G(\varepsilon_x^2 + \varepsilon_y^2 + \varepsilon_z^2) + G(\gamma_{xy}^2 + \gamma_{yz}^2 + \gamma_{xz}^2) \tag{11.9}$$

전체 물체에 저장되는 탄성 변형률 에너지는

$$U = \int_V U_0 dxdydz \tag{11.10}$$

이다. 주어진 점에서의 스트레인 에너지 밀도는 체적 변화와 관련된 U_{ov}와 형상 변화와 관련된 U_{od}의 두 부분으로 나눌 수 있다 즉, $U_o = U_{od} + U_{ov}$이나.

- 체적 변형과 관련된 에너지:

$$U_{ov} = \frac{1-2\nu}{6E}(\sigma_1 + \sigma_2 + \sigma_3)^2 \tag{11.11}$$

- 형상 변형과 관련된 에너지:

$$U_{od} = \frac{1}{12G}[(\sigma_1 - \sigma_2)^2 + (\sigma_1 - \sigma_3)^2 + (\sigma_2 - \sigma_3)^2] \tag{11.12}$$

평면응력의 경우 $\sigma_3 = 0$이 되므로 $U_{od} = \frac{1}{6G}(\sigma_1^2 - \sigma_1\sigma_2 + \sigma_2^2)$이 된다. 식 (11.12)의 U_{od}로부터 최대 비틀림 에너지 기준식이 유도되며 연성재료의 항복 응력 기준을 예측하는 데 사용된다.

다음은 각종 부재에서의 여러 하중에 의한 스트레인 에너지와 일을 요약한 경우이다.

(a) 축(수직)하중을 받는 막대 혹은 봉 부재인 경우 스트레인 에너지와 일

주어진 단면적에 대해 축 방향의 인장 혹은 압축 응력을 받는 봉 부재의 스트레인 에너지는 봉의 길이가 L이고 $\sigma_x = \frac{P}{A}$이고 $dV = Adx$이므로 스트레인 에너지 식은

$$U = \int_V \frac{\sigma_x^2}{2E} dV = \int_0^L \frac{P^2}{2AE} dx = \frac{P^2 L}{2AE} \tag{11.13}$$

이때 봉의 선형적인 길이 변형 δ을 일으키는 축하중 P에 의해 행한 일의 양은 $W = \frac{1}{2}P\delta$이다.

(b) 단일 집중하중 P를 받는 보의 스트레인 에너지와 일

선형적 보의 처짐 v_1을 유발하는 집중하중 P에 의해 행한 일의 양은 $W = \int_0^{v_1} P dv = \frac{1}{2}P_1 v_1$이다. 하중 점에서의 보의 처짐 $v_1 = \frac{PL^3}{3EI}$을 대입하면 보의 스트레인 에너지는

$$U = \frac{1}{2}P \times \left(\frac{PL^3}{3EI}\right) = \frac{P^2 L^3}{6EI} \tag{11.14}$$

예제

다음 그림과 같은 동일 재료로 이루어진 구조물이 축 방향 수직 압축하중 P를 받고 있다. 봉의 변형률 에너지를 하중 P, 길이 L, 탄성계수 E, CD 부분의 단면적 A, 두 지름의 비 n으로 표시하라.

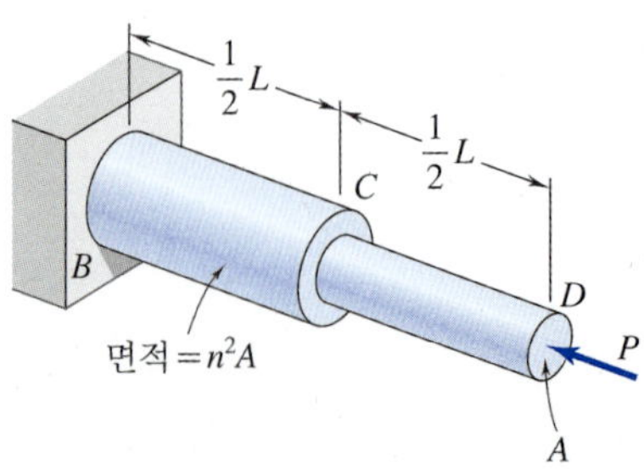

풀이

각 부분(CD, BC)에 대한 자유 물체도로부터 내부 하중을 구하고 스트레인 에너지 식(식 11.13)을 사용하여 계산하고 더하면

$$U_n = \frac{P^2(\frac{1}{2}L)}{2AE} + \frac{P^2(\frac{1}{2}L)}{2(n^2A)E} = \frac{P^2L}{4AE}(1+\frac{1}{n^2})$$

$n=1$인 경우 $U_1 = \dfrac{P^2L}{2AE}$가 된다. ■

(c) 원형 봉 부재에서 비틀림 하중을 받는 경우의 스트레인 에너지와 일

축에 따라 단면적이 변하는 그리고 토크가 변하는 원형 봉을 고려한다(그림 11.6). 하중 상태는 순수 비틀림 하중이다. 변형은 순수 전단이라 가정한다. 단면 중심으로부터 반경 방향으로 임의의 거리를 r이라고 하면 비틀림 하중에 의한 전단 응력 공식은 $\tau = \dfrac{Tr}{J}$이다. 스트레인 에너지 밀도는 식 (11.4)로부터

$$U_0 = \frac{1}{2G}\tau_{xy}^2 = \frac{1}{2G}(\frac{Tr}{J})^2 = \frac{T^2r^2}{2GJ^2}$$

이다. 이 식을 전체 에너지 식에 대입하면

$$U = \int_0^L \frac{T^2}{2J^2G}(\int r^2 dA)dx$$

여기서 dA는 단면적을 나타내며 $\int r^2 dA$는 극관성 모멘트 J를 나타낸다. 따라서 스트레인 에너지는

$$U = \int_0^L \frac{T^2}{2JG}dx$$

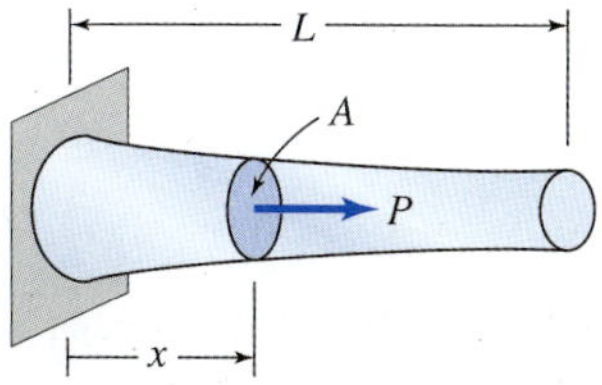

그림 11.6 축 방향으로 변하는 축 하중을 받는 부재

샤프트의 경우 양 끝단에 작용하는 토크의 크기가 같고 방향이 반대이면

$$U = \frac{T^2 L}{2GJ} \tag{11.15}$$

축의 비틀림 하중에 의한 일은 $W = \frac{1}{2}T\phi$이다. ϕ는 비틀림 하중에 의한 비틀림각이다. $\phi = \frac{TL}{GJ}$을 $W = \frac{1}{2}T\phi$에 대입하면 $W = \frac{T^2 L}{2GJ}$이 된다. 이 일의 양은 비틀림 하중에 의한 스트레인 에너지 식 (11.14)와 같다.

예제

동일 재료의 원형 축 구조물이 그림과 같이 비틀림 하중 T를 받고 있다. 이 구조물의 비틀림 에너지를 결정하라. 비틀림 모멘트 T, 극관성 모멘트는 J, 전단계수 G, 길이 L, 지름비 n의 항으로 표시하라.

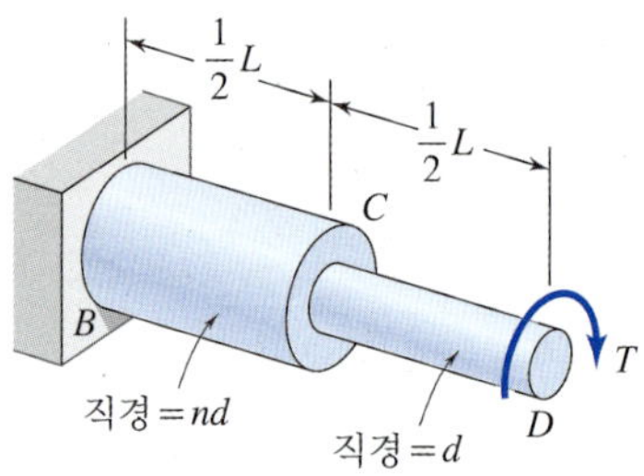

풀이

BC축의 극관성 모멘트는 CD축의 $n^4 J$임을 유념하여 식 (11.15)에 대입하면

$$U_n = \frac{T^2(\frac{1}{2}L)}{2GJ} + \frac{T^2(\frac{1}{2}L)}{2(n^4 J)G} = \frac{T^2 L}{4GJ}(1 + \frac{1}{n^4})$$

$n = 1$일 경우 $U_1 = \frac{T^2 L}{2GJ}$ ■

(d) 굽힘하중을 받는 보 부재의 스트레인 에너지와 일

순수 굽힘을 받는 보의 경우 축 방향의 수직응력 $\sigma_x = \pm \frac{My}{I}$이다. 스트레인 에너지 밀도는 식 (11.2)로부터 $U_0 = \frac{1}{2E}\sigma_x^2 = \frac{1}{2E}(\frac{My}{I})^2 = \frac{M^2 y^2}{2EI^2}$이 된다. 여기서 $\frac{M^2}{2EI}$은 x만의 함수임을 유의하고 이 식을 전체 스트레인 에너지 식에 대입하면 $I = \int y^2 dA$이므로

$$U = \int_0^L \frac{M^2}{2EI^2}\left(\int y^2 dA\right)dx$$

$$= \int_0^L \frac{M^2}{2EI}dx \qquad (11.16)$$

보의 굽힘 모멘트 작용 시 보의 기울기 θ를 유발하는 경우 일의 양은 $W = \frac{1}{2}M_1\theta_1$이다. $\theta = \frac{M_1 L}{2EI}$을 일의 식 $W = \frac{1}{2}M_1\theta_1$에 대입하면 일의 양과 동일한 스트레인 에너지 $U = \frac{1}{2}M_1\left(\frac{M_1 L}{EI}\right) = \frac{M_1^2 L}{2EI}$을 구할 수 있음을 유의하라.*

예제

외팔보가 B점에서 집중 모멘트 M_0을 받는다. B점에서의 기울기를 구하라.

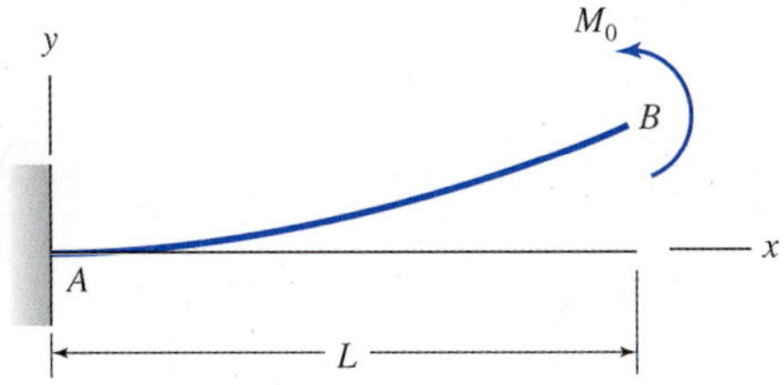

풀이

B점에서 모멘트에 의한 각도 변화에 의한 스트레인 에너지 $U = \frac{M_0^2 L}{2EI}$이고 일은 $W = \frac{1}{2}M_0\theta_B$이다. 일과 에너지법($W = U$)에 의해

$$U = \frac{M_0^2 L}{2EI} = W = \frac{1}{2}M_0\theta_B$$

따라서 B점에서 기울기 $\theta_B = \frac{M_0 L}{EI}$이 된다. ■

* 단일 집중 하중이나 단일 우력을 받는 경우에는 일과 에너지 원리($W = U$)를 사용하면 하중점에서의 변위를 구할 수 있다. 일과 에너지 법($W = U$)은 단일 집중하중이나 단일 우력을 적용하는 경우에만 사용할 수 있다.

예제

다음의 보에서 C점에서의 처짐을 일과 에너지법으로 구하라.

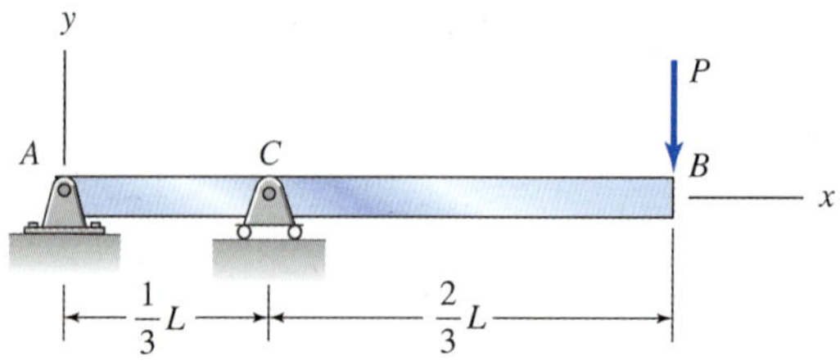

풀이

집중하중 P가 작용하는 C점에서의 처짐을 υ_B라 하면 힘 P가 한 일 $W=\frac{1}{2}P\times\upsilon_B$이다. 보의 스트레인 에너지는

$$U=U_{AC}+U_{BC}=\int_0^{L/3}\frac{M_1^2}{2EI}dx+\int_{L/3}^{L}\frac{M_2^2}{2EI}dx$$

보의 굽힘 모멘트 선도를 그리기 위해 점 A, C에 작용하는 반응력을 구한다.

$$\sum F_y=0: P_A+P_C=P,\ \sum M_A=0: \frac{P_CL}{3}-PL=0\ \ \therefore P_C=3P,\ P_A=-2P$$

모멘트 선도

$$AC\ 부분\ \ 0<x<L/3\quad M_1(x)=-2Px$$
$$BC\ 부분\ \ L/3<x<L\quad M_2(x)=P(x-L)$$

이 식을 보의 스트레인 에너지 식 $U=U_{AC}+U_{BC}=\int_0^{L/3}\frac{M_1^2}{2EI}dx+\int_{L/3}^{L}\frac{M_2^2}{2EI}dx$에 대입하여 적분하면 $U=\frac{6P^2L^3}{81EI}$이다. 일과 에너지 원리를 적용하면

$$\frac{1}{2}P\upsilon_B=\frac{6P^2L^3}{81EI}$$

따라서 처짐량 $\upsilon_B=\frac{4}{27}\frac{PL^3}{EI}\downarrow$을 구할 수 있다. ■

예제

다음 구조물에서 구조물의 변형률 에너지를 구하라. 그리고 B점에서 수직 처짐 변위를 구하라.

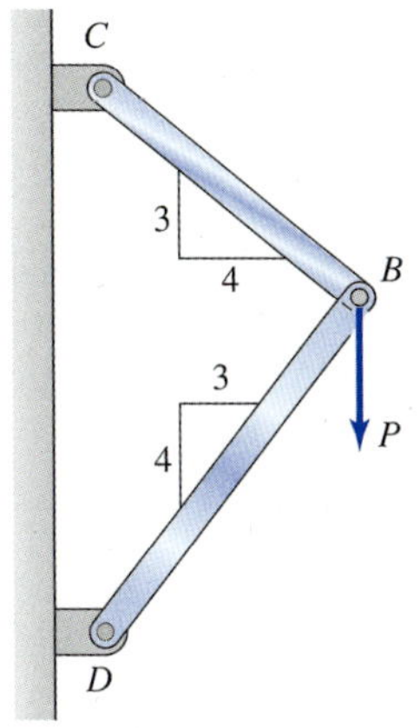

풀이

자유 물체도를 그린다.

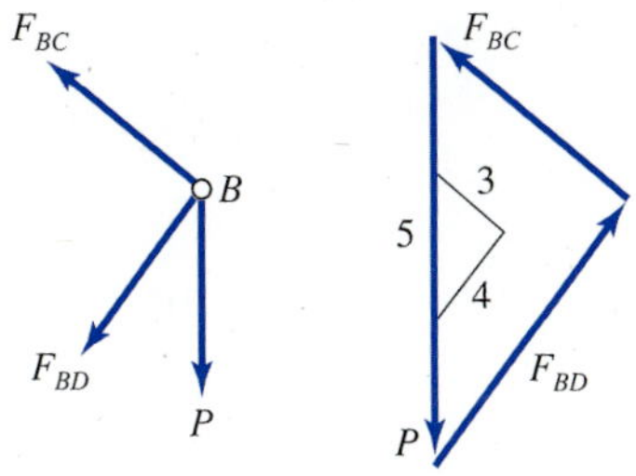

부재 BC와 CD에서의 스트레인 에너지를 구한다.

$$U=\frac{F_{BC}^2(L_{BC})}{2AE}+\frac{F_{BD}^2(L_{BD})}{2AE}$$

$$L_{BC}=0.6l,\ L_{BD}=0.8l$$

$$F_{BC}=0.6P,\ F_{BD}=-0.8P$$

이 값들을 스트레인 에너지 식에 대입하면

$$U=\frac{P^2 l[(0.6)^3+(0.8)^3]}{2AE}=0.364\frac{P^2 l}{AE}$$

단일 하중이므로 일과 에너지 원리를 적용하면 $U=0.364\frac{P^2 l}{AE}=\frac{1}{2}Pv_B$로부터 B점에서의 수

직 처짐은 $v_B = 0.728\dfrac{Pl}{AE}$ ■

(e) 스트레인 에너지 성분

찌그러짐이 없이 체적의 변화만을 가져오는 응력 상태가 있다. 이를 팽창응력 텐서(dilatational stress tensor)라고 한다.

$$\begin{bmatrix} \sigma_m & 0 & 0 \\ 0 & \sigma_m & 0 \\ 0 & 0 & \sigma_m \end{bmatrix}$$

여기서 평균 응력 $\sigma_m = \dfrac{1}{3}(\sigma_x + \sigma_y + \sigma_z)$이고, 평균 변형률 $\varepsilon_m = \dfrac{1}{3}(\varepsilon_x + \varepsilon_y + \varepsilon_z)$이다. 팽창응력에 의한 수직 변형률의 합을 팽창(dilatation)이라 하며 다음과 같이 정의된다.

$$e = (\varepsilon_x + \varepsilon_y + \varepsilon_z)$$

체적의 변화만 대표하는 경우 단위 체적당 흡수되는 팽창 스트레인 에너지(dilatational strain energy)는

$$U_{ov} = \frac{3}{2}\sigma_m \varepsilon_m = \frac{\sigma_m^2}{2K} = \frac{1}{18K}(\sigma_x + \sigma_y + \sigma_z)^2 \tag{11.17}$$

여기서 $K = \dfrac{E}{3(1-2\nu)}$이다.

편차응력(deviator stress)은 다음과 같은 응력 상태이다. 편차응력(deviator stress)과 관련된 단위 체적당 변형 에너지(distortion energy) U_{od}는 단위 체적의 형상 변화에 기여한다. 반면 체적은 일정하다. U_{ov}와 U_{od}는 스트레인 에너지의 성분들이므로 $U_o = U_{od} + U_{ov}$이다. 식 (11.7)에서 식 (11.17)을 빼면 식 (11.18)을 쉽게 구할 수 있다.

$$U_{od} = \frac{3}{4G}\tau_{oct}^2 \tag{11.18}$$

식 (11.18)은 변형으로 인한 단위 체적당 흡수되는 탄성 변형률 에너지이다. 이전에서 octahedral 전단 응력은 식 (11.19)로 표시됨을 기억하라.

$$\tau_{oct} = \frac{1}{3}[(\sigma_x - \sigma_y)^2 + (\sigma_y - \sigma_z)^2 + (\sigma_x - \sigma_z)^2 + 6(\tau_{xy}^2 + \tau_{xz}^2 + \tau_{yz}^2)] \tag{11.19}$$

예제

균일한 단면적을 가지는 봉 시편에 축 방향 인장하중 P가 가해진다. 시편의 소재는 탄소강이며 탄성계수는 E, 푸아송비 $\nu = 0.25$이다. 스트레인 에너지 밀도 식을 각 성분별로 구하고 저장되는 전체 스트레인 에너지를 구하는 식을 유도하라.

풀이

봉의 한 점에서의 응력 상태는 단축 인장($\tau_{xy} = \tau_{xz} = \tau_{yz} = \sigma_y = \sigma_z = 0$)이다. $\sigma_x = \sigma = \dfrac{P}{A}$, 평균 응력은 $\sigma_m = \dfrac{\sigma}{3}$이고, 편차 응력은

$$\sigma_x - \sigma_m = \frac{2\sigma}{3}, \quad \sigma_y - \sigma_m = \sigma_z - \sigma_m = -\frac{\sigma}{3}$$

이 경우 응력 상태에서의 변형률 에너지 밀도는

$$U_o = \frac{\sigma^2}{2E}$$

$$U_{ov} = \frac{\sigma_m^2}{2K} = \frac{(\frac{\sigma}{3})^2}{2(\frac{E}{3(1-2\nu)})} = \frac{\sigma^2(3)(1-2\nu)}{18E} = \frac{(1-2\nu)\sigma^2}{6E} = \frac{\sigma^2}{12E}$$

$$U_{od} = \frac{3}{4G}\tau_{oct}^2 = \frac{(1+\nu)\sigma^2}{3E} = \frac{5\sigma^2}{12E}$$

여기서 전체 에너지 밀도 $U_o = U_{ov} + U_{od}$와 $5U_{ov} = U_{od}$임을 알 수 있다. 즉, 단축 인장하중하에서의 단위 체적 요소의 형상 변화에서는 체적 변경(volume change)보다는 5배의 에너지가 더 흡수된다. ■

11.3 Castigliano 제1정리

힘과 에너지 방법은 단일 하중이 작용하는 곳에서의 변위를 구할 수 있다. 여러 개의 하중이 작용하는 구조물의 경우 작용점의 변위뿐만 아니라 임의의 점에서도 변위를 구할 수 있는 방법이 있다. 연속체에 하중 P_i가 작용하고 각 하중에 의한 변위 δ_i가 발생하면 계의 총일의 양은 다음과 같다.

$$W = \sum_{i=1}^{n} \int P_i \delta_i \tag{11.20}$$

임의 점 i를 제외한 모든 점들을 고정한다. 그리고 점 i에 변위 $\Delta\delta_i$ 변위를 일으키도록 하중 P_i에 ΔP_i만큼 증가시킨다. 이때의 일의 변화량은

$$\Delta W = \int_0^{\Delta\delta_i} (P_i + \Delta P_i) d\delta_i = P_i \Delta\delta_i + \int_0^{\Delta\delta_i} \Delta P_i d\delta_i$$

미소량의 곱과 적분량을 무시하면 $\Delta W = P_i \Delta\delta_i$가 된다. 일의 변화량은 변형률 에너지의 변화량으로 저장된다. 식으로는 $\Delta W = \Delta U = P_i \Delta\delta_i$ 따라서

$$P_i = \frac{\Delta U}{\Delta\delta_i} \tag{11.21}$$

δ_i가 매우 작아 0(영)에 접근하면

$$P_i = \frac{\partial U}{\partial \delta_i} \tag{11.22}$$

동일한 방식으로 모멘트 M_i와 회전각 θ_i 사이의 관계식은 다음과 같다.

$$M_i = \frac{\partial U}{\partial \theta_i} \tag{11.23}$$

식 (11.22), (11.23) 두 식을 Castigliano 제1정리라고 한다. 또는 가상 일의 원리(theorem of virtual work) 혹은 변형률 에너지 정리라 한다. Castigliano 정리를 적용하기 위해서는 선형 탄성 시스템에서 전체 탄성 에너지를 하중의 항으로 표현하는 것이 필요하다.

11.4 Castigliano 제2정리

구조물의 변형이 선형하에 있다면

$$\delta_i = \frac{\partial U}{\partial P_i} \tag{11.24}$$

$$\theta_i = \frac{\partial U}{\partial M_i} \tag{11.25}$$

Castigliano 제2정리를 재료역학에서는 일반적으로 Castigliano 정리라 부르며 구조물의 변형이 선형하에 있다는 가정하에서 성립한다. 이 이론은 보의 부정정 문제에도 사용할 수 있어 편리하다. 하중이 작용하지 않는 임의의 점에서 변위를 알고자 한다면 그 지점에 임의의 가상 하중을 주고 실제 하중과 가상 하중에 의한 변형률 에너지를 모두 계산한다. 그리고 가상 하중으로 변형률 에너지를 편미분한 다음 가상 하중을 0으로 대치하면 구하고자 하는 임의의 점에서 변위를 구할 수 있게 된다.

예제

외팔보의 끝단 A에서 집중 하중 P가 작용한다. 점 A에서 처짐과 회전각을 Castigliano 정리를 사용하여 계산하라.

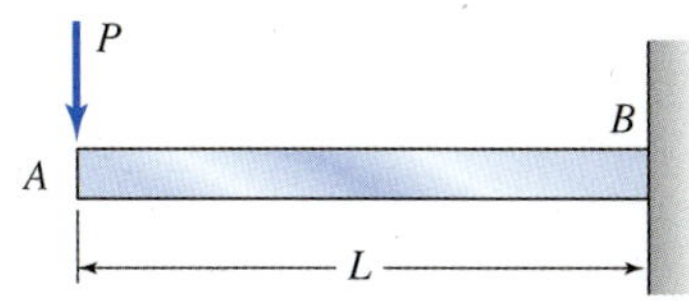

풀이

• 점 A에서의 처짐:

보에 저장되는 변형률 에너지는 $U=\dfrac{1}{2EI_z}\displaystyle\int_0^L M^2dx$이고 모멘트 $M=-Px$이므로

$$U=\frac{1}{2EI_z}\int_0^L M^2dx=\frac{1}{2EI_z}\int(-Px)^2dx=\frac{1}{6EI_z}P^2L^3$$

하중 작용점 A에서의 처짐은

$$\delta_A=\frac{\partial U}{\partial P}=\frac{PL^3}{3EI_z}$$

• 점 A에시의 회전(처짐)각:

가상 모멘트 M_A를 점 A에 부여한다. 가상 모멘트 M_A와 실제 하중에 의한 보의 고정단에서의 굽힘 모멘트식은 힘의 평형 법칙으로부터 $M=-Px-M_A$이다.

$$U=\frac{1}{2EI_z}\int_0^L M^2dx=\frac{1}{2EI_z}\int_0^L(-Px-M_A)^2dx$$

$$= \frac{1}{2EI_z}(P^2L^3/3 + PM_AL^2/2 + M_A^2L)$$

하중 작용점 A에서의 처짐은

$$\theta_A = \frac{\partial U}{\partial M_A} = \frac{(PL^2/2 + 2M_AL)}{2EI_z}$$

가상 모멘트 $M_A = 0$으로 하면 $\theta_A = \frac{PL^2}{4EI_z}$이 된다. ■

예제

다음과 같은 2개의 선형 스프링으로 구성된 구조물이 있다. 하중 P_1과 P_2에 의한 변위 δ_1과 δ_2를 Castigliano 정리를 사용하여 구하라.

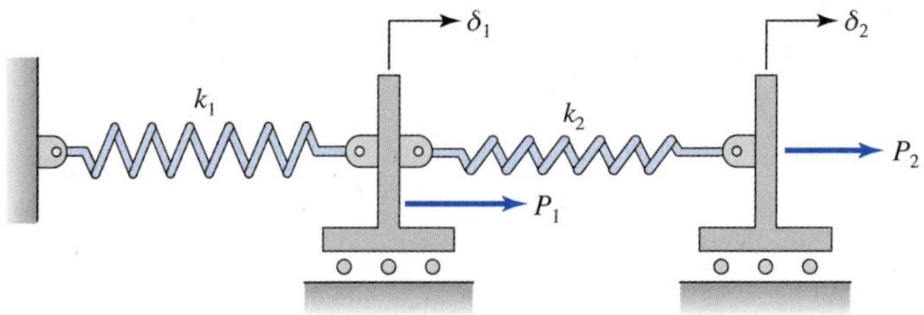

풀이

$F_1 = P_1 + P_2$, $F_2 = P_2$ 전체 탄성 에너지는

$$U = U_1 + U_2 = \frac{(P_1 + P_2)^2}{2k_1} + \frac{P_2^2}{2k_2}$$

변위는

$$\delta_1 = \frac{\partial U}{\partial P_1} = \frac{P_1 + P_2}{k_1}$$

$$\delta_2 = \frac{\partial U}{\partial P_2} = \frac{P_1 + P_2}{k_1} + \frac{P_2}{k_2}$$ ■

예제

다음 보에서 A점에서의 처짐량을 구하라. 보의 탄성 계수는 E이고 단면 도심축에서 관성 모멘트는 I이다.

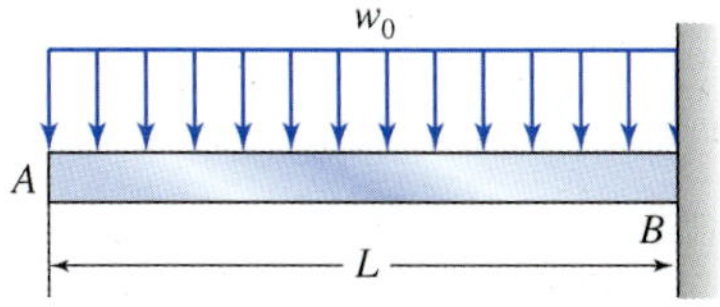

풀이

A점에서 하중이 없으므로 가상 집중 하중(dummy load) Q를 도입

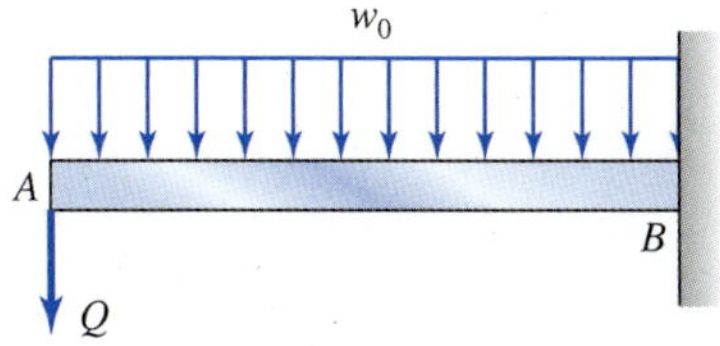

끝단 A점에서 처짐식은

$$\delta_A = y_A = \frac{\partial U}{\partial Q} = \int_0^L \frac{1}{EI} M \frac{\partial M}{\partial Q} dx$$

여기서 보의 굽힘 모멘트

$$M = -\left(Qx + \frac{1}{2}w_0x^2\right), \quad \frac{\partial M}{\partial Q} = -x$$

이 식들을 처짐식에 대입하면

$$y_A = \frac{1}{EI}\int_0^L x\left(Qx + \frac{1}{2}w_0x^2\right)dx = \frac{1}{EI}\left(\frac{QL^3}{3} + \frac{w_0L^4}{8}\right)$$

가상 일 $Q=0$으로 놓으면 끝단 A에서 처짐은 $y_A = \dfrac{w_0L^4}{8EI}$이 된다. ■

11장 요약

1. 변형 에너지(strain energy): 선형 스프링의 스프링 상수 k라고 하면 가해진 힘과 변위와의 관계는 $F = kx$이고 스프링을 x_0만큼 늘이는 데 필요한 일은 $W = \frac{1}{2}F_0x_0$이다. 가로 세로 높이 치수가 $b \times b \times b$인 입방체가 수직응력 σ_x를 받는다면 입방체에 작용하는 인장하중은 $\sigma_x(b)^2$이고, x축으로 늘어난 길이는 $\varepsilon_x b$이다. 행하여진 일은 입방체에 저장된 변형 에너지와 같고, 그 크기는 $U = \frac{1}{2}[\sigma_x(b)^2](\varepsilon_x b) = \frac{1}{2}\sigma_x\varepsilon_x(b)^3$이다.
   단위 체적당 스트레인 에너지, 즉 스트레인 에너지 밀도를 $U_0 = \frac{U}{V}$라 하면 입방체의 체적이 b^3이므로 $U = \frac{1}{2}\sigma_x\varepsilon_x$가 된다. 만일 전단응력만을 받는 경우는 $\tau_{xy}(b)^2$이고 y 방향으로의 변위는 $\gamma_{xy}b$이다. 따라서 스트레인 에너지(strain energy)는 $U = \frac{1}{2}[\tau_x y(b)^2](\gamma_{xy}b) = \frac{1}{2}\tau_{xy}\gamma_{xy}(b)^3$이다. 단위 체적당 스트레인 에너지, 즉 스트레인 에너지 밀도를 U_0라 하면 입방체의 체적이 b^3이므로 $U = \frac{1}{2}\tau_{xy}\gamma_{xy}$가 된다.

2. 축하중을 받는 봉: 축하중 P, 봉의 길이 L, 단면적 A에 작용하는 변형 에너지는

$$U = \frac{P^2L}{2EA}$$

   폭 dx인 보의 변형 에너지는

$$dU = \frac{M^2}{2EI}dx$$

3. Castigliano 제2정리: N개의 외력을 받는 탄성체가 있다. i번째 힘 P_i에 의한 처짐 변위 성분을 δ_i라 하면

$$\delta_i = \frac{\partial U}{\partial P_i}$$

   만일 우력 M_i에 의한 작용점에서의 회전각은 $\theta_i = \frac{\partial U}{\partial M_i}$이다.

11장 연습문제

11.1 그림과 같은 집중하중을 받고 있는 보가 있다. 하중 점 C에서의 처짐을 일과 에너지 방법으로 구하라.

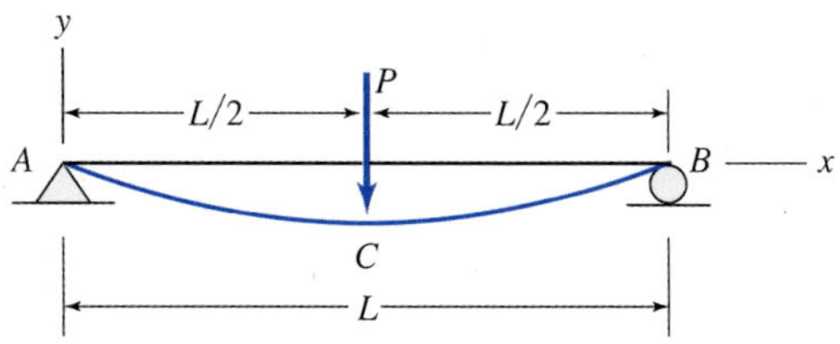

11.2 트러스 구조물이 하중 $P = 80$ kN을 받고 있다. 각 부재의 단면적이 0.002 m^2이고 재료의 탄성계수 $E = 70$ GPa이며, 동일한 알루미늄 합금으로 구성된다. A점에서의 수직 변위를 일과 에너지 방법을 사용하여 구하라.

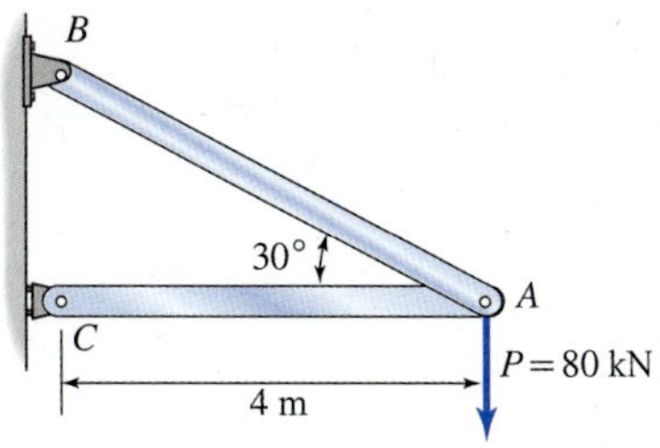

11.3 다음의 외팔보에서 보의 변형 에너지를 구하라. 길이는 L이고 단면적은 A이다. 전단응력에 의한 영향은 무시하라.

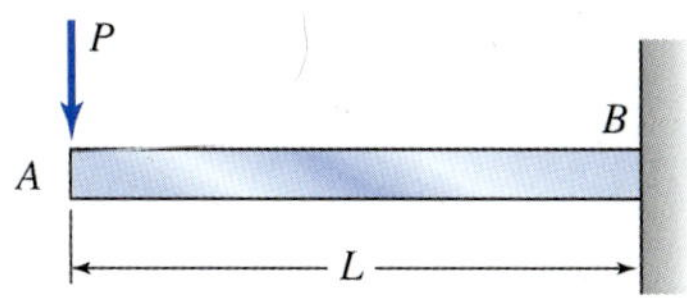

11.4 그림과 같은 균일 단면보가 집중하중 P를 받고 있다. 중립축에서의 2차 면적 모멘트를 I라고 할 때 보의 변형 에너지를 구하라. 전단응력에 의한 영향은 무시하라.

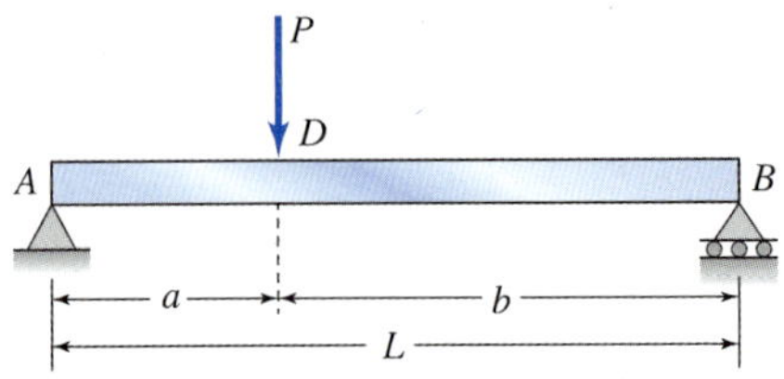

11.5 일정한 EI를 가지고 있는 다음 보의 문제에서 $x=0$에서의 경사도 θ를 Castigliano 원리를 사용하여 구하라.

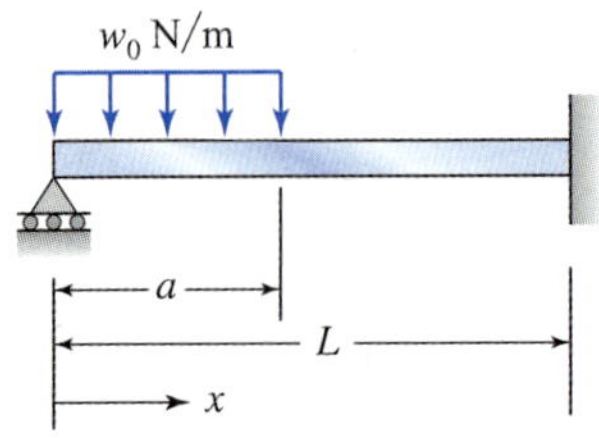

11.6 다음과 같은 외팔보가 균일 분포하중 w와 끝단 점 A에서 집중하중 P를 받고 있다. 점 A에서 처짐량을 계산하라. 재료의 탄성계수는 E이고 단면의 도심 축에 대한 2차 모멘트는 I이다.

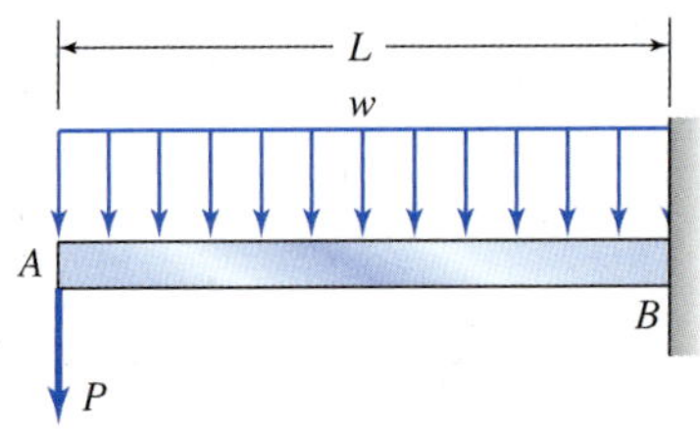

11.7 다음 구조물에서 Castigliano 정리를 사용하여 C점에서의 기울기를 구하라.

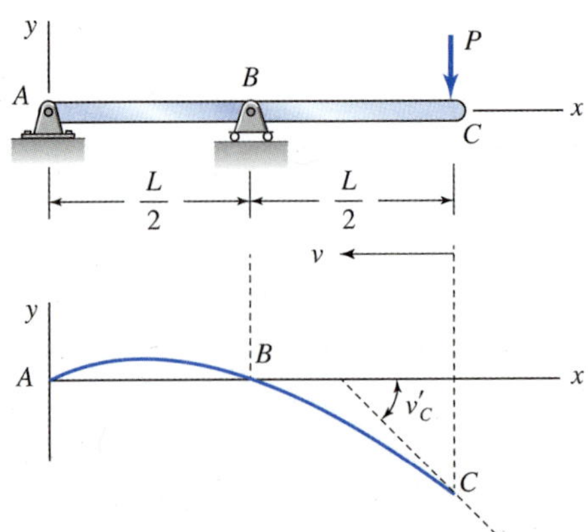

11.8 다음 구조물에서 B점에서의 수평 변위를 구하라.

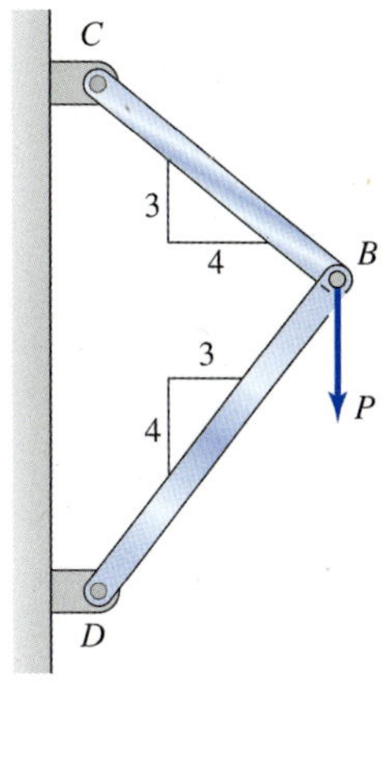

부록

부록 1 재료의 기계적 물성값

재료	탄성계수 (E: GPa)	푸아송비 (ν)	항복강도 (인장/압축) (MPa)	극한강도 (MPa)	연신율 (%)	밀도 (kg/m^3)	열팽창계수 (α: 10^{-6}/℃)
알루미늄(99%)	70	0.33	20	70	9	2710	23
알루미늄 합금							
2014－T6	75	0.33	400	455	13	2800	23.6
6061－T6	73	0.33	240	260	17	2710	23.6
7075－T6	73	0.33	500	570	11	2800	23.6
주철							
회주철 (ASTM A-48)	69	0.2~0.3		170/655	0.5	7200	12.1
가단주철 (ASTM A-48)	165	0.2~0.3	230	345/620	10	7300	12.1
구리(99.9%)							
어닐링 처리	120	0.2~0.3	70	220	45	8910	16.9
인발경화	120	0.2~0.3	265	390	4	8910	16.9
황동(35% Cu+ 65% Zn, yellow bronze)							
냉간압연	105	0.34	510	410	8	8470	20.9
어닐링	105	0.34	320	100	65	8470	20.9

재료	탄성계수 (E: GPa)	푸아송비 (ν)	항복강도 (인장/압축) (MPa)	극한강도 (MPa)	연신율 (%)	밀도 (kg/m^3)	열팽창계수 (α: $10^{-6}/℃$)
적색 황동(85% Cu+15% Zn, red bronze)							
냉간압연	120	0.34	585	435	3	8740	18.7
어닐링	120	0.34	270	70	48	8740	18.7
청동(bronze)							
주석청동	95	0.34	310	145	30	8800	18.0
망간청동	105	0.33	655	330	20	8360	21.6
알루미늄청동	110	0.33	620/900	275	6	8330	16.2
마그네슘 합금							
AZ80(단조)	45	0.35	345	250	6	1800	25.2
AZ31(압출)	45	0.35	255	200	12	1770	25.2
니켈(90% Cu+ 10% Ni, Cupronickel)							
어닐링	140	0.3	110	365	35	8940	17.1
냉간가공	140	0.3	545	585	3	8940	17.1
Monel 합금400 (Cu+Ni)							
어닐링	180	0.3	220	550	46	8830	13.9
냉간가공	180	0.3	585	675	22	8830	13.9
티타늄 합금 (6% Al+4% V)	115	0.33	830	900	10	4730	9.5
강(steel): 구조용							
ASTM-A36	200	0.3	250	400	23	7860	11.7
고강도저합금강 (HSLA)							
ASTM-A242	200	0.3	345	480	22	7860	11.7
ASTM-A441	200	0.3	320	460	21	7860	11.7
ASTM-A572	200	0.3	290	415	24	7860	11.7
Q/A 열처리강							
ASTM-A514	200	0.3	690	760	18	7860	11.7
스테인리스강, AISI302:							
냉간압연	190	0.3	520	860	12	7920	17.3
어닐링	190	0.3	260	655	50	7920	17.3

재료	탄성계수 (E: GPa)	푸아송비 (ν)	항복강도 (인장/압축) (MPa)	극한강도 (MPa)	연신율 (%)	밀도 (kg/m³)	열팽창계수 (α: 10^{-6}/℃)
벽돌	73			200~620		17~22	5~7
콘크리트							
중간강도	25			28/NA		2320	9.9
고강도	30			40/NA		2320	9.9
플라스틱							
나일론(몰딩)	2.8	0.3	75/95	45	50	1140	144
폴리카보네이트	2.4	0.3	65/85	35	110	1200	122
폴리에스테르, PBT(열가소성)	2.4	0.3	55/75	55	150	1340	135
폴리스티렌	3.1	0.3	55/90	55	2	1030	125
고형 PVC	3.1	0.3	40/70	45	40	1440	135

부록 2 보의 처짐과 경사각

보와 하중	탄성 처짐 곡선	최대 처짐	끝단에서의 경사도	탄성 처짐 식
1 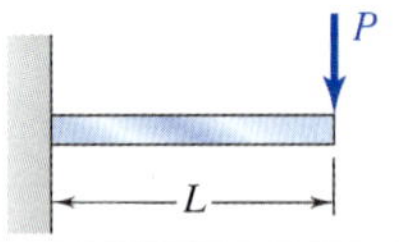	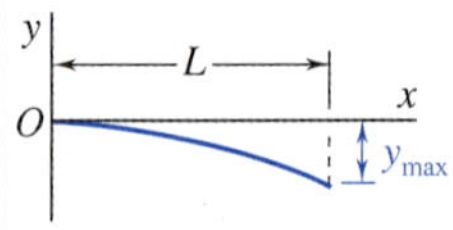	$-\dfrac{PL^3}{3EI}$	$-\dfrac{PL^2}{2EI}$	$y=\dfrac{p}{6EI}(x^3-3Lx^2)$
2 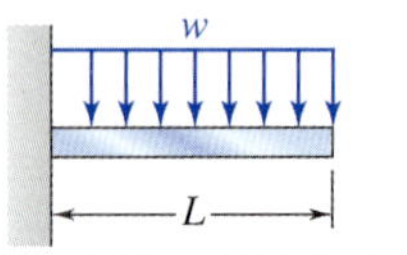	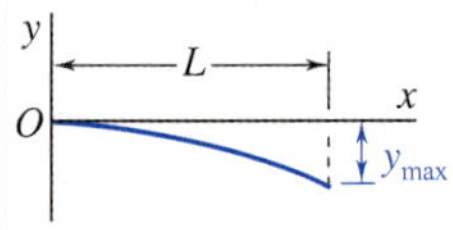	$-\dfrac{wL^4}{8EI}$	$-\dfrac{wL^3}{6EI}$	$y=-\dfrac{w}{24EI}(x^4-4Lx^3+6L^2x^2)$
3 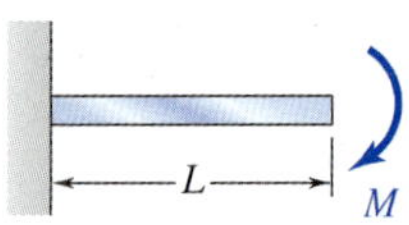	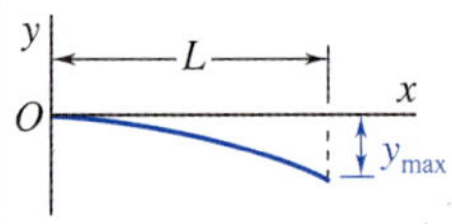	$-\dfrac{ML^2}{2EI}$	$-\dfrac{ML}{EI}$	$y=-\dfrac{M}{2EI}x^2$
4 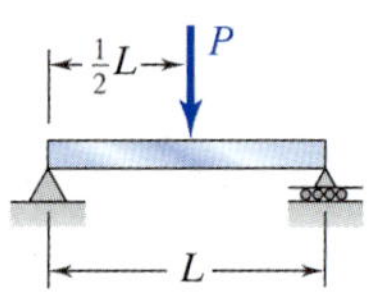	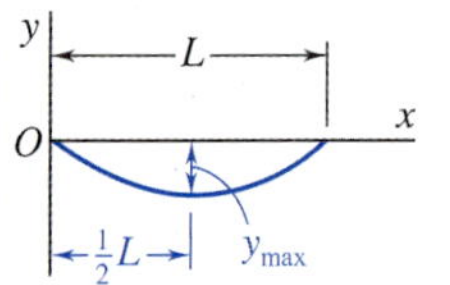	$-\dfrac{PL^3}{48EI}$	$\pm\dfrac{PL^2}{16EI}$	$x\le\dfrac{1}{2}L$: $y=\dfrac{P}{48EI}(4x^3-3L^2x)$
5 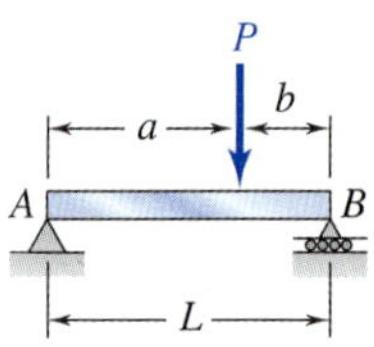	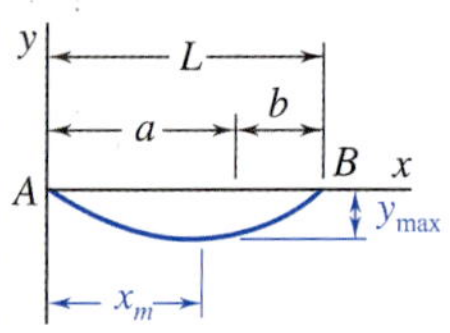	$a>b$: $-\dfrac{Pb(L^2-b^2)^{3/2}}{9\sqrt{3}\,EIL}$ $x_m=\sqrt{\dfrac{L^2-b^2}{3}}$	$\theta_A=-\dfrac{Pb(L^2-b^2)}{6EIL}$ $\theta_B=+\dfrac{Pa(L^2-a^2)}{6EIL}$	$x<a$: $y=\dfrac{Pb}{6EIL}[x^3-(L^2-b^2)x]$ $x=a$: $y=-\dfrac{Pa^2b^2}{3EIL}$
6 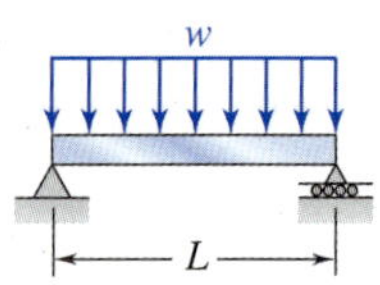	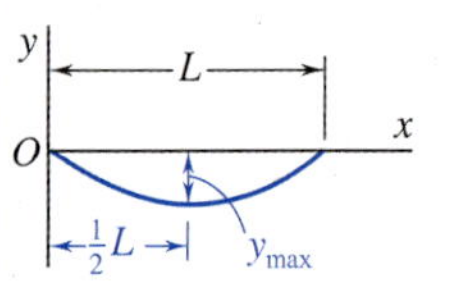	$-\dfrac{5wL^4}{384EI}$	$\pm\dfrac{wL^3}{24EI}$	$y=-\dfrac{w}{24EI}(x^4-2Lx^3+L^3x)$
7 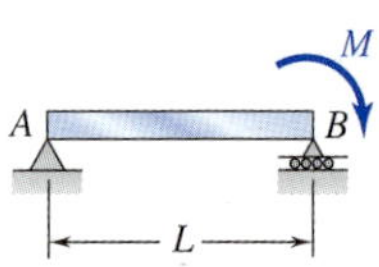	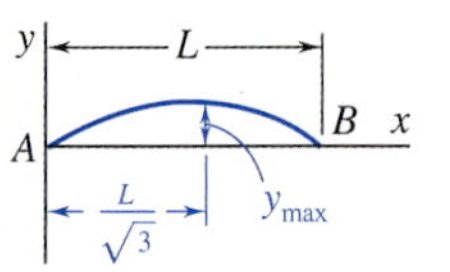	$\dfrac{ML^2}{9\sqrt{3}\,EI}$	$\theta_A=+\dfrac{ML}{6EI}$ $\theta_B=-\dfrac{ML}{3EI}$	$y=-\dfrac{M}{6EIL}(x^3-L^2x)$

부록 3 각종 면적에 관한 성질

원

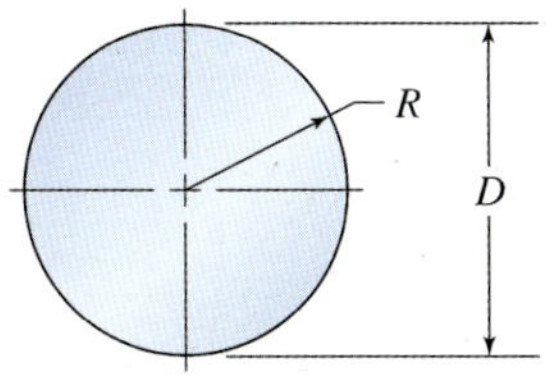

$$A=\frac{\pi D^2}{4}=\pi R^2 \qquad r=\frac{D}{4}=\frac{R}{2}$$

$$I=\frac{\pi D^4}{64} \qquad J=\frac{\pi D^4}{32}$$

$$S=\frac{\pi D^3}{32} \qquad Z_p=\frac{\pi D^3}{16}$$

원주 $=\pi D=2\pi R$

중공

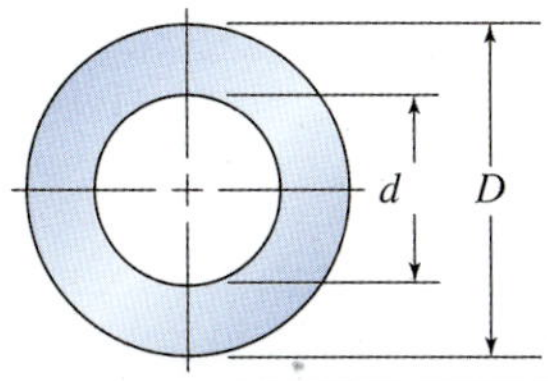

$$A=\frac{\pi(D^2-d^2)}{4} \qquad r=\frac{\sqrt{D^2+d^2}}{4}$$

$$I=\frac{\pi(D^4-d^4)}{64} \qquad J=\frac{\pi(D^4-d^4)}{32}$$

$$S=\frac{\pi(D^4-d^4)}{32D} \qquad Z_p=\frac{\pi(D^4-d^4)}{16D}$$

정사각형

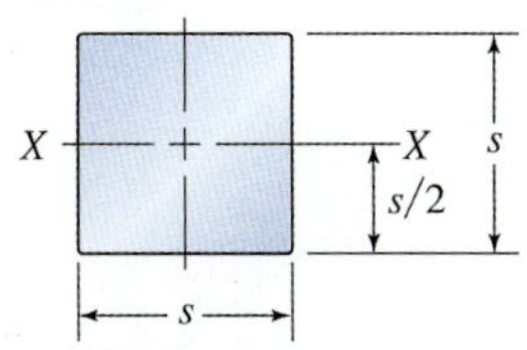

$$A=s^2$$

$$I_x=\frac{s^4}{12} \qquad r_x=\frac{s}{\sqrt{12}}$$

$$S_x=\frac{s^3}{6}$$

직사각형

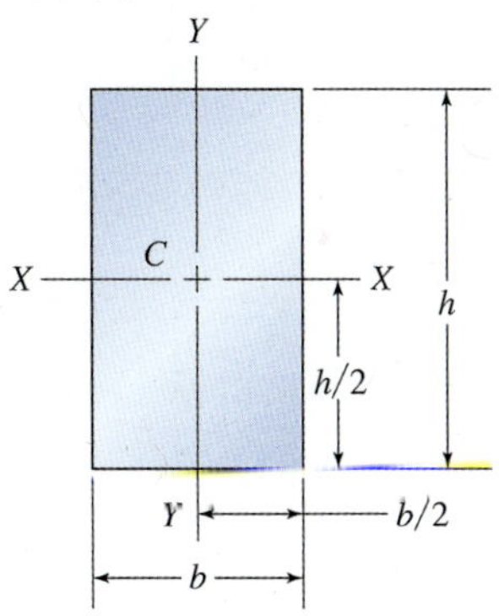

$$A=bh$$

$$I_x=\frac{bh^3}{12} \qquad S_x=\frac{bh^2}{6}$$

$$r_x=\frac{h}{\sqrt{12}}$$

$$I_y=\frac{hb^3}{12} \qquad S_y=\frac{bh^2}{6}$$

$$r_y=\frac{b}{\sqrt{12}}$$

삼각형

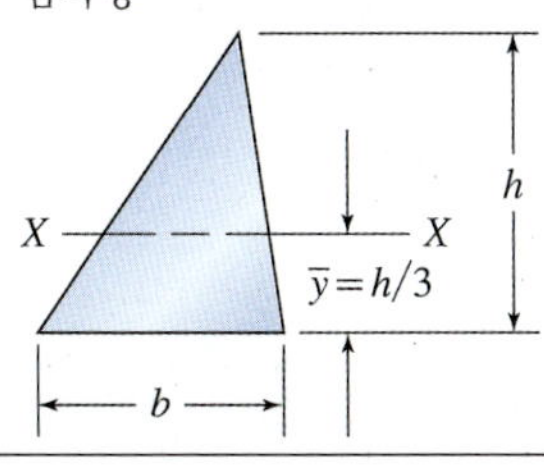

$$A=\frac{bh}{2}$$

$$I_x=\frac{bh^3}{36} \qquad r_x=\frac{h}{\sqrt{18}}$$

$$S_x=\frac{bh^2}{24}$$

반원

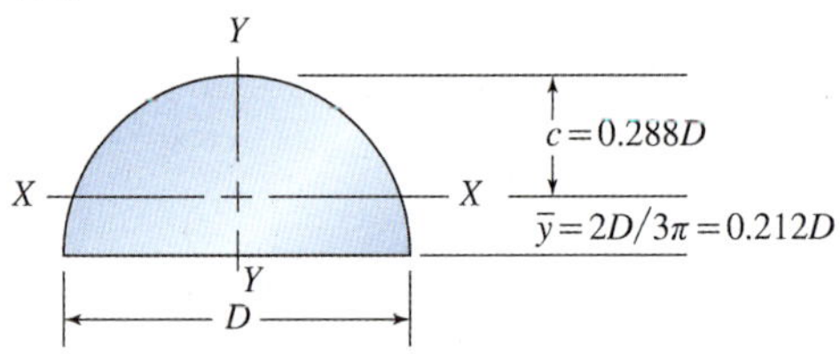

$A = \dfrac{\pi D^2}{8}$

$I_x = 0.00686D^4$ $\quad S_x = 0.0238D^3$

$r_x = 0.132D$

$I_y = 0.0245D^4$ $\quad S_y = 0.0491D^3$

$r_y = D/4 = R/2$

정육각형

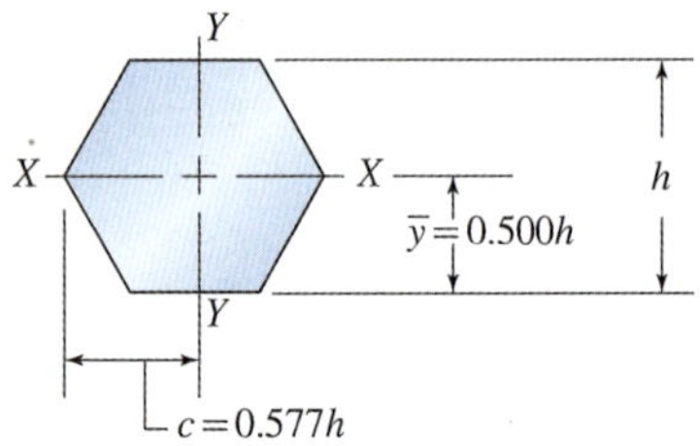

$A = 0.866h^2$

$I_x = 0.0601h^4$ $\quad S_x = 0.120h^3$

$r_x = 0.264h$

$I_y = 0.0601h^4$ $\quad S_y = 0.104h^3$

$r_y = 0.264h$

2차 식을 가지는 곡선의 면적

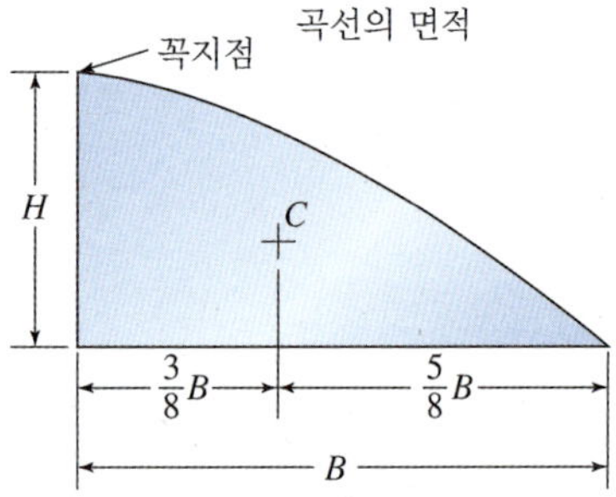

$A = \dfrac{2}{3}BH$

2차 함수식을 가지는 단면

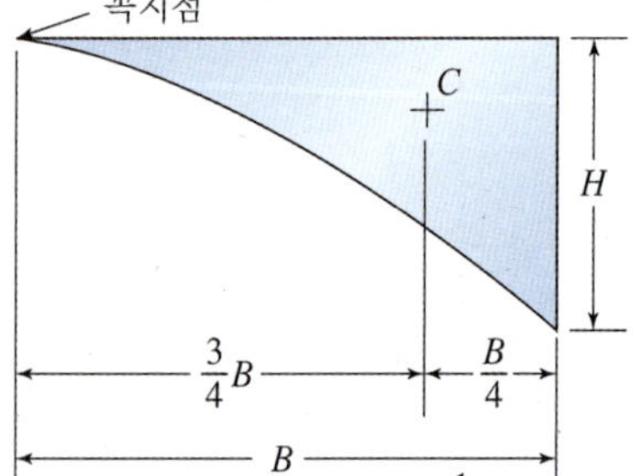

$A = \dfrac{1}{3}BH$

3차 식을 가지는 곡선의 면적

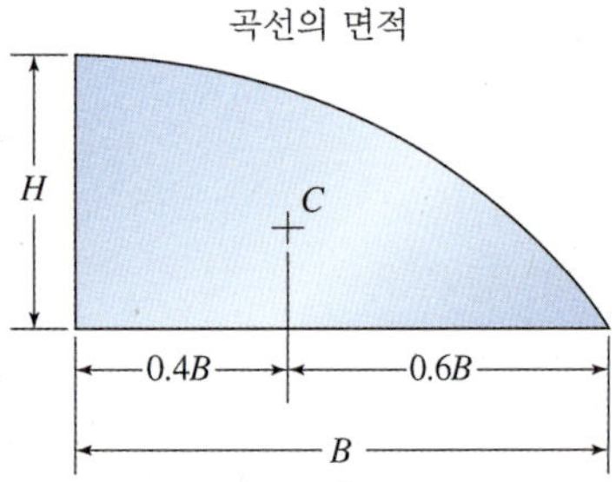

$A = \dfrac{3}{4}BH$

3차 식을 가지는 곡선의 면적

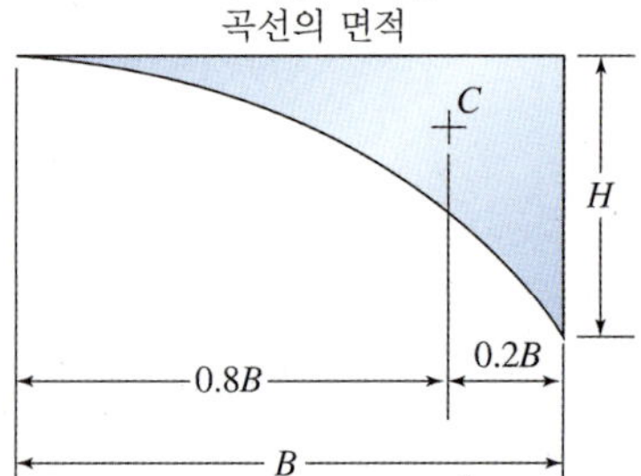

$A = \dfrac{1}{4}BH$

A: 면적, r: 회전 반경$=\sqrt{\dfrac{I}{A}}$, I: 관성 모멘트, J: 극관성 모멘트,

S: 단면계수(section modulus), Z_p: 극단면계수(polar section modulus)

찾아보기

고체역학 입문

2019년 5월 3일 1판 1쇄 펴냄
지은이 박명균 · 최홍섭 · 박용태 · 김범준
펴낸이 류원식 | 펴낸곳 (주)교문사(청문각)

편집부장 김경수 | 책임진행 김보마 | 본문편집 홍익 m&b | 표지디자인 유선영
제작 김선형 | 홍보 김은주 | 영업 함승형 · 박현수 · 이훈섭
주소 (10881) 경기도 파주시 문발로 116(문발동 536-2) | 전화 1644-0965(대표)
팩스 070-8650-0965 | 등록 1968. 10. 28. 제406-2006-000035호
홈페이지 www.cheongmoon.com | E-mail genie@cheongmoon.com
ISBN 978-89-363-1837-6 (93550) | 값 25,500원

* 잘못된 책은 바꿔 드립니다. * 저자와의 협의하에 인지를 생략합니다.

청문각은 ㈜교문사의 출판 브랜드입니다.